普通高等教育“十二五”规划教材
普通高等教育“十一五”国家级规划教材

电工学及电气设备

（第五版）

华北水利水电学院　侯树文　主编

内 容 提 要

本书是《电工学及电气设备》第五版。全书共分十一章，内容包括电路原理、电子技术、变压器、电机和电气设备等。

本书是高等学校水利工程、农业水利、港航工程、水利水电建筑工程等专业的通用教材，也可以作为其他有关专业的教学用书。

本书还可供中等专业学校师生和有关工程技术人员参考。

图书在版编目（CIP）数据

电工学及电气设备/侯树文主编．—5版．—北京：中国水利水电出版社，2012.5（2021.1重印）
普通高等教育“十二五”规划教材．普通高等教育“十一五”国家级规划教材
ISBN 978-7-5084-9755-6

Ⅰ．①电… Ⅱ．①侯… Ⅲ．①电工学-高等学校-教材②电气设备-高等学校-教材 Ⅳ．①TM

中国版本图书馆CIP数据核字（2012）第094847号

书　　名	普通高等教育“十二五”规划教材 普通高等教育“十一五”国家级规划教材 **电工学及电气设备（第五版）**
作　　者	华北水利水电学院 侯树文 主编
出版发行	中国水利水电出版社 （北京市海淀区玉渊潭南路1号D座 100038） 网址：www.waterpub.com.cn E-mail：sales@waterpub.com.cn 电话：（010）68367658（营销中心）
经　　售	北京科水图书销售中心（零售） 电话：（010）88383994、63202643、68545874 全国各地新华书店和相关出版物销售网点
排　　版	中国水利水电出版社微机排版中心
印　　刷	北京瑞斯通印务发展有限公司
规　　格	184mm×260mm 16开本 15印张 356千字
版　　次	1980年7月第1版 1980年7月第1次印刷 2012年5月第5版 2021年1月第6次印刷
印　　数	17001—22000册
定　　价	**42.00**元

第五版前言

本书是在第四版基础上修订而成，可以作为水利工程、农业水利工程、港口与航道工程、水利水电建筑工程等专业的通用教材，也可以作为其他有关专业的教学用书。

在长期的教学实践中，本书的编写结构与教学内容得到了老师和同学们充分肯定和好评。因此，本次修订只对书中的部分内容及表达进行了相应的修改和补充，以期更好地满足教学要求。

本书修订工作全部由侯树文完成。值此本书修订之际，编者向多年来关心和使用本书的老师和同学们致以诚挚的谢意！对于本书的不妥之处，恳请批评指正。

编 者

2012 年 3 月

第一版前言

本书是根据1978年1月原水利电力部的教学计划和教材规划的要求，按照同年5月《电工学及电气设备》教材编写大纲讨论会拟定的大纲编写的。作为高等院校水利水电工程建筑专业、水利水电工程施工专业和农田水利工程专业的通用教材，也可作为其它有关专业的教学用书。

全书分为两篇，共十三章。第一篇为电工学部分，包括第一章至第八章；第二篇为电气设备部分，包括第九章至第十三章。在编写中，努力贯彻“少而精”原则，大力精选内容。电工学部分突出强调其物理概念，着重讲清基本理论和分析问题的基本方法，并辅以例题和习题，为进一步学习电专业知识打下必要的理论基础。电气设备部分则密切结合大、中型水电站和电力排灌站的实际情况，介绍其主要电气设备的作用原理和结构，一、二次接线的要求、接线形式、设备布置方式等，力求使读者对工程全貌有清晰概念，对设备、装置有明确了解。对近年来国内、外出现的新型电气设备也作了简单介绍。对于某些章节可供不同专业的实际需要参考选用。

本书第一篇由浙江大学吴官熙同志编写，第二篇中第十二章及第十三章的第三节由西北农学院袁清阁同志编写，其余由华北水利水电学院周喜农同志编写，并由吴官熙、周喜农同志担任主编。全书由武汉水利电力学院李宇贤、谭乐嵩、李琼华同志主审，华东水利学院、福州大学及编写院校参加了审稿会。

本书第二篇在编写过程中，曾得到湖南省水利电力勘测设计院、长江流域规划办公室及有关厂、校的大力协助，提供了宝贵的资料和意见，在此，我们表示衷心地感谢。

对于书中不妥或错误之处，恳切希望同志们批评指正。

编者

1979年6月

第二版前言

《电工学及电气设备》第一版于1980年出版。1983年3月在武汉召开了高等学校水利水电类专业电类教材编审委员会会议，会上审订了《电工学及电气设备教学大纲》。《电工学及电气设备》第二版是根据该大纲修订而成的，作为高等院校农田水利工程专业、水利水电工程建筑专业的通用教材，也可作为其他有关专业的教学用书。

全书分为四篇，共十四章。前三篇为电工学，包括第一章至第九章；第四篇为电气设备，包括第十章至第十四章。在编写中，认真贯彻“少而精”原则，精选教学内容。电工学部分突出物理概念，着重讲清基本理论和分析问题的基本方法，并辅以较多的例题。每章均有小结及思考题与习题，以利于精讲多练，培养自学能力，为进一步学习电类课程打下必要的理论基础。电气设备部分则密切结合大、中型水电站和电力排灌站的实际情况，介绍其主要电气设备的作用、原理和结构，一次和二次接线的要求、接线形式，以及设备布置方式等，力求使读者对工程全貌有清晰概念，对设备、装置有明确了解。对于近年国内外出现的新型电气设备也作了简单介绍。

本书第一、三篇由浙江大学吴官熙同志编写；第二篇由武汉水利电力学院洪文秀同志编写；第四篇中的第十三章和第十四章的第三节由陕西机械学院袁清阁同志编写，其余由华北水利水电学院陈中川、周念祖和张葵兰同志编写。全书由吴官熙同志担任主编，由华东水利学院李学坚同志担任主审。华东水利学院季一峰同志参予了第四篇书稿的审稿工作，提了不少宝贵意见，谨致谢意。

华北水利水电学院周喜农同志在病故前为本书的编写做了许多准备工作。

对于书中不妥或错误之处，恳请同志们批评指正。

编 者

1986年3月

第三版前言

本书是在第二版的基础上修订而成，可作为高等学校水利工程、农田水利、港航工程、水利水电工程建筑等专业的通用教材，也可作为其它有关专业的教学用书。

全书共分十一章，前八章为电工学部分，后三章为电气设备部分。在编写过程中，对传统内容进行了较大幅度的压缩整理，在满足大纲的前提下，使教材更加精炼，同时增补了数字电子电路、电子电路的计算机分析与仿真简介等内容，力图使教材更加充实，更具先进性和普遍性。此外，对习题作了适当调整，并对电气设备部分增补了习题。

本书第一、二章由华北水利水电学院王治昆同志编写，第三、四、五章由华北水利水电学院侯树文同志编写，第六、七、八章由扬州大学孙贵根同志编写，第九、十、十一章由郑州工业大学马家敏同志编写。全书由侯树文同志担任主编，由河海大学尹延凯教授担任主审。特别要感谢尹延凯教授，在本书的审定过程中做了大量细致的工作。不仅对本书中的错误和不足提出了十分具体、准确的意见，还对本书进一步修订提出了具有指导性的建议。

限于编者水平，书中错误和不妥之处，恳请读者批评指正。

编 者

1998年8月

第四版前言

本书是在第三版基础上修订而成，可以作为水利工程、农业水利、港航工程、水利水电建筑等专业的通用教材，也可以作为其它有关专业的教学用书。

在长期的教学实践中，本书的结构与内容得到了老师和同学们的充分肯定。所以本次修订更加注重概念的表达和叙述的流畅，使之理论更加严谨，学习更具有可读性。同时，对书中的部分内容进行了必要的修改和补充，以期更能满足教学要求。

本书的修订工作全部由侯树文完成，值此本书修订之际，编者向多年来关心和使用本书的老师和同学们致以诚挚的谢意！对于本书的不妥之处，恳请批评指正。

编 者

2008 年 9 月

目　录

第五版前言

第一版前言

第二版前言

第三版前言

第四版前言

第一章　电路分析基础 …… 1

第一节　电路的基本概念 …… 1

第二节　电压源、电流源及等效变换 …… 5

第三节　基尔霍夫定律 …… 8

第四节　电路的基本分析方法 …… 10

第五节　电路的基本定理 …… 14

第六节　一阶电路的时域响应 …… 19

小结 …… 25

思考题与习题一 …… 25

第二章　正弦交流电路 …… 31

第一节　正弦交流电的基本概念 …… 31

第二节　正弦交流电的相量表示 …… 36

第三节　单一元件的交流电路 …… 39

第四节　单相交流电路分析 …… 43

第五节　三相交流电路的基本概念 …… 53

第六节　三相交流电路分析 …… 55

小结 …… 59

思考题与习题二 …… 60

第三章　基本电子器件 …… 64

第一节　半导体的类型及导电性 …… 64

第二节　PN结与半导体二极管 …… 65

第三节　双极型半导体三极管及特性 …… 68
第四节　绝缘栅场效应管简介 …… 71
小结 …… 72
思考题与习题三 …… 72

第四章　放大电路基础及应用 …… 74
第一节　基本放大电路分析 …… 74
第二节　微变等效电路分析法 …… 79
第三节　差动放大电路 …… 83
第四节　运算放大器及电路分析 …… 85
第五节　电源电路 …… 93
小结 …… 104
思考题与习题四 …… 105

第五章　数字电路基础及应用 …… 112
第一节　基本门电路 …… 112
第二节　逻辑关系表达及运算 …… 115
第三节　组合逻辑电路 …… 118
第四节　基本触发器 …… 122
第五节　时序逻辑电路 …… 125
第六节　数字逻辑芯片及应用 …… 130
第七节　电子电路计算机仿真与设计简介 …… 141
小结 …… 144
思考题与习题五 …… 144

第六章　变压器 …… 148
第一节　变压器及其工作原理 …… 148
第二节　变压器的运行 …… 152
第三节　三相变压器的参数及意义 …… 154
第四节　特殊变压器 …… 156
小结 …… 157
思考题与习题六 …… 158

第七章　异步电动机 …… 161
第一节　三相异步电动机及工作原理 …… 161
第二节　三相异步电动机的电磁转矩 …… 167
第三节　三相异步电动机的运行 …… 170
小结 …… 174
思考题与习题七 …… 175

第八章　同步电机…………………………………………………………………… 177
第一节　同步发电机概述 ……………………………………………………………… 177
第二节　同步发电机的电枢反应 ……………………………………………………… 179
第三节　同步发电机的并网运行 ……………………………………………………… 185
第四节　同步电动机 …………………………………………………………………… 189
第五节　同步电机的励磁 ……………………………………………………………… 191
小结 ………………………………………………………………………………………… 192
思考题与习题八 …………………………………………………………………………… 192

第九章　电力系统的基本概念…………………………………………………………… 195
第一节　电力系统及电力系统的额定电压 …………………………………………… 195
第二节　电力系统短路的基本概念……………………………………………………… 198
第三节　电力系统中性点的运行方式…………………………………………………… 199
小结 ………………………………………………………………………………………… 201
思考题与习题九 …………………………………………………………………………… 201

第十章　电气设备…………………………………………………………………………… 202
第一节　概述 ……………………………………………………………………………… 202
第二节　水轮发电机 ……………………………………………………………………… 202
第三节　电力变压器 ……………………………………………………………………… 205
第四节　开关电器…………………………………………………………………………… 208
第五节　电压互感器和电流互感器……………………………………………………… 215
第六节　载流导体和绝缘子 ……………………………………………………………… 217
第七节　电气设备的防雷保护与接地 …………………………………………………… 218
小结 ………………………………………………………………………………………… 220
思考题与习题十 …………………………………………………………………………… 220

第十一章　电气主接线和自用电…………………………………………………………… 222
第一节　电气主接线 ……………………………………………………………………… 222
第二节　自用电及接线 …………………………………………………………………… 225
第三节　电气二次回路的概念 …………………………………………………………… 225
小结 ………………………………………………………………………………………… 227
思考题与习题十一…………………………………………………………………………… 227

参考文献 …………………………………………………………………………………… 228

第一章　电路分析基础

本章内容是《电工学及电气设备》的理论基础，其中所介绍的基本概念，基本定理、定律及对电路的分析与计算方法，在交流电路及后续内容中，都具有普遍的适用性。因此，本章内容占有十分重要的位置。

第一节　电路的基本概念

一、电路的组成及作用

实际电路形式各异、数量繁多，概括起来电路是由电器元件、电工设备和电子模块为实现某种特定功能构造的集合体。但是，在分析、研究电路问题时，并不注重这些元件的结构和形状，而是把它们加以科学地抽象，用电路符号来表示。这些电路符号表示了不同类型元件电气性能的一般性和普遍性。

如图 1-1 (*a*) 所示，是由两个干电池、一个灯泡通过导线和一个开关所构成的手电筒电路，用电路符号表示后，电路如图 1-1 (*b*) 所示。图中 R 表示灯泡，E 表示电源电势。

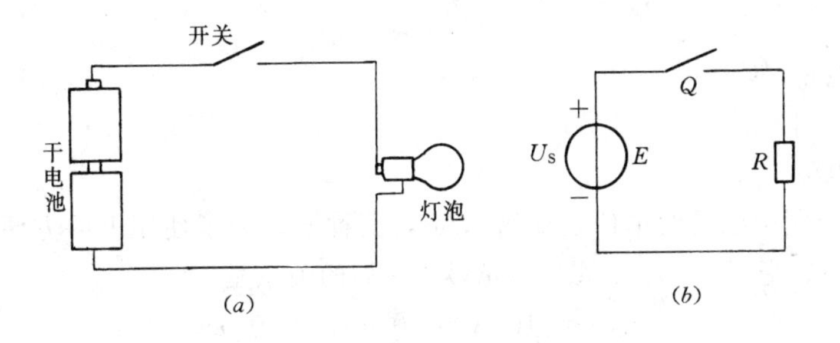

图 1-1　手电筒电路

电路的基本作用各有不同，但其主要功能都是进行电能的转换、传输和分配，以及信号的传递和处理，下面举例说明。

1. 电能的转换、传输和分配

最典型的例子是电力系统。发电厂的发电机组把水能或热能转换成电能，通过变压器、输电线路传送给各用户，用户又把电能转换成机械能、热能或光能等。发电机称为发电设备；变压器、输电线路称为输电设备；把电能转换成机械能的电动机、转换成光能的电灯、转换成热能的电炉等称为用电设备，也称为负载。发电设备、输电设备、用电设备统称为电工设备。它们都是电路元件。

2. 信号的传递和处理

常见的例子很多，如扩音机把较弱的声音信号变成较强的信号。电视机接收各发射台发出的不同信号并进行放大、处理，转换成声音和图像。计算机也是由电路组成，它能对键盘或其它输入设备输入的信号进行传递、处理，转换成图形或字符，输出在显示器或打印机上。所有这些都是通过电路把施加的输入信号变换成为所需要的输出信号。

在研究电路时，经常遇到“网络”这个名词。通常网络的涵义是从拓扑学观点考察电路。一般在研究复杂的电路问题时，常把电路称为网络。而在研究比较简单或某一具体电路时较多地使用电路这个名词。

二、电路的基本物理量

1. 电流

电荷的定向运动形成电流。电流的大小用电流强度来衡量，电流强度为单位时间内通过导体任一横截面的电量，工程上简称电流。电流不仅表示一种物理现象，而且还是一个物理量，常以字母 i 或 I 表示。

若设在 Δt 时间内通过导体截面的电量为 Δq，则电流表示为 $i = \Delta q/\Delta t$。

若电荷运动的速率是随时间而变化的，此时电流是时间的函数，这种随时间变化的电流叫变动电流，瞬时值表示成 $i = \mathrm{d}q/\mathrm{d}t$ 。

如果此电流随时间的变化是周期性的，则称其为周期电流，若周期电流满足 $i = \frac{1}{T}\int_0^T i\mathrm{d}t = 0$ ，T 为周期电流的周期，则称为交流电流，简称交流。

若电流不随时间变化，即在相同的时间间隔内通过的电量相等，则这种电流便称为恒定电流，简称直流。直流电流的表示式为

$$I = Q/t$$

式中 Q——电量，C；

t——时间，s；

I——电流，A。

在国际单位制中电流的单位是安培（A），简称安。为了使用上的方便，常用的单位还有千安（kA）、毫安（mA）、微安（μA）。它们的关系是

$$1\mathrm{kA} = 10^3\mathrm{A} = 10^6\mathrm{mA} = 10^9\mu\mathrm{A}$$

2. 电位及电压

电位是相对于确定的参考点来说的。电路中某点 A 的电位是指单位正电荷在电场力作用下，自该点沿任意路径移动到参考点所做的功。A 点的电位用 V_A 表示。

对电位来说，参考点是至关重要的：第一，电位是相对的物理量，不确定参考点，讨论电位就没有意义；第二，在同一电路中当选定不同的参考点时，同一点的电位值是不同的。在分析电路时，电位的参考点只能选取一个。参考点选定后，各点的电位值就确定了，这就是所谓的“电位单值性”。在电工学中，如果所研究的电路里有接地点，通常选择接地点作为电位的参考点，用符号“⏚”表示。在电子线路中常取若干导线交汇点或机壳作为电位的参考点，并用符号“⊥”表示。

电路中两点之间的电位差称为这两点间的电压，用符号 u 或 U 表示。例如电路中 A、B 两点之间的电压

$$U_{AB} = V_A - V_B \tag{1-1}$$

在国际单位制中电压的单位是伏特（V），简称伏。为了使用上的方便，常用的单位还有千伏（kV）、毫伏（mV）、微伏（μV）。它们的关系是

$$1\text{kV} = 10^3\text{V}$$

$$1\text{V} = 10^3\text{mV} = 10^6\mu\text{V}$$

3. 电动势

电动势是指单位正电荷在电源力作用下，自低电位端经电源内部移到高电位端所做的功。其电源可以是化学作用而产生的，也可以是电磁感应作用而产生的。例如电池和发电机。

电动势用符号 e 或 E 表示，其单位也是伏特（V）。

4. 功率

在电路的分析与计算中，还经常用到另外一个物理量——功率。

功率是指单位时间内电场力所做的功。用 p 或 P 表示。

由物理学的知识知道，电场力使电荷 Δq 从 A 点移动到 B 点所做的功

$$\Delta w = (V_A - V_B)\Delta q$$

写成微分形式

$$\mathrm{d}w = (V_A - V_B)\mathrm{d}q$$

而 $i = \mathrm{d}q/\mathrm{d}t$，即 $\mathrm{d}q = i\mathrm{d}t$ 代入上式得

$$\mathrm{d}w = (V_A - V_B)i\mathrm{d}t = U_{AB}i\mathrm{d}t$$

则电场力从 $t_0 \sim t$ 时段所做的功

$$w = \int_{t_0}^{t} U_{AB}i\mathrm{d}t$$

那么单位时间内电场力所做的功即功率为

$$p = \mathrm{d}w/\mathrm{d}t = U_{AB}i \tag{1-2}$$

当电压的单位是伏特，电流的单位是安培时，功率的单位是瓦特，简称瓦（W）。除瓦之外还有千瓦（kW）、毫瓦（mW），它们之间的关系是

$$1\text{kW} = 10^3\text{W} = 10^6\text{mW}$$

三、电压、电流的关联参考方向

在分析和解决较为复杂的电路问题时，各元件上电压、电流的实际方向在分析计算之前很难确定。为此，先假定一个参考方向。

1. 电流的参考方向

习惯上规定正电荷运动的方向为电流的方向。

在电路中，某些元件电流的真实方向往往事先无法判明，特别是对于交流电路，由于电流的方向随时间交变，某一瞬时电流的真实方向更无法判明。为此，在分析计算电路问题时，必须先假定某一元件电流的方向作为参考方向（正方向）。

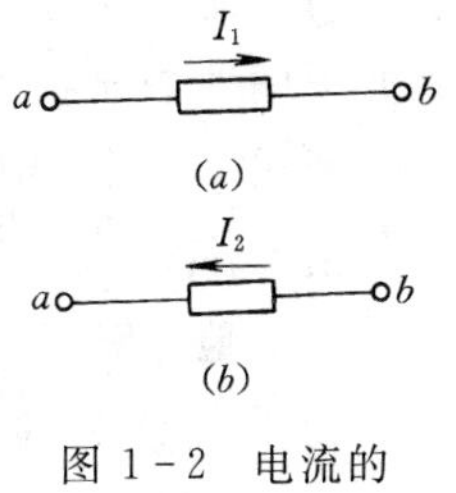

(a)

(b)

图 1-2 电流的参考方向

电流的参考方向一般用箭头表示，如图 1-2 所示。显然，$I_1 = -I_2$。

电流的参考方向实际上是研究电路的参照系，可以任意假定。当

电流的参考方向确定后，如果计算出的电流为正值，说明电流的实际方向与参考方向一致；若计算出的电流为负值，则说明电流的实际方向与参考方向相反。因而，电流是一个代数量，绝对值代表电流的大小，符号表示方向。在没有假定参考方向以前，分析电流的正负是毫无意义的。

2. 电压的参考方向

电路中两点之间电压的方向，是从高电位端指向低电位端的方向，即电位降的方向。

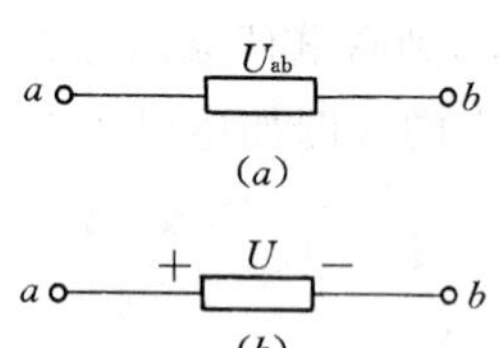

图 1-3　电压的参考方向

在分析电路问题时，也要假定电压的参考方向。和电流一样，电压的参考方向也是任意假定的。一般电压的参考方向用正（+）、负（−）极性符号表示，有时还用双下标形式表示，如图 1-3 所示。

图 1-3（a）、（b）中两种表示方法都是指：由假定的高电位端（a 端）指向低电位端（b 端）。当电压的参考方向确定后，分析或计算出的电压若为正值，说明电压的实际方向与参考方向相同；若为负值，说明电压的实际方向和参考方向相反。因此，电压也是代数量。

3. 电动势的参考方向

电动势的方向是指电位升高的方向，即从低电位指向高电位的方向，刚好与电压的方向相反。也就是说对于同一电源，如果按其真实方向表示出电压、电动势的方向，则此时的电压、电动势均为正值。因此将有 $E=U_S$，它们反应的是同一客观事实：电源正极电位高于电源负极电位。

作为分析与计算电路的一种方法，同样也可以为电动势假定一个参考方向。因此，它和电压、电流一样也是代数量，参考方向的表示方法也相同。如果选取电压 U_S 的参考方向与电动势 E 的参考方向相反，则 $U_S=E$；若两者的参考方向相同，则 $U_S=-E$，如图 1-4 所示。

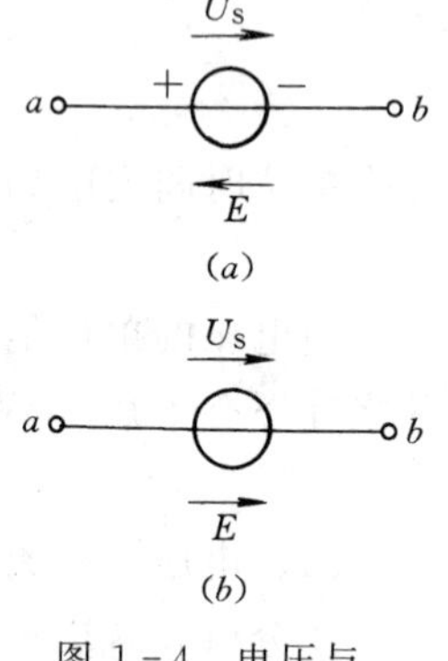

图 1-4　电压与电势的关系

4. 电压、电流的参考方向

从原则上讲，电压、电流的参考方向都是可以任意假定的。但对于电阻元件来说，电压和电流的实际方向总有一个固定关系，即电压是从高电位端指向低电位端；电流是从高电位端流入，从低电位端流出。因此，为了分析、计算的方便，一般情况下，负载元件选取电压的参考方向与电流的参考方向一致，此时，称电压的参考方向与电流的参考方向均为正；反之，若选取电压的参考方向与电流的参考方向不一致，有如下两种情况：

情况 1：当假定电压的参考方向为正时，则称电流的参考方向为负；

情况 2：当假定电流的参考方向为正时，则称电压的参考方向为负。

一般地，对于一段电路上的功率 $P=UI$：

当 $P=UI>0$ 时，表明该段电路吸收（或消耗）功率，即可以视为负载；

当 $P=UI<0$ 时，表明该段电路发出（或释放）功率，即可以视为电源。

第二节　电压源、电流源及等效变换

实际电路中使用的电源种类很多，但按照它们的特点及其共性，可将电源归纳为两大类：电压源及电流源。电压源与电流源是二端有源元件，是组成电路的重要元件之一，是电路中电能的来源。

一、电压源及伏安特性

1. 理想电压源

电源的端电压与输出的电流无关，即 $\frac{\partial u_S}{\partial i}=0$，端电压是给定的时间函数，即 $u=u_S(t)=e(t)$，称其为理想电压源。理想电压源的电流取决于外电路中负载的大小。其电路符号如图 1-5（a）所示。如果理想电压源的电压为常数，即 $u_S=U_S$，这种电源称为直流电压源（又名恒压源）。直流电压源还可以用图 1-5（b）的符号表示，而图 1-5（b）也是电池的图形符号，短线段表示电源的低电位端，长线段表示电源的高电位端。理想电压源的伏安特性如图 1-5（c）所示。

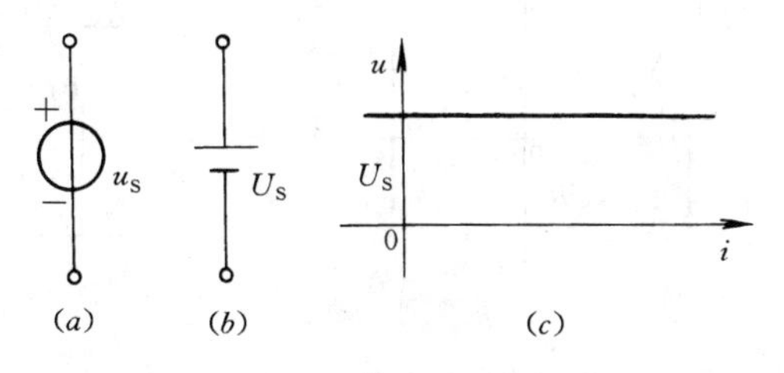

图 1-5　理想电压源及伏安特性

2. 实际电压源特性

实际电路中，理想电压源是不存在的。因为实际电压源内部总是存在着一定的内电阻。因此，电源端电压将随着输出电流的增加而略有下降。这种实际的电压源可以用一个理想电压源与内阻 R_0 的串联来表示，其电路模型如图 1-6（a）所示。

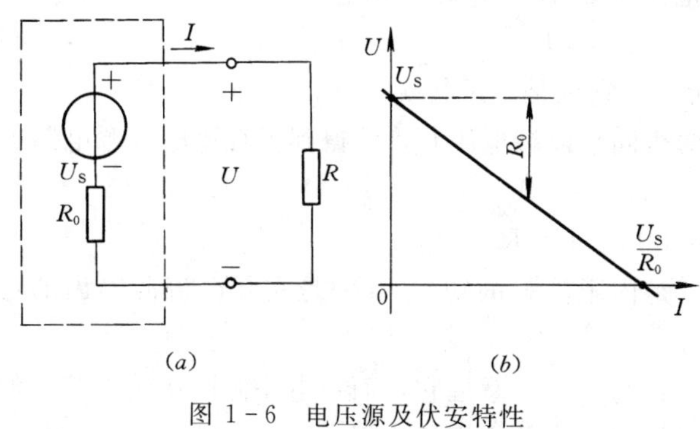

图 1-6　电压源及伏安特性

按图中电压和电流的参考方向，并由物理学中全电路欧姆定律

$$I=\frac{U_S}{R+R_0} \tag{1-3}$$

得 $$IR=U_S-IR_0$$

因 $$U=IR$$

故有 $$U=U_S-IR_0 \tag{1-4}$$

则其电压源的伏安特性如图 1-6（b）所示，它是一条斜线。

在直流电路中，电压、电流等都用大写字母表示。如果将式（1-4）两边同乘以电流 I，就得到了直流电压源的功率平衡方程。

$$UI=U_SI-I^2R_0$$

其中，I^2R_0 是内电阻上消耗的电功率，$UI=I^2R$ 是负载上消耗的电功率，这些都是由电压源提供的，其大小为 U_SI（由于 U_S 与 I 的方向相反，所以电压源输出电功率）。

二、电流源及伏安特性

1. 理想电流源

电源输出的电流与端电压无关，即 $\frac{\partial i_S}{\partial u}=0$，输出电流是给定的时间函数，即 $i=i_S(t)$，称其为理想电流源。理想电流源的电压取决于外电路中负载的大小，其电路符号如图 1-7（a）所示。如果理想电流源的电流为常数，即 $i=I_S$，这种电源称为直流电流源（又名恒流源）。理想电流源的伏安特性如图 1-7（b）所示。这是一条平行于电压轴的直线，说明它的输出电流 $i_S=I_S$，与端电压及负载均无关。

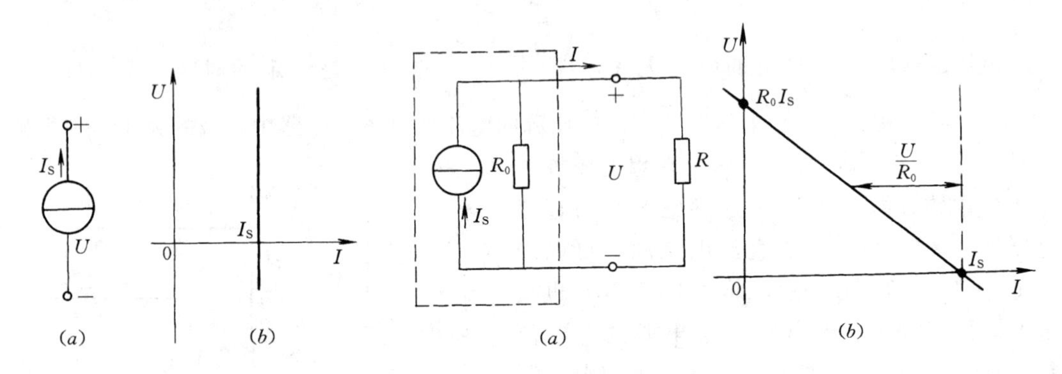

图 1-7 理想电流源及伏安特性　　图 1-8 电流源及伏安特性

2. 实际电流源特性

理想电流源在实际电路中是不存在的，而实际电流源也是有内阻的，其输出电流随端电压的增加而减小。实际的电流源可以用一个恒流源与内阻并联表示，其电路模型如图 1-8（a）所示。

由图 1-8 可知，内阻 R_0 上分得的电流为 U/R_0，所以输出电流

$$I=I_S-U/R_0 \tag{1-5}$$

其电源的伏安特性曲线如图 1-8（b）所示，它也是一条斜线。

在直流电路中，如果将式（1-5）两边同乘以端电压 U，就得到了直流电流源电路的功率平衡方程，即

$$UI=UI_S-U^2/R_0$$

其中，UI_S 是电流源产生的功率，U^2/R_0 是内阻消耗的功率，UI 是实际电流源输出的功率，亦即负载上消耗的功率。

通常，人们对电压源是比较熟悉的，也易于学习掌握它，而对电流源则比较生疏。但是，电流源确实客观存在，特别是在电子线路中有着广泛的应用。

三、电压源与电流源的等效变换

实际电源既有理想电压源与内阻串联而成的电压源，又有理想电流源与内阻并联的电流源，如图 1-9 所示。

由图 1-9（a）所示电路可写出电压源的伏安特性方程为 $U=U_S-IR_0$，等式两边同除以内阻 R_0 并移项得

$$I=U_S/R_0-U/R_0$$

由图1-9（b）所示电路可写出电流源的伏安特性方程为

$$I = I_S - U/R_0$$

比较上列两个方程，若要求电压源与电流源具有相同的伏安特性，使外电路得到相同的端电压和电流，就必须符合下列条件：

（1）与理想电压源串联的内电阻必须等于与理想电流源并联的内电阻。

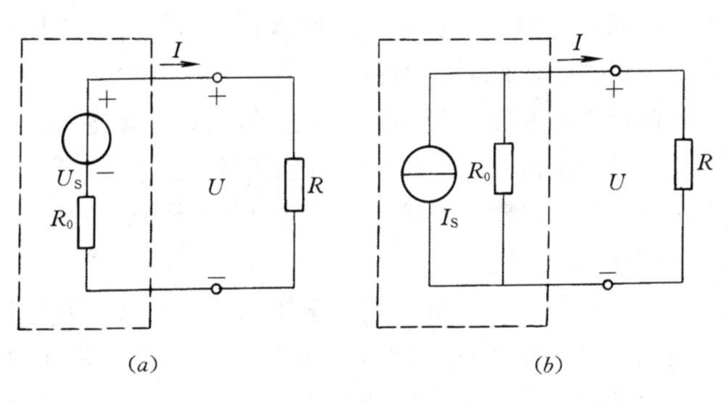

图1-9　电压源与电流源

（2）理想电压源的电压 U_S（或电动势 E）必须等于 I_SR_0（电流源的开路电压），或理想电流源的电流 I_S 必须等于 U_S/R_0（电压源的短路电流）。

（3）理想电压源的电压 U_S（或电动势 E）的方向与理想电流源的电流 I_S 的方向应相反（或与电动势 E 的方向应相同）。

在满足上述条件的情况下，电压源与电流源之间就可以进行等效变换。

四、电路的工作状态

电路运行时，有各种不同的工作状态。其中有的状态并不是正常的工作状态，而是事故状态，应尽量避免和消除。因此，了解并掌握电路处于不同状态的条件及特点乃是安全、正确用电的前提。

1. 开路

开路又叫断路，其典型的开路状态如图1-10所示，电源与负载之间的开关S打开。开路时，电路中的电流为零，相当于负载电阻无穷大，电源的端电压 $U_0 = U_S$，负载的端电压 $U' = 0$，电源输出的功率为零。所以开路又名空载。

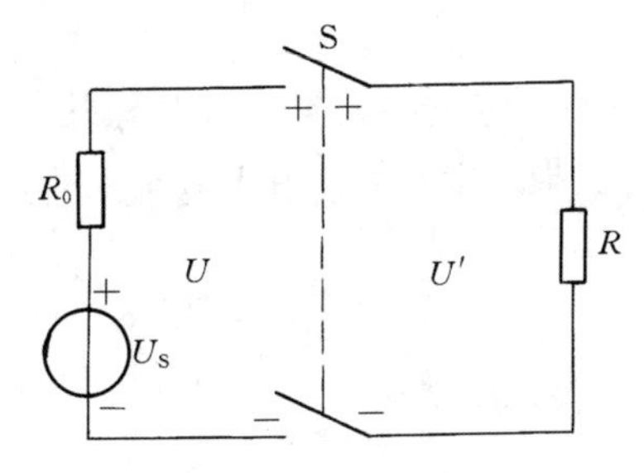

图1-10　电路工作状态

2. 一般工作状态

在图1-10中，合上开关S后，电源与负载接通，电路中产生电流，电路开始了正常的功率转换。此时，电路中的电流、电源端电压及电源输出的功率分别为

$$I = \frac{U_S}{R + R_0};\quad U = IR = U_S - IR_0;\quad P = UI$$

3. 额定工作状态

理论上讲，当电源的电压越高、输出的电流越大时，输出功率就越大。但实际上，电压要受电工设备中绝缘材料的耐压及其它条件的限制，电流要受电工设备温升问题的限制。电压过高和电流过大，都将导致电工设备的损坏。因此，为使电工设备能够长期、正常、安全地运行，必须规定一些必要的限额，这些限额即为额定值，如额定电压、额定电流、额定功率等。

如果电工设备刚好是在额定值下运行，则称为额定工作状态。制造厂家在设计电工设备时，充分考虑了设备运行的经济性、可靠性和使用寿命等诸多因素，经过精确计算得到各个额定值。因此，设备在额定状态下工作时，既充分发挥了设备的能力，又保证了设备的安全可靠性和正常使用寿命，是最经济合理的工作状态。

超过额定值的工作状态称为过载运行。严重过载将导致电气流设备损坏。低于额定值的工作状态称为欠载。欠载时，不仅设备未能充分利用，而且可能使电气设备不能正常工作。

4. 短路与短接

电路中任何一部分电路被电阻为零的导线直接接通，使两端电压降为零叫短接。电源在输出端被短接，称为短路，如图 1－11（a）所示。这时，电源端电压为零，负载电阻上的电流也为零，而电源的输出电流 $I_d = U_S/R_0$，叫短路电流。通常电源内阻很小，故短路电流很大，远大于电源的额定电流，可能会烧坏电源，是一种事故状态。因此，在使用时应注意避免电源短路。

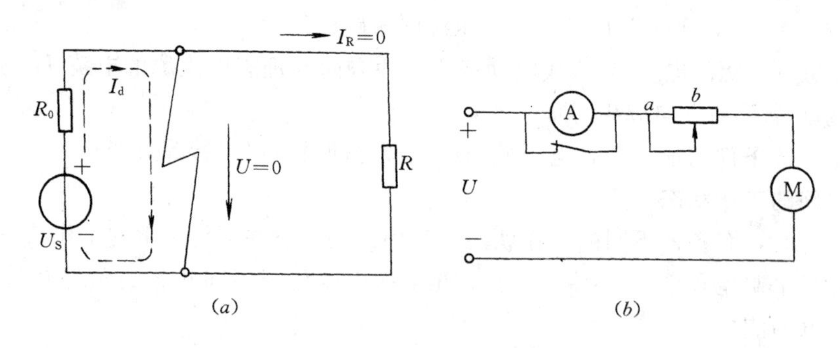

图 1－11　短路与短接

除上述电源短路即事故短路之外，有时由于某种工作需要，将电路的某一部分短接。例如异步电动机在起动时电流很大，为了避免过大的起动电流损坏电流表，在起动时将电流表用开关短接，如图 1－11（b）所示。

第三节　基尔霍夫定律

基尔霍夫定律所阐明的是电路中电流和电压遵循的基本规律，是分析和计算电路问题的基础，具有十分重要的意义。在叙述基尔霍夫定律之前，首先介绍几个有关的名词术语。

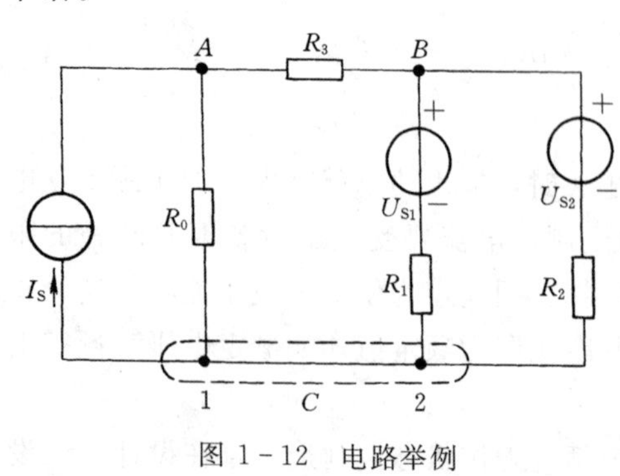

图 1－12　电路举例

支路：电路中一个或若干个元件串联而成的一段电路叫支路。如图 1－12 中有五条支路，其中有的支路含有电源，则称其为有源支路，不含有电源的支路称为无源支路。

节点：电路中三条或三条以上支路的连接点称为节点。如图 1－12 中的 A、B 都是节点，而 1、2 两点是等电位点，从电的性质上看，它们就是一个点，故在图中用虚线标出，表示一

个节点。因此，电路中共有三个节点。

回路：由若干条支路所组成的闭合路径称为回路。图 1-12 中有六个回路，如 $A-R_0-C-I_S-A$；$A-B-R_1-C-I_S-A$；$B-R_2-C-R_0-A-B$ 等都是回路。

网孔：内部不含有支路的回路称为网孔。如图 1-12 所示有三个网孔。

一、基尔霍夫电流定律（KCL）

任一时刻，对电路中任一节点，所有支路电流的代数和恒等于零。这就是基尔霍夫电流定律，又名节点电流定律，简称 KCL（KCL 为“Kirchhoff's Current Law”的缩写），其数学表达式为

$$\sum i(t) = 0 \tag{1-6}$$

若规定流入节点的电流取正值，则流出节点的电流即为负值，反之亦可。因此，在列写节点电流方程之前，必须首先假定各支路电流的参考方向，否则将无法列出方程。如图 1-13 所示的节点 A 中，在图示电流的参考方向下，可写出节点 A 的节点电流方程为

$$I_1 - I_2 + I_3 - I_4 = 0$$

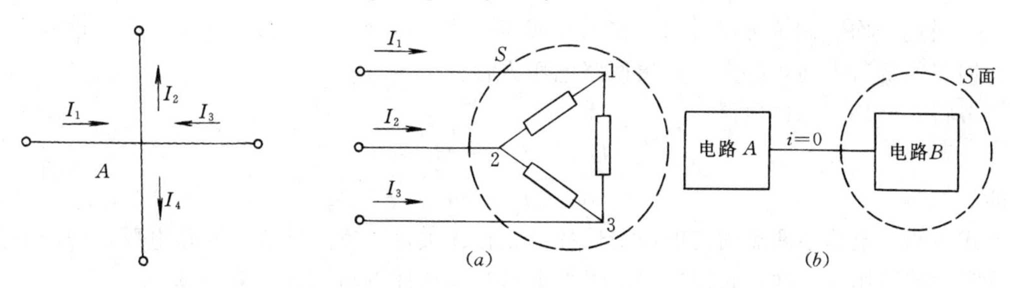

图 1-13　节点

图 1-14　广义节点

基尔霍夫电流定律不仅适用于节点，也可以推广适用电路中任一假设的封闭面，即：在任一时刻，电路中任一封闭面上各支路电流的代数和恒等于零。这种假设的封闭面所包围的区域叫做电路的广义节点。如图 1-14（a）所示，流入封闭面 S 的三个支路电流将有

$$I_1 + I_2 + I_3 = 0$$

如图 1-14（b）所示，电路 A 和电路 B 之间有一条导线相连，作一封闭面 S 包围电路 B，由上述定律得流过导线的电流必然为零。因此得出一个重要结论：电流只能在闭合的电路内流通。

基尔霍夫电流定律与各支路元件的性质无关。因此，不论是线性电路还是非线性电路，它都有普遍的适用性。

二、基尔霍夫电压定律（KVL）

任一时刻，沿闭合回路绕行一周，各支路元件电压的代数和恒等于零。这就是基尔霍夫电压定律，又名回路电压定律，简称 KVL（KVL 为“Kirchhoff's Voltage Law”的缩写），其数学表达式为

$$\sum u(t) = 0 \tag{1-7}$$

在列写回路电压方程时，必须首先假定各支路电流的参考方向和回路电压降的绕行方向。凡电流的参考方向与回路绕行方向相同的，则其电流在电阻上所形成的电压取正号，

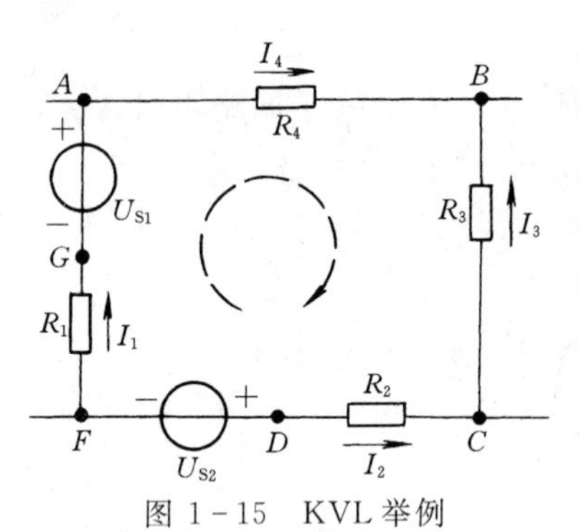

图 1-15　KVL 举例

反之取负号；凡电源电压的参考方向与回路的绕行方向相同的，则其电压前取正号，反之取负号。如图 1-15 所示的某一电路中的一个回路，它由 4 条支路组成。选各支路电压分别为 U_{AB}、U_{BC}、U_{CF}、U_{FA}，回路线行方向为顺时针，则有

$$U_{AB}+U_{BC}+U_{CF}+U_{FA}=0 \quad (1-8)$$

根据元件电压、电流关系，将有

$$U_{AB}=I_4R_4$$

$$U_{BC}=-U_{CB}=-(I_3R_3)=-I_3R_3$$

$$U_{CF}=U_{CD}+U_{DF}=-I_2R_2+U_{S2}$$

$$U_{FA}=U_{FG}+U_{GA}=I_1R_1-U_{AG}=I_1R_1-U_{S1}$$

把此四式代入式（1-8）并整理得

$$I_4R_4-I_3R_3-I_2R_2+U_{S2}+I_1R_1-U_{S1}=0$$

通过上面的例子可以看出，在列写回路电压方程前，若不假设各支路电流的参考方向及回路的绕行方向，将无法列出回路电压方程。

将式（1-8）移项得

$$-U_{AB}=U_{BC}+U_{CF}+U_{FA}$$

即

$$U_{BA}=U_{BC}+U_{CF}+U_{FA}$$

上式表明了电路中两点间的电压与选择的路径无关这一重要性质。回路电压定律与节点电流定律的适用性一样，它也适用于线性电路和非线性电路的分析与计算。

在分析、计算电路问题时，只要由节点电流定律或回路电压定律列写出方程，其求解就是纯数学问题。故这里不再讨论方程中正、负号的问题。

第四节　电路的基本分析方法

在物理学中，能够用电阻串、并联将电路化简，并用欧姆定律直接求解的电路，都是简单电路。从本节开始，我们将介绍复杂电路的分析与计算。其主要内容是给定电路的结构及元件的参数，要求计算出电路中各支路的电流或电压，有时还要求计算元件的功率等。

不论实际电路如何复杂，它们都是由支路和节点组成。因此，各支路电流和各部分电压必定遵循基尔霍夫的两个定律及欧姆定律，它们是分析与计算电路的理论基础和基本工具。解决复杂电路问题的基本方法有支路电流法、回路电流法和节点电压法。这里只介绍支路电流法和节点电压法。

一、支路电流法

支路电流法是以支路电流为求解变量，根据 KCL 和 KVL 及欧姆定律，直接列写出电路中的节点电流方程和回路电压方程，然后联立求解，求出各支路电流。

在电路中如果有 b 条支路，应用支路电流法计算各支路电流时，就必须列写出 b 个独立的方程。网络拓扑学理论指出：若电路中有 b 条支路、n 个节点和 m 个网孔时，将有

$n-1$个独立的节点电流方程和 m 个独立的回路电压方程，且 $b=m+n-1$。

对于图 1-16 所示发电机与蓄电池并联运行的汽车直流电路，它有三条支路、两个节点及两个网孔。若电路中的电阻与电压均已知，要求计算各支路电流。

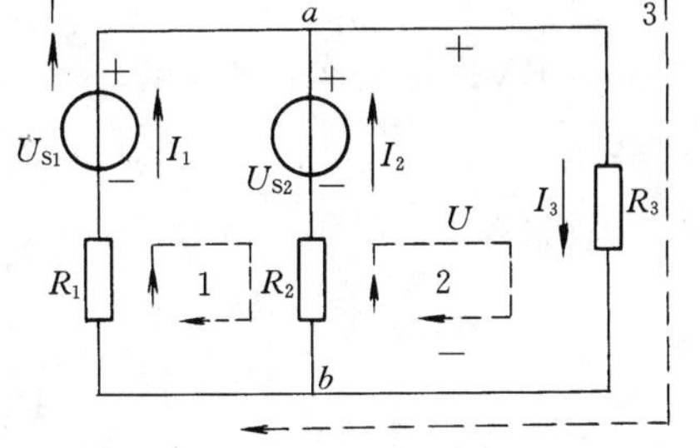

图 1-16　发电机与蓄电池并联

首先应假设各支路电流的参考方向和回路的绕行方向，为了叙述方便对各节点标上字母，如图 1-16 所示，根据 KCL 应有

节点 a　　$I_1+I_2-I_3=0$

节点 b　　$-I_1-I_2+I_3=0$

比较上面两式可知，只有一个 $n-1$ 是独立的。

根据 KVL 有

回路 1　　$$U_{S2}-I_2R_2+I_1R_1-U_{S1}=0 \tag{1-9}$$

回路 2　　$$I_3R_3+I_2R_2-U_{S2}=0 \tag{1-10}$$

回路 3　　$$I_3R_3+I_1R_1-U_{S1}=0 \tag{1-11}$$

如果把式（1-9）、式（1-10）两式相加，恰好得到式（1-11）。因此，只有两个（即 $m=2$）独立的回路电压方程。对上述电路任选一个节点电流方程和两个独立的回路电压方程联立求解，即可求出三个未知电流。

综上所述，用支路电流法求解电路问题的步骤如下：

（1）在电路图中先假设各支路电流的参考方向和网孔（回路）的绕行方向，并对各节点标上符号。

（2）根据基尔霍夫电流定律列出 $n-1$ 个独立的节点电流方程。

（3）根据基尔霍夫电压定律列出 m 个独立的回路电压方程。

（4）对所列上述方程联立求解，即可求出各支路电流。

为了保证列出的回路电压方程是独立的，每一个回路电压方程中必须有一条未被其它回路列写过的新支路。对平面电路一般用网孔作回路，所列的方程是独立的，是一种简捷的方法。对于非平面电路，独立回路可用网络拓扑方法选择。当电路中有理想电流源时，电流源支路电流即为已知，这时可少列一个回路电压方程，但其它回路电压方程中不能包括理想电流源支路。

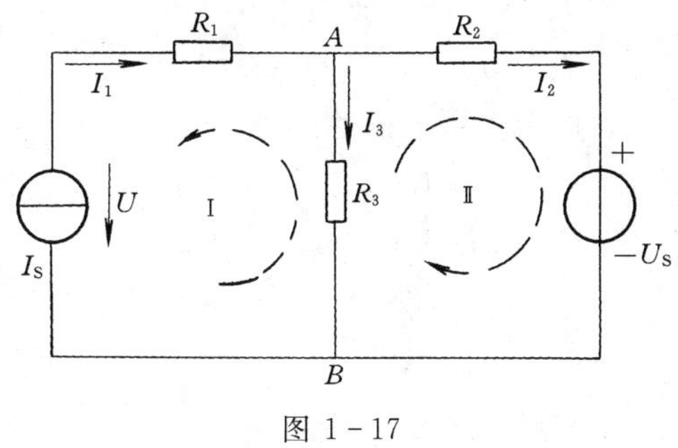

图 1-17

【例 1-1】　电路如图 1-17 所示。已知 $I_S=2$ A，$U_S=40$ V，$R_1=50$ Ω，$R_2=20$ Ω，$R_3=30$ Ω，试求各支路电流及电流源的端电压 U。

分析　首先应假设各支路电流及回路参考方向，如图 1-17 所示。由于电路中有理想电流源 I_S，因此理想电流源支路电流 I_1 为已知，可少列一回路电压方程，故只假设回路Ⅱ的绕行方向即可。

【解】　由 KCL 得

节点 A　　$I_S - I_3 - I_2 = 0$

由 KVL 得

回路 Ⅱ　　$I_2R_2 + U_S - I_3R_3 = 0$

代入数据得

$$2 - I_3 - I_2 = 0$$

$$20I_2 + 40 - 30I_3 = 0$$

联立求解得

$$I_2 = 0.4\text{A}, I_3 = 1.6\text{A}$$

回路 Ⅰ　　$U - I_3R_3 - I_SR_1 = 0$

$$U = I_3R_3 + I_SR_1$$

代入数据得　　$U = 1.6 \times 30 + 2 \times 50 = 148\ (\text{V})$

对于复杂电路，当支路数较多时，方程的个数必将很多。虽然列写方程较容易，但手工联立求解相当繁琐，应用电子计算机求解是比较容易的。

二、节点电压法

节点电压法先是以节点的电压作为求解对象，根据基尔霍夫电流定律建立方程组，解出各节点电压，然后再由支路电压、电流关系最后求解出各支路电流。

由于节点的电位是相对的，因此，要选择一个节点作为参考节点，并设该节点电位为零，则其余各节点相对于参考点的电压，就是该点的电压。当电压求出后，由于电路的支路都是在节点之间，则支路上的电压就是支路上两节点间的电压差。

由于独立的节点电流方程有 $n-1$ 个，相对参考点而言，待求的节点电压也有 $n-1$ 个。因此，只要把节点电流方程中的 b 个电流用 $n-1$ 个节点电压表示，最后就得到 $n-1$ 个独立的节点电压方程。节点电压法使方程的求解个数减少，解决问题方便。

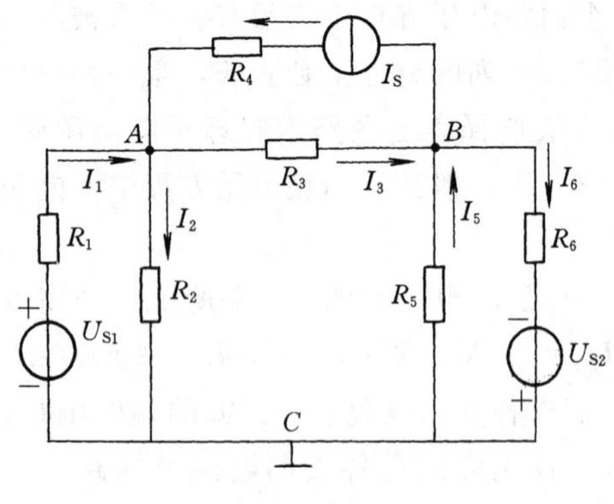

图 1-18　三节点电路

下面用一实例讨论列写节点电压方程的一般规律。

如图 1-18 所示的直流电路中，有 3 个节点。选 C 点作为参考点，并假设出各支路电流的参考方向，则根据基尔霍夫电流定律列写方程有

节点 A　　$I_1 - I_2 - I_3 + I_S = 0$

节点 B　　$I_3 + I_5 - I_6 - I_S = 0$

各支路电压、电流关系的表达式为

$$U_A = -I_1R_1 + U_{S1};\quad U_A = I_2R_2;$$

$$U_A - U_B = I_3R_3;\quad U_B = -I_5R_5;$$

$$U_B = I_6R_6 - U_{S2}$$

所以各支路电流分别为

$$I_1 = \frac{U_{S1} - U_A}{R_1};\quad I_2 = \frac{U_A}{R_2};\quad I_3 = \frac{U_A - U_B}{R_3};$$

$$I_5=\frac{-U_B}{R_5};\quad I_6=\frac{U_{S2}+U_B}{R_6}$$

将上面各支路电流分别代入节点 A、B 的电流方程并整理得

节点 A
$$\left(\frac{1}{R_1}+\frac{1}{R_2}+\frac{1}{R_3}\right)U_A-\frac{1}{R_3}U_B=I_S+\frac{U_{S1}}{R_1}$$

节点 B
$$-\frac{1}{R_3}U_A+\left(\frac{1}{R_3}+\frac{1}{R_5}+\frac{1}{R_6}\right)U_B=-I_S-\frac{U_{S2}}{R_6}$$

为了方便，上述两式也可写成支路电导表达式

$$(G_1+G_2+G_3)U_A-G_3U_B=I_S+G_1U_{S1}$$
$$-G_3U_A+(G_3+G_5+G_6)U_B=-I_S-G_6U_{S2}$$

从上式看出，对于节点 A 的方程，节点电压 U_A 前的系数 $G_1+G_2+G_3$ 是与节点 A 连接的各支路（不含电流源支路）电导之和，称其为节点 A 的“自电导”，节点电压 U_B 前的系数 G_3 是节点 A 与相邻节点 B 之间的电导，称之为“互电导”。对于节点 B 的方程也有相似的结果。

根据上面分析可总结出列写节点电压方程的一般规律：某节点电压乘以自电导，减去所有相邻节点的电压乘以互电导，等于与该节点相连的电流源电流的代数和，再加上与该节点相联的电压源的电压乘以电压源支路电导的代数和。对于电流源，流入节点的电流取正，反之取负；对于电压源，电压“+”极靠近该节点取正，反之取负。

在列写方程时应注意：①各支路电流的参考方向与所列节点电压方程中各量的正、负号无关；②与电流源串联的电阻（如 R_4）在方程中不出现，对结果无影响；③若支路中只有理想电压源（如 U_{S1}），而无串联电阻（如 R_1）时，则该节点的电压为已知（如 A 点电压 $U_A=U_{S1}$），此时，可少列一个节点电压方程。

当电路节点少回路多时，用节点电压法解题的优越性非常明显。

【例 1-2】　如图 1-19 所示的直流电路中，已知电源电压 $U_{S1}=50$ V，$U_{S2}=40$ V，电阻 $R_1=10$ Ω，$R_2=20$ Ω，$R_3=40$ Ω，$R_4=20$ Ω，$R_5=2$ Ω，试用节点电压法求各支路电流。

分析　此题若用支路电流法，需列两个节点电流方程和三个回路电压方程，共计五个方程联立求解，可求出各支路电流，但其求解过程相当繁琐。用节点电压法只列两个方程，求出两个节点电压后再用支路电压方程即可求出各支路电流，解题步骤清楚。

【解】　以节点 C 为参考点，则

节点 A
$$\left(\frac{1}{R_1}+\frac{1}{R_3}+\frac{1}{R_5}\right)U_A-\frac{1}{R_5}U_B=\frac{U_{S1}}{R_1}$$

节点 B
$$-\frac{1}{R_5}U_A+\left(\frac{1}{R_2}+\frac{1}{R_4}+\frac{1}{R_5}\right)U_B=\frac{U_{S2}}{R_2}$$

代入数据

$$\left(\frac{1}{10}+\frac{1}{40}+\frac{1}{2}\right)U_A-\frac{1}{2}U_B=\frac{50}{10}$$
$$-\frac{1}{2}U_A+\left(\frac{1}{20}+\frac{1}{20}+\frac{1}{2}\right)U_B=\frac{40}{20}$$

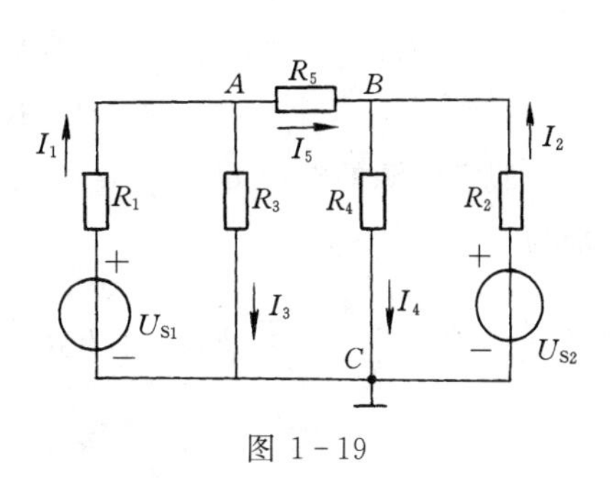

图 1-19

解之得 $$U_A = 32\ \text{V};\quad U_B = 30\ \text{V}$$
由 $$U_A = I_3R_3$$
得 $$I_3 = U_A/R_3 = 32/40 = 0.8\ (\text{A})$$
由 $$U_A - U_B = U_{AB} = I_5R_5$$
得 $$I_5 = (U_A - U_B)/R_5 = (32 - 30)/2 = 1\ (\text{A})$$
则 $$I_1 = I_3 + I_5 = 0.8 + 1 = 1.8\ (\text{A})$$
由 $$U_B = I_4R_4$$
得 $$I_4 - U_B/R_4 - 30/20 = 1.5\ (\text{A})$$
则 $$I_2 = I_4 - I_5 = 1.5 - 1 = 0.5\ (\text{A})$$

通过例 1-2 可以看出，用节点电压法解题比较方便，且求支路电流时的方法也可多样，如求 I_1 还可以列支路 1 的电压方程 $U_A = -I_1R_1 + U_{S1}$，则 $I_1 = (U_{S1} - U_A)/R_1 = (50-32)/10 = 1.8$ (A)，与上述结果相同。

第五节　电路的基本定理

一、叠加原理

叠加原理是线性电路的一个重要性质。在线性电路中，当有两个或两个以上的独立电源同时作用时，任一支路的电流或电压，都可以看成是由电路中各个独立电源单独作用时，在该支路中产生的电流或电压的代数和。

下面通过图 1-20 所示的具体直流电路说明叠加原理的内容。

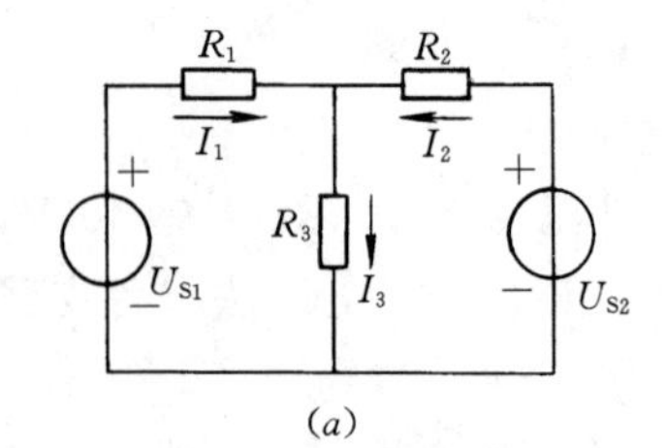

(a)

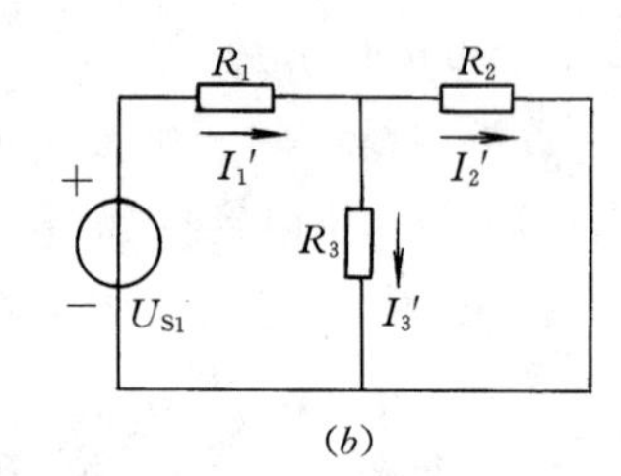

(b)

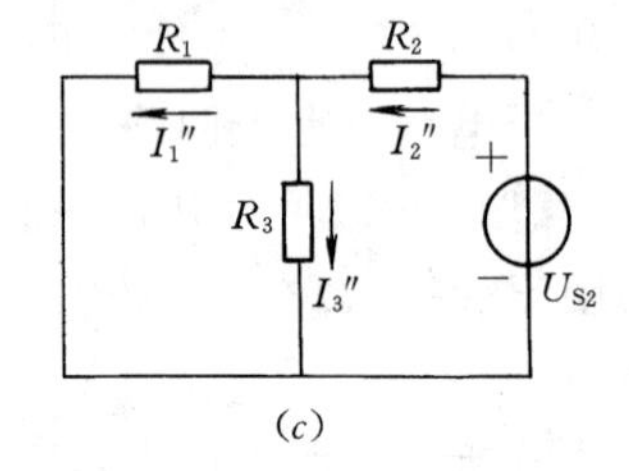

(c)

图 1-20　叠加原理

假设各支路电流的参考方向如图 1-20 (*a*) 所示，根据支路电流法，列出一个独立的节点电流方程和两个独立的网孔电压方程，即

$$I_1 + I_2 - I_3 = 0$$

$$I_1R_1 + I_3R_3 - U_{S1} = 0$$

$$I_2R_2 + I_3R_3 - U_{S2} = 0$$

假定电源的电压 U_{S1}、U_{S2} 和电阻 R_1、R_2、R_3 均为已知，则可解出三个支路电流分别为

$$I_1 = \frac{R_2 + R_3}{R_1R_2 + R_2R_3 + R_3R_1}U_{S1} - \frac{R_3}{R_1R_2 + R_2R_3 + R_3R_1}U_{S2}$$

$$I_2 = \frac{R_3}{R_1R_2 + R_2R_3 + R_3R_1}U_{S1} + \frac{R_1 + R_3}{R_1R_2 + R_2R_3 + R_3R_1}U_{S2}$$

$$I_3 = \frac{R_2}{R_1R_2 + R_2R_3 + R_3R_1}U_{S1} + \frac{R_1}{R_1R_2 + R_2R_3 + R_3R_1}U_{S2}$$

分析以上电流的表达式可发现，各支路电流都是由两个分量叠加而成的，其中一个分量只与 U_{S1} 有关，另一个只与 U_{S2} 有关。

当电源 U_{S1} 单独作用时，如图 1－20（*b*）所示，有

$$I'_1 = \frac{U_{S1}}{R_1 + (R_3 \mathbin{/\!/} R_2)} = \frac{R_2 + R_3}{R_1R_2 + R_2R_3 + R_3R_1}U_{S1}$$

当电源 U_{S2} 单独作用时，如图 1－20（*c*）所示，有

$$I''_1 = \frac{U_{S2} - I''_2R_2}{R_1} = \frac{U_{S2}}{R_1} - \frac{(R_1 + R_3)R_2}{R_1(R_1R_2 + R_2R_3 + R_3R_1)}U_{S2} = \frac{R_3}{R_1R_2 + R_2R_3 + R_3R_1}U_{S2}$$

可见 $I_1 = I'_1 - I''_1$，说明 I_1 支路的电流是由电路中各个独立电源单独作用时，在该支路中产生的电流的代数和。用同样的方法也可以求出 I_2、I_3 及各支路的电压。

应用叠加原理时应注意：①叠加原理只适用于线性电路，即电路中各元件的电压、电流关系为线性；②只有一个电源单独作用是指，假设其余电压源的电压为零（即短接），内阻保留；其余电流源的电流为零（即开路），内阻保留；③所谓代数和是指当原电路中支路的电流（或电压）方向确定后，对应的电流（或电压）分量的参考方向如与原支路电流（电压）方向一致取正值；反之取负值；④叠加原理只适于电流和电压，不能用来计算功率，因为功率与电流（电压）之间是平方关系（非线性关系）。

叠加原理不仅适用于解决线性电路问题，对其它学科的线性问题同样适用，如分析电机内部的磁场问题等。

【例 1－3】　已知直流电路如图 1－21（*a*）所示，电源电压 U_S＝24 V，I_S＝1.5 A，R_1＝10 Ω，R_2＝20 Ω。试用叠加原理计算支路电流 I_1 及 I_2。

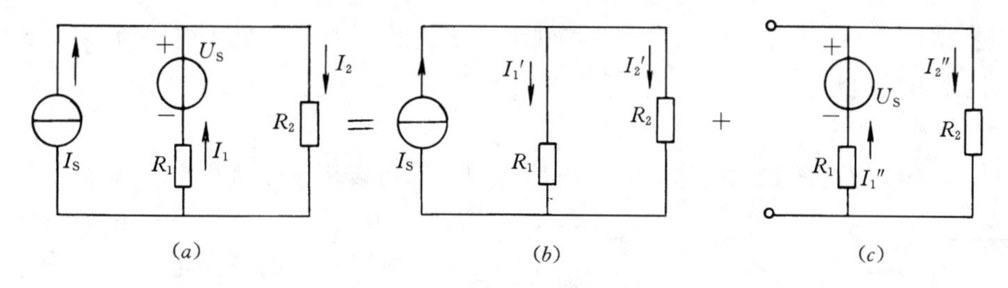

图 1－21

分析　先假设支路电流 I_1 及 I_2 的参考方向，然后画出各电源单独作用时的电路图并标上各电流分量的参考方向，如图 1－21（*b*）、（*c*）所示，最后分别计算各电流。

【解】　电流源 I_S 单独作用时

$$I'_1 = I_S\frac{R_2}{R_1 + R_2} = 1.5 \times \frac{20}{10 + 20} = 1\ (\text{A})$$

$$I'_2 = I_S\frac{R_1}{R_1 + R_2} = 1.5 \times \frac{10}{10 + 20} = 0.5\ (\text{A})$$

电压源 U_S 单独作用时

$$I''_1 = I''_2 = \frac{U_S}{R_1 + R_2} = \frac{24}{10 + 20} = 0.8\ (\text{A})$$

所以
$$I_1 = -I'_1 + I''_1 = -1 + 0.8 = -0.2\ (\mathrm{A})$$
$$I_2 = I'_2 + I''_2 = 0.5 + 0.8 = 1.3\ (\mathrm{A})$$

应用叠加原理可把一个复杂的电路分解成几个较简单的电路，以便分析求解，因此它也是求解电路的一种方法。

二、二端网络及戴维南定理

在计算一个复杂电路的全部电流时，可以根据电路结构，选择前面介绍过的任何一种较方便的方法。但在实际应用中，有时不需要把所有的电流都求出来，而只求某一特定支路的电流或电压，在这种情况下，利用戴维南定理（等效电源定理）较方便。在介绍戴维南定理之前，先要理解二端网络的基本概念。

1. 二端网络

任何一个电路，不论它有多复杂，只要它具有两个出线端，而不管其内部结构如何，都称其为二端（单端口）网络。二端网络依据它的内部是否含有电源，又分为有源二端网络和无源二端网络，如图 1-22（*a*）、（*c*）所示。

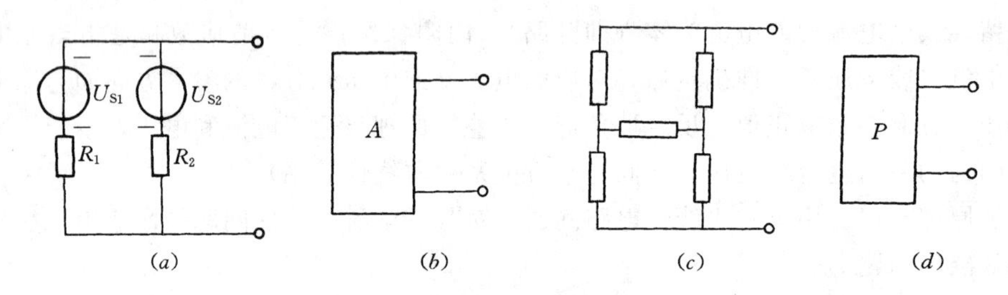

图 1-22　二端网络

对于二端网络，通常用一方框来表示，有源网络用 *A* 表示，无源网络用 *P* 表示，如图 1-22（*b*）、（*d*）所示。对于一个二端网络，从它的一个端钮流入的电流一定等于从另一个端钮流出的电流。

2. 戴维南定理

任何一个线性有源二端网络，对外电路来说，都可以用一个等效电压源来代替，如图 1-23 所示。这个等效电压源的电压 U_S 等于二端网络的开路电压 U_0，其内阻 R_0 等于把有源二端网络内部的电源都去掉（把电流源开路、电压源短路，内阻保留）后，所得无源二端网络的入端电阻。所谓入端电阻，即从端口看进去的等效电阻。

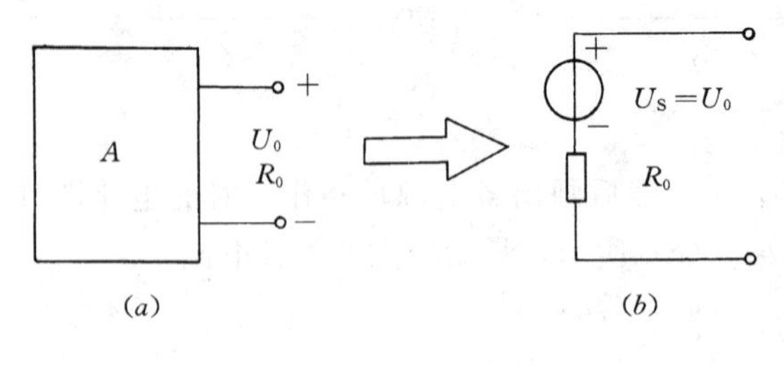

图 1-23　戴维南定理示意图

由此可见，应用戴维南定理关键是求解二端网络的开路电压及入端电阻。

开路电压的求法通常有两种：①计算法，前面讲述的分析计算方法都可以使用；②实验法，在端口接上电压表，测出有源二端网络的开路电压 U_0，它就是等效电压源的电压 U_S。

入端电阻的求法有 3 种：

1）对于较简单的电路，可直接去掉内部电源，使用电阻的串、并联来求解。

2）对于稍复杂的电路，可用开路电压短路电流法，先解出二端网络的开路电压 U_0，再求出将端口短路的短路电流 I_d，则其入端电阻 $R_0=U_0/I_d$。应注意，此法在理论计算中可用，但对实际的有源电路一般不允许短路。

3）把网络内部电源都去掉，对新的无源二端网络的端口，外加一理想电压源 U，求其入端电流 I，则入端电阻 $R_0=U/I$。这就是所谓加激励求响应法。

对于实际的无源二端网络，还可以用仪表直接测出其入端电阻，也可用加激励求响应法求得。

【例 1-4】　已知直流电路如图 1-24（a）所示，$U_{S1}=140$ V，$U_{S2}=90$ V，$R_1=20$ Ω，$R_2=5$ Ω，$R_3=6$ Ω。用戴维南定理求通过 R_3 支路的电流 I_3。

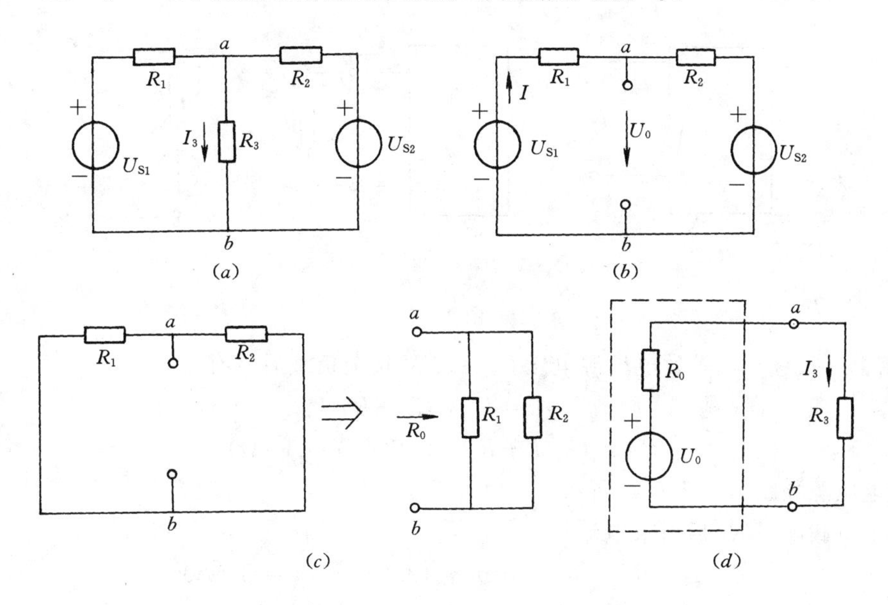

图 1-24

分析　用戴维南定理求 I_3 时，应先断开 R_3 支路，求其断开后的开路电压及无源二端电路的等效电阻，得化简电路后，即可求解 I_3。

【解】　断开 R_3，如图 1-24（b）所示，此时电路中电流

$$I=\frac{U_{S1}-U_{S2}}{R_1+R_2}=\frac{140-90}{20+5}=2\ (\text{A})$$

所以

$$U_0=U_{S1}-IR_1=140-2\times 20=100\ (\text{V})$$

等效电阻 R_0 如图 1-24（c）所示

则

$$R_0=\frac{R_1R_2}{R_1+R_2}=\frac{20\times 5}{20+5}=4\ (\Omega)$$

戴维南等效电路如图 1-24（d）所示

求得

$$I_3=\frac{U_0}{R_0+R_3}=\frac{100}{4+6}=10\ (\text{A})$$

U_0 为正值，说明参考方向与实际方向相同，即 a 点电位高，b 点电位低，所以等效

电源正极应对向 a 点。

通过例 1-4 可以看出，对于一个复杂电路，如果只求解某一支路的电流或电压，用戴维南定理是比较方便的，其一般解题步骤如下：

(1) 先将要研究的支路断开，把电路的其余部分看作有源二端网络。

(2) 求出有源二端网络的开路电压（等效电源电压 U_0）及等效电阻 R_0。

(3) 画出等效电压源并把所研究支路接到电压源上。

(4) 根据戴维南等效电路，可求出待求支路的电流或电压。

【例 1-5】 一直流有源二端网络的开路电压 $U_0=12$ V，如图 1-25（a）所示，在它的端口接上负载电阻 $R=5$ Ω 时，测出其端口电流 $I=2$ A [图 1-25（b）]，试求其等效电压源。若接上负载电阻 $R_1=11$ Ω 时，负载电流 I_1 为多少？

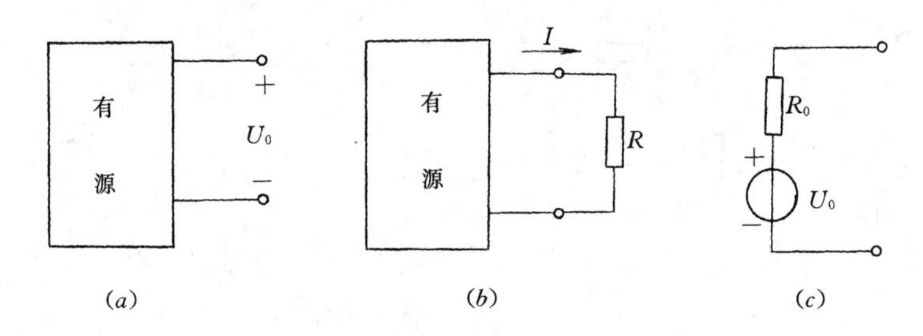

图 1-25

【解】 按题意，等效电压源电压 $U_0=12$ V 接上负载后将有

$$I=U_0/(R_0+R)$$

则

$$R_0=U_0/I-R=12/2-5=1\ (\Omega)$$

其等效电压源如图 1-25（c）所示。

接上负载电阻 R_1 后所求电流

$$I_1=U_0/(R_0-R_1)=12/(1-11)=1\ (\text{A})$$

【例 1-6】 在图 1-26（a）所示二端电路中，当外接电阻 R 可变时，问 R 为何值它才能从电路中吸收最大的功率？并求此最大功率。

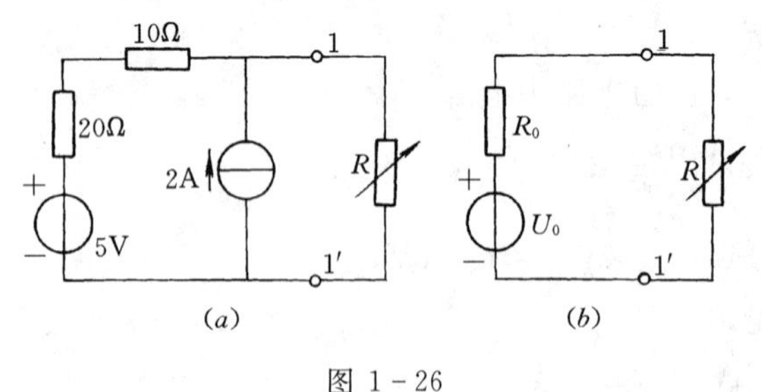

图 1-26

【解】 二端电路的开路电压

$U_0=$（10+20）×2+5=65（V）

电路的等效电阻

$R_0=10+20=30$（Ω）

其戴维南等效电路如图 1-26（b）所示。

电阻 R 的改变并不影响原电路的戴维南等效电路。这样用图 1-26（b）可求得电阻 R 在原电路中吸收的电功率为

$$P=I^2R=U_0^2R/(R_0+R)^2$$

因 R 可变，最大功率值发生在 $\mathrm{d}P/\mathrm{d}R=0$ 的条件下。不难得出，当负载电阻 R 等于电源内阻时，它能获得最大功率。故 $R=30$ Ω 时才能获得最大电功率，且最大功率

$$P_{\max}=I^2R=U_0^2R/(R_0+R)^2=U_0^2/4R_0=65^2/(4\times 30)=35.21\ (\text{W})$$

从例 1-6 可看出，负载获得最大功率的条件是负载电阻值等于电源内阻值。亦称为负载与电源的匹配，简称匹配。

在电力系统中，若在匹配状态下运行，传输效率很低，只有电源发出功率的 50%，是很不经济的。而在一般电子线路中，传输功率小，传输效率的高低已属次要，主要考虑的是负载能获得的最大功率。因此，要求负载与信号源匹配。

第六节　一阶电路的时域响应

前面所研究的是直流稳态电路。所谓稳态就是电路中的电压、电流值在给定条件下，已达到稳定数值，与时间没有关系。但在含有电容、电感的储能元件电路中，当电路状态或电路中的参数等突然发生变化时（通常称换路），电路将从原来的稳态变到新的稳态，这种稳定状态的改变一般不会在一瞬时完成，而需要一段时间，即电路中的电量是时间的函数，因此称其为电路的时域响应（又称过渡过程）。

要研究电路的时域响应，首先要研究换路定律及储能元件初始值的确定。

一、换路定律

由物理学的知识知道，电容和电感分别是储存电场能量和储存磁场能量的储能元件。它们的特性各有不同，下面分别研究它们的特性。

1. 电容元件

任一瞬时，电容元件上的电荷量 $q(t)$ 的大小，取决于同一瞬时电容元件两端的电压 $u(t)$，它们之间成正比关系，即 $q(t)=Cu(t)$，或写成 $C=q(t)/u(t)$。C 为电容元件的电容值，是一种电路参数，其单位为法拉，简称法(F)。其它辅助单位有微法(μF) 和皮法(pF)，它们之间的关系为

$$1\text{F}=10^{6}\mu\text{F}=10^{12}\text{pF}$$

通常所说的电容元件，均指线性电容，即 C 为常数。

当电容元件储存的电荷发生变化时，电路中就有电荷移动形成的电流，假定电容两端的电流、电压为关联参考方向（电压、电流的参考方向一致），且电流流向正电荷极板，如图 1-27 所示，则

$$i(t)=\mathrm{d}q(t)/\mathrm{d}t=\mathrm{d}[Cu(t)]/\mathrm{d}t=C\mathrm{d}u(t)/\mathrm{d}t$$

若选 $u(t)$ 与 $i(t)$ 的参考方向相反，则上式应写为

$$i(t)=-C\mathrm{d}u(t)/\mathrm{d}t$$

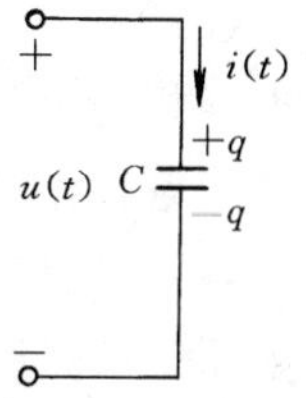

图 1-27　电容元件

由上面的式子可知，电容上的电流大小取决于电容电压的变化率。由于实际的电容电流不可能为无限大，因此 $\mathrm{d}u(t)/\mathrm{d}t$ 必然为有限值，亦即电容电压 $u(t)$ 只能连续变化，不能发生突变。

当 $u(t)$ 为直流电压 U 时，$\mathrm{d}u/\mathrm{d}t=0$，即 $i(t)=0$，在此条件下，电容相当于开路。

设电容电路在 $t=0$ 瞬时换路，而以 $t=0_-$ 表示换路前的瞬间，$t=0_+$ 表示换路后的瞬间。由于电容电压在换路前后不能跃变，所以有

$$u_C(0_+)=u_C(0_-)$$

上式称为电容电路的换路定律。

2. 电感元件

导线中有电流通过时，其周围就形成电磁场。如果把导线绕成线圈的形式，而且略去线圈的电阻，这样的线圈称为电感元件。当通过线圈的电流 $i(t)$ 发生变化，则与线圈各匝所交链的磁通之和 $\Psi(t)$ 也将发生变化，如果它们的参考方向符合右手螺旋定则，有 $\Psi(t) = Li(t)$，或改写为 $L = \Psi(t)/i(t)$。L 称为电感元件的电感值，它也是一种电路参数，其单位为亨利，简称亨（H）。其它辅助单位有毫亨（mH），它们之间的关系为

$$1\text{H} = 10^3\text{mH}$$

通常所说的电感，均指线性电感，即电感值为常数。

若取电感上的电流和电压为关联参考方向，且与电感的感应电动势 $e(t)$ 的参考方向一致，如图 1－28 所示，则由电磁感应定律

$$e(t) = -\mathrm{d}\Psi/\mathrm{d}t$$

得

$$u(t) = -e(t) = \mathrm{d}\Psi(t)/\mathrm{d}t = L\mathrm{d}i(t)/\mathrm{d}t$$

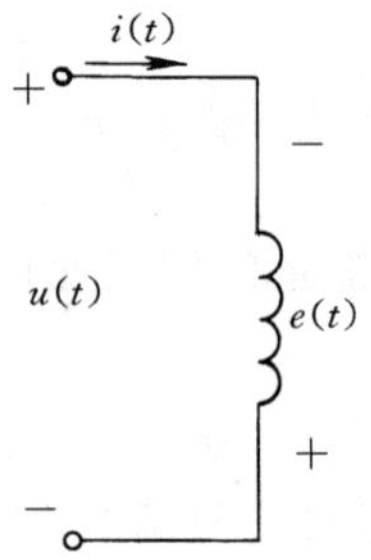

若取 $i(t)$ 与 $u(t)$ 的参考方向相反，则上式应改写为

$$u(t) = -L\mathrm{d}i(t)/\mathrm{d}t$$

上式说明，在任一瞬时，电感上的电压取决于该时刻电感电流的变化率，而与电感电流的大小无关。由于实际电路中电压为有限值，因此 $\mathrm{d}i(t)/\mathrm{d}t$ 也为有限值，亦即电感电流不能突变。

当电感电流 $i(t)$ 为直流电流 I 时，$\mathrm{d}i/\mathrm{d}t=0$，即 $u(t)=0$，电感元件在此条件下相当于短路。

图 1－28　电感元件

由上面分析可知，电感电流在换路前后不能突变，则有

$$i_{\mathrm{L}}(0_+) = i_{\mathrm{L}}(0_-)$$

上式称为电感电路的换路定律。

3. 初始值的确定

首先计算换路前 $t=0_-$ 时刻的 $u_{\mathrm{C}}(0_-)$ 和 $i_{\mathrm{L}}(0_-)$，根据换路定律即可确定 $u_{\mathrm{C}}(0_+)$ 和 $i_{\mathrm{L}}(0_+)$ 的值。如果换前电路处于稳态，对于直流电路，则在 $t=0_-$ 时，电路中电容相当于开路，电感相当于短路。

电容元件的电流、电感元件的电压、电阻元件的电流及电压，其初始值是可以突变的，一般应先按换路定律确定电路中 $u_{\mathrm{C}}(0_+)$ 和 $i_{\mathrm{L}}(0_+)$ 的值，再应用基尔霍夫定律，解出电路中换路后的其它初始值。

二、*RC* 电路的时域响应

在 *RC* 电路中，电阻的伏安特性是代数式，而电容的伏安特性为微积分形式，当 *RC* 电路接通直流电源（电容充电）或 *RC* 电路短接（电容放电）时，电路的响应是时间的函数，称为 *RC* 电路的时域响应。

1. 零状态响应

电容器未被充电，初始电压为零。电路在外加电源作用下，对电容进行充电所引起的响应，称为零状态响应。

在图 1－29（*a*）中，电容原未充电。当 $t=0$ 时合上开关 S，电源对电容充电。换路后，选取各量参考方向如图 1－29（*a*）所示，根据回路电压定律可列出方程

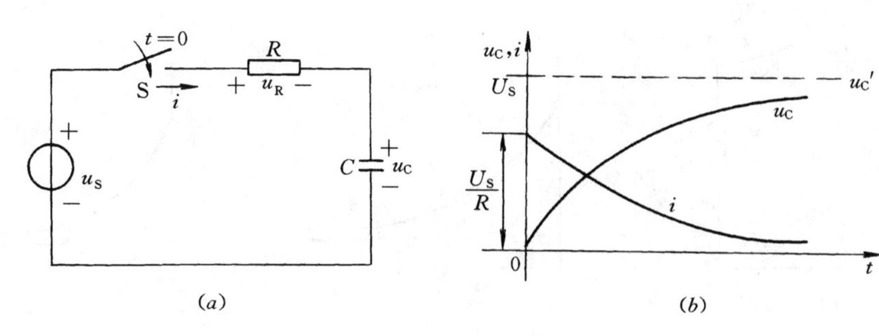

图 1-29　RC 电路的零状态响应

$$Ri + u_C = u_S$$

因
$$i = Cdu_C/dt$$

故
$$RC\frac{du_C}{dt} + u_C = u_S$$

这是一个一阶线性非齐次方程，其完全解

$$u_C = u_C + Ae^{-t/RC}\quad (t \geqslant 0)$$

其中，A 是积分常数。

由换路定律知 $t=0$ 时

$$u_C(0_+) = u_C(0_-) = 0$$

代入上式得
$$0 = u_S + Ae^{-0}$$

$$A = -u_S$$

$$u_C(t) = u_S - u_S e^{-t/RC}\quad (t \geqslant 0)\qquad (1-12)$$

电路中电流

$$i(t) = Cdu_C/dt = Ie^{-t/RC}\quad (t \geqslant 0)$$

其中
$$I = u_S/R$$

其曲线如图 1-29（b）所示。从式（1-12）及图 1-29（b）中可看出，零状态响应可分解为两部分：稳态分量和暂态分量。稳态分量就是 u_C 到无穷大时间后要达到的值（u_S）；暂态分量即 $-u_S e^{-t/RC}$，它将随着时间的推移趋于 0。从式（1-12）中还可得出，C 越大充电时间越长；R 越大充电电流越小，充电时间也越长。因此，把 R 和 C 的乘积这个具有时间量纲的量，称为 RC 电路的时间常数，用 τ 表示，即 $\tau=RC$。当 R 的单位用 Ω，C 的单位为 F 时，τ 的单位为 s。

2. 零输入响应

电路无外加电源作用，而由充好电的电容对电阻进行放电，此时电路的响应就是 RC 电路的零输入响应。

如图 1-30（a）所示电路中，电容原已充电到电压为 U_0，在 $t=0$ 时将开关 S 合上，使电容通过电阻 R 进行放电。换路后，取各电压和电流的参考方向如图 1-30（a）所示。根据回路电压定律可写出方程

$$iR - u_C = 0\quad (t \geqslant 0)$$

在图示参考方向下
$$i = -Cdu_C/dt$$

所以
$$RCdu_C/dt + u_C = 0$$

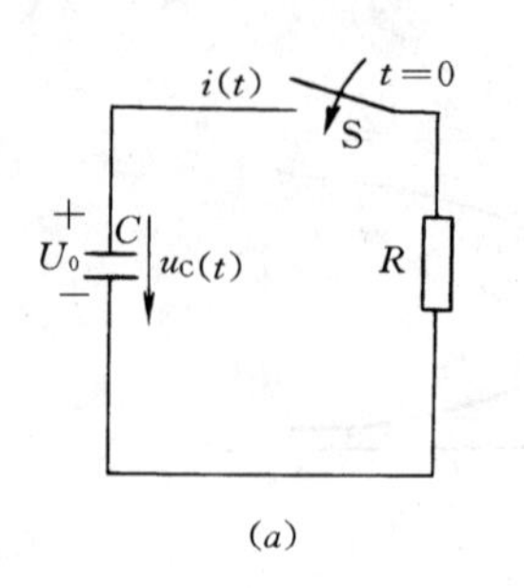

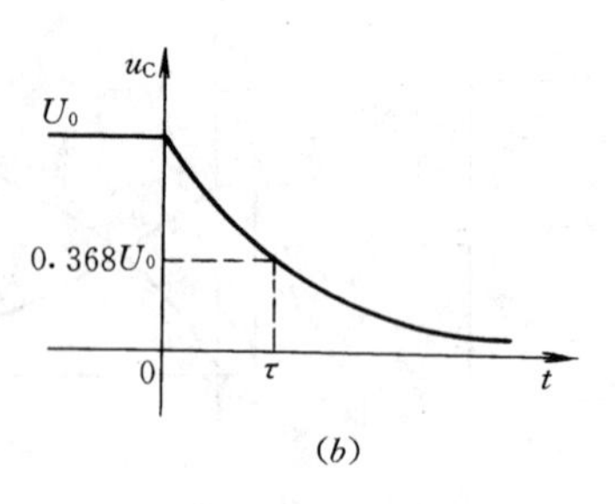

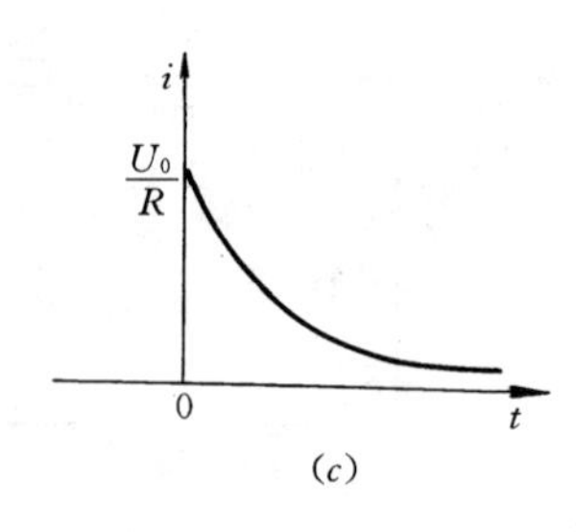

图 1-30 RC 电路的零输入响应

这仍是一个一阶线性微分方程，其完全解为

$$u_C(t) = Ae^{-t/RC} \quad (t \geqslant 0)$$

根据换路定律，在 $t=0_+$ 时

$$u_C(0_+) = u_C(0_-) = U_0$$

可得积分常数 $A=U_0$，所以微分方程的解为

$$u_C(t) = U_0 e^{-t/RC} \quad (t \geqslant 0) \tag{1-13}$$

电路中电流

$$i(t) = -C du_C/dt = Ie^{-t/RC} \quad (t \geqslant 0)$$

上式中 $I=U_0/R$，是随时间衰减的指数函数，其曲线如图 1-30（b）和（c）所示。在换路时，u_C 是连续变化的，没有跃变。而电流从零跃变为 U_0/R，然后衰减。

$\tau=RC$ 为时间常数。由式（1-13）得，当 $t=\tau$ 时，u_C（τ）$=U_0 e^{-1}=0.368U_0$；$t=3\tau$ 时，u_C（3τ）$\approx 0.05U_0$；$t=5\tau$ 时，u_C（5τ）$\approx 0.007U_0$。可看到 $t=3\tau$ 时，u_C 已很小，可略去不计。工程上一般认为充、放电时间为（3～5）τ 时，充、放电过程基本结束，但从理论上讲，$t=\infty$时，充、放电过程才完全结束。

3. 全响应

既有外加电源又有初始值共同引起的电路响应称为全响应。求解方法一般有两种：一种是列电路的微分方程，利用初始条件直接求解；另一种是利用叠加原理分别求出电路的零状态响应和零输入响应，然后求全响应。

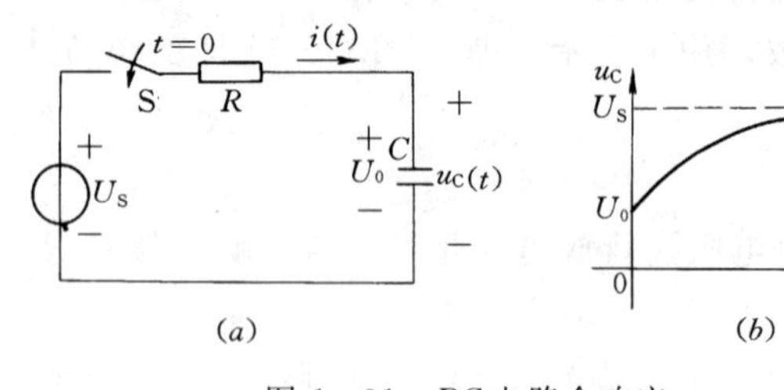

图 1-31 RC 电路全响应

在图 1-31（a）中，换路前电容已充电，其初始电压为 U_0，换路后各量参考方向如图 1-31（a）所示。

电路的零状态响应为

$$u'_C(t) = U_S - U_S e^{-t/RC} \quad (t \geqslant 0)$$

而电路的零输入响应为

$$u''_C(t) = U_0 e^{-t/RC} \quad (t \geqslant 0)$$

故全响应为

$$\begin{aligned} u_C(t) &= u'_C(t) + u''_C(t) = U_S - U_S e^{-t/RC} + U_0 e^{-t/RC} \\ &= U_S + (U_0 - U_S) e^{-t/RC} \quad (t \geqslant 0) \end{aligned}$$

其曲线如图 1-31（b）所示。

用第一种方法也同样得出上述结论。要说明的是，这两种方法同样适用于下面研究的 RL 串联电路。

【例 1-7】　如图 1-32（a）所示电路中，已知 $U_S=10$ V，$R_1=R_2=4$ kΩ，$C=500$ μF，电容初始电压 $U_0=2$V，$t=0$ 时合上开关，求换路后电路的时间常数及电容电压 $u_C(t)$。

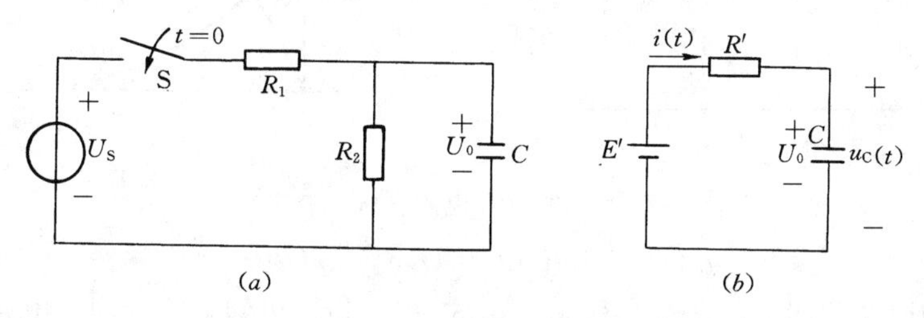

图 1-32　RC 电路时域响应例题

分析　先把换路后的复杂电路用戴维南定理化简电路，如图 1-32（b）所示，求出零状态及零输入响应，再求出完全响应 $u_C(t)$。

【解】　用戴维南定理将图 1-32（a）变换成图 1-32（b），则

$$U_0=\frac{R_2}{R_1+R_2}u_S=\frac{4}{4+4}\times 10=5\ (\text{V})$$

$$R_0=\frac{R_1R_2}{R_1+R_2}=\frac{4\times 4}{4+4}=2\ (\text{k}\Omega)$$

所以

$$\tau=R_0C=2\times 10^3\times 500\times 10^{-6}=1\ (\text{s})$$

则电路的零状态响应为

$$u'_C(t)=u'_0-u'_0\text{e}^{-t/\tau}=5-5\text{e}^{-t}$$

电路的零输入响应为

$$u''_C(t)=U_0\text{e}^{-t/\tau}=2\text{e}^{-t}$$

所以

$$u_C(t)=u'_C(t)+u''_C(t)=5-5\text{e}^{-t}+2\text{e}^{-t}=5-3\text{e}^{-t}\quad (t\geqslant 0)$$

三、RL 电路的时域响应

1. 零状态响应

在图 1-33（a）所示电路中，换路前电路中没有电流，在 $t=0$ 时刻将开关 S 闭合，各量参考方向如图 1-33（a）所示。根据基尔霍夫电压定律列出方程

$$u_L+iR=U_S$$

因

$$u_L=L\text{d}i/\text{d}t$$

代入上式并整理得

$$\frac{\text{d}i}{\text{d}t}+\frac{R}{L}i=\frac{u_S}{L}$$

解微分方程得其完全解为

$$i=U_S/R+A\text{e}^{-\frac{R}{L}t}\quad (t\geqslant 0)$$

由于 $t=0$ 时，$i(0_+)=i(0_-)=0$，代入上式得

$$A=-U_S/R$$

故

$$i(t)=\frac{U_S}{R}-\frac{u_S}{R}\text{e}^{-\frac{R}{L}t}\quad (t\geqslant 0)\qquad (1-14)$$

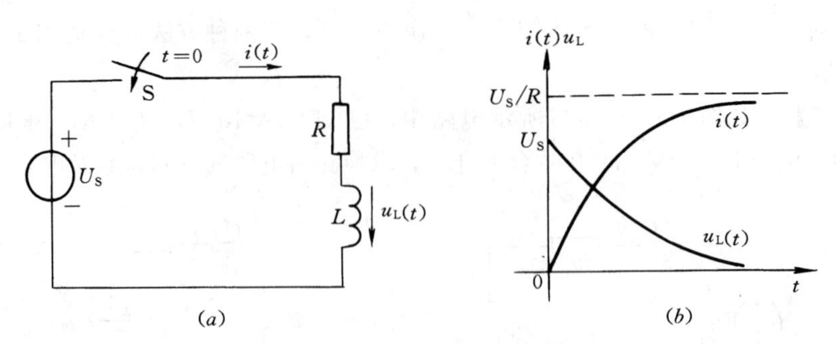

图 1-33　RL 电路零状态响应

$$u_L(t) = L\mathrm{d}i/\mathrm{d}t = U_S e^{-\frac{R}{L}t} \quad (t \geqslant 0)$$

上两式的曲线如图 1-33（b）所示。由式（1-14）可知，第一项为电路的稳态分量，第二项为暂态分量，与 RC 电路相似，L/R 也具有时间的量纲，时间常数 $\tau = L/R$，它的大小决定着过渡过程的长短。

2. 零输入响应

如图 1-34 所示电路中，换路前电路中已有电流，且电感电流为 I_0，在 $t=0$ 时刻将开关 S 从 b 点合向 a 点。各量的参考方向如图 1-34 所示，则电感回路的电压方程为

$$u_L + iR = 0$$

而

$$u_L = L\mathrm{d}i/\mathrm{d}t$$

代入上式并整理得

$$\frac{\mathrm{d}i}{\mathrm{d}t} + \frac{R}{L}i = 0 \quad (t \geqslant 0)$$

解微分方程得其完全解为

$$i = Ae^{-\frac{R}{L}t}$$

在 $t=0$ 时，由于 $i_L(0_+) = i_L(0_-) = I_0$

代入上式得

$$A = I_0$$

故

$$i(t) = I_0 e^{-\frac{R}{L}t} \quad (t \geqslant 0)$$

且

$$u_L(t) = L\mathrm{d}i/\mathrm{d}t = -I_0 R e^{-\frac{R}{L}t}$$

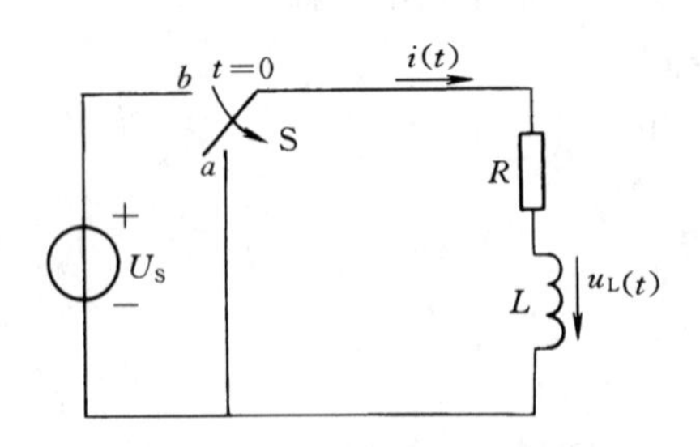

图 1-34　RL 电路零输入响应

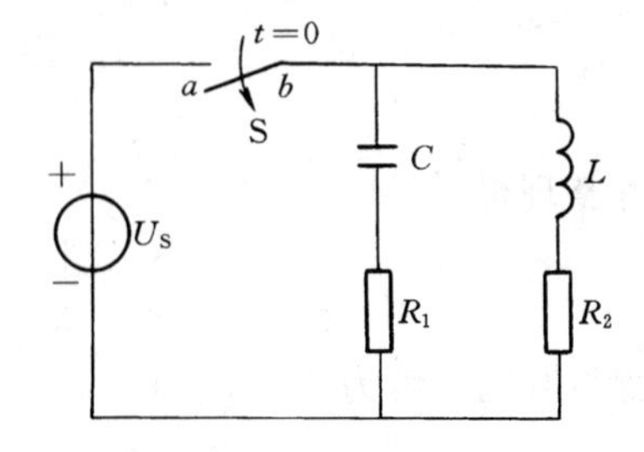

图 1-35　放电电路

如果在图 1-34 电路中，开关 S 从 b 点突然将电源切断而不合向 a 点，电路中电流将从 I_0 迅速减小到零。由于电流变化急速，$u_L = L\mathrm{d}i/\mathrm{d}t$ 将为无穷大，且为负值（与图 1-34 所示方向相反）。这样一个高电压和电源电压 u_S 叠加后，加在开关的断口处，使开关两端

的空气绝缘击穿，在开关触头之间形成电弧，这个电弧可看成电阻性的，所以 u_L 达不到无穷大，但其数值是很高的，对电器绝缘及人身安全均有危害。为此，一般有电感的电路中加一放电电阻或一电阻电容串联的放电电路，如图 1-35 所示。

小　　结

分析电路的目的是从理论上解决实际中的电路问题。首先应明确实际电路与电路模型的异同点，掌握电路的基本概念，认识各物理量及参考方向的习惯规定，为分析电路打好基础。

为了分析电路问题，还必须掌握电路的基本定律，即电路元件的欧姆定律（伏安特性）、基尔霍夫节点电流及回路电压定律。

分析电路的方法有几种，一般来说，支路电流法与节点电压法适用于同时分析、计算某一电路中各支路的电压、电流问题，是分析电路问题的基本方法。通常在电路回路多而节点少时，用节点电位法求解。若只求电路中某一支路的电压、电流等问题时，往往采用戴维南定理及电源的等效变换，它们是很有实用价值的方法。为此，必须理解等效的概念，掌握等效变换的条件。但应注意，等效仅对外电路而言。

对于电路的时域响应，应首先掌握换路定律，了解 RC 电路和 RL 电路的过渡过程，明确时间常数的物理意义，以及它对电路过渡过程的影响。能解决较简单的时域响应问题。

本章所研究的定律、定理及各种分析方法不仅适用于直流电路，而且将这些内容稍加扩展，还可应用于交流电路的分析。因此，本章内容是分析电路的基础。

思考题与习题一

1. 已知一理想电压源 $U_S=15$ V，求其在下列情况下输出的电流和功率：

（1）将电源开路。

（2）将电源短路。

（3）接 30 Ω 的负载电阻。

2. 两个电压源的电压分别为 6 V 和 12 V 的理想电压源，能否串联或并联？为什么？

3. 把图 1-36 中的电压源变换为电流源，把电流源变换为电压源。

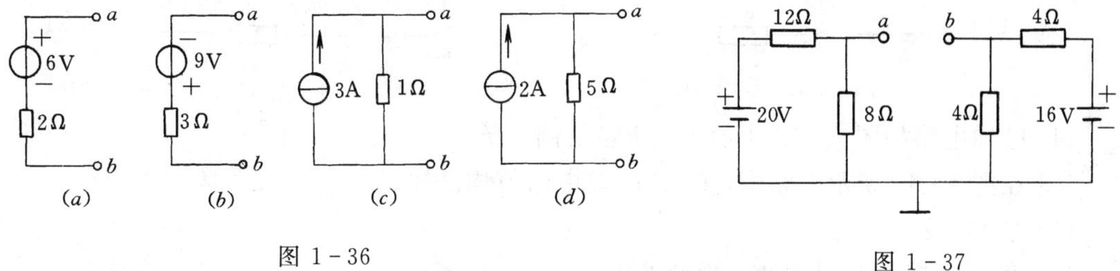

图 1-36

图 1-37

4. 已知电路如图 1-37 所示，求 a、b 两点的电位及电压。若在两点间接入一个电阻 R，问 R 中有无电流。

5. 已知节日彩灯的电阻为 20 Ω，额定电流为 0.1 A，问应有多少只这样的灯泡串联，才能把它们接到 220 V 的电源上？

6. 一直流负载，额定电压 5 V，电阻为 200 Ω，问应串联多大电阻才能把它接到 9 V 的电源上使用，并求串联电阻的功率。

7. 某电阻负载接到 220 V 的电源上时，电流为 2.2 A，问应串联多大电阻才能使电流为 1 A，这个串联电阻至少应有多大功率？

8. 将两只额定电压都为 110 V，额定功率分别为 60 W 及 25 W 的灯泡串联接到 220 V 的电源上，灯泡能否正常发光？为什么？若将两只相同的灯泡串接到 220 V 电源上又如何？

9. 如图 1-38 所示，求负载 R_L 中的电流 I 及端电压 U。分析各元件的性质。

10. 已知某复杂电路的一部分电路如图 1-39 所示，各电流表 A_0、A_1、A_2 的读数分别为 5 A、2 A、3 A，$R_1=200\ \Omega$、$R_2=100\ \Omega$、$R_3=50\ \Omega$，求电流表 A_4 及 A_5 的读数。

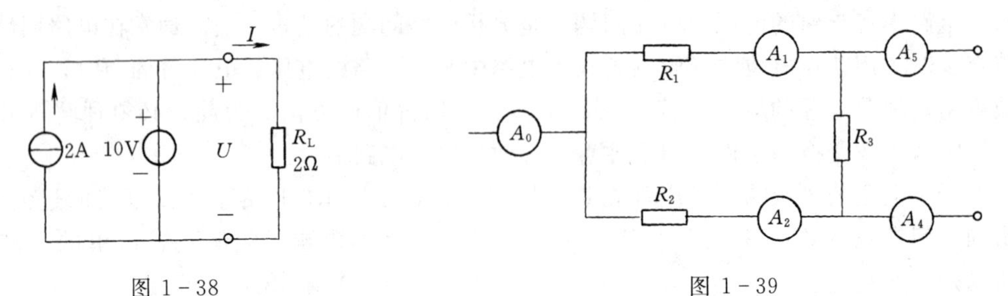

图 1-38　　图 1-39

11. 已知 A、B、C 都是同一电路中元件的连接点且 $U_{AB}=20\ \text{V}$、$U_{BC}=-5\ \text{V}$，试求 U_{CA}。

12. 已知电路如图 1-40 所示，用支路电流法求各支路电流。其中，$R_1=10\ \Omega$，$R_2=R_3=R_4=5\ \Omega$，$U_{S1}=10\text{V}$，$U_{S2}=6\ \text{V}$，$I_S=1\ \text{A}$。

13. 已知电路如图 1-41 所示，试用支路电流法列出求解各支路电流的方程（不求解）。

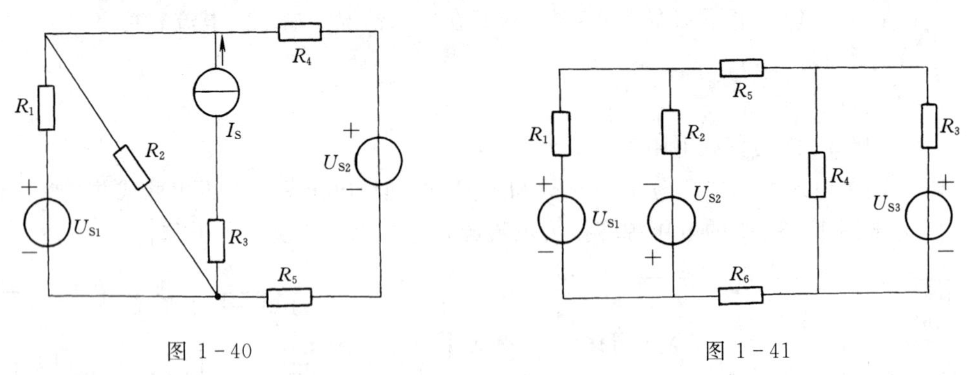

图 1-40　　图 1-41

14. 已知电路如图 1-42 所示，试求各支路电流。

15. 在图 1-43 所示电路中，U_S、I_S 及电阻值均已知。

(1) 求 U_2 及 I_2。

(2) 若增大 R_4，将对哪些元件的电流、电压有影响？

(3) 若减小 R_1，则又如何？

16. 已知电路如图 1-44 所示，$R_1=5\ \Omega$，$R_2=3\ \Omega$，$R_3=20\ \Omega$，$R_4=42\ \Omega$，$R_5=2$

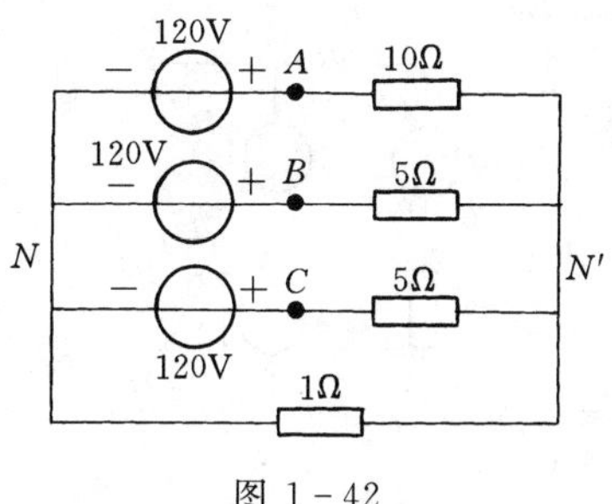

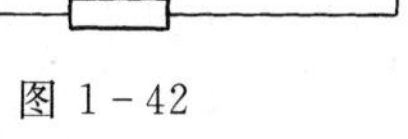

图 1-42

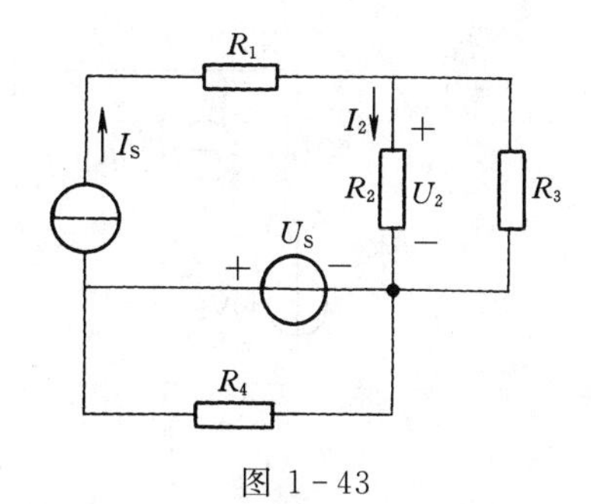

图 1-43

Ω，$U_{S1}=45$ V，$U_{S2}=48$ V，试用节点电压法求各支路电流。

17. 电路如图 1-45 所示，试求开关 S 打开及闭合时端钮 a、b 和 c、d 间的等效电阻。

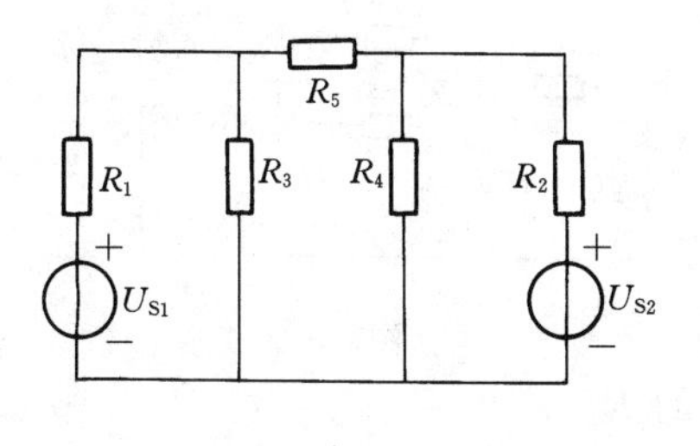

图 1-44

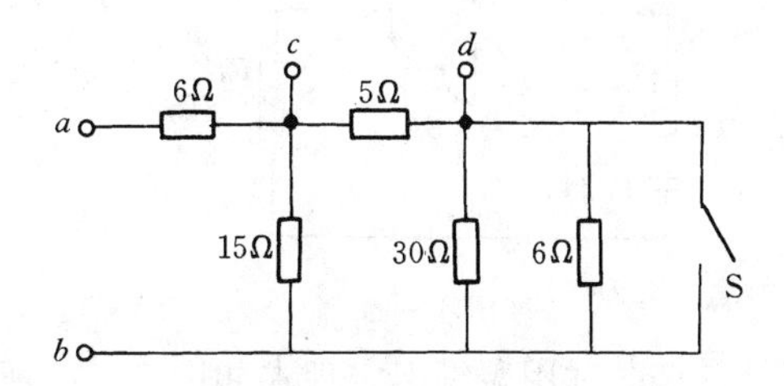

图 1-45

18. 在一蓄电池的两端先接一电阻 $R_1=10$ Ω，得其输出电流 $I_1=0.5$ A，再换接一电阻 $R_2=20$ Ω，其输出电流变为 $I_2=0.3$ A，试求此蓄电池的开路电压及内阻。

19. 试求图 1-46 所示电路的等效电压源，若在端口处接一个 5 kΩ 的电阻 R，求电阻 R 上的电流。

20. 在图 1-47 所示电路中，$R_1=20$ Ω，$R_2=30$ Ω，$U_S=5$ V。要使电阻 R 获得最大功率，R 应为何值？并求出此最大功率。

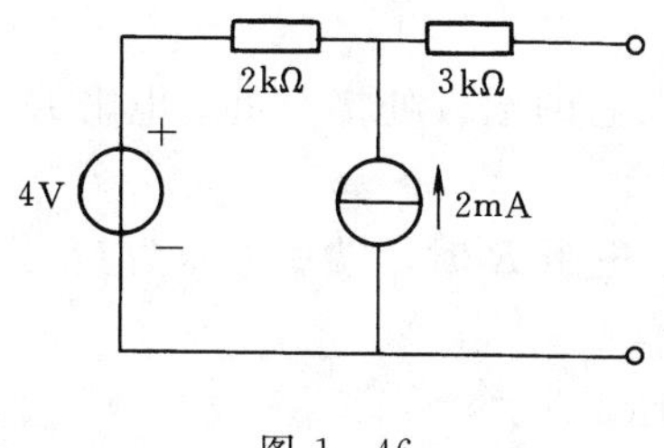

图 1-46

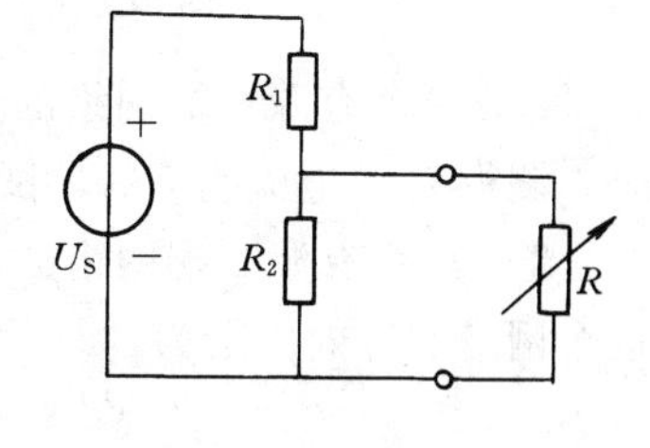

图 1-47

21. 负载分别为 R_1 与 R_2 的两个电阻，先后接到内阻为 R_0 的电源上，如果它们消耗的功率相等，问 R_1 和 R_2 是否一定相等？如果不相等，R_1、R_2 与 R_0 的关系如何。

22. 试用叠加原理分析计算，在只有一个电压源 U_S 激励的线性网络中，当 $U_S=50$ V 时，某支路的电压为 20 V。若当 $U_S=25$ V 时，该支路的电压为多少？

23. 试求图 1-48 所示电路的等效电压源。

24. 求图 1-49 所示电路中 R_3 支路的电流。

25. 试计算如图 1-50 所示电路中的 U_5。

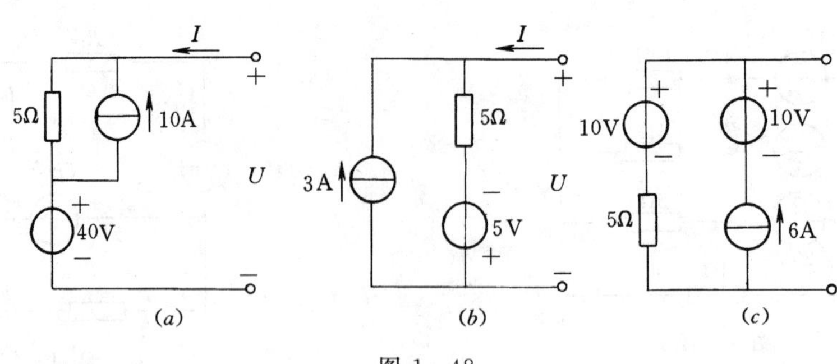

图 1-48

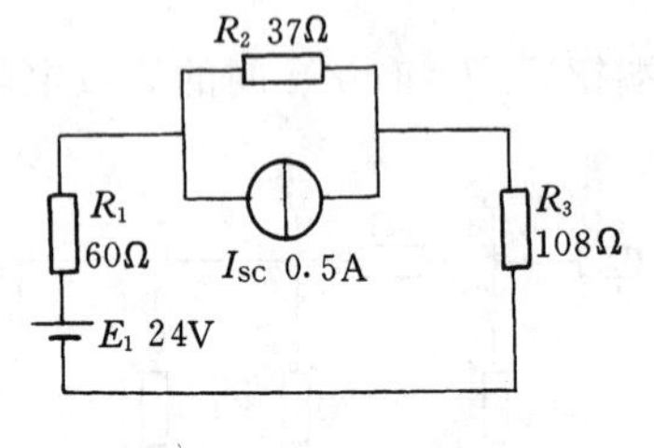

图 1-49

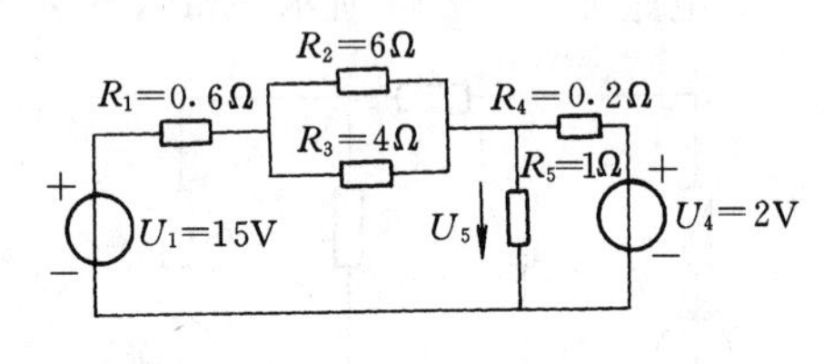

图 1-50

26. 试用戴维南定理求如图 1-51 所示电路中的 I。

27. 如图 1-52 所示电路中 R 为何值时，获得的功率最大？并求这个最大功率。

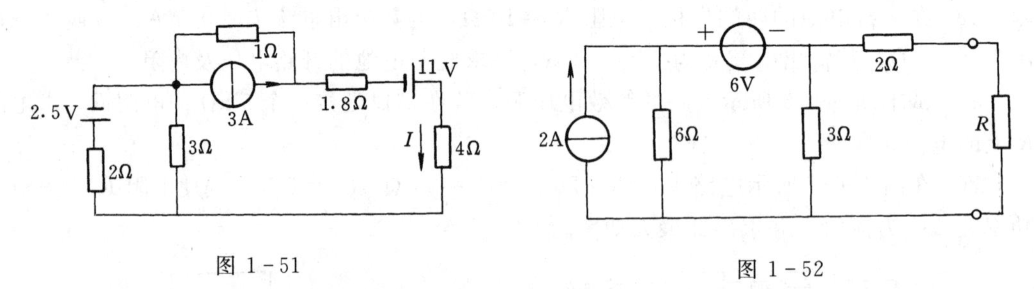

图 1-51　　　　图 1-52

28. 一个有源二端网络的开路电压 $U_0=40$ V，在它的端口处接上负载电阻 $R=10$ Ω 时，测得 R 中电流为 5 A，试求其等效电压源。

29. 一个有源二端网络的开路电压为 U_0；当接上电阻 R 时，端口电压为 U。试证明这个网络的等效内阻为

$$R_0 = (U_0/U - 1)R$$

30. 求如图 1-53 所示电路中电流 I 的值。

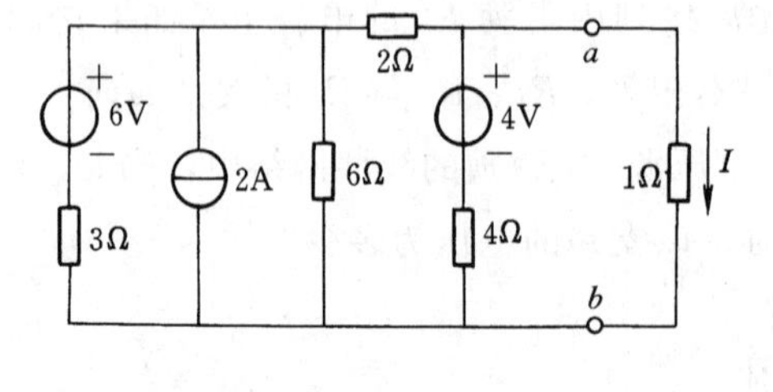

图 1-53

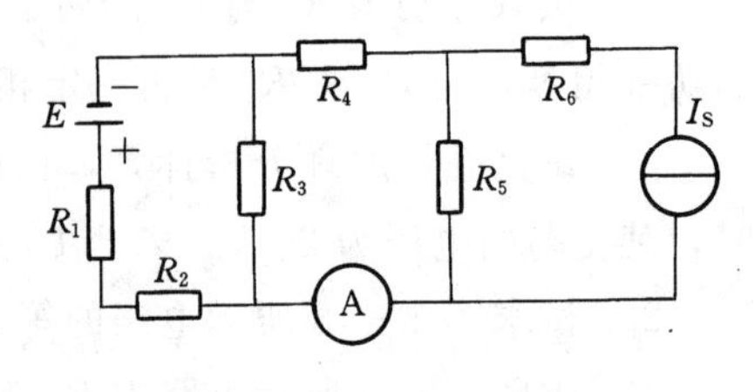

图 1-54

31. 如图 1-54 所示电路中，$R_1=R_2=2\ \Omega$，$R_3=R_4=4\ \Omega$，$R_5=R_6=6\ \Omega$，$E=12\ \text{V}$，$I_S=2\ \text{A}$，试求电路中电流表的读数。

32. 如图 1-55 所示电路中，$I=2\ \text{A}$，试求电流源的电流 I_S 和端电压 U。

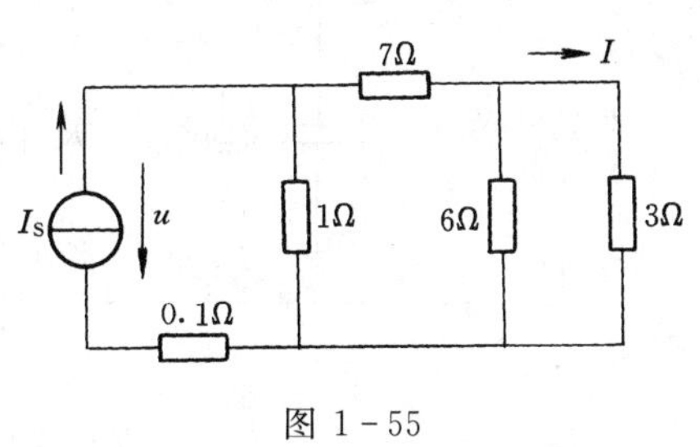

图 1-55

33. 如图 1-56 所示电路中，A 为有源网络，已知：当 $R=\infty$ 时，$U=U_1$；当 $R=0$ 时，$U=U_2$；若把有源网络 A 内部的电压源及电流源去掉后，端钮 a、b 处的入端电阻为 R_{ab}。试证明：当 R 为任意值时，电压

$$U=(R_{ab}U_2+RU_1)/(R_{ab}+R)$$

34. 在图 1-57 所示电路中，已知 $R_1=20\ \Omega$，$R_2=10\ \Omega$，$U_{S2}=12\ \text{V}$。

(1) 当开关 Q 闭合且 $U_{S3}=10\ \text{V}$ 时，求 U_{ab} 及 I_3。

(2) 当开关 Q 打开且 $U_{S3}=5\ \text{V}$ 时，求 U_{cd}。

(3) 当开关 Q 闭合后，要使 $I_3=0$，求 U_{S3}。

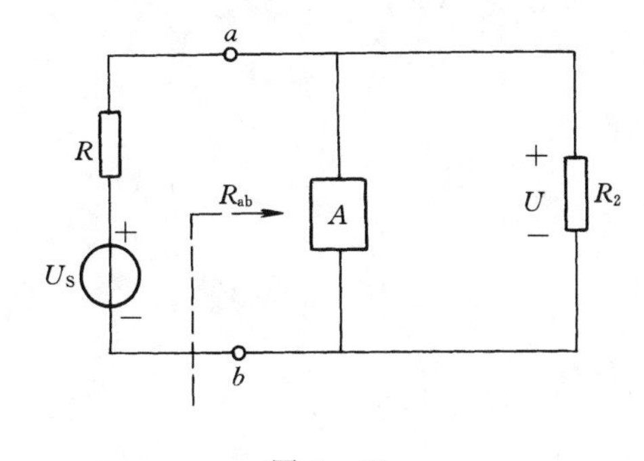

图 1-56

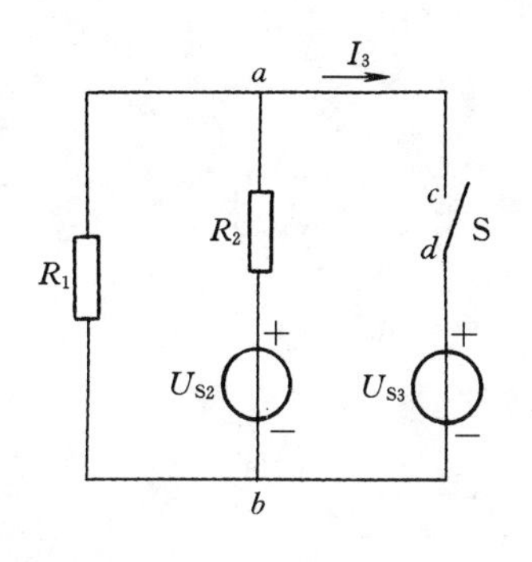

图 1-57

35. 如图 1-58 所示电路为电子仪器中常用的一种十进位衰减器电路，若输入电压为 U_1，试求 U_2/U_1、U_3/U_1、U_4/U_1。

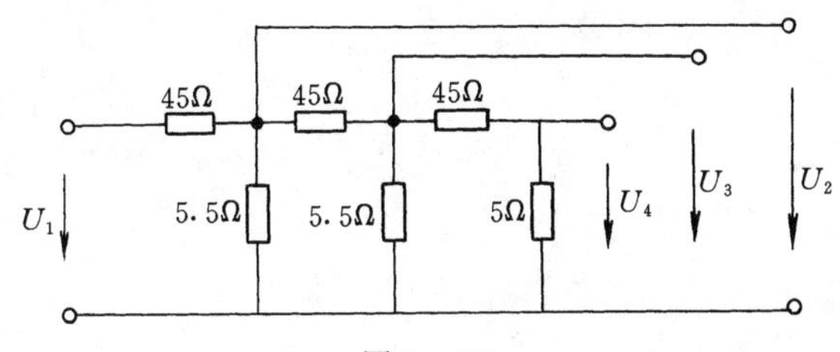

图 1-58

36. 在图 1-59 所示电路中，换路前电路已处于稳态，试求：

(1) 换路后的初始值 $u_C(0_+)$、$i_C(0_+)$ 及 $i_2(0_+)$。

(2) 电路的时间常数 τ。

(3) 电路中电容电压的零输入响应、零状态响应及全响应。

37. 已知在图 1-60 所示电路中 $R=200\ \Omega$，$L=10\ \text{H}$，$U=200\ \text{V}$，电路已处于稳态，若在 $t=0$ 时，开关 Q 接至 R_m 上，求换路后：

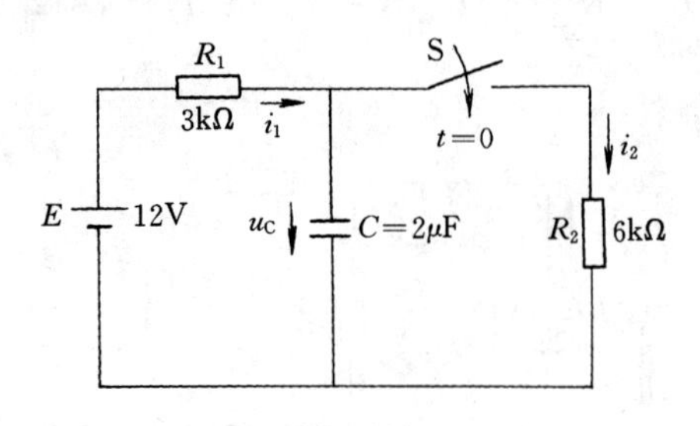

图 1-59

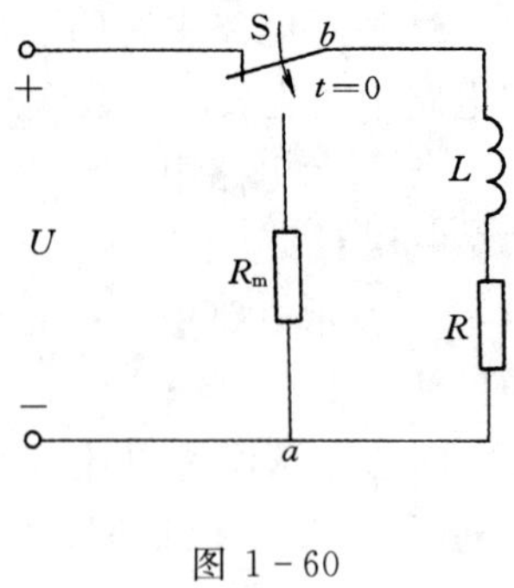

图 1-60

(1) $R_m = 500\ \Omega$ 时，$U_{ab}(0_+)$。

(2) RL 电路中电流 $i(t)$。

第二章 正弦交流电路

在现代技术、工农业生产及日常生活中，正弦交流电路获得了广泛应用。因此，掌握正弦交流电路的分析方法是非常必要的，它是学习电机、电器和电子技术等内容的理论基础，是电工学的重点内容之一。

正弦交流电路中的物理量都是随时间作周期性变化的，这一点与前一章的直流电路有显著的不同，在交流电路中将会产生一些特殊的物理现象。因此在运用前面讲过的一些基本定理、定律，以及在分析和计算的方法上，也有其不同之处。故在学习本章时，必须首先牢固建立交流电的基本概念，否则易引起错误。

第一节 正弦交流电的基本概念

在电路中，电流和电压一般都随时间变化，通常用函数式或波形图来描述。现以常见的电流为例来说明。

大小和方向都不随时间变化的电流，称为恒定电流，简称直流，其波形如图 2-1 所示。大小随时间作周期变化，而方向不变的电流称为脉动电流，如图 2-2 所示。大小和方向都随时间作周期性变化，且一个周期内的平均值等于零的周期电流，称为交变电流，如图 2-3 所示。按正弦规律随时间变化的电流，称为正弦交变电流，简称交流。通常所说的交流，除特别指明外，都指正弦交流。

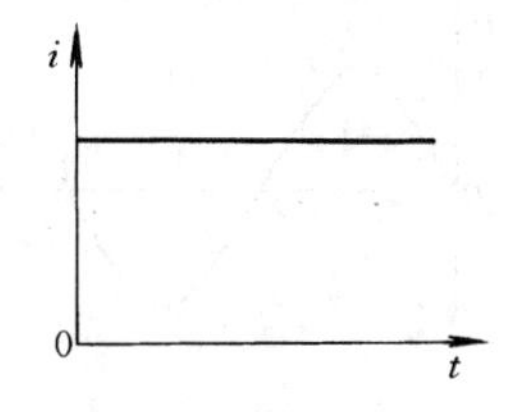

图 2-1 恒定电流

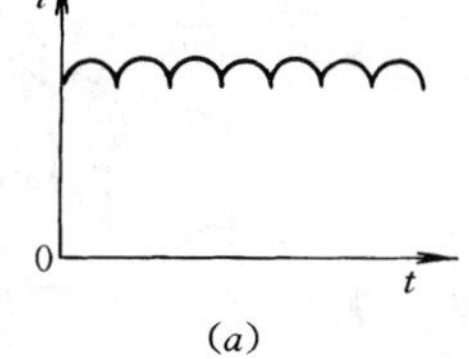
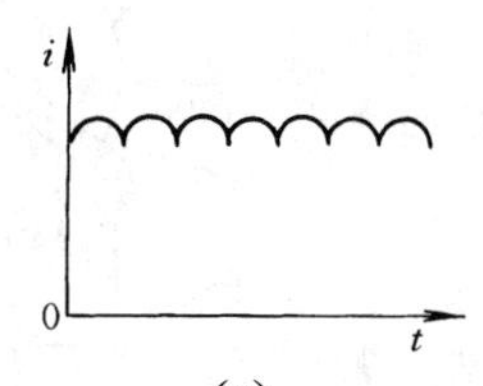

(b)

图 2-2 脉动电流

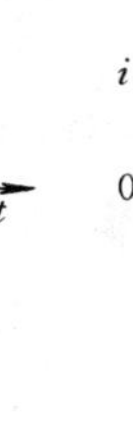
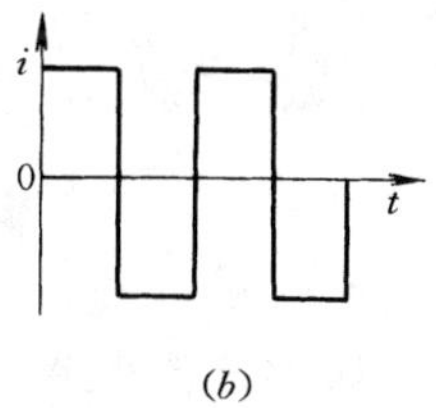
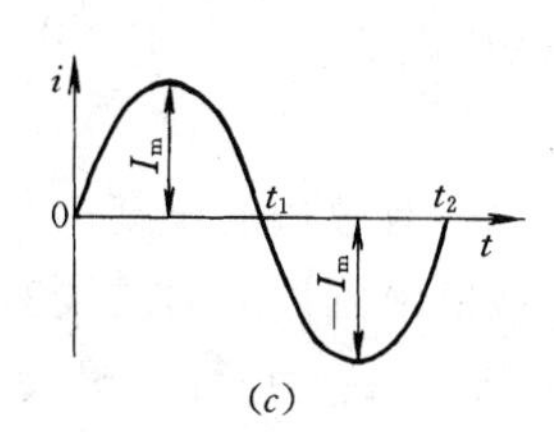

(a) (b) (c)

图 2-3 交变电流

交流电之所以得到广泛应用是因为它易于生产、传送和使用，并且可以通过变压器很方便地变换电压。如交流电既可以利用变压器把电压升高，以减少输电线路的损耗，获得最经济的输电效益；又可通过变压器将电压降低，保证用电安全，降低设备的绝缘要求，减少设备造价；另外产生交流电的同步发电机和拖动生产机械的交流电动机与直流机相比具有构造简单、造价低、性能良好的优点。目前大部分工业电能都是交流电。

一、正弦交流电的产生

要获得正弦交变电流，必须有正弦电势作用在电路上，这个正弦电势是由交流发电机产生的，图 2-4 是两极交流发电机的结构示意图。在静止的 N、S 磁极（电磁铁）之间，放置着一个可以转动的圆柱形铁芯，在铁芯表面的线槽中嵌放着线圈（图 2-4 中只示出一匝），线圈的两端分别接到两只相互绝缘的铜制滑环上，滑环固定在转轴上并与其绝缘。线圈通过压紧在滑环上的静止电刷与外电路接通。铁芯与线圈合称电枢。当电枢在磁场中旋转时，线圈导体切割磁力线产生感应电动势，且与外电路形成闭合回路。

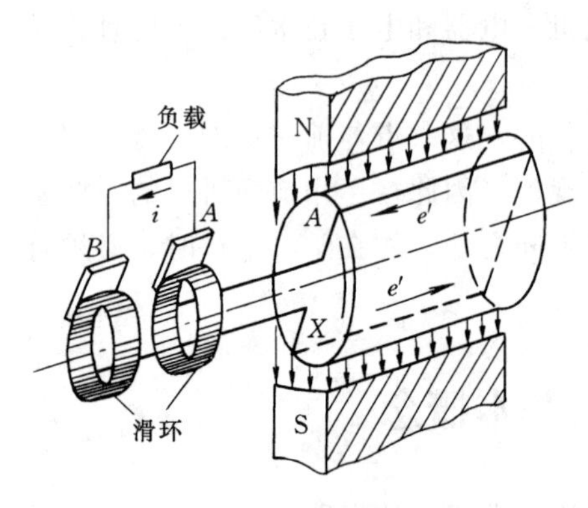

图 2-4　交流发电机

如果采用适当形状的磁极，使电枢表面的磁感应强度 B 沿空间圆周按正弦规律分布如图 2-5 所示。在磁极轴线的电枢表面上，由于磁极与电枢之间的空气隙最小，磁阻最小，磁感应强度最大（$B=B_m$）。且愈靠近磁极两侧，空气隙逐渐增大，磁感应强度逐渐减少，在磁极间的分界线 $00'$ 处 $B=0$，通常把平面 $00'$ 叫做几何中性面。

因磁感应强度沿电枢表面的空间按正弦规律分布，所以电枢表面任一点的磁感应强度

$$B = B_m \sin\alpha$$

式中　α——线圈平面与中性面 $00'$ 的夹角。

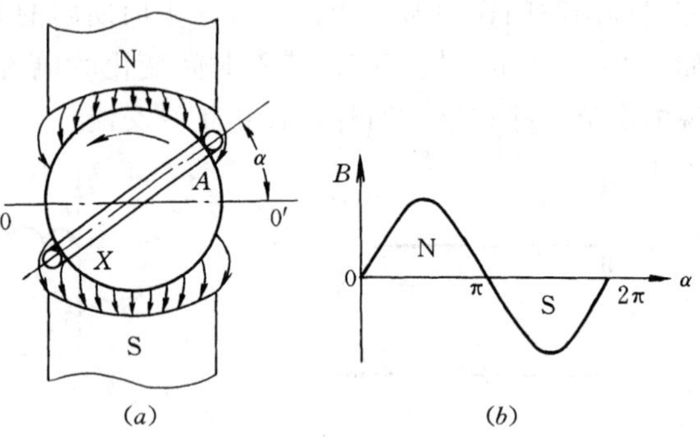

图 2-5　发电机磁场分布

当原动机拖动电枢在磁场中作逆时针等速旋转时，线圈产生感应电势，若取线圈的 A 端为参考正极，X 端为参考负极，且单匝线圈每一有效边（切割磁力线的部分）产生的感应电势为 e'，则这个线圈产生的电势为

$$e = 2e' = 2Blv = 2B_m lv \sin\alpha \tag{2-1}$$

式中　l——每一有效边的长度；

v——线圈沿圆周方向的线速度。

当 $\alpha=90°$时，磁感应强度最大 $B=B_m$，感应电势亦最大，且为

$$E_m = 2B_m lv$$

故式（2-1）可改写为

$$e = E_{\mathrm{m}} \sin\alpha \tag{2-2}$$

若假设线圈处于几何中性面，且线圈 A 边在 $0'$ 处作为计时起点，即 $t=0$ 时 $\alpha=0$，并且线圈以 ω 的角速度（或角频率）旋转，则上式可写成

$$e = E_{\mathrm{m}} \sin\omega t \tag{2-3}$$

这就是正弦交流电势。

二、正弦交流电的三要素

正弦量的特征表现在它变化的快慢、大小及初始角三个方面，而它们分别由频率（或周期和角频率）、幅值（或有效值）和初相位来确定。所以正弦量的频率、幅值和初相位称为确定正弦量的三要素，现分述如下。

1. 正弦量的频率、周期和角频率

正弦量完全交变一周所需要的时间称为周期，用 T 表示。单位时间内正弦量变化的周期数称为频率，用 f 表示。频率是周期的倒数，即

$$f = \frac{1}{T}$$

频率的单位为赫兹（Hz），简称赫，我国习惯上也称周，频率的其它辅助单位有千赫（kHz）、兆赫（MHz）和吉赫（GHz），其关系为

$$1\mathrm{kHz}=10^3\,\mathrm{Hz};\ 1\mathrm{MHz}=10^6\,\mathrm{Hz};\ 1\mathrm{GHz}=10^9\,\mathrm{Hz}$$

相应地，周期的单位为秒（s）、毫秒（ms）、微秒（μs）和纳秒（ns）。

我国和部分国家电力系统的标准频率都采用 50 Hz，有些国家采用 60 Hz。这两种频率应用广泛，习惯上也称为工频。我国所说工频是指 50 Hz。

频率越高，周期越短，正弦量变化越快。正弦量除了用频率和周期表示其变化的快慢外，也可用角频率 ω 来表示。因为一周期 T 内正弦量经历了 2π 电弧度，所以角频率

$$\omega = 2\pi/T = 2\pi f \tag{2-4}$$

角频率的单位是弧度/秒（rad/s）。式（2－4）表示了周期 T、频率 f 和角频率 ω 三者之间的关系，只要知道其中之一，其余均可求出。

2. 幅值及有效值

正弦量在任一时刻的值称为瞬时值，用小写字母表示，如电压、电流及电动势分别用 u、i、e 来表示。瞬时值中最大的值称为幅值，用带下标 m 的大写字母表示，如电压、电流、电动势及磁通的幅值分别用 U_{m}、I_{m}、E_{m}、Φ_{m} 来表示。

正弦量的大小可以用幅值来表示，但幅值只是交流电某一瞬间的数值，从做功的观点来看，它不能方便地反映交流电的实际效果。因此在电工技术中，常用有效值来计量交流电的大小。如常用的交流电压 220 V、380 V 等都是指有效值。电压、电流、电动势这些物理量的有效值分别用大写字母 U、I、E 表示。

交流电的有效值是根据其热效应确定的，如某一交变电流（正弦或非正弦的）i 通过某一电阻 R 时，在一个周期 T 的时间内产生的热量与一直流电流 I 通过同一电阻 R 在相同的时间 T 内产生的热量相等，则此直流电流 I 就称为该交变电流的有效值。实质上，交流电的有效值就是和它热效应相等的直流电流值，这就是它的物理意义。

按照上述规定，交流电流 i 通过电阻 R 时，在一个周期 T 内产生的热量 $Q_{\sim}$ 为

$$Q_{\sim}=\int_{0}^{T} i^{2} R \mathrm{d} t$$

而直流电流 I 通过该电阻 R 在相同的时间 T 内产生的热量 Q_{-} 为

$$Q_{-}=I^{2} R T$$

因产生的热量相等，即 $Q_{-}=Q_{\sim}$，故

$$I^{2} R T=\int_{0}^{T} i^{2} R \mathrm{d} t$$

所以交流电流的有效值为

$$I=\sqrt{\frac{1}{T} \int_{0}^{T} i^{2} \mathrm{d} t} \tag{2-5}$$

这就是有效值的数学表达式，由该式知，交流电的有效值是均方根值。它也适用于任何波形的周期性电量。

若交流电流是按正弦规律变化的，并设

$$i=I_{\mathrm{m}} \sin (\omega t+\varphi)$$

代入式（2－5）可得正弦电流的有效值

$$\begin{aligned} I &=\sqrt{\frac{1}{T} \int_{0}^{T} I_{m}^{2} \sin ^{2}(\omega t+\varphi) \mathrm{d} t}=\sqrt{\frac{1}{T} I_{\mathrm{m}}^{2} \int_{0}^{T} \frac{1}{2}[1-\cos 2(\omega t+\varphi)] \mathrm{d} t} \\ &=\sqrt{\frac{1}{T} I_{\mathrm{m}}^{2}\left[\int_{0}^{T} \frac{1}{2} \mathrm{d} t-\int_{0}^{T} \frac{1}{2} \cos 2(\omega t+\varphi) \mathrm{d} t\right]}=\sqrt{\frac{1}{T} I_{\mathrm{m}}^{2} \frac{T}{2}} \\ &=\frac{1}{\sqrt{2}} I_{\mathrm{m}}=0.707\, I_{\mathrm{m}} \end{aligned}$$

同理，可得正弦电压、电动势的有效值与幅值的关系式分别为

$$U=U_{\mathrm{m}} / \sqrt{2}; \quad E=E_{\mathrm{m}} / \sqrt{2}$$

上式说明，正弦量的幅值与有效值之间有固定的$\sqrt{2}$关系，因此有效值可以代替幅值作为正弦量大小的一个要素。

在电工技术中，交流用电设备铭牌上标注的额定电压和额定电流都是指有效值，一般交流电压表及电流表测得的数值也指有效值。以后除特别说明外，所说的交流电的大小都指有效值，但各种电气设备的耐压值（绝缘水平）则按幅值考虑。

3. 相位、初相位及相位差

正弦量是随时间变化的，要确定一个正弦量的表达式，除必须知道它的频率和幅值外，还必须考虑计时起点（$t=0$ 时）初始值的大小。所取的计时起点不同，正弦量的初始值就不同，到达最大值或某一特定值的时间也不相同。

在图 2－5（a）中，当电枢线圈的两个有效边处于中性面时作为计时起点，则电动势应为 $e=E_{\mathrm{m}} \sin \omega t$，$e$ 的初始值为零。同理，若电枢上有两个线圈，在 $t=0$ 时，线圈 1 和线圈 2 与中性面之间的夹角分别为 φ_{1} 和 φ_{2}，如图 2－6（a）所示，则这两个线圈产生的感应电势的表达式分别为

$$e_{1}=E_{\mathrm{m}} \sin \left(\omega t+\varphi_{1}\right) \tag{2-6}$$

$$e_{2}=E_{\mathrm{m}} \sin \left(\omega t+\varphi_{2}\right) \tag{2-7}$$

其波形如图 2－6（b）所示。

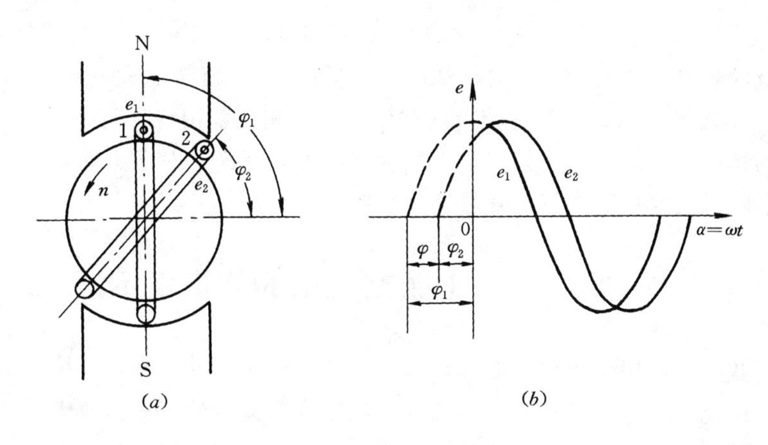

图 2-6　电枢线圈电势波形

由式（2-6）和式（2-7）可见，正弦量 e_1 和 e_2 在任一时刻的瞬时值，是由电角度 $\omega t+\varphi_1$ 与 $\omega t+\varphi_2$ 确定的，这个电角度称为正弦量的相位角，简称相位。在计时起点（$t=0$）时的相位角称为初相位角或初相位，式（2-6）和式（2-7）中初相位分别为 φ_1 和 φ_2。当正弦量的幅值确定后，初始值的大小是由初相位决定的。

综上所述，幅值（或有效值）、频率（或周期和角频率）和初相位是确定正弦量交变情况的三个重要数据，是正弦量的三要素。

两个同频率正弦量的相位角之差，称为相位差，用 φ 表示。例如上述两个线圈的电动势 e_1 与 e_2 的相位差为

$$\varphi=(\omega t+\varphi_1)-(\omega t+\varphi_2)=\varphi_1-\varphi_2$$

可见两个同频率正弦量的相位差等于它们的初相位之差，且与时间及角频率无关；而当计时起点改变时，它们的相位及初相位都随之改变，但是两者之间的相位差仍保持不变，即相位差是常数。

由图 2-6 可见，$\varphi=\varphi_1-\varphi_2>0$，$e_1$ 比 e_2 先到达正的幅值，则称 e_1 比 e_2 在相位上超前一个角度 φ，或者称 e_2 比 e_1 滞后一个角度 φ。

若 $\varphi=\varphi_1-\varphi_2<0$，则得到与上述相反的结论。

若 $\varphi=\varphi_1-\varphi_2=0$，则称 e_1 与 e_2 同相，它们将同时到达正的幅值或零值，如图 2-7（a）所示。

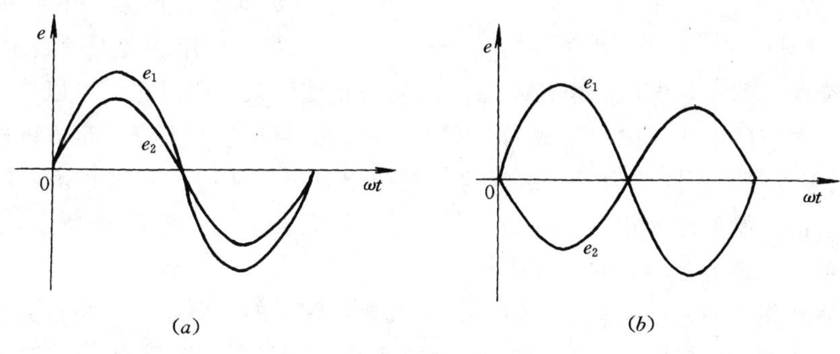

图 2-7　同相与反相正弦量波形

若 $\varphi=\varphi_1-\varphi_2=\pm\pi$，则称 e_1 与 e_2 相位相反或反相，如图 2-7（b）所示。

正弦量的超前与滞后是相对的，如图 2-6 所示，e_1 超前于 e_2 一个 φ 角，也可说 e_2 超前于 e_1 一个 $360°-\varphi$ 角。通常正弦量的相位差和初相位都用绝对值小于 180°的角来描述。

相位的超前与滞后对于同频率的正弦量之间才有意义。对于不同频率的正弦量，由于其相位差是随时间变化的，不是常数，故在此不讨论。

第二节 正弦交流电的相量表示

一个正弦量可以用角频率、振幅和初相位三个要素来唯一确定，换句话说，只要能表示三要素，就能表示这个正弦量。前面分析的正弦交流电的三角函数表示法和正弦波形表示法，都能完整地表示出一个正弦量的三要素，而且它们比较直观，但用这两种方法分析和计算交流电路问题时，就比较繁琐，很不方便。在电工技术里，通常采用相量法来进行交流电路的分析与计算，该方法简单方便。

在同一电力系统中，正弦交流电量的频率是相同的，这样，一个正弦交流电量就可以唯一地由有效值和初相位两个要素来决定，相量法正是建立在这一基础上处理同频率正弦量问题的数学工具，它可使电路的计算得到简化，并可推广应用第一章的电路基础理论。

一、相量表示法

如图 2-8 所示，正弦量 $e=E_m\sin(\omega t+\varphi)$，以其最大值 E_m 作为矢量的长度，以其初相角 φ 作为矢量的起始位置与横轴之间的夹角，并以其角频率 ω 作为矢量反时针方向旋转的角速度，使其成为一个旋转矢量。

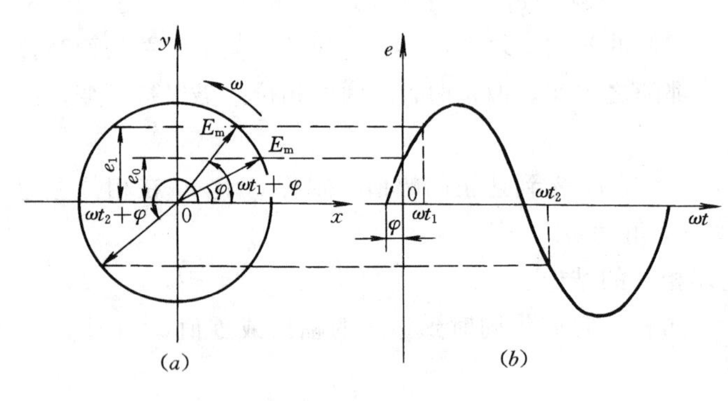

图 2-8 旋转相量与正弦波

正弦量在 $t=0$ 时的瞬时值 $E_m\sin\varphi$ 就是旋转矢量在纵轴上的投影 e_0 值。经过 t_1 时间后，旋转矢量与横轴之间的夹角变为 $\omega t_1+\varphi$，在纵轴上的投影 $e_1=E_m\sin(\omega t_1+\varphi)$ 正是正弦量在 t_1 时刻的瞬时值。因此在任一时刻，正弦量的值就是这个旋转矢量在纵轴上的投影。由此可见，正弦量可以用旋转矢量表示。

在正弦交流电路中，电压、电流本身是时间的正弦函数，所以它们可以用旋转矢量表示。这样，所对应的电压、电流就成为时间矢量，它们与在空间上有一定方向的空间矢量（如力、电场强度等）不同。为了不致混淆，我们把对应于某一正弦时间函数的矢量称为旋转相量，它的初始值称为相量，并用大写字母上加点表示。如图 2-9 所示，$\dot{E}_m$ 表示电势的幅值相量，$\dot{E}$ 表示电动势的有效值相量。

相量是旋转相量的初始位置，旋转相量能表达正弦量的三要素，而相量只能表达正弦量的有效值和初相位。按照图 2-8 的方法来表示正弦量还是比较麻烦的，通常只画出初始位置（$t=0$ 时）的相量表示一个正弦量，它的长度等于正弦量的幅值（或有效值），它

与横轴的夹角等于正弦量的初相位。为了简便，纵轴与横轴也可以不画出来，如图 2-9 所示，这个相量是以正弦量的角频率 ω 作逆时针方向旋转的，它在纵轴上的投影表示正弦量的瞬时值。

在实际问题中所涉及的往往是正弦量的有效值。为了方便起见，常使相量的长度等于正弦量的有效值，如图 2-9 所示，这时它在纵轴上的投影就不代表正弦量的瞬时值了。

把代表几个同频率正弦量的相量画在同一个坐标平面上就叫相量图，用相量图进行正弦量的加减运算，也是采用平行四边形法则，它是分析与计算交流电路的重要方法之一。

应该注意，相量只能表示正弦周期量，而且只有同频率的正弦量才能画在同一个相量图上。正弦量与相量之间的对应关系，仅意味着正弦量可用相量表示，而不是相等的关系。例如：$e(t) \neq \dot{E}_m$。

【例 2-1】　已知两个正弦交流电流 $i_1=16\sin(\omega t+60°)$(A)、$i_2=12\sin(\omega t-30°)$(A)，求 $i=i_1+i_2$。

【解】　先作 i_1 和 i_2 的幅值相量 $\dot{I}_{1m}$和 $\dot{I}_{2m}$，然后用平行四边形法则作出两电流之和 i 的幅值相量 $\dot{I}_m$，如图 2-10 所示。

因为 i_1 与 i_2 的相位差恰好为 90°，所以 i 的幅值

$$I_m = \sqrt{I_{1m}^2 + I_{2m}^2} = \sqrt{16^2+12^2} = 20\ (\text{A})$$

而 i 的初相位

$$\varphi = 60° - \arctan 12/16 = 60° - 36.9° = 23.1°$$

则

$$i = 20\sin(\omega t + 23.1°)\ (\text{A})$$

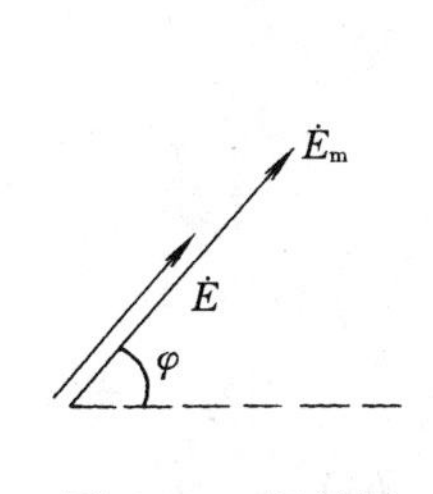

图 2-9　相量图

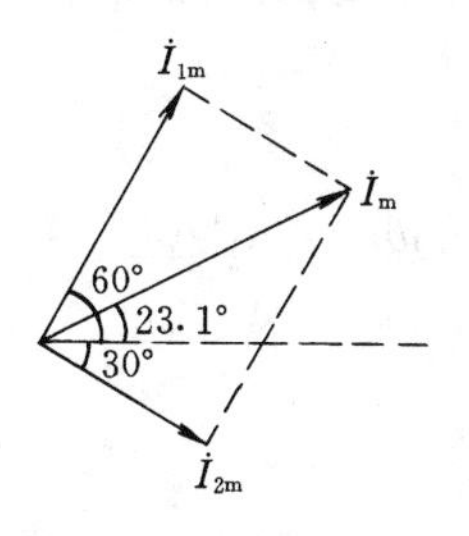

图 2-10

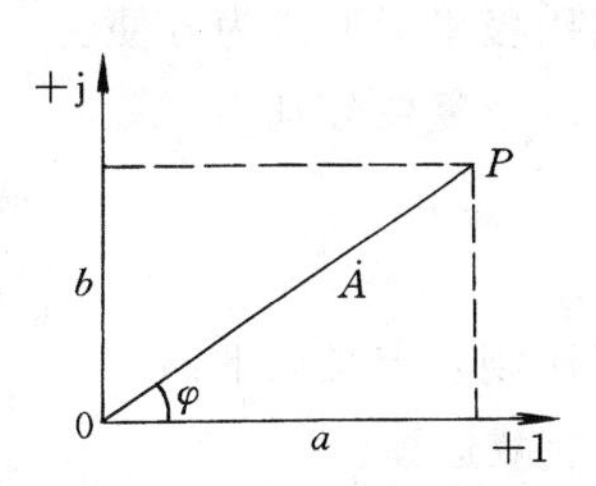

图 2-11　复数的相量表示

二、相量的复数表示

用相量图可以分析与计算简单的交流电路问题，但直接在相量图上去量大小与相位往往不够准确，必须借助于三角和几何公式来进行计算，有时计算仍很复杂。运用相量的复数表示法，就能使正弦量的运算变换成为复数的代数计算，从而使正弦交流电路的计算大为简化。

已知复数的一般表达式为

$$\dot{A} = a + \text{j}b \tag{2-8}$$

式中　a——复数 A 的实部；

b——复数 A 的虚部；

j——虚数的单位，$\text{j}=\sqrt{-1}$（数学中的 i）。

式（2-8）为复数的直角坐标型。

任何一个复数都对应着复平面上的一点，如图 2-11 所示。从原点 0 至 P 点的相量，对应复数 $\dot{A}$。这就是说，相量可由复数表示，即

$$A = \sqrt{a^2 + b^2};\quad \varphi = \arctan b/a$$

$$a = A\cos\varphi;\quad b = A\sin\varphi$$

式中 A——复数 $\dot{A}$ 的模（对应正弦量的幅值或有效值）；

φ——复数的幅角（对应正弦量的初相位）。

$$\dot{A} = a + \mathrm{j}b = A\cos\varphi + \mathrm{j}A\sin\varphi = A(\cos\varphi + \mathrm{j}\sin\varphi)$$

根据数学中的欧拉公式，有

$$\mathrm{e}^{\mathrm{j}\varphi} = \cos\varphi + \mathrm{j}\sin\varphi$$

可将式（2-8）简化为

$$\dot{A} = A\mathrm{e}^{\mathrm{j}\varphi}$$

此式为复数的指数型，为了简便常将上式写成极坐标型，即

$$\dot{A} = A\angle\varphi$$

综上所述，复数有三种表示法，即

$$\dot{A} = a + \mathrm{j}b = A(\cos\varphi + \mathrm{j}\sin\varphi) = A\mathrm{e}^{\mathrm{j}\varphi} = A\angle\varphi$$

以上三种型式可以互相换算。

正弦交流电流 $i = \sqrt{2}I\sin(\omega t + \varphi)$，可用复数表示为 $\dot{I}_{\mathrm{m}} = \sqrt{2}\,I\angle\varphi$，或表示为 $\dot{I} = I\angle\varphi$。

三、复数的运算

在电工技术中，用复数计算电路问题时，复数的加减运算一般用直角坐标型，而复数的乘除则用极坐标型较为方便。

设有两个复数分别为

$$\dot{A}_1 = a_1 + \mathrm{j}b_1 = A_1\angle\varphi_1$$

$$\dot{A}_2 = a_2 + \mathrm{j}b_2 = A_2\angle\varphi_2$$

则其运算法则及定义如下：

（1）加减运算

$$\dot{A}_1 \pm \dot{A}_2 = (a_1 + \mathrm{j}b_1) \pm (a_2 + \mathrm{j}b_2) = (a_1 \pm a_2) + \mathrm{j}(b_1 \pm b_2)$$

（2）乘除运算

$$\dot{A}_1 \times \dot{A}_2 = A_1\angle\varphi_1 \times A_2\angle\varphi_2 = A_1A_2\angle\varphi_1 + \varphi_2$$

或
$$\dot{A}_1 \times \dot{A}_2 = (a_1 + \mathrm{j}b_1) \times (a_2 + \mathrm{j}b_2) = (a_1a_2 - b_1b_2) + \mathrm{j}(a_1b_2 + a_2b_1)$$

$$\frac{\dot{A}_1}{\dot{A}_2} = \frac{A_1\angle\varphi_1}{A_2\angle\varphi_2} = \frac{A_1}{A_2}\angle\varphi_1 - \varphi_2$$

或
$$\frac{\dot{A}_1}{\dot{A}_2} = \frac{a_1 + \mathrm{j}b_1}{a_2 + \mathrm{j}b_2} = \frac{a_1a_2 + b_1b_2}{a_2^2 + b_2^2} + \mathrm{j}\,\frac{a_2b_1 - a_1b_2}{a_2^2 + b_2^2}$$

（最后一式一般不用）。

（3）复数相等。若 $\dot{A}_1 = \dot{A}_2$，则必有 $a_1 = a_2$ 和 $b_1 = b_2$。

（4）复数等于零。若 $\dot{A} = a + \mathrm{j}b = 0$，则必有 $a=0$ 和 $b=0$。

（5）一个复数 $\dot{A} = A\angle\varphi$ 乘以常数 k，则有 $k \times \dot{A} = kA\angle\varphi$。

由于 $\mathrm{j} = 0+1$，$\mathrm{j} = 1\angle 90^\circ$，则当复数 $\dot{A} = A\angle\varphi$ 乘以 j 时，所得复数的模不变，其幅角

增加 90°，相当于 $\dot{A}$ 逆时针转 90°。同理，可知 $\dot{A}$ 乘 $-\mathrm{j}$ 的情况，如图 2-12 所示。

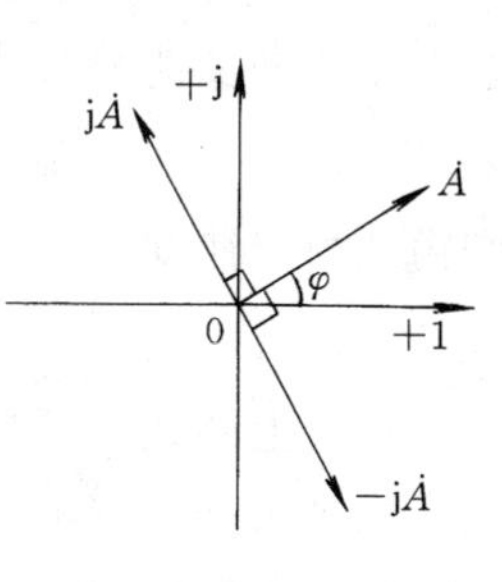

图 2-12　相量乘±j

相量法的实质是将各同频率正弦量的三角函数运算问题，转换为复数运算问题，从而简化了运算。相量法是分析交流电路的有力数学工具。

【例 2-2】　用三角函数法和复数法分别求例 2-1 中两个正弦交流电流之和 i。

【解】　(1) 三角函数法

$$
\begin{aligned}
i &= i_1 + i_2 = 16\sin(\omega t + 60°) + 12\sin(\omega t - 30°) \\
&= 16(\sin\omega t\cos60° + \cos\omega t\sin60°) + 12[\sin\omega t\cos(-30°) + \cos\omega t\sin(-30°)] \\
&= (8\sin\omega t + 8\sqrt{3}\cos\omega t) + (6\sqrt{3}\sin\omega t - 6\cos\omega t) \\
&= (8 + 6\sqrt{3})\sin\omega t + (8\sqrt{3} - 6)\cos\omega t \\
&= 18.39\sin\omega t + 7.86\cos\omega t \\
&= \sqrt{18.39^2 + 7.86^2} \times [18.39/\sqrt{18.39^2 + 7.86^2}\sin\omega t \\
&\quad + 7.86/\sqrt{18.39^2 + 7.86^2}\cos\omega t] \\
&= 20 \times (\cos23.1°\sin\omega t + \sin23.1°\cos\omega t) \\
&= 20\sin(\omega t + 23.2°)\ (\mathrm{A})
\end{aligned}
$$

(2) 复数法。先将两个正弦交流电流用复数的极坐标型表示，则有

$$\dot{I}_{m1} = 16\angle 60°;\quad \dot{I}_{m2} = 12\angle -30°$$

所以

$$
\begin{aligned}
\dot{I}_m &= \dot{I}_{m1} + \dot{I}_{m2} = 16\angle 60° + 12\angle -30° \\
&= 16\cos60° + \mathrm{j}16\sin60° + 12\cos(-30°) + 12\sin(-30°) \\
&= 8 + \mathrm{j}8\sqrt{3} + 6\sqrt{3} - \mathrm{j}6 = 18.39 + \mathrm{j}7.86 \\
&= \sqrt{18.39^2 + 7.86^2}\angle \arctan7.86/18.39 = 20\angle 23.1°\ (\mathrm{A}) \\
i &= 20\sin(\omega t + 23.1°)\ (\mathrm{A})
\end{aligned}
$$

从例 2-2 中可看到，两种方法计算的结果与例 2-1 相量图法的结果完全相同，但三角函数法十分烦琐。同频率正弦量的和、差运算结果仍是同频率正弦量，所以在上述复数运算过程中 ωt 未予体现，只取 $t=0$ 时刻来计算，但最后写瞬时值表达式时仍应把 ωt 补入式中。

第三节　单一元件的交流电路

单一元件电路是指由电阻 R 或电感 L 或电容 C 构成的电路，它们是构成复杂交流电路的基础。掌握了单一元件交流电路的分析方法和基本特点，可为实际电路的分析与计算打下基础。

一、纯电阻电路

设流过一个电阻 R 上的正弦交流电流为 i，则将在电阻两端产生电压 u。为了便于分析，取电阻上电流、电压的参考方向均为正，如图 2-13 (a) 所示，并选电流经过零值

且向正值增加的瞬时作为计时起点，即取

$$i = \sqrt{2} I \sin\omega t$$

则由欧姆定律知

$$u = iR = \sqrt{2} IR \sin\omega t = \sqrt{2} U \sin\omega t$$

比较上两式，可看出电压、电流是同频率的正弦量。

1. 电压与电流的关系

（1）电压与电流相位相同，其波形和相量图如图 2－13（b）、（c）所示。

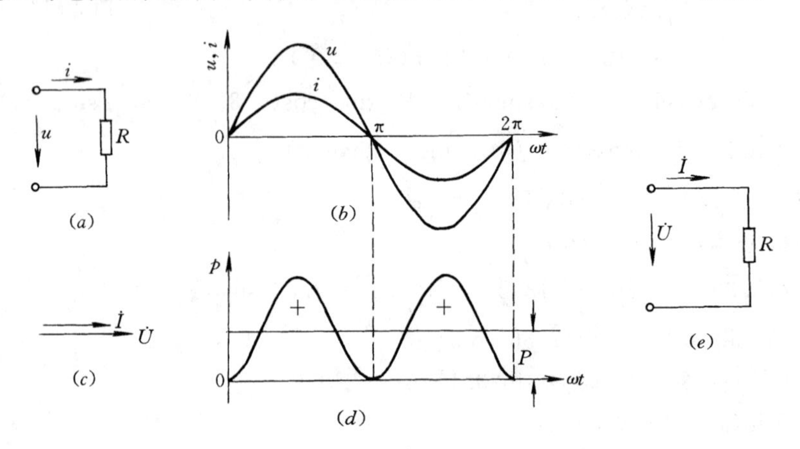

图 2－13　电阻元件的交流电路

（2）电压与电流的最大值、有效值成正比

$$U_m = I_m R;\quad U = IR \tag{2-9}$$

或

$$I_m = U_m / R;\quad I = U/R$$

（3）电压与电流的相量表示式为

$$\dot{U} = \dot{I} R$$

该复数等式包含了相位和有效值关系。

2. 功率关系

知道了电阻上电压和电流的相互关系及变化规律后，便可进一步研究电路中的功率问题。在任意瞬间，电阻上的瞬时功率即为电压、电流瞬时值的乘积，一般用小写字母 p 表示，即

$$p = ui = 2UI \sin^2 \omega t = UI(1 - \cos 2\omega t)$$

由上式可见，电阻上的瞬时功率是变化的，其变化的波形如图 2－13（d）所示。由于在关联参考方向下，电阻上电压与电流同相位，它们同时为正，同时为负，因此瞬时功率 p 总大于零，即 $p \geqslant 0$。这表明电阻总是从电源吸取电功率，把电能转换成热能，所以称电阻为耗能元件。

由于瞬时功率是变化的，不便应用。通常所说的功率是指瞬时功率在一周内的平均值，称为平均功率，用大写字母 P 表示，则

$$P = \frac{1}{T}\int_0^T p \mathrm{d}t = \frac{1}{T}\int_0^T UI(1 - \cos 2\omega t)\mathrm{d}t$$

$$= \frac{1}{T}\int_0^T UI\,\mathrm{d}t - \frac{1}{T}\int_0^T UI\cos 2\omega t\,\mathrm{d}t$$

$$= UI = I^2R = U^2/R \tag{2-10}$$

可见，平均功率在形式上和直流电阻电路的计算式相同，式（2－10）中的电压、电流都是指有效值。由于平均功率是电路中实际消耗的电功率，所以又叫有功功率，简称有功，其单位为瓦特（W）。

二、纯电感电路

在一个只具有电感 L 的线圈上，加一正弦交流电压 u，则线圈中将有电流 i 通过，并将产生自感电动势 e_L。若电感线圈上的电压及电流为关联参考方向，且与电动势 e_L 同方向，如图 2－14（a）所示，电感线圈上瞬时值表示的伏安特性方程为

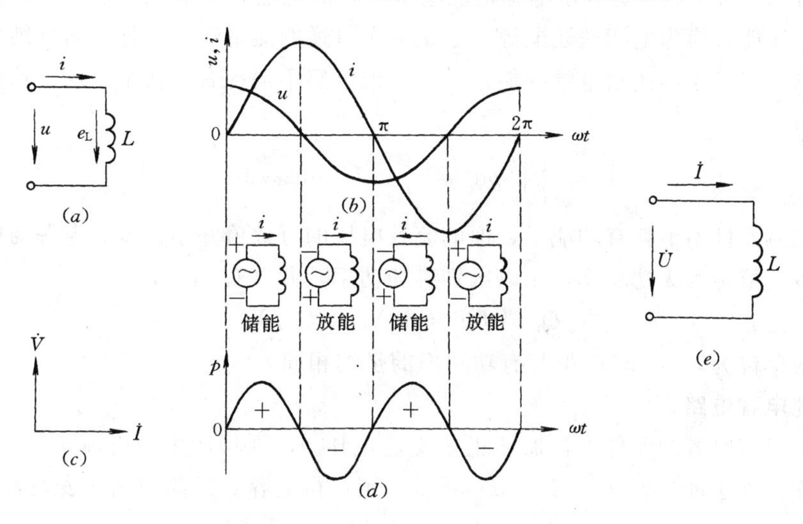

图 2－14　电感元件的交流电路

$$u = -e_L = -(-L\mathrm{d}i/\mathrm{d}t) = L\mathrm{d}i/\mathrm{d}t$$

设电流为

$$i = \sqrt{2}I\sin\omega t$$

则

$$u = L\mathrm{d}i/\mathrm{d}t = \sqrt{2}LI\,\mathrm{d}\sin\omega t/\mathrm{d}t = \sqrt{2}LI\omega\cos\omega t$$

$$= \sqrt{2}LI\omega\sin(\omega t + 90°) = \sqrt{2}U\sin(\omega t + 90°)$$

由此可见，电感上的电压、电流是同频率的正弦量。

1. 电压与电流的关系

（1）在相位上，电感线圈的电压超前于电流 90°，其波形图与相量图如图 2－14（b）、（c）所示。

（2）电压与电流有效值成正比，即

$$U = I\omega L = I2\pi fL = IX_L \tag{2-11}$$

式（2－11）中 $X_L = \omega L = 2\pi fL$ 为比例常数。它具有限制电流的作用，称为电感电抗，简称感抗。当 L 的单位为亨（H），f 的单位为赫兹（Hz），ω 的单位为弧度/秒（rad/s）时，X_L 的单位为欧姆（Ω）。对于直流电路，稳态运行时 $f=0$，则 $X_L=0$，相当于电感短路。

(3) 用相量的复数型表示式为

$\dot{I} = I\angle 0°$；$\dot{U} = I\omega L\angle 90°$考虑到 $j = 1\angle 90°$，故得

$$\dot{U} = j\dot{I}\omega L = j\dot{I}X_L \tag{2-12}$$

此时相量形式表示的电压、电流，其参考方向如图 2-14 (*e*) 所示。jX_L 称为电感电路的复阻抗。

2. 功率关系

将上面的电压 u 与电流 i 代入瞬时功率的表达式中，即得电感元件输入的瞬时功率

$$p = ui = 2UI\cos\omega t\sin\omega t = UI\sin 2\omega t$$

它是一个角频率为 2ω 的正弦变化量，其波形如图 2-14 (*d*) 所示，从图中看到，瞬时功率有正有负，p 为正值时，表示电感把从电源吸收的电能转换成磁场能；p 为负值时，表示电感把磁场能转换为电能送还电源。这是一个可逆的能量转换过程，而且纯电感从电源取用的能量一定等于归还给电源的能量。就是说电感不消耗有功功率，这一点也可以从平均功率看出。

$$P = \frac{1}{T}\int_0^T p\,dt = \frac{1}{T}\int_0^T UI\sin 2\omega t\,dt = 0$$

虽然电感元件不消耗有功能量，但电流及电压的有效值并不为零。电源与电感之间交换功率的最大值称为无功功率，用以区别有功功率，并以 Q_L 表示。

$$Q_L = UI = I^2X_L = U^2/X_L \tag{2-13}$$

无功功率的单位为乏 (var)，但与有功功率的量纲相同。

三、纯电容电路

在一个只有电容的元件上，加一正弦交流电压 u，则将产生一电流 i，若按惯例取 u 与 i 为关联参考方向，如图 2-15 (*a*) 所示。则可得电容 C 的瞬时值伏安特性方程为

$$i = dq/dt = dCu/dt = Cdu/dt$$

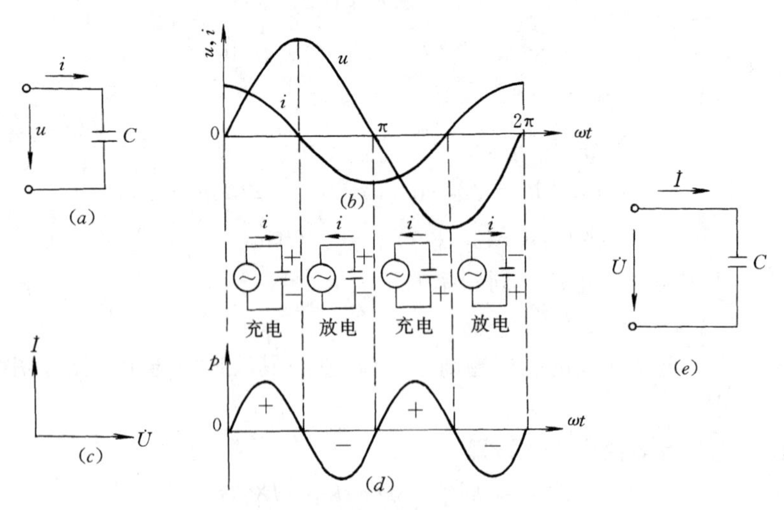

图 2-15 电容元件的交流电路

设电压为

$$u = \sqrt{2}U\sin\omega t$$

代入上式可得电容电流为

$$i = C\mathrm{d}u/\mathrm{d}t = \sqrt{2}U\omega C\cos\omega t = \sqrt{2}U\omega C\sin(\omega t + 90°) = \sqrt{2}I\sin(\omega t + 90°)$$

显然，电容上的电压、电流也是同频率的正弦量，由此可得电容上的电压、电流关系。

1. 电压与电流的关系

(1) 在相位上，电容电流超前于电容电压 90°。其波形与相量图如图 2-15 (*b*)、(*c*) 所示。

(2) 电容电流有效值正比于电容电压有效值。即

$$I = \omega CU$$

或

$$U = I\frac{1}{\omega C} = I\frac{1}{2\pi fC} = IX_C \tag{2-14}$$

式 (2-14) 中比例常数 $X_C = -1/(\omega C) = -1/(2\pi fC)$，说明它也有限制电流的作用，并称其为电容电抗，简称容抗。若 C 的单位为法拉 (F)，f 的单位用赫兹 (Hz)，ω 的单位用弧度/秒 (rad/s) 时，X_C 的单位为欧姆 (Ω)。

在直流电路中，稳态运行时，$f=0$，X_C 为无穷大。相当于电容开路，所以说电容有隔断直流的作用。若频率非常高时，X_C 将很小，故电容在高频电子线路时一般近似为短路。

(3) 用相量表示时，若设 $\dot{U} = U\angle 0°$，$\dot{I} = I\angle 90°$，考虑到 $\mathrm{j} = 1\angle 90°$，则有

$$\dot{I} = \mathrm{j}\omega CU$$

或

$$U = \dot{I}/\mathrm{j}\omega C = -\mathrm{j}X_C\dot{I} \tag{2-15}$$

此时相量形式表示的电容电路，其电压、电流的参考方向如图 2-15 (*e*) 所示。称 $-\mathrm{j}X_C$ 为电容电路的复阻抗。

2. 功率关系

电容元件输入的瞬时功率 p 为电压 u 与电流 i 的乘积，即

$$p = ui = 2UI\sin\omega t\cos\omega t = UI\sin 2\omega t$$

它是一个角频率为 2ω 的正弦变化量，其波形如图 2-15 (*d*) 所示，从图中看到瞬时功率仍有正负。p 为正值时，表示电容把电源的电能转换成电场能，即电容在充电。p 为负值时，表示电容把电场能变为电能送回电源。这仍是一种可逆的能量转换过程。

在电容元件的电路中，电容上的平均功率

$$P = \frac{1}{T}\int_0^T p\mathrm{d}t = \frac{1}{T}\int_0^T UI\sin 2\omega t\,\mathrm{d}t = 0$$

这说明电容元件是不消耗有功能量的。由于电压、电流的有效值不为零。因此，电源与电容之间交换功率的最大值也称为无功功率，用 Q_C 表示，以区别有功功率。则

$$Q_C = -UI = -I^2X_C = -U^2/X_C \tag{2-16}$$

Q_C 与 Q_L 的单位相同，为乏 (var)。

从式 (2-9) ～式 (2-16) 中看到，元件特性在相量形式上和直流电路的基本相同。

第四节　单相交流电路分析

实际电路是复杂的，往往由两个以上的多个元件构成。因此，研究具有多个元件的交

流电路问题，更具有实际意义。

一、串联电路

串联电路是组成实际电路的基本形式之一，其特点是组成电路的各个元件中通过的是同一个电流。下面研究 R、L、C 串联电路。

1. 电压与电流的关系

在图 2-16（a）所示的 R、L、C 串联电路中，设电压、电流的参考方向如图。为了方便，取电流 i 为参考正弦量（即设 i 的初相位为零），设

$$i=\sqrt{2}I\sin\omega t$$

根据 KVL 定律，则

$$u=u_R+u_L+u_C$$

将图 2-16（a）中各正弦量用对应的相量表示于图 2-16（b）中，则

$$\dot{U}=\dot{U}_R+\dot{U}_L+\dot{U}_C \tag{2-17}$$

把各元件用复数表示的伏安特性方程代入上式得

$$\dot{U}=\dot{I}R+j\dot{I}X_L-j\dot{I}X_C=\dot{I}[R+j(X_L-X_C)]=\dot{I}(R+jX)=\dot{I}Z \tag{2-18}$$

式中 X——电路的等效电抗，简称电抗，且 $X=X_L-X_C$；

Z——电路的复阻抗，由于它不是相量，所以，其上不能加“·”，且 $Z=R+jX$。

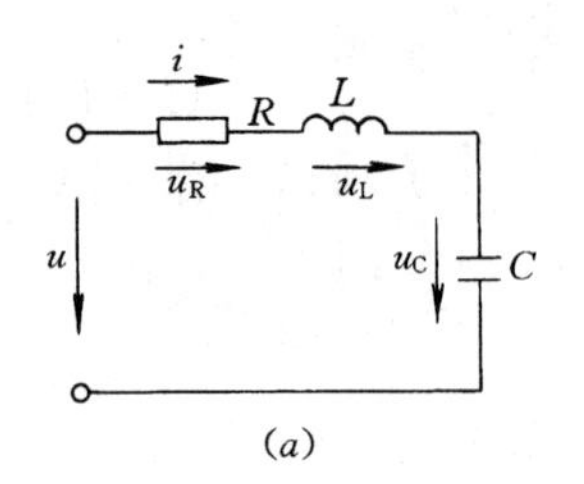

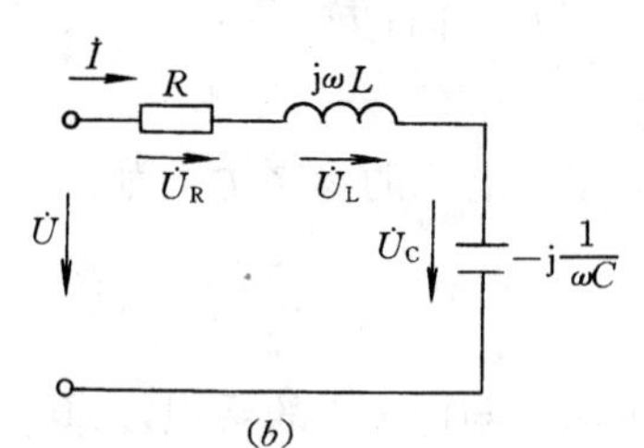

图 2-16 RLC 串联电路

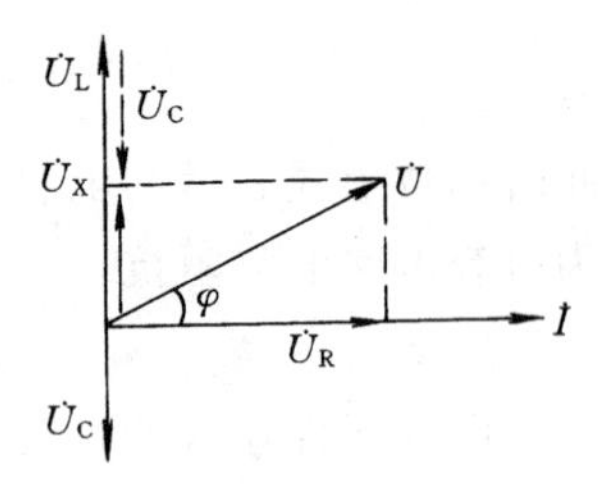

图 2-17 RLC 电路相量图

根据单一元件电压、电流的相位关系，在确定了电流 I 的相位后，就可画出 $\dot{U}_R$、$\dot{U}_L$、$\dot{U}_C$ 及 $\dot{U}_X$（$\dot{U}_X=\dot{U}_L+\dot{U}_C$），如图 2-17 所示（假设 $U_L>U_C$）。

2. 电压之间的关系

如图 2-17 所示，电压相量 $\dot{U}_R$、$\dot{U}_X$ 和 $\dot{U}$ 组成一个直角三角形，称为电压三角形。由图中的几何关系可得

$$\begin{aligned}U&=\sqrt{U_R^2+(U_L-U_C)^2}=\sqrt{(IR)^2+(IX_L-IX_C)^2}\\&=I\sqrt{R^2+(X_L-X_C)^2}\end{aligned} \tag{2-19}$$

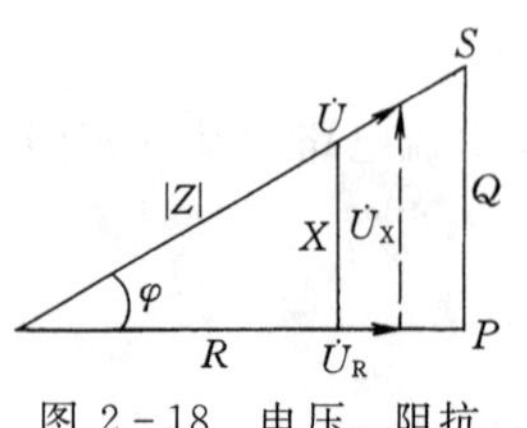

图 2-18 电压、阻抗、功率三角形

而且 $U_R=U\cos\varphi$，$U_X=U\sin\varphi$ 如图 2-18 所示。

3. 阻抗关系

由式（2-18）可得阻抗

$$Z=\frac{\dot{U}}{\dot{I}}=R+jX=\sqrt{R^2+X^2}\angle\arctan\frac{X}{R}=|Z|\angle\varphi$$

也就是 $\dot{U}$、$\dot{U}_R$ 及 $\dot{U}_X$ 同除以 $\dot{I}$，因此就其大小而言，$|Z|$、R 和

X 也组成一个直角三角形，并与电压三角形相似，如图 2-18 所示。可见

$$|Z| = \sqrt{R^2 + (X_L - X_C)^2};\quad \varphi = \arctan(X_L - X_C)/R \tag{2-20}$$

且 $R = |Z|\cos\varphi$；$X = |Z|\sin\varphi$。

4. 功率关系

在式（2-19）中同时乘 I，则得

$$UI = I\sqrt{U_R^2 + (U_L - U_C)^2} = \sqrt{(IU_R)^2 + (I^2X_L - I^2X_C)^2}$$

$$= \sqrt{P^2 + (Q_L - Q_C)^2} = \sqrt{P^2 + Q^2} = S \tag{2-21}$$

式中　$P = IU_R$——电阻消耗的有功功率，W；

$Q_L = IU_L$——电感吸取的无功功率；var；

$Q_C = IU_C$——电容吸取的无功功率，var；

$Q = Q_L - Q_C$——电路收取的总无功功率，var；

$S = UI$——电路总电压与总电流有效值的乘积，称其为视在功率，VA。

由式（2-21）可见，S、P 和 Q 的关系也可用直角三角形表示，称为功率三角形，而且与电压三角形和阻抗三角形均相似，如图 2-18 所示。因此有

$$P = S\cos\varphi;\quad Q = S\sin\varphi$$

需要说明的是，φ 角既是阻抗 Z 的幅角（或称阻抗角），又是电路中电压 $\dot{U}$ 与电流 $\dot{I}$ 的相位差角，同时还称其为功率因数角。按惯例规定：功率因数角 φ 等于电路中电压的初相位 φ_u 减去电流的初相位 φ_i，即

$$\varphi = \varphi_u - \varphi_i$$

在 RLC 串联电路中，当 $X_L > |X_C|$ 时，电抗 $X =（X_L + X_C）> 0$，则阻抗角 $\varphi > 0$，表明电抗是感性的，称电路为感性电路。此时电流滞后于端电压，$\sin\varphi > 0$，则 $Q = S\sin\varphi > 0$，表示电路吸取感性无功功率。当 $X_L < |X_C|$ 时，电抗 $X < 0$，阻抗角 $\varphi < 0$，表明电抗是容性的，称电路为容性电路。此时电流超前于端电压，$\sin\varphi < 0$，$Q < 0$，表示电路吸取负的感性无功功率，即发出感性无功功率。

实用中，视在功率 S 表示交流电气设备的容量，并不是有功功率。而有功功率 P 必须在视在功率的基础上再乘一个因数 $\cos\varphi$。因此，电路中电压电流相位差的余弦 $\cos\varphi$ 称为功率因数，并以 λ 表示。

【例 2-3】　在 RLC 串联电路中，已知 $R = 30\ \Omega$，电感 $L = 382$ mH，电容 $C = 40\ \mu$F，把电路接到电压为 220 V、频率 $f = 50$ Hz 的电源上。试求：

（1）电路中电流及各元件端电压；

（2）电路的功率因数角及功率因数；

（3）电路中有功功率 P、无功功率 Q 及视在功率 S。

【解】　（1）由于

$$X_L = 2\pi fL = 2 \times 3.14 \times 50 \times 382 \times 10^{-3} = 120\ (\Omega)$$

$$X_C = 1/(2\pi fC) = 1/(2 \times 3.14 \times 50 \times 40 \times 10^{-6}) = 80\ (\Omega)$$

所以

$$|Z| = \sqrt{R^2 + (X_L - X_C)^2} = \sqrt{30^2 + (120 - 80)^2} = 50\ (\Omega)$$

因此
$$I = U/|Z| = 220/50 = 4.4\ (\mathrm{A})$$
故各元件电压
$$U_R = IR = 4.4 \times 30 = 132\ (\mathrm{V})$$
$$U_L = IX_L = 4.4 \times 120 = 528\ (\mathrm{V})$$
$$U_C = I|X_C| = 4.4 \times 80 = 352\ (\mathrm{V})$$

（2）由阻抗三角形知功率因数角
$$\varphi = \frac{\arctan(X_L - X_C)}{R} = \frac{\arctan(120-80)}{30} = 53.13^\circ$$
则功率因数
$$\lambda = \cos\varphi = \cos 53.13^\circ = 0.6$$

（3）电路中有功功率
$$P = I^2R = U_RI = 132 \times 4.4 = 580.8\ (\mathrm{W})$$
或
$$P = IU\cos\varphi = 220 \times 4.4 \times 0.6 = 580.8\ (\mathrm{W})$$
无功功率
$$Q = I^2X = UI\sin\varphi = 220 \times 4.4 \times 0.8 = 774.4\ (\mathrm{var})$$
视在功率
$$S = UI = 220 \times 4.4 = 968\ (\mathrm{VA})$$

上述求解电流及功率因数角的过程还可以用相量形式计算，如

设
$$\dot{U} = 220\angle 0^\circ \quad（即以 U 为参考相量）$$
由于
$$Z = R + \mathrm{j}(X_L - X_C) = 30 + \mathrm{j}(120-80) = 50\angle 53.13^\circ\ (\Omega)$$
则
$$\dot{I} = \dot{U}/Z = 220\angle 0^\circ / 50\angle 53.13^\circ = 4.4\angle -53.13^\circ\ (\mathrm{A})$$

上式中 4.4 即为所求电流，53.13°即为功率因数角（因为 $\varphi = \varphi_u - \varphi_i = 0 + 53.13^\circ$），与前述结果相同。

【例 2-4】　在日光灯电路中，日光灯管相当于一个电阻，镇流器相当于电阻与电感的串联电路，灯管与镇流器串联。测得电路所加电源电压 $U=220$ V，电路中电流 $I=0.4$ A，灯管电压为 $U_1=96$ V，镇流器电压 $U_2=192$ V，如图 2-19（*a*）所示。试求灯管电阻 R_1、镇流器电阻 R_2 及电抗 X_L。

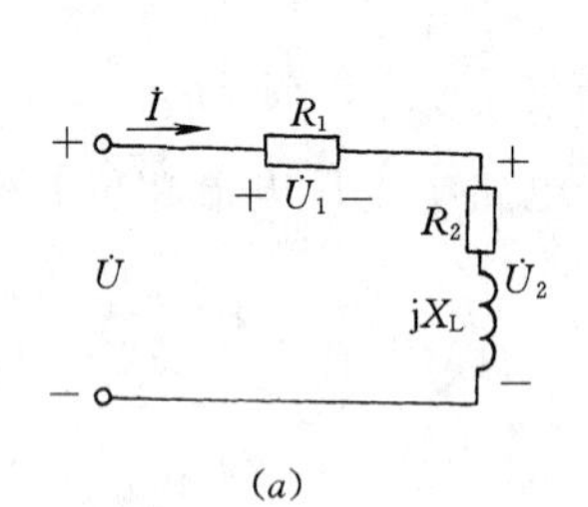

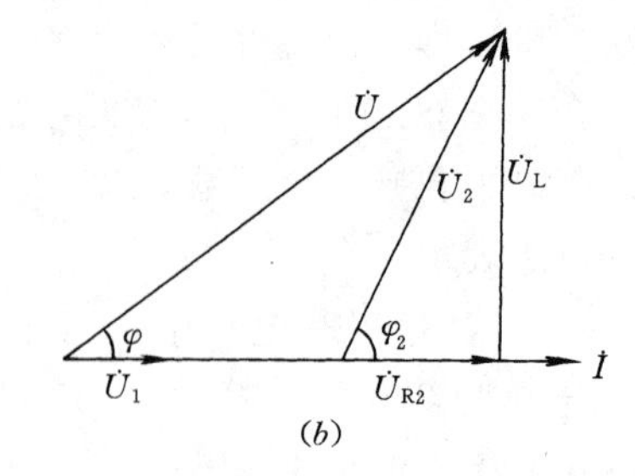

图 2-19　例 2-4 用图

【解】　解法一　灯管电阻
$$R_1 = U_1/I = 96/0.4 = 240\ (\Omega)$$
对于镇流器有
$$\sqrt{R_2^2 + X_L^2} = U_2/I = 192/0.4 = 480\ (\Omega)$$
整个电路阻抗的模
$$|Z| = \sqrt{(R_1+R_2)^2 + X_L^2} = U/I = 220/0.4 = 550\ (\Omega)$$

则得方程组
$$\begin{cases} R_2^2 + X_L^2 = 480^2 \\ (R_1 + R_2)^2 + X_L^2 = 550^2 \end{cases}$$

解之得
$$R_2 = 30\ \Omega;\quad X_L = 479\ \Omega$$

解法二　以 $\dot{I}$ 为参考相量，定性画出电路的相量图，如图 2-19（b）所示。应用余弦定理得

$$U^2 = U_1^2 + U_2^2 - 2U_1U_2\cos(180° - \varphi_2)$$

则
$$\cos\varphi_2 = (U^2 - U_1^2 - U_2^2)/(2U_1U_2)$$
$$= (220^2 - 96^2 - 192^2)/(2 \times 96 \times 192) = 0.0629$$

由图 2-19（b）可知
$$U_{R2} = IR_2 = U_2\cos\varphi_2 = 192 \times 0.0629 = 12\ (\text{V})$$
$$U_L = IX_L = U_2\sin\varphi_2 = 192 \times 0.998 = 191.6\ (\text{V})$$

所以
$$R_2 = U_{R2}/I = 12/0.4 = 30\ (\Omega)$$
$$X_L = U_L/I = 191.6/0.4 = 479\ (\Omega)$$

由例 2-4 可知，应用相量图分析求解电路问题时具有直观、方便、物理概念清晰的特点，但只适用于较为简单的电路。而具有复数形式的相量法在分析求解电路问题时具有表达方便、严密、规范等特点，适用于计算较为复杂的电路。在实际应用中，可根据具体情况选取。

5. 串联谐振

在 RLC 串联电路中，当 $X_L = X_C$，即等效电抗 $X=0$ 时，这时的电路工作状态称为串联谐振。

电路谐振时所对应的角频率及频率称为谐振角频率和谐振频率，为了区别非谐振时的角频率及频率，分别用 ω_0 及 f_0 表示之。由于谐振时 $X_L = X_C$，即 $\omega_0 L = 1/\omega_0 C$，所以谐振角频率

$$\omega_0 = 1/\sqrt{LC}$$

则谐振频率

$$f_0 = \frac{1}{2\pi\sqrt{LC}}$$

可见谐振频率取决于电路参数，是电路的特征参数。

由于串联谐振时 $X = X_L - X_C = 0$，所以阻抗 $Z = R + \mathrm{j}X = R$，此时阻抗的模为最小值，电流 $I_0 = U/|Z| = U/R$ 为最大值，而电路的总电压 $\dot{U}$ 与电流 $\dot{I}_0$ 同相位。且各元件电压分别为

$$\dot{U}_R = R\dot{I}_0 = R\frac{\dot{U}}{R} = \dot{U}$$
$$\dot{U}_L = \mathrm{j}\dot{I}_0 X_L = \mathrm{j}\frac{X_L}{R}\dot{U} = \mathrm{j}Q\dot{U}$$
$$\dot{U}_C = \mathrm{j}\dot{I}_0 X_C = \mathrm{j}\frac{X_C}{R}\dot{U} = -\mathrm{j}Q\dot{U}$$
$$\dot{U}_X = \dot{U}_L + \dot{U}_C = \mathrm{j}Q\dot{U} - \mathrm{j}Q\dot{U} = 0$$
$$Q = \frac{X_L}{R} = \frac{\omega_0 L}{R} = \frac{X_C}{R} = \frac{1}{\omega_0 CR} = \frac{1}{R}\sqrt{\frac{L}{C}}$$

其相量图如图 2－20 所示。Q 称为谐振回路的品质因数，是无量纲的因数。虽然谐振时 $U_X=0$，但是 $U_L=U_C=QU$，在 $X_L \gg R$ 即品质因数很大时，$QU \gg U$，因此串联谐振又称电压谐振。在电力系统中，若电路发生串联谐振，将出现过电压，导致某些电气设备的损坏。但有时也用串联谐振方法对电力系统中的高次谐波进行滤波，在无线电技术中串联谐振也获得广泛应用。

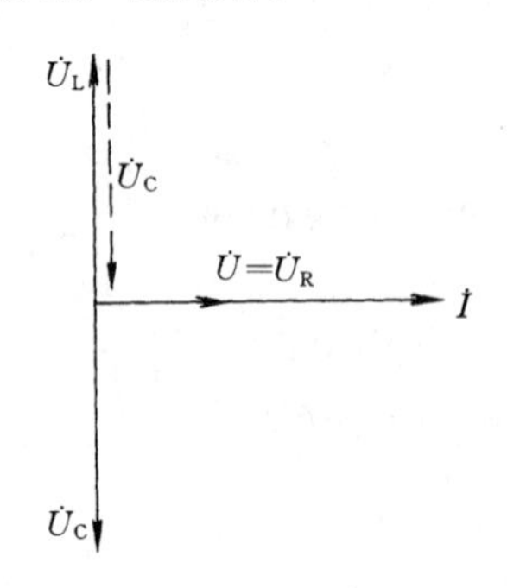

图 2－20　串联谐振时相量图

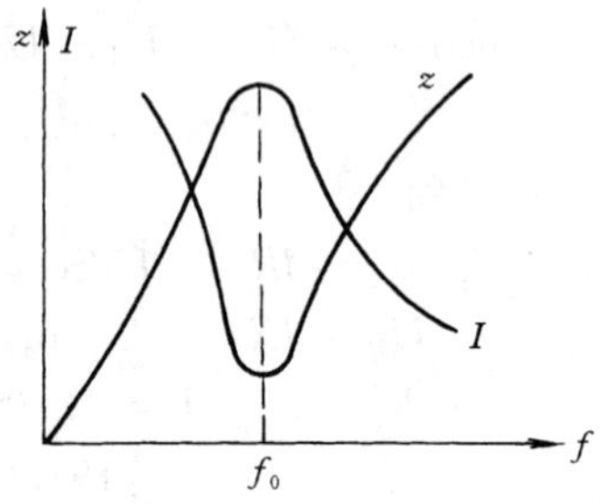

图 2－21　谐振曲线

使 RLC 电路发生串联谐振的方法有两种：一是在电源频率一定时，调整电路的参数 L 或 C；二是当 L 和 C 不变时调整电源频率 f，使其等于电路的谐振频率 f_0。在调整频率过程中，电路中的阻抗 Z 及电流 I 都将随之变化，如图 2－21 所示。

二、并联电路

并联电路是交流电路的另一种基本形式，额定电压相同的负载经常采用并联连接，其中具有实用意义的是 RL 串联电路与电容 C 的并联，如图 2－22 所示，以此为例说明并联交流电路的分析和计算方法。

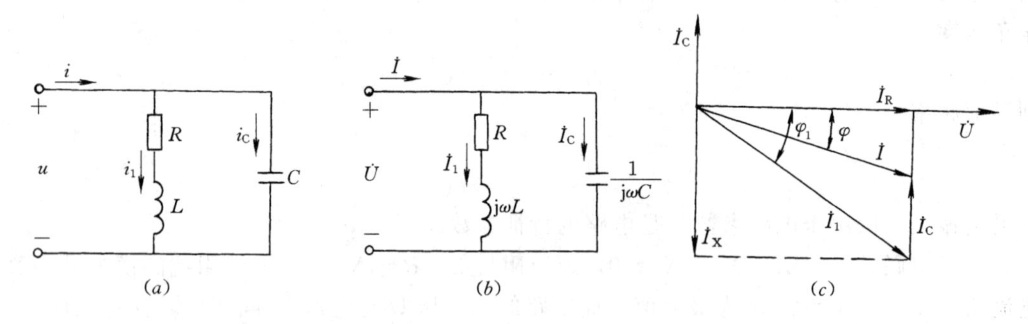

图 2－22　并联交流电路

1. 电压与电流的关系

取各支路电压与电流的参考方向均为正，如图 2－22（a）所示。根据基尔霍夫节点电流定律，得

$$i = i_1 + i_C$$

其相量形式为

$$\dot{I} = \dot{I}_1 + \dot{I}_C$$

上式说明 $\dot{I}$ 与 $\dot{I}_1$ 和 $\dot{I}_C$ 之间是相量关系。RL 支路和电容 C 支路的阻抗分别为

$$Z_1 = R + jX_L; \quad Z_2 = jX_C$$

由于两条并联支路具有同一个电压，因此通常取电压为参考相量，即设 $\dot{U} = U\angle 0°$，则总电流为

$$\dot{I} = \dot{I}_1 + \dot{I}_C = \dot{U}/Z_1 + \dot{U}/Z_2$$

当知道了电路中的各参数和电源电压时，用复数法很容易计算出各支路电流和总电流。

2. 并联电容对提高电路功率因数的作用

实际中，大多数负载都是感性的，其等效参数形式为 RL 串联电路，在感性负载未并联电容 C 之前，功率因数

$$\lambda = \cos\varphi = R/\sqrt{R^2 + X_L^2}$$

在 X_L 较大时，功率因数较低。

并联适当的电容后，其等效电路形式如图 2-22 所示。根据电路中的电压电流相位关系，可定性画出电路的相量图，如图 2-22（c）所示。相量图中以 $\dot{U}$ 为参考相量，画出 $\dot{U}$ 后，就可画出 $\dot{I}_1$ 滞后于 $\dot{U}$ 一个 φ_1 角（$\varphi_1 = \arctan X_L/R$），$\dot{I}_C$ 超前于 $\dot{U}$90°，用相量法即可求出电流 $\dot{I}$，如图 2-22（c）所示。

从相量图中可以看到，未接电容之前电路的功率因数角 φ_1 较大，功率因数 $\lambda = \cos\varphi_1$ 较低。接入电容后电路的功率因数角 φ 较小，功率因数 $\lambda = \cos\varphi$ 较大，比未接电容前功率因数提高了。

把电流 $\dot{I}_1$ 分解为两个分量，一个是与电压同相位的电流分量 $\dot{I}_R$，另一个是滞后于电压 $\dot{U}$90°的电流分量 $\dot{I}_X$。由于有功功率 $P_1 = UI_1\cos\varphi_1 = UI_R$，即 U 乘与其同相位的 I_R 分量为 RL 串联电路的有功功率故称 $\dot{I}_R$ 为有功分量电流，同理 U 乘滞后其 90°相位的 I_X 分量为 RL 电路的无功功率，故称 $\dot{I}_X$ 为无功分量电流。

并电容后，电路的总有功功率为

$$P = UI\cos\varphi = UI_R = P_1$$

可见，并联电容后电路消耗的有功功率不变。

对于电路的总电流 $\dot{I}$，由于电容电流 $\dot{I}_C$ 与无功分量电流 $\dot{I}_X$ 反相，抵消了一部分无功电流，因此电路中的总电流

$$I = \sqrt{I_R^2 + (I_X - I_C)^2}$$

由于总的无功分量电流的减少，总电流也减少了，如图 2-22（c）所示。

当电容电流 I_C 小于无功分量电流 I_X 时，$\dot{I}$ 仍滞后于 $\dot{U}$，整个电路仍是感性的，电路的功率因数从 $\cos\varphi_1$ 提高到 $\cos\varphi$。若 $I_C = I_X$，则 $\varphi = 0$，$\cos\varphi = 1$，$\dot{U}$ 与 $\dot{I}$ 同相，整个电路等效为一个电阻。若 $I_C > I_X$，$\dot{I}$ 将超前于 $\dot{U}$，电路为容性。因此，选适当电容，就可把电路的功率因数提高到所需要的数值。

从能量的角度看，并联电容前后有功功率不变，并联电容前的无功功率

$$Q_1 = S_1\sin\varphi_1 = \frac{P}{\cos\varphi_1}\sin\varphi_1 = P\tan\varphi_1$$

并联电容后，其无功功率

$$Q = S\sin\varphi = \frac{P}{\cos\varphi}\sin\varphi = P\tan\varphi$$

并联电容前后无功功率之差，是电容补偿的无功功率

$$Q_1 - Q = Q_C = U^2/X_C = U^2\omega C$$

所以
$$C = \frac{1}{U^2\omega}(Q_1 - Q) = \frac{P}{2\pi fU^2}(\tan\varphi_1 - \tan\varphi)$$

它指出了并联电容量与提高功率因数的关系。

3. 提高功率因数意义

由上面的分析可见，当感性负载并联电容后，线路中的总电流将减少，功率因数将提高，而有功功率保持不变。

（1）提高功率因数可充分利用发、配电设备的容量。每台发、配电设备的额定容量 $S_N = U_N I_N$ 都是一定的，当电压、电流都为额定值时，它输出的有功功率 $P = U_N I_N\cos\varphi$ 取决于 $\cos\varphi$，$\cos\varphi$ 越高，P 越大，设备容量利用率越高。

（2）减少供电线路及电源内部的功率损耗。在输送的功率 P 及电压一定时，$\cos\varphi$ 越高，线路电流越小。因此线路及电源内部的损耗也越小，且线路压降也减小。

【例 2-5】 已知 40 W 的日光灯工作时的电流为 0.4 A，电压为 220 V，$\cos\varphi_1 = 0.5$，并联一个 $C = 4\mu F$ 的电容后，求总电流及功率因数 $\cos\varphi$。

【解】 解法一 以电压 $\dot{U}$ 为参考相量，设 $\dot{U} = 220\angle 0^\circ$，则灯管电流 $\dot{I}_1$ 滞后于 $\dot{U}$ 一个 φ_1 角，电容电流 $\dot{I}_C$ 超前于 $\dot{U}$ 90°。

所以
$$\dot{I}_1 = 0.4\angle -\arccos 0.5 = 0.4\angle 60^\circ$$

$$\dot{I}_C = I_C\angle 90^\circ = \dot{U}\times 2\pi fC\angle 90^\circ$$

$$= 220\times 2\times 3.14\times 50\times 4\times 10^{-6}\angle 90^\circ = 0.276\angle 90^\circ$$

因此总电流

$$\dot{I} = \dot{I}_1 + \dot{I}_C = 0.4\angle -60^\circ + 0.276\angle 90^\circ$$

$$= 0.2 - j0.346 + j0.276 = 0.2 - j0.07 = 0.212\angle -19.3^\circ \text{ (A)}$$

即
$$I = 0.212 \text{ A}$$

$$\cos\varphi = \cos(-19.3^\circ) = 0.94$$

解法二 并联电容前日光灯的有功功率及无功功率分别为

$$P_1 = UI_1\cos\varphi_1 = 220\times 0.4\times 0.5 = 44 \text{ (W)}$$

$$Q_1 = UI_1\sin\varphi_1 = 220\times 0.4\times \sin(\arccos 0.5) = 76.21 \text{ (var)}$$

电容的无功功率

$$Q_C = -UI_C = -220\times 0.276 = -60.72 \text{ (var)}$$

电路总无功功率

$$Q = Q_1 + Q_C = 76.21 - 60.72 = 15.49 \text{ (var)}$$

由于有功功率不变，所以总电流

$$I = S/U = \sqrt{P_1^2 + Q^2}/U = \sqrt{44^2 + 15.49^2}/220 = 0.212 \text{ (A)}$$

功率因数

$$\cos\varphi = P/S = 44/\sqrt{44^2 + 15.49^2} = 0.94$$

解法三　以电压 $\dot{U}$ 为参考相量定性画出相量图，如图 2-22（c）所示。通过图中几何关系得

$$I = \sqrt{(I_1\cos\varphi_1)^2 + (I_1\sin\varphi_1 - I_C)^2}$$

$$= \sqrt{(0.4\times0.5)^2 + (0.4\times0.866 - 0.276)^2} = 0.212\ (\mathrm{A})$$

$$\cos\varphi = I_R/I = I_1\cos\varphi_1/I = 0.4\times0.5/0.212 = 0.94$$

4. 并联谐振

在有电感和电容元件的并联电路中，当电路的总电压与总电流同相位，即端口的 $\cos\varphi=1$ 时，称电路处于并联谐振或电流谐振状态。

对于图 2-22 所示电路，使 $\dot{U}$ 与 $\dot{I}$ 同相位的条件是 $\dot{I}$ 的无功分量电流必须等于零，即

$$I_1\sin\varphi_1 - I_C = 0$$

用参数表示，则有

$$\frac{U}{\sqrt{R^2 + X_L^2}}\frac{X_L}{\sqrt{R^2 + X_L^2}} + \frac{U}{X_C} = 0$$

把 $X_L = \omega_0 L, X_C = -1/\omega_0 C$ 代入上式并整理得

$$\frac{\omega_0 L}{R^2 + (\omega_0 L)^2} = \omega_0 C$$

解之得谐振角频率

$$\omega_0 = \frac{1}{\sqrt{LC}}\sqrt{1 - \frac{CR^2}{L}} \tag{2-22}$$

若 $R \ll \sqrt{\frac{L}{C}}$ 或品质因数 $Q = \frac{1}{R}\sqrt{\frac{L}{C}} \gg 1$，即 $\frac{CR^2}{L} \ll 1$，则谐振角频率

$$\omega_0 \approx \frac{1}{\sqrt{LC}}$$

由此可见，当 $Q \gg 1$ 时，串、并联谐振频率接近相等。

并联谐振时，端口电流与电压同相，且只有有功电流分量，故电流值最小，电路呈电阻性，相当于一个电阻且为最大值，其等效电阻 $R_0 = \frac{R^2 + (2\pi f_0 L)^2}{R} \approx \frac{L}{RC}$，即谐振时具有高阻抗。若电路中 $R = 0$，则谐振时电路等效阻抗为无穷大，电路总电流为零，电感与电容中的电流相等。

在无线电技术中，常用并联谐振具有高阻抗的特点来选择信号或消除干扰信号等。

三、一般电路

在正弦交流电中，所有支路的电压、电流都是同频率的正弦量，都可以用对应的电压、电流相量来表示。因此，由瞬时值形式的基尔霍夫电流定律 $\sum i(t) = 0$ 和基尔霍夫电压定律 $\sum u(t) = 0$，可以得出它们的相量形式

$$\sum \dot{I} = 0;\quad \sum \dot{U} = 0 \tag{2-23}$$

由单一元件的伏安特性方程，可概括为相量形式的欧姆定律

$$\dot{U} = Z\dot{I} \tag{2-24}$$

需要说明的是，式中阻抗 Z，对于电阻、电感和电容元件来说分别为 R、jX_L 和 jX_C。

由此可见，正弦交流电路中的基尔霍夫定律和欧姆定律的相量形式与直流电路中对应的定律，在形式上完全相同。因此，直流电路中的所有定理、定律和分析方法等都适用于正弦交流电路。所不同的是，正弦交流电路中的量用相量表示，分析运算用复数运算。对于正弦交流电路还可用相量图找出简便方法，扩展解题思路。

在交流电路中，电路的总有功功率 P 等于电路中各电阻消耗的有功功率之和，即 $P=\sum P_i$ 而电路的总无功等于各元件无功功率的代数和，即

$$Q = \sum Q_i$$

其中 Q_L 为正值，Q_C 为负值。

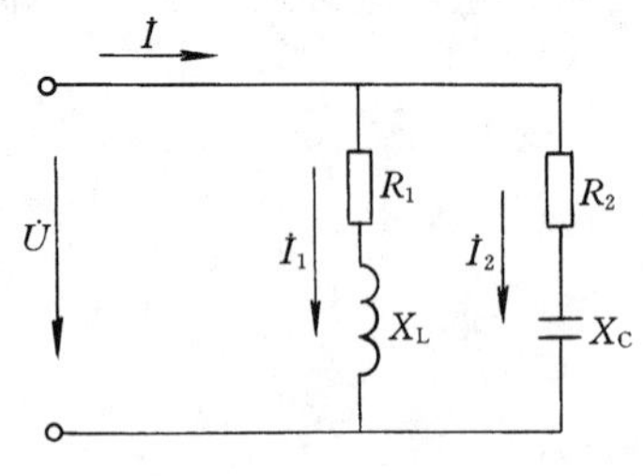

图 2-23　例 2-6 用图

电路总的视在功率

$$S = \sqrt{P^2 + Q^2} = UI$$

其中 U、I 分别为总电压、总电流。注意，总视在功率一般不等于各元件视在功率之和，即 $S \neq \sum S_i$。

【例 2-6】　在图 2-23 电路中，已知 $R_1=30\ \Omega$，$X_L=40\ \Omega$，$R_2=60\ \Omega$，$X_C=80\ \Omega$，电源电压 $U=220$ V。试求：

(1) 各支路电流及总电流。

(2) 各支路视在功率及总有功功率、无功功率和总视在功率。

【解】　(1) 设 $\dot{U}=220\angle 0^\circ$ V

则 $\dot{I}_1=\dot{U}/Z_1=220\angle 0^\circ/(30+j40)=220\angle 0^\circ/50\angle 53.1^\circ=4.4\angle -53.10^\circ$ (A)

$\dot{I}_2=\dot{U}/Z_2=220\angle 0^\circ/(60+j80)=220\angle 0^\circ/100\angle -53.1^\circ=2.2\angle 53.1^\circ$ (A)

故总电流

$$\dot{I}=\dot{I}_1+\dot{I}_2=4.4\angle -53.1^\circ+2.2\angle 53.1^\circ=2.64-j3.52+1.32+j1.76$$
$$=3.96-j1.76=4.33\angle -24^\circ \text{ (A)}$$

(2) 各支路视在功率

$$S_1=UI_1=220\times 4.4=968 \text{ (VA)}$$
$$S_2=UI_2=220\times 2.2=484 \text{ (VA)}$$

各总功率

$$P=UI\cos\varphi=220\times 4.33\times \cos 24^\circ=870 \text{ (W)}$$
$$Q=UI\sin\varphi=220\times 4.33\times \sin 24^\circ=388 \text{ (var)}$$
$$S=UI=220\times 4.33=953 \text{ (VA)}$$

由例 2-6 可看出，各支路视在功率之和 $\sum S_i$ 并不等于总视在功率 S。

【例 2-7】　在图 2-24 (*a*) 所示电路中，已知 $U=100$ V，$I=5$ A，$I_3=3$ A，$\dot{U}$ 与 $\dot{I}_3$ 同相。试求：R、X_L 和 X_C。

【解】　先定性画出相量。以 $\dot{U}_{23}$ 为参考相量，则可画出 $\dot{I}_2$ 与 $\dot{U}_{23}$ 同相，$\dot{I}_3$ 超前于 $\dot{U}_{23}90^\circ$，并根据 $\dot{I}=\dot{I}_2+\dot{I}_3$ 可画出电流的直角三角形相量。再根据 $\dot{U}_L$ 超前于 $\dot{I}90^\circ$ 和 $\dot{U}=$

$\dot{U}_{23}+\dot{U}_L$ 及 $\dot{U}$ 与 $\dot{I}_3$ 同相，可画出电压直角三角形相量，如图 2-24（b）所示。

根据相量图的几何关系得

$$I_2=\sqrt{I^2-I_3^2}=\sqrt{5^2-3^2}=4\ (\text{A})$$

$$\alpha=\arcsin(I_3/I)=\arcsin(3/5)=36.9°$$

由电压三角形得

$$U_L=U/\cos\alpha=100/\cos36.9°=125\ (\text{V})$$

$$U_{23}=U_L\sin\alpha=125\sin36.9°=75\ (\text{V})$$

则 $R=U_{23}/I_2=75/4=18.75\ (\Omega)$

$$X_C=U_{23}/I_3=75/3=25\ (\Omega)$$

$$X_L=U_L/I=125/5=25\ (\Omega)$$

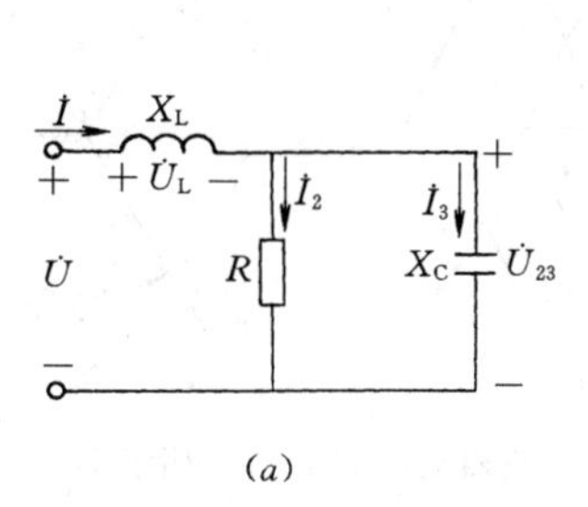

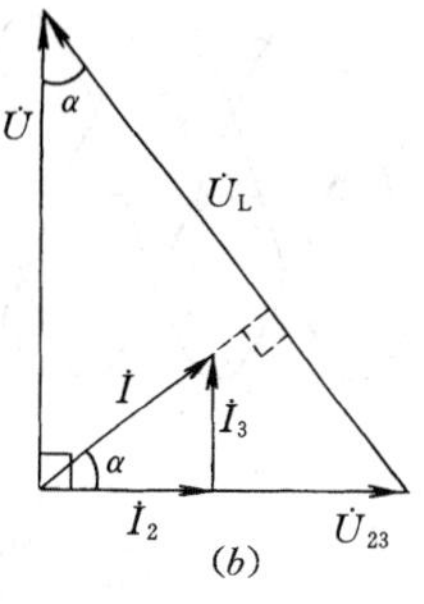

图 2-24　例 2-7 的电路图及相量图

第五节　三相交流电路的基本概念

三相交流电路是 19 世纪末出现的一种电路形式，由于三相交流电路在发电、输电和用电等方面的诸多优点，所以在电力系统中得到了广泛的应用。

一、三相电源

三相电源是由三个频率相同、幅值相等、相位彼此互差 120°电角度的电动势组成，而三相电动势由三相交流同步发电机产生。图 2-25 示出了两极三相同步发电机的原理图。它主要由定子电枢和转子磁极组成，定子上装有三组完全相同的电枢绕组 U_1U_2、V_1V_2、W_1W_2，分别称为电机的 U 相、V 相、W 相绕组，U_1、V_1、W_1 为首端，U_2、V_2、W_2 为末端。三相绕组在空间上彼此相差 120°，即它们的三相首端（或末端）互差 120°。转子上装有直流励磁绕组，使电机在空气隙中的磁感应强度按正弦规律分布。

当转子磁极以均匀角速度 ω 逆时针旋转时，在三相绕组中将产生频率相同、幅值相等而相位彼此互差 120°的三个正弦电压，依次称为 A 相、B 相、C 相电源，其电源电压分别记为 u_A、u_B、u_C。若以 u_A 为参考正弦量，则它们的瞬时值函数式为

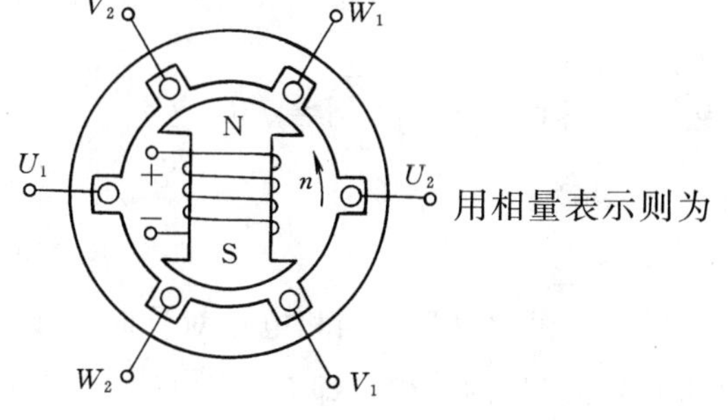

图 2-25　发电机原理图

$$\begin{aligned}u_A&=\sqrt{2}U\sin\omega t\\u_B&=\sqrt{2}U\sin(\omega t-120°)\\u_C&=\sqrt{2}U\sin(\omega t+120°)\end{aligned}\qquad(2-25)$$

用相量表示则为

$$\dot{U}_A=U\angle 0°$$

$$\dot{U}_B=U\angle -120°$$

$$\dot{U}_C=U\angle 120°$$

三相对称电压源的波形图和相量图分别示于图 2-26（a）与（b）中。

三相交流电压到达同一数值（如正的幅值）的先后顺序称为相序。在此相序为 A—B—C，称其为正序或顺序。若改变转子磁极的旋转方向或改变定子三相电枢绕组中任意两者的相对空间位置，则其相序将为 A—C—B，称其为负序或逆序。一般不加说明均指

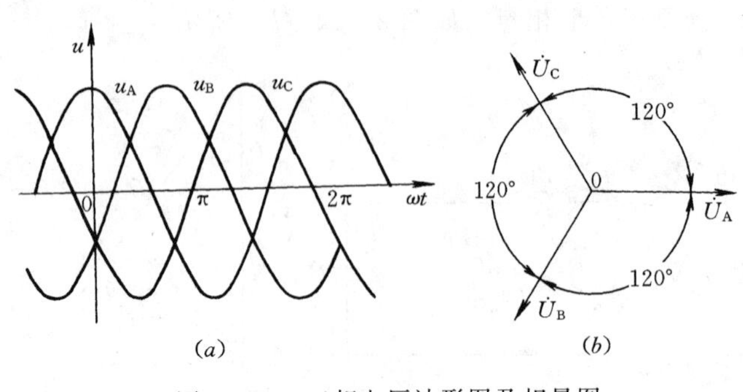

图 2-26 三相电压波形图及相量图

正序。

上面所述的幅值相等、频率相同，彼此间相位差也相等的三相电压，称为对称电压。显然它们的瞬时值之和或相量和均为零，即

$$u_A + u_B + u_C = 0$$
$$\dot{U}_A + \dot{U}_B + \dot{U}_C = 0 \qquad (2-26)$$

二、三相电源的连接

不论是三相发电机或三相电源变压器，它们都有三个独立的发电绕组，若将每相绕组分别与负载相连，则成为三个互不相关的单相供电系统，这种输电方式需要六根导线，显然是很不经济的。通常总是将发电机三相绕组接成星形（Y），而变压器则接成星形或三角形（△）。

1. 星形连接

把发电机三个对称绕组的末端接在一起组成一个公共点 N，由首端接出三条线，就成为星形连接，如图 2-27（a）所示。

星形连接时，公共点称为中性点，从中性点引出的导线称为中性线，俗称零线，当中性点接地时，中性线又称地线。从首端引出的三根导线称为端线，俗称火线。端线与中性线之间的电压称为相电压，各端线之间的电压称为线电压。各电压习惯上规定的参考方向如图 2-27（a）所示。

当三相电压对称，并选 $\dot{U}_A$ 为参考相量，用 U_p 表示相电压的有效值，则三个对称相电压相量为

$$\dot{U}_A = U_p \angle 0^\circ$$
$$\dot{U}_B = U_p \angle -120^\circ$$
$$\dot{U}_C = U_p \angle 120^\circ$$

所以线电压

$$\dot{U}_{AB} = \dot{U}_A - \dot{U}_B = U_p \angle 0^\circ - U_p \angle -120^\circ = U_p\left(1+\frac{1}{2}+j\frac{\sqrt{3}}{2}\right) = \sqrt{3}U_p \angle 30^\circ$$

同理

$$\dot{U}_{BC} = \sqrt{3}U_p \angle -90^\circ$$
$$\dot{U}_{CA} = \sqrt{3}U_p \angle 150^\circ \qquad (2-27)$$

各电压若用相量图表示则如图 2-27（b）所示。由此可见，当相电压对称时，线电压也是对称的，线电压的有效值 U_l 恰是相电压有效值 U_p 的$\sqrt{3}$倍，即 $U_l=\sqrt{3}U_p$，并且这三个线电压相量分别超前于相应相电压相量 30°。

应注意，这里的对称是按图 2-27（a）所示的各电压参考方向时得到的，如果不是这样，就可能破坏所要求的对称性。

2. 三角形连接

将发电机绕组的一个末端与另一个绕组的首端依次相连接，再从三个连接点引出三根

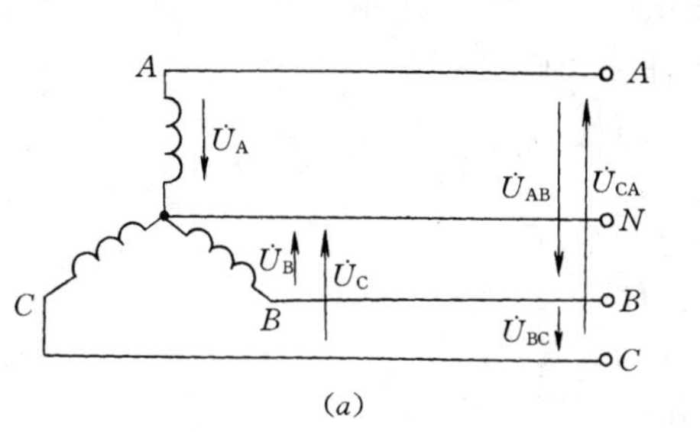

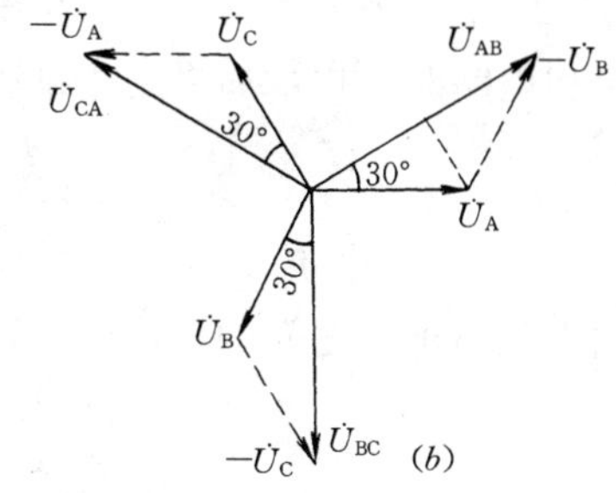

图 2-27　星形连接及电压相量图

导线，就构成了三角形连接，如图 2-28 所示。

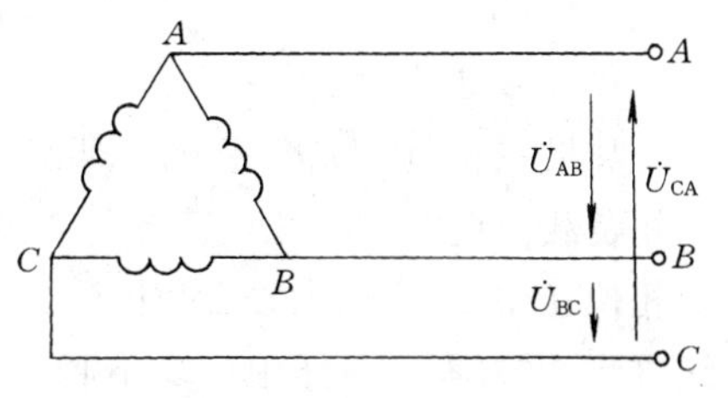

图 2-28　三角形连接

由图 2-28 可见，电源线电压等于相应的相电压，其相量形式为

$$\dot{U}_{AB}=\dot{U}_A;\quad \dot{U}_{BC}=\dot{U}_B;\quad \dot{U}_{CA}=\dot{U}_C$$

即

$$U_l=U_p$$

当三相电源对称时，$u_A+u_B+u_C=0$，这表明三角形回路中合成电压等于零，即这个闭合回路中没有电流。

上述结论是在正确判断绕组首尾端的基础上得出的，否则，合成电压不等于零，接成三角形后会出现很大的环路电流。因此，在第一次实施三角形连接时需正确判断各绕组的极性。

一般发电机三相绕组大都接成星形，而不接成三角形，而变压器的接线，星形与三角形接线都用。

第六节　三相交流电路分析

在三相电源上接上三相负载就构成了三相交流电路。三相负载也有星形和三角形两种接法，而且在这两种接线中还有对称负载和不对称负载之分，下面分别阐述。

一、星形负载的电路分析

把三个负载 Z_A、Z_B、Z_C 的一端连在一起，接到三相电源的中性线上，三个负载的另一端分别接到电源的 A、B、C 三相上称为星形负载，如图 2-29 所示。当忽略导线阻抗时，电源的相电压和线电压就分别是负载的相电压和线电压，并且负载中点电位等于电源中点电位。

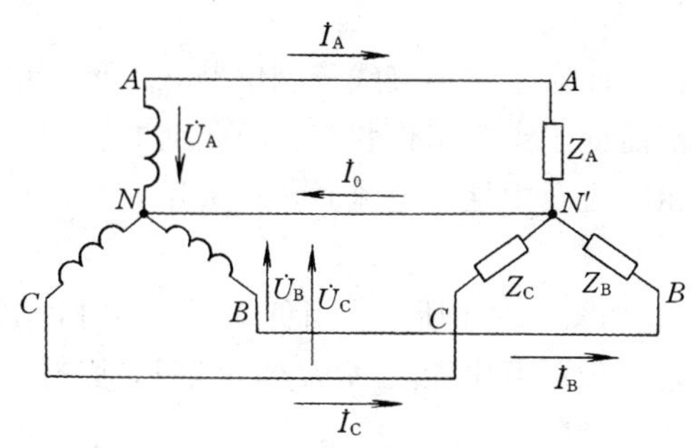

图 2-29　三相四线制电路

负载的各端线电流称为线电流，如图 2-29 中 $\dot{I}_A$、$\dot{I}_B$、$\dot{I}_C$，参考方向是从电源到负载。各相负载上的电流称为相电流，其参考方向与各相电压相同。显然星形接线时，线电流 I_l 就是相电流 I_p，即 $I_l=I_p$。

在图 2－29 中三个端线与一个中性线供电的三相四线制电路中，计算每相负载中电流的方法与单相电路时一样，如果用相量法计算，则

$$\dot{I}_A = \dot{U}_A / Z_A$$
$$\dot{I}_B = \dot{U}_B / Z_B$$
$$\dot{I}_C = \dot{U}_C / Z_C \tag{2-28}$$

各相负载的电压与电流之间的相位差分别为

$$\varphi_A = \arctan(X_A / Z_A)$$
$$\varphi_B = \arctan(X_B / Z_B)$$
$$\varphi_C = \arctan(X_C / Z_C)$$

中线电流 $\dot{I}_0$ 的参考方向为从负载到电源时，有

$$\dot{I}_0 = \dot{I}_A + \dot{I}_B + \dot{I}_C \tag{2-29}$$

1．对称三相电路

如果三相负载完全相同，即各相阻抗的模相同、阻抗角相等，这种三相负载称为对称三相负载。此时三个相电流相等，各相电压与电流间的相位差也相同，即三个相电流之间的相位互差 120°，因此三相电流也是对称的，其相量图如图 2－30 所示。显然，此时中性线电流 I_0 为零。显然中性线不起任何作用，因此可以把它去掉，如图 2－31 所示的三相三线制电路就是如此。

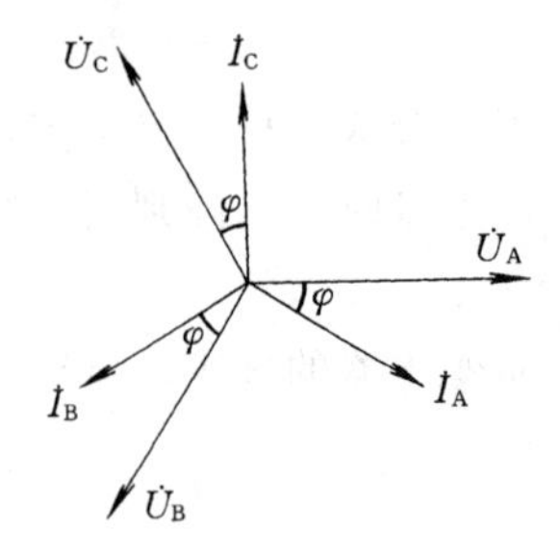

图 2－30 对称负载相量图

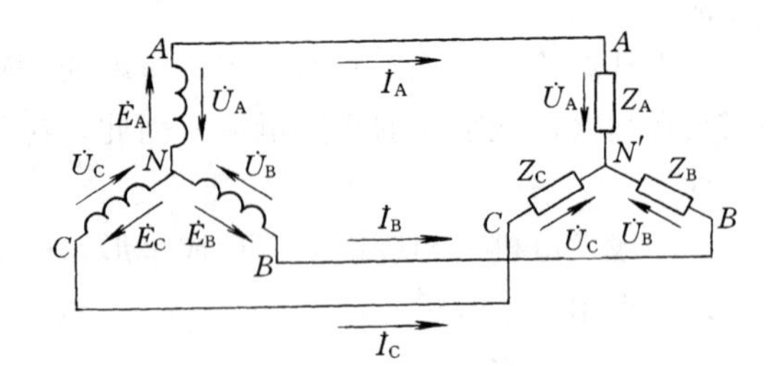

图 2－31 三相三线制电路

综上所述，对于三相对称电路，只要分析计算其中一相的电压、电流就可以了，其它两相的电压、电流可以根据其对称性（三相对称量大小相等，相位差 120°）直接写出，不必重复计算。并且星形接线时的线电压与相电压、线电流与相电流之间有以下的一般关系式

$$U_l = \sqrt{3} U_p$$
$$I_l = I_p$$

2．不对称三相电路

在实际的三相电路中，负载一般并不完全对称。而对于星形接线三相电路，只要有中性线，负载的相电压总是对称的，因此各相负载都能处于正常工作状态，只是此时各相电流不再对称，中性线电流也不再为零。在计算各相电流及中性线电流时，一般用相量法计算较为简便。

对于负载不对称而又无中性线的三相交流电路，如图 2－31 所示。当负载不对称时，电源中性点 N 和 N' 之间就会出现电压，由节点电压法，取电源中性点 N 为参考点时，则有

$$\dot{U}'_N \left(\frac{1}{Z_A} + \frac{1}{Z_B} + \frac{1}{Z_C} \right) = \frac{\dot{U}_A}{Z_A} + \frac{\dot{U}_B}{Z_B} + \frac{\dot{U}_C}{Z_C} \tag{2-30}$$

解出 $\dot{U}_N{}'$后，再用相量法即可求出各负载电压及各支路电流。

【例 2-8】 在图 2-29 所示的电路中，电源电压是对称的，线电压为 380 V。试求：

(1) 各相阻抗对称，且为 $Z=R=100\ \Omega$ 时，各相电流。

(2) 若 $Z_A=R_A=50\ \Omega$，$Z_B=R_B=100\ \Omega$，$Z_C=R_C=100\ \Omega$ 时，各相电流及中线电流。

(3) 若 (2) 中无中线时，各相负载电压。

【解】 以 A 相相电压为参考相量，则

$$\dot{U}_A=\frac{U_l}{\sqrt{3}}\angle 0^\circ=380/\sqrt{3}\angle 0^\circ=220\angle 0^\circ\ (\text{V})$$

(1) 此时 A 相电流

$$\dot{I}_A=\dot{U}_A/Z=220\angle 0^\circ/100=2.2\angle 0^\circ\ (\text{A})$$

根据对称性得

$$\dot{I}_B=\dot{I}_A\angle -120^\circ=2.2\angle -120^\circ\ (\text{A})$$

$$\dot{I}_C=\dot{I}_A\angle 120^\circ=2.2\angle 120^\circ\ (\text{A})$$

(2) 不对称负载时

$$\dot{I}_A=\dot{U}_A/Z_A=220\angle 0^\circ/50=4.4\angle 0^\circ\ (\text{A})$$

$$\dot{I}_B=\dot{U}_B/Z_B=220\angle -120^\circ/100=2.2\angle -120^\circ\ (\text{A})$$

$$\dot{I}_C=\dot{U}_C/Z_C=220\angle 120^\circ/100=2.2\angle 120^\circ\ (\text{A})$$

中性线电流

$$\dot{I}_O=\dot{I}_A+\dot{I}_B+\dot{I}_C=4.4\angle 0^\circ+2.2\angle -120^\circ+2.2\angle 120^\circ=2.2\angle 0^\circ\ (\text{A})$$

(3) 由式 (2-30) 得

$$\dot{U}_{N'}=\frac{\dfrac{\dot{U}_A}{Z_A}+\dfrac{\dot{U}_B}{Z_B}+\dfrac{\dot{U}_C}{Z_C}}{\dfrac{1}{Z_A}+\dfrac{1}{Z_B}+\dfrac{1}{Z_C}}=\frac{\dfrac{220\angle 0^\circ}{50}+\dfrac{220\angle -120^\circ}{100}+\dfrac{220\angle 120^\circ}{100}}{\dfrac{1}{50}+\dfrac{1}{100}+\dfrac{1}{100}}=55\angle 0^\circ\ (\text{V})$$

则各相负载电压分别为

$$\dot{U}'_A=\dot{U}_A-\dot{U}_{N'}=220\angle 0^\circ-55\angle 0^\circ=165\angle 0^\circ\ (\text{V})$$

$$\dot{U}'_B=\dot{U}_B-\dot{U}_{N'}=220\angle -120^\circ-55\angle 0^\circ=252\angle -139.1^\circ\ (\text{V})$$

$$\dot{U}'_C=\dot{U}_C-\dot{U}_{N'}=220\angle 120^\circ-55\angle 0^\circ=252\angle 139.1^\circ\ (\text{V})$$

由例 2-8 可见，在负载不对称的三相三线制电路中，电源与负载的中点电位不再相等，负载的三相电压不再对称，使得三相负载中有的相电压高，有的相电压低，这将影响负载的正常工作，甚至烧坏负载。因此负载星形连接的三相三线制电路，一般只适用于三相对称负载。在三相四线制供电的不对称电路中，为了保证负载的相电压对称，中性线不允许接入开关和熔断器，以免断开造成负载电压不对称。

二、三角形负载的电路分析

将三相负载的两端依次相接，并从三个连接点分别引线接至三相电源的三根端线上。这样就构成了三角形负载连接，如图 2-32 所示。此时负载的相电压等于线电压，即 $U_l=U_p$ 。

通常电源的线电压总是对称的，所以三角形连接时，不论负载对称与否，其电压总是对称的。如果按惯例规定各电压、电流的参考方向，如图 2-32 所示，则各相电流分别为

$$\dot{I}_{AB} = \dot{U}_{AB}/Z_{AB}$$
$$\dot{I}_{BC} = \dot{U}_{BC}/Z_{BC} \qquad (2-31)$$
$$\dot{I}_{CA} = \dot{U}_{CA}/Z_{CA}$$

根据基尔霍夫电流定律，可得各线电流为

$$\dot{I}_{A} = \dot{I}_{AB} - \dot{I}_{CA}$$
$$\dot{I}_{B} = \dot{I}_{BC} - \dot{I}_{AB} \qquad (2-32)$$
$$\dot{I}_{C} = \dot{I}_{CA} - \dot{I}_{BC}$$

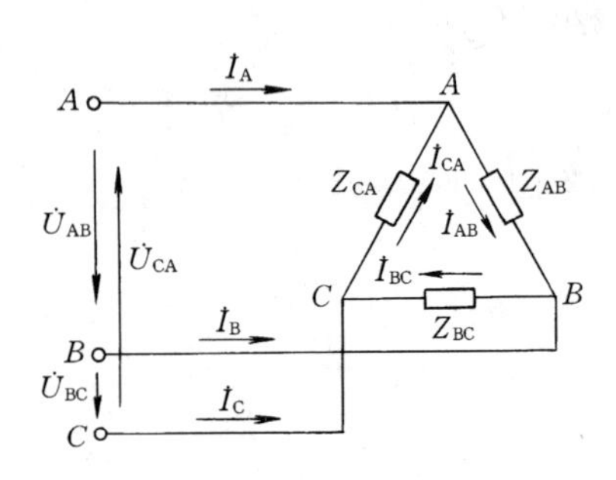

图 2-32　负载的三角形连接

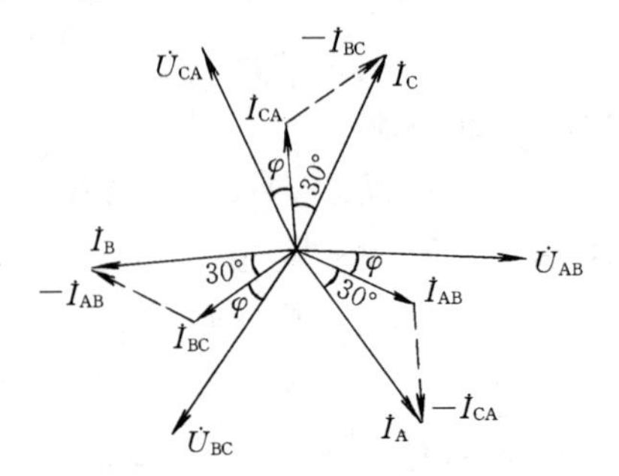

图 2-33　三角形对称负载相量图

当负载对称时，由于电源电压是对称的，所以相电流是对称的。此时各电压、电流的相量图如图 2-33 所示。根据电流相量的几何关系，线电流也是对称的，可以看出，当三相对称负载三角形连接时，线电流落后于相应相电流 30°，而线电流的有效值 I_l 是相电流有效值 I_p 的$\sqrt{3}$倍，即

$$I_l = \sqrt{3} I_p \qquad (2-33)$$

当三角形负载不对称时，各相电流将不对称，而各线电流也将不对称，其各相电流与各线电流就不再是$\sqrt{3}$倍的关系，要分别根据式（2-31）和式（2-32）来计算。

实际上负载如何连接，要根据电源电压和负载额定电压的情况而定，保证负载所加的电源电压等于它的额定电压。

三相电路中所说的电压、电流，在不作说明的情况下，均为线电压、线电流。

三、三相交流电路的功率

三相负载的总有功功率 P，等于各相有功功率 P_A、P_B、P_C 之和，即

$$P = P_A + P_B + P_C \qquad (2-34)$$

在三相对称电路中，由于各相电压和各相电流的有效值都相等，而且各相阻抗角也相等，因此三相电路的有功功率等于一相有功功率 P_p 的三倍，即

$$P = 3P_p = 3U_p I_p \cos\varphi \qquad (2-35)$$

考虑到对称星形连接时，$U_l = \sqrt{3}U_p$、$I_l = I_p$；对称三角形连接时，$U_l = U_p$、$I_l = \sqrt{3} I_p$，则不论是星形连接还是三角形连接，都有 $3U_p I_p = \sqrt{3} U_l I_l$ 成立，所以三相电路的有功功率还可以写成

$$P = \sqrt{3} U_l I_l \cos\varphi$$

式中的 φ 角仍是相电压与相电流的相位差。

三相负载的无功功率 Q 也等于各相无功功率之代数和，即

$$Q = Q_A + Q_B + Q_C \qquad (2-36)$$

对称负载时同样可得

$$Q = \sqrt{3}U_l I_l \sin\varphi \tag{2-37}$$

但是三相电路的视在功率 S 一般不等于各相视在功率之和，而应用 $S=\sqrt{P^2+Q^2}$ 来计算。只有在对称情况下，才有

$$S = 3U_p I_p = \sqrt{3}U_l I_l \tag{2-38}$$

小　　结

在直流电路中，电压、电流等都是与时间无关的常量，而交流电路中的电压、电流等却是随时间变化的变量，由于这一质的差别，在分析研究交流电路时，必须首先掌握正弦交流电的基本概念，着重理解正弦量的三要素，明确最大值与有效值的关系；频率、周期及角频率的关系；相位、初相位及相位差问题。

为了便于分析研究交流电路问题，除用波形及三角函数形式来分析外，更重要的是引入了正弦量的相量表示，它们是分析研究交流电路的重要工具。实质上它们是一种初等数学变换，应着重掌握它们的计算方法。

电阻、电感和电容是交流电路中的三个基本元件，这些单一元件的基本规律是分析串、并联电路和复杂电路的基础。必须掌握元件上的电压、电流及参数之间的大小关系；在关联参考方向下电压、电流的相位关系及相量表示形式。理解有功功率的意义。见表 2-1。

表 2-1

电路图	电压与电流关系			功率	
	相位关系	大小关系	复数式	有功功率	无功功率
i, u, R $u = iR$	$\dot{I}$ $\dot{U}$	$U = IR$	$\dot{U} = \dot{I}R$	$P = UI = I^2R$	$Q = 0$
i, u, L $u = L\frac{di}{dt}$	$\dot{U}$, 0, $\dot{I}$	$U = IX_L$	$\dot{U} = j\dot{I}X_L$	$P = 0$	$Q = UI = I^2X_L$
i, u, C $i = C\frac{du}{dt}$	$\dot{I}$, 0, $\dot{U}$	$U = IX_C$	$\dot{U} = -j\dot{I}X_C$	$P = 0$	$Q = -UI$ $= -I^2X_C$

在解决串联交流电路问题时，掌握电压、阻抗和功率三角形有助于记忆许多公式，便于解决问题。对于其它单相交流电路，采用相量法后，直流电路的基本定律和基本分析计算方法也同样适用于正弦交流电路，并且定性画出相量图后，可以启发思路，找到简便计算方法。

电力系统中多为感性负载，因此提高功率因数对国民经济有重要的意义，其方法是并联电容器（也可并同步调相机）。

交流电路中串联谐振和并联谐振是特有的物理现象。发生谐振的主要特征是端口功率因数 $\cos\varphi=1$，端口电压与端口电流同相位。

三相交流电路是复杂的交流电路。按单相电路的观点可用节点电压和支路电流法等解决电路问题。根据三相电路的特殊性，把电源和负载的相、线电压和相、线电流都是对称的三相电路，归结为一相来计算。若求出某一相的电压、电流后，根据其对称性，就可以直接写出其它两相的电压、电流。而各相参数的大小都是相同的。

在三相对称电路中，星形连接的电源或负载其相电流等于线电流，而线电压为相电压的$\sqrt{3}$倍，即 $I_p=I_l$，$U_l=\sqrt{3}U_p$；三角形连接的电源或负载其线电压等于相电压，而线电流为相电流的$\sqrt{3}$倍，即 $U_l=U_p$，$I_l=\sqrt{3}I_p$。

对于不对称三相电路，无中线的不对称星形负载电路，最好用节点电压法求解。一般电路都可以用简便方法求解。

三相电路的总有功功率或总无功功率等于各相有功功率或无功功率之和。但应注意，感性无功功率取正值，而容性无功功率取负值。不对称电路的三相总视在功率并不等于各相视在功率之和，只有在三相对称电路中，三相总的视在功率、有功功率、无功功率才分别等于各相视在功率、有功功率、无功功率的 3 倍。

思考题与习题二

1. 已知一交流电流 $i=14.14\sin(314t+60°)$ A。试指出它的最大值 I_m、有效值 I、角频率 ω、频率 f、周期 T 及初相位 φ；并分别求出 $t=0$、$T/6$、$T/2$ 时的瞬时值；画出其波形图。

2. 已知 $i_1=5\sqrt{2}\sin(\omega t-60°)$ A，$i_2=5\sqrt{6}\sin(\omega t+30°)$ A。试求：

(1) i_1 与 i_2 的相位差。

(2) $i=i_1+i_2$。

3. 已知一电源电压 $u=220\sqrt{2}\sin\omega t$V，$i=7.07\cos\omega t$A。试写出相量 $\dot{U}$、$\dot{I}$ 的表达式并画出相量图。

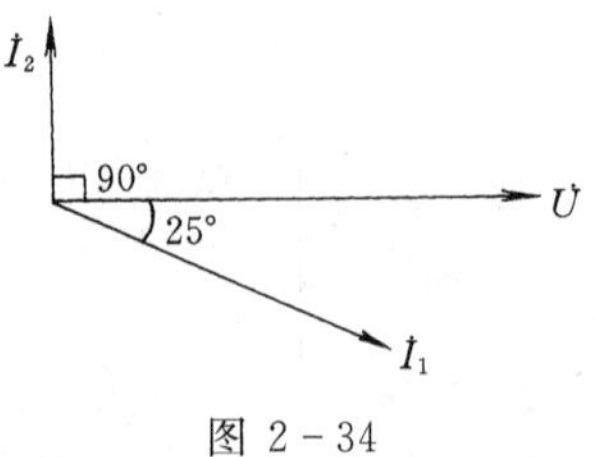

图 2-34

4. 图 2-34，为频率 $f=50$ Hz 的正弦电压与正弦电流的相量图，已知 $I_1=10$ A，$I_2=5$ A，$U=220$ V。试分别写出它们的三角函数式和相量表示式。

5. 在交流稳态电路中，当电阻的电流瞬时值为零时，电压也为零。而当电感电流为零时其电压是否也为零？为什么？

对电容又如何？

6. 一纯电阻 $R=5\ \Omega$，在 R 上加电压 $u=10\sqrt{2}\sin\omega t\ \text{V}$，若电压与电流为关联参考方向，求电阻上电流的瞬时值表达式，并求电阻消耗的功率。

7. 在一个线圈的两端加一电压 $U=220\ \text{V}$，$f=50\ \text{Hz}$ 的电源，测得 $I=10\ \text{A}$，$P=500\ \text{W}$，试求线圈的电阻 R 和电感 L。

8. 试求图 2-35 电路中电流表 A_0 或电压表 V_0 的读数。

9. 交流接触器的线圈电阻 $R=22\ \Omega$，$L=7.3\ \text{H}$，把它接至工频220 V的电源上，此时线圈的电流为多少？若将其误接到 220 V 的直流电源上，线圈的电流又是多少？会出现什么后果？(线圈额定电流为 0.1 A)。

10. 一线圈接于 100 V 的直流电源时，电流为 2.5 A；将其接至工频 220 V 的电源时，电流为 4.4 A。求线圈的电感 L 和电阻 R。

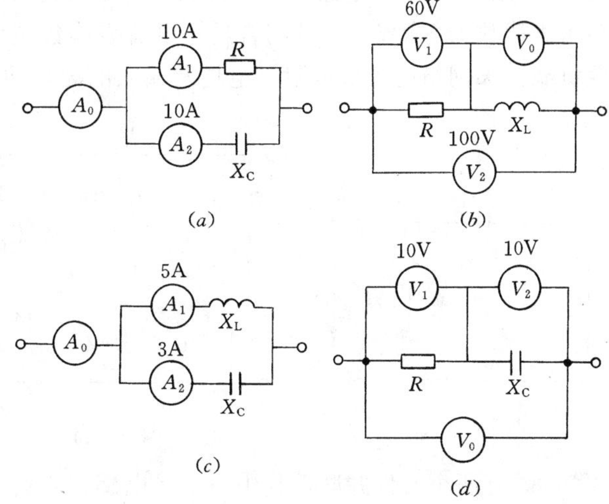

图 2-35

11. 在 RLC 串联电路中，已知 $R=40\ \Omega$，$X_L=60\ \Omega$，$X_C=30\ \Omega$，$I=2.2\ \text{A}$，试求 U_R、U_L、U_C 及电源电压 U。

12. 在如图 2-36 所示电路中，$X_C=10\ \Omega$，若在电路端口加一交流电压，要求开关 S 闭合与断开时端口电流不变，X_L 应为何值？

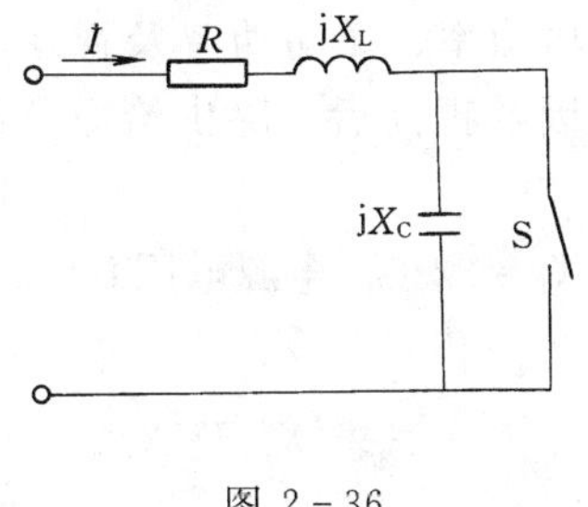

图 2-36

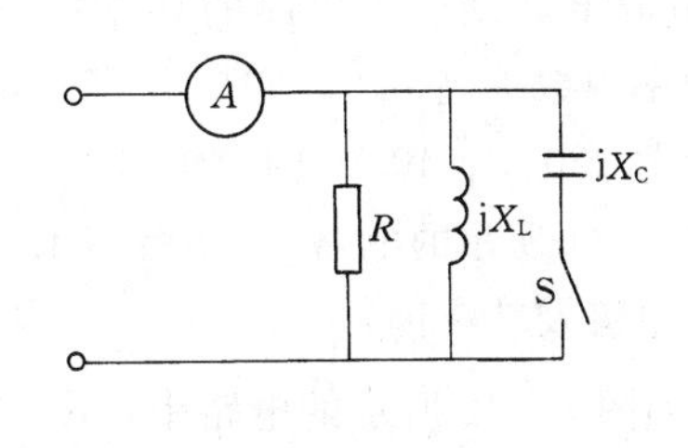

图 2-37

13. 在如图 2-37 所示的电路中 $X_C=20\ \Omega$，开关 S 闭合与断开时电流表 A 的读数不变，求 X_L。

14. 图 2-38 为 RC 移相电路，已知 $R=16\ \Omega$，电容 $C=0.02\mu\text{F}$，输入正弦交流电压 $\dot{U}_1$，若使输出电压 $\dot{U}_2$ 的相位超前于 $\dot{U}_1 30°$，求电源频率，并画出相量图。

15. 已知无源二端网络端口电压、电流为关联参考方向，$\dot{U}=200\angle 0°\ \text{V}$，$\dot{I}=10\angle 30°\ \text{A}$。试求：

(1) 等效阻抗 Z。

(2) 网络的有功功率、无功功率、视在功率和功率因数。

（3）网络是感性还是容性负载？

16. 在如图 2－39 所示的电路中 $U=220$ V，$U_C=264$V，$U_{RL}=220$ V，$I=4.4$ A。试求 R、X_L 及 X_C。

17. 在图 2－40 电路中，当开关打开时，电压表读数为 220 V，电流表读数为 10 A，功率表读数为 1 kW。当 S 闭合后，电流表读数减少，试问此无源二端网络是容性还是感性负载；求网络的等效电阻、电抗及输入的无功功率、视在功率和功率因数。

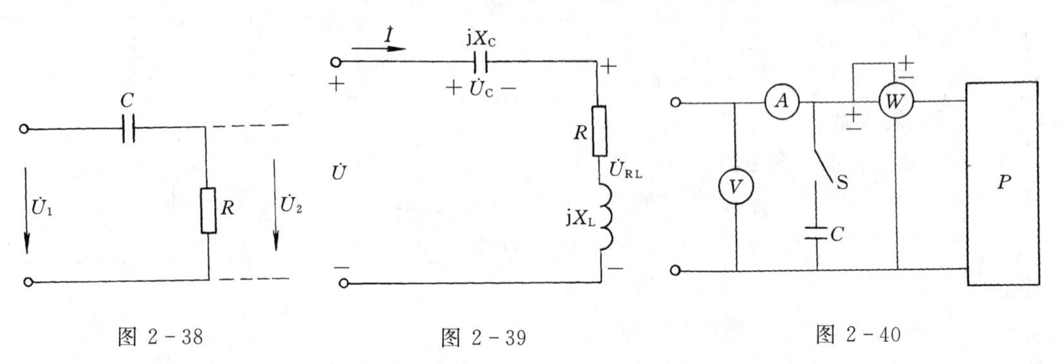

图 2－38　　图 2－39　　图 2－40

18. 有两个元件并联，其中一个是电感，它们的电流有效值分别为 4 A 和 3 A，如果总电流有效值为①7 A，②5 A，③1 A，那么另一个应分别是何种无源元件？

19. 在交流 220 V 的供电线上，接有 220 V、100 W 的电烙铁 10 把和 220 V、400 W 的单相电机 2 台，电机运行时的功率因数为 $\cos\varphi_1=0.7$（感性）。试求供电线路上的总电流、总有功功率、无功功率、视在功率及总功率因数 λ。

20. 接在工频 220 V 电源上的感性负载，其输入功率 $P=10$ kW，$\lambda_1=0.5$。若将电路的功率因数提高到 $\lambda=0.95$，试求并联电容器 C 之值。

21. 已知一感性负载 $R=9\ \Omega$、$X_L=12\ \Omega$，把它接至电源电压为 220 V、额定容量为 4 kVA 的交流电源上，试求该电路的功率因数、电流、有功功率、无功功率及视在功率。若把线路的功率因数提高 0.9，问应并多大电容 C？功率因数提高后，除供给原负载外，还可接入多少盏 220 V、40 W 的白炽灯？

22. 在图 2－41 所示的电路中，$R=22\ \Omega$，$X_C=11\ \Omega$，$X_L=22\ \Omega$，电源电压 $U=220$ V，试求电路的总电流及功率因数。

23. 已知如图 2－42 所示的电路中，$R=5\sqrt{3}\Omega$，$I=I_L=I_C$。试求 X_L 及 X_C。

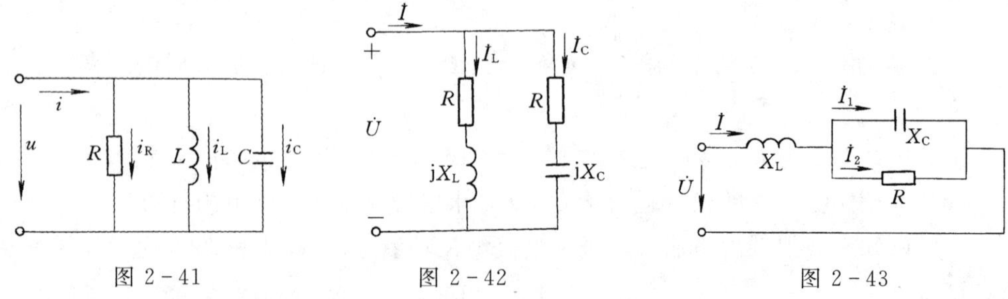

图 2－41　　图 2－42　　图 2－43

24. 在如图 2－43 所示的电路中，$I_1=I_2=10$ A，$U=100$ V，$\dot{U}$ 与 $\dot{I}$ 同相位，试求 I、R、X_L 及 X_C。

25. 无源二端网络的电压 $u=220\sqrt{2}\sin(314t+20°)$ V，电流 $i=10\sqrt{2}\sin(314t-40°)$ A，如图 2-44 所示。求：

（1）电路串联形式的等效电阻及电抗。

（2）电路输入的各功率。

26. 在图 2-45（a）所示的电路中，A_1、A_2、A_3 都是有源二端网络，电压、电流的参考方向如图 2-45（a）所示，其相量图如图 2-45（b）所示，试问哪些网络输入有功功率？哪些网络输出有功功率？

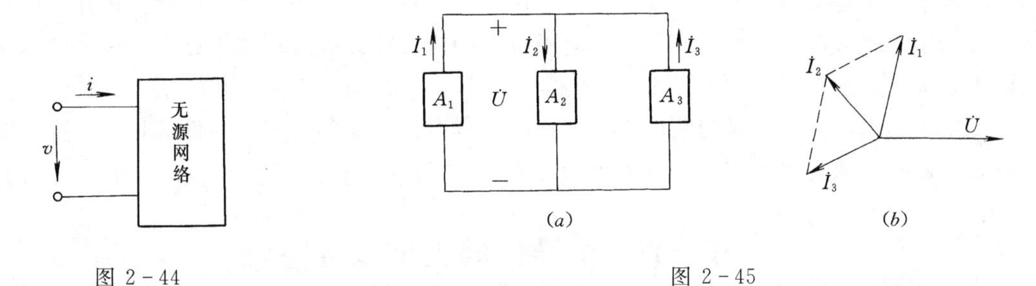

图 2-44　　图 2-45

27. 一台三相发电机的相电压为 220 V，在正确接成星形时，三个线电压都是 380 V。如果将 A 相绕组反接，试求此时各线电压为多少？

28. 有一台三相发电机，绕组首、末端未标明。如何用一只适当量程的电压表判断出三相绕组的首、末端，以便正确接线？

29. 已知三相星形接线的对称负载每相阻抗 $Z=4+j3\ \Omega$，当加三相对称电压且线电压为 380 V 时，求负载的相电流、线电流和三相有功功率、无功功率及视在功率。

30. 当将上题负载接成三角形时，仍加上述电压，再求此时的相电流、线电流及三相各功率。

31. 在图 2-46 所示的电路中，电源线电压为 380V，$R=X_L=X_C=20\ \Omega$，求各相电流及中线电流。

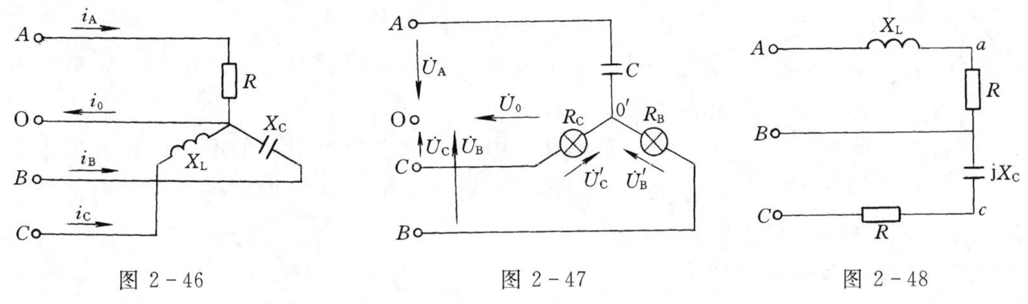

图 2-46　　图 2-47　　图 2-48

32. 在图 2-47 所示相序指示器电路中，$R_B=R_C=X_C=1210\ \Omega$，R_C 与 R_B 为两个白炽灯，电源线电压为 380 V，试求各负载上的电压（若 B 相灯较亮，说明电源为正序电源）。

33. 在图 2-48 所示电路中，已知三相电源线电压为 220 V，$R=X_L=-X_C=220\ \Omega$，求电压 U_{AC}。

34. 某车间的三相对称负载功率为 60 kW，功率因数为 0.6（感性），供电电源线电压为 380 V，为把功率因数提高到 0.85，并联星形连接的电容器，求每相电容器之值。

第三章　基本电子器件

电子技术是一门研究电子器件及其应用的科学技术。电子技术的广泛应用几乎渗透到了社会生产和人类生活的所有领域。电子技术的研发能力和应用水平已成为一个国家实力的重要标志。

电子技术的发展，是与新的电子器件的发展紧密相关的，电子器件又是电子电路的基础，因此有必要对电子器件作一简单的讨论。

第一节　半导体的类型及导电性

半导体就其导电性来讲是介于导体和绝缘体之间的物质。硅和锗是最常见半导体材料，也是制作电子器件的最基本的材料。

一、本征半导体

纯净的半导体又称为本征半导体，它具有典型的共价结构，正是由于这一特点，在热力学零度下，它不具有导电能力。

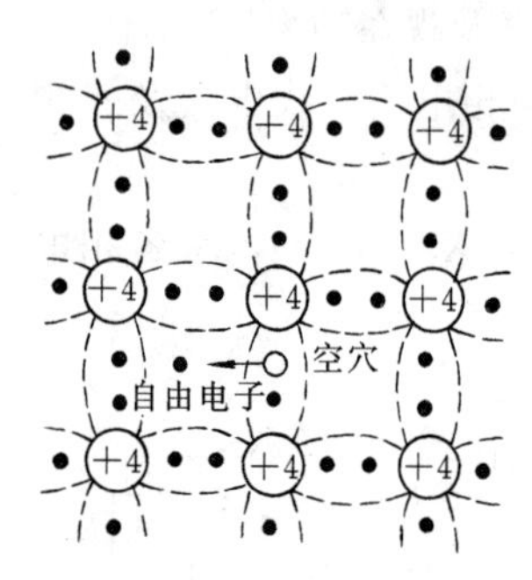

图 3-1　热激发产生的电子和空穴

当温度提高到室温时，本征半导体中的少数价电子受到热激发可以挣脱共价键的束缚成为自由电子，同时在原共价键处留下一个空位，被称之为空穴，如图 3-1 所示。由于自由电子带负电荷，而失去价电子的原子必带正电荷，所以可以认为空穴带有正电荷。空穴一旦出现，附近的价电子很容易迁移过来填充空穴，这样在附近价电子原来的位置上又产生了一个新的空穴。这种电子的移动，也可以看成是空穴的移动，只是方向相反而已。

在本征半导体中，不仅有带负电荷的电子，还有带正电荷的空穴，它们都是成对产生的。在外加电场下，它们都参与导电行为。这两种带电粒子称为载流子。

二、N 型半导体和 P 型半导体

本征半导体虽然存在两种载流子参与导电，但在常温下，由于载流子的浓度很低，导电性能较差，实用价值不大。若在本征半导体中掺入微量的杂质，其导电性将发生很大的变化。这类掺入微量杂质的半导体称为杂质半导体。

当掺入杂质为 5 价元素（如磷、锑等）时，所形成的杂质半导体称为 N 型半导体 。在 N 型半导体中，电子是多数载流子，空穴为少数载流子，如图 3-2（*a*）所示。所以，N 型半导体又称为电子型半导体。

当掺入杂质为3价元素（如硼、铟等）时，所形成的杂质半导体称为P型半导体。在P型半导体中，空穴是多数载流子，电子是少数载流子，如图3-2（*b*）所示。所以，P型半导体又称为空穴型半导体。

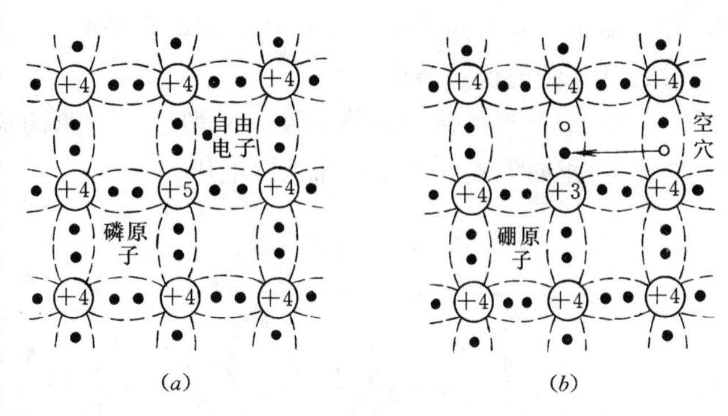

图3-2　N型半导体和P型半导体
（*a*）N型半导体；（*b*）P型半导体

综上所述，无论是N型半导体还是P型半导体，其多数载流子都是由掺杂而产生的。尽管杂质的浓度很低，却显著地改变了半导体的导电行为，而少数载流子是由热激发而产生的。所以，少数载流子的浓度对温度极为敏感，它将直接影响半导体的性能。掺杂使本征半导体成为N型半导体和P型半导体，就整体来讲，它们仍然是电中性的。

第二节　PN结与半导体二极管

PN结是半导体器件的基础，它是通过一定的工艺措施，将P型半导体和N型半导体结合在一起形成的。

一、PN结的形成

由于P型半导体的多数载流子是空穴，N型半导体的多数载流子是电子，当P型半导体和N型半导体结合在一起时，其交界面两侧的电子和空穴的浓度相差极为悬殊。因此，载流子将从浓度高的地方向浓度低的地方进行扩散，即N型区的电子向P型区扩散，P型区的空穴向N型区扩散，如图3-3（*a*）所示。

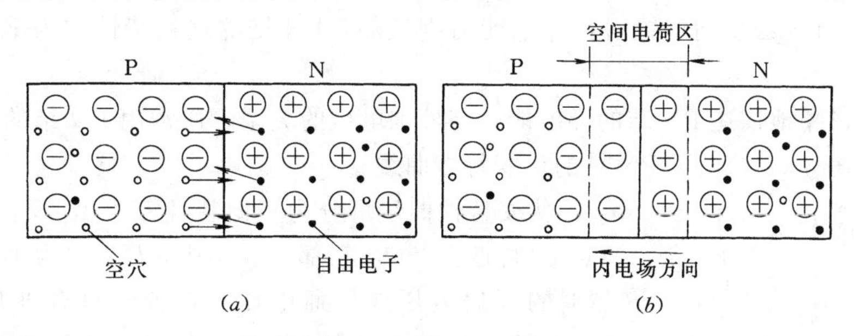

图3-3　PN结的形成
（*a*）扩散进程；（*b*）空间电荷区

扩散过来的多数载流子，很快被复合而消失，这样在交界面附近就形成了一个空间电荷区，如图3-3（*b*）所示。这个空间电荷区又被称为内电场，其方向由N型区指向P型区。

这个内电场一方面阻止多数载流子扩散的进行，另一方面，它又促使P型区和N型区中的少数载流子向对方漂移。当扩散与漂移处于动态平衡时，PN结就形成了。可见，

PN 结是载流子扩散运动和漂移运动达到动态平衡时所形成的空间电荷区。

二、PN 结的伏安特性

当 PN 结 P 型区接电源的正极，N 型区接电源的负极，如图 3－4（*a*）所示，此时，称 PN 结为正向偏置，或称外加正向电压。

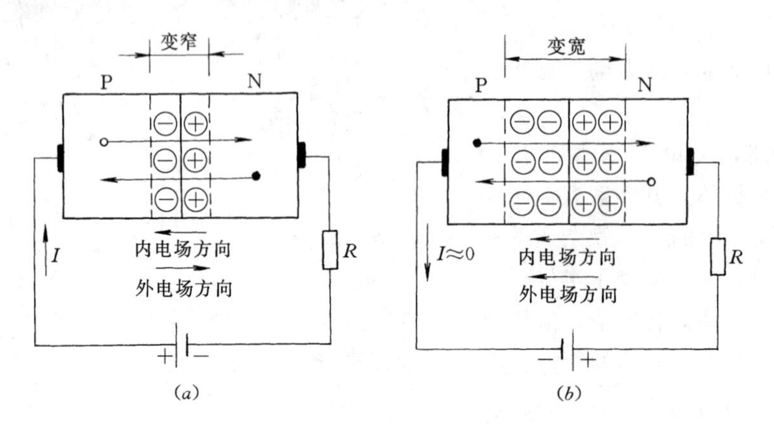

图 3－4　PN 结不同偏置下的导电性

（*a*）PN 结正向偏置；（*b*）PN 结反向偏置

当 PN 结正向偏置时，外电场削弱了内电场，有利于多数载流子的扩散运动。由于扩散是多数载流子的行为，所以扩散电流很大，PN 结的导电能力增强。当 PN 结的 N 型区接电源的正极，P 型区接电源的负极，如图 3－4（*b*）所示，此时，称 PN 结为反向偏置，或称外加反向电压。

PN 结反向偏置时，外电场增强了内电场，空间电荷区变宽使得多数载流子的扩散运动变得更加困难，而少数载流子的漂移运动得到了加强，由于漂移是少数载流子的导电行为，所以导电能力很弱。

综上所述，PN 结的导电能力与 PN 结的外加偏置电压相关。PN 结正向偏置时，导电能力很强，PN 结反向偏置时，导电能力则较弱，PN 结的这一特性称为 PN 结的单向导电性。

为了更形象地描述 PN 结的导电能力与外加电压的关系，通常用 PN 结的伏安特性曲线来表示。图 3－5 给出了 PN 结的伏安特性曲线。

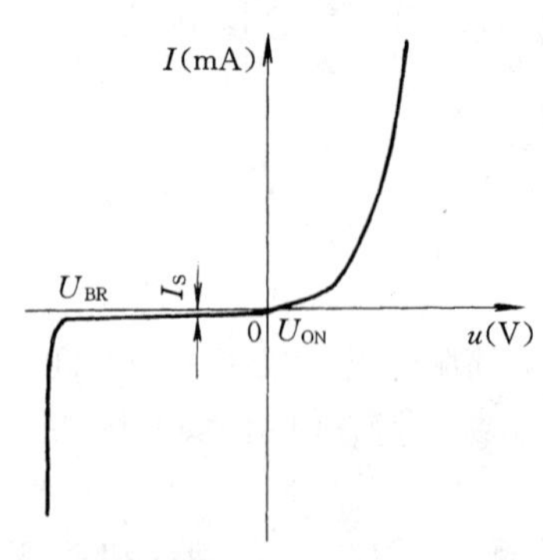

图 3－5　PN 结的伏安特性曲线

伏安特性曲线可分为正向特性 $U>0$，反向特性 $U<0$ 和击穿特性 $U>U_{BR}$ 三部分。其中，U_{ON} 称为 PN 结正向偏置时的开启电压或导通电压。它表明只有外加电压大于 U_{ON} 以后，正向电流才能随着 U 的增加而迅速增大。U_{ON} 的大小，与组成 PN 结的材料相关，通常硅材料取 0.5 V，锗材料取 0.1 V。

I_S 称为反向饱和电流，它的大小与环境温度和组成 PN 结的材料均相关。硅材料组成的 PN 结比锗材料组成的 PN 结，I_S 要小得多。

U_{BR} 称为击穿电压，正常工作的 PN 结，其反向电压不

得大于击穿电压。

三、半导体二极管

半导体二极管又称晶体二极管，简称二极管。常见的二极管种类很多，但其内部结构都是由一个PN结构成的电子器件。

二极管按其结构来分，可分为点接触二极管和面接触二极管两类，如图3-6（a）、（b）所示。

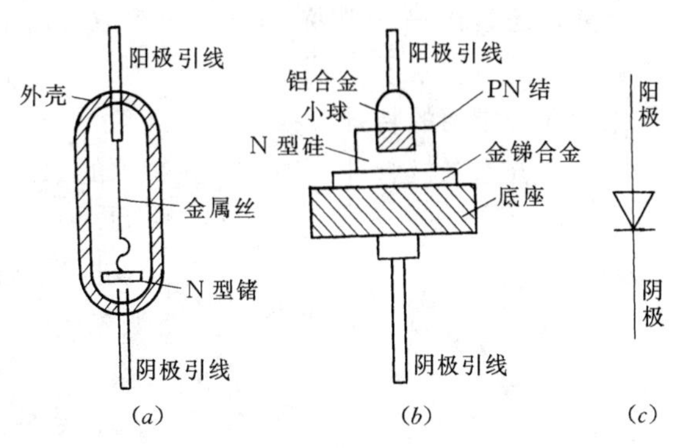

图3-6　二极管的结构和符号

（a）点接触型；（b）面接触型；（c）符号

由于点接触二极管的PN结面积小，极间电容小，它允许通过的电流就较小，而工作频率却可以做得很高。面接触二极管与点接触二极管相反，它的PN结面积大，极间电容较大，所以它允许通过的电流就较大，但工作频率较低。不同类型的二极管具有不同的伏安特性，二极管的伏安特性与PN结的伏安特性是一致的。图3-7给出了点接触二极管2AP22和面接触二极管2CP31的伏安特性。

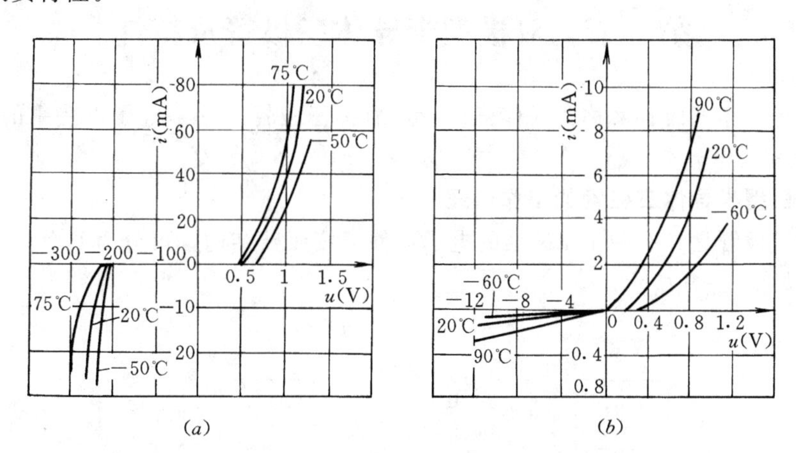

图3-7　不同类型二极管的伏安特性

（a）点接触二极管2AP22；（b）面接触二极管2CP31

四、二极管的参数

1. 最大整流电流 I_F

最大整流电流 I_F 表示二极管长期工作时，允许通过的最大正向平均电流。二极管使用时，平均工作电流应小于 I_F，否则管子容易过热而损坏。

2. 反向击穿电压 U_{BR}

反向击穿电压 U_{BR} 是指二极管击穿时，对应的外加反向电压。有时手册上给出最高反向电压 U_R，它是 U_{BR} 的一半。为了防止管子击穿，一般要求外加反向电压要小于 U_R。

3. 反向电流 I_R

在室温下，二极管加上规定的反向电压所产生的反向电流即为 I_R。I_R 越小越好，一

般 I_R 受温度影响较大。

此外，还有最高工作频率 f_M 等参数。所有这些参数，都可以在半导体器件手册上查到。

五、几种常用的特殊二极管

除上述普通二极管外，还有一些特殊的二极管，现简要介绍如下。

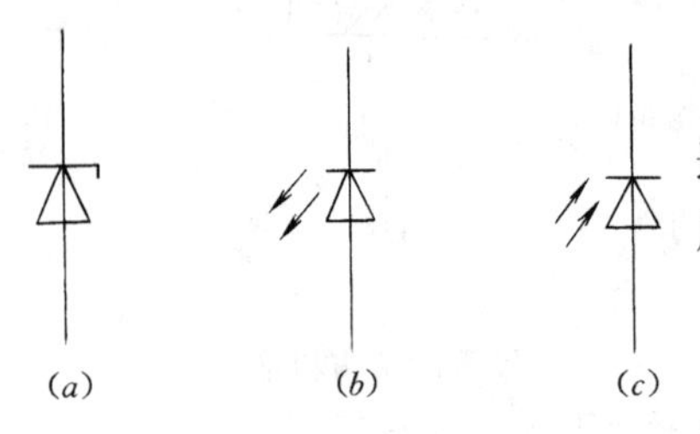

图 3-8　特殊的二极管符号

(a) 稳压二极管；(b) 发光二极管；(c) 光敏二极管

1. 硅稳压管

硅稳压管是工作在击穿区的半导体器件。它的制造工艺与普通二极管不同，它的符号如图 3-8 (a) 所示。

2. 发光二极管

发光二极管是将电能转换为光能的半导体器件，符号如图 3-8 (b) 所示，通常用来作显示器件。

3. 光敏二极管

光敏二极管是将光能转换为电能的半导体器件，符号如图 3-8 (c) 所示，通常用来实现光电控制。

第三节　双极型半导体三极管及特性

双极型半导体三极管又称为晶体三极管，简称三极管。它是电子电路中的重要元件，应用极为广泛。

一、双极型半导体三极管的工作原理

半导体三极管是具有两个 PN 结的电子器件。按照其结构，可分为 PNP 型与 NPN 型两类，符号如图 3-9 所示。

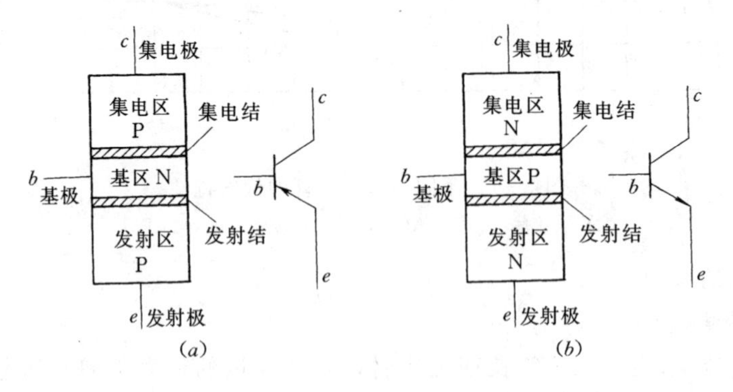

图 3-9　三极管的结构与符号

(a) PNP 型三极管；(b) NPN 型三极管

下面以 NPN 型三极管为例来说明其工作原理。

图 3-10 给出了 NPN 型三极管的工作原理图，为了保证管子能正常地进行工作，需要外加合适的电源电压，其中 E_B 被称为基极电源，它的作用是向发射结提供一个正向偏置。E_C 被称为集电极电源，它的作用是向集电结提供一个反向偏置。

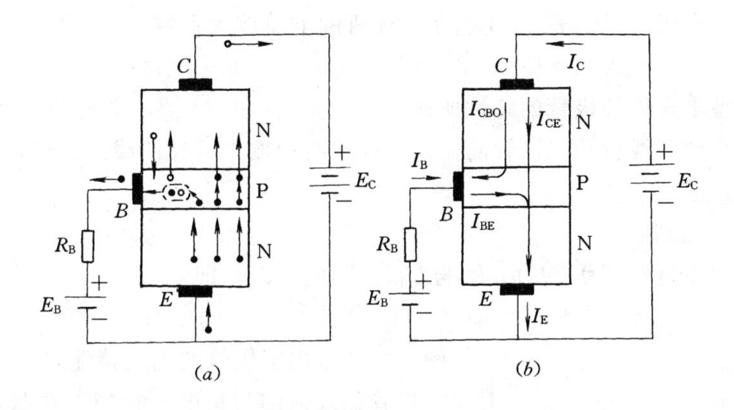

图 3-10　三极管的工作原理

(a) 三极管内部载流子运动示意图；(b) 三极管电流分配示意图

由于发射结正向偏置，则发射区的电子必然向基区扩散，形成发射极电流 I_E。

当发射区的电子流扩散到基区后，由于基区是 P 型半导体，它的多数载流子是空穴，所以扩散到基区的电子流必然和基区的空穴复合而形成基区复合电流 I_{BN}。

由于基区工艺上做得很薄，到达基区后来不及复合的电子流很快就到达集电结边缘，而集电结处于反向偏置，这样在集电结反向电压作用下，使得在集电结边缘的电子被吸引到集电区形成集电区收集电流 I_{CN}。另一方面，集电结的反向电压使得集电区的少数载流子空穴，由集电区漂移到基区，形成反向饱和电流 I_{CBO}。

各电流之间满足如下关系

$$I_C = I_{CN} + I_{CBO}$$

$$I_B = I_{BN} - I_{CBO}$$

$$I_E = I_C + I_B = I_{CN} + I_{BN}$$

令 $\beta = I_{CN}/I_{BN}$ 为共发射极电流放大系数，所以

$$I_C = \beta(I_B + I_{CBO}) + I_{CBO}$$

$$= \beta I_B + (1+\beta)I_{CBO} = \beta I_B + I_{CEO}$$

$$I_E = (1+\beta)I_B + I_{CEO}$$

式中　I_{CEO}——集电极—发射极间的穿透电流。

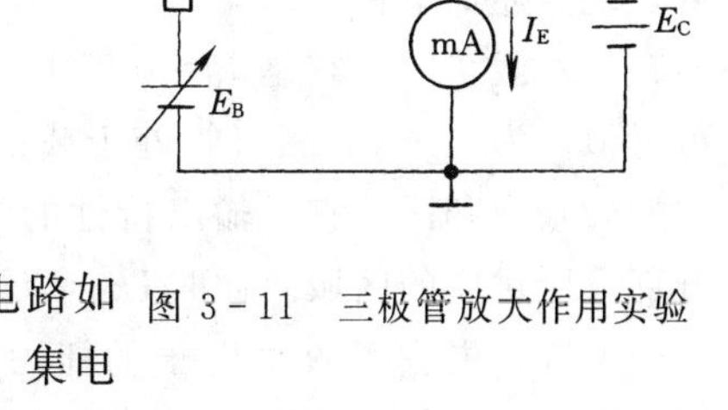

图 3-11　三极管放大作用实验

为了说明三极管的放大作用，先来作如下实验，电路如图 3-11 所示。当改变 E_B 使得基极电流发生变化时，集电极电流 I_C 和发射极电流 I_E 将随之变化，所得的数据见表 3-1。

表 3-1　　**三极管各极电流关系**　　单位：mA

I_B	0.02	0.03	0.04	0.05	0.06	0.07	0.08	0.09
I_C	1.20	1.80	2.40	3.00	3.60	4.20	4.80	5.40
I_E	1.22	1.83	2.44	3.05	3.66	4.27	4.88	5.49

可见三极管基极电流的微小变化，将引起集电极电流的较大变化，如果将基极电流的变化量 ΔI_B 作为输入量，集电极电流的变化量 ΔI_C 作为输出量，在这个意义上，我们说

三极管具有放大作用。对于表 3-1 所示三极管的电流放大系数

$$\beta = \Delta I_C/\Delta I_B = (2.40 - 1.80)/(0.04 - 0.03) = 60$$

二、双极型半导体三极管的特性曲线

三极管的特性曲线包括三极管的输入特性曲线和输出特性曲线。它们是分析、设计电子电路的重要依据。

1. 输入特性曲线

输入特性曲线是 U_{CE} 为常量时 I_B 与 U_{BE} 之间的关系，即

$$I_B = f(U_{BE})\big|_{U_{CE}=\text{常量}}$$

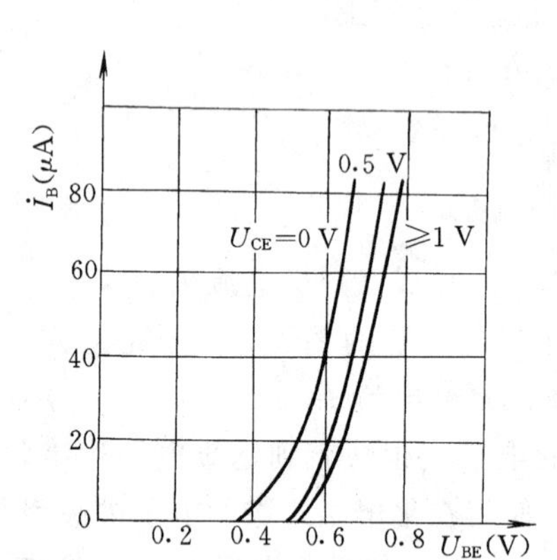

图 3-12　三极管的输入特性

图 3-12 给出三极管的输入特性曲线，当 $U_{CE}=0$ V 时，三极管的发射结与集电结相当于并联，所对应的曲线应为 PN 结的正向伏安特性。当 $U_{CE}>0$ V 时，曲线逐渐右移，这是由于 U_{CE} 的增加使得集电区收集电子的能力增强，减小了电子流在基区与空穴复合的机会。在同样的 U_{BE} 下，U_{CE} 越大，基极电流 I_B 就越小，当 $U_{CE}>1$ V 时，集电区收集电子流的能力趋于饱和，曲线基本上与 $U_{CE}=1$ V 时相重合。因此，一般只给了 $U_{CE}=0$ V 和 $U_{CE}=1$ V 时的两条曲线。

输入特性曲线是一簇曲线，它分布在 $U_{CE}=0$ V 和 $U_{CE}=1$ V 所对应的曲线之间。当 $U_{CE}\geqslant 1$ V 时，若 $U_{BE}<0.5$ V，$I_B\approx 0$，称此时的三极管处于截止状态。

2. 输出特性曲线

输出特性曲线是指 I_B 为常量时，I_C 与 U_{CE} 之间的关系，即

$$I_C = f(U_{CE})\big|_{I_B=\text{常量}}$$

图 3-13 给出了三极管的输出特性曲线。输出特性曲线将 I_C—U_{CE} 平面分成三个区域，现分述如下：

(1) 截止区。它是 $I_B=0$ 以下的区域。此时，$U_{BE}<0.5$ V，$I_C=I_{CEO}$，由于 I_{CEO} 很小，可近似认为 $I_C\approx 0$，三极管处于截止状态。

(2) 饱和区。它是输出特性的纵坐标轴与曲线上升部分所对应的区域。此时 $U_{CE}\leqslant U_{BE}$，集电结不再是反向偏置，失去了收集电子的能力，从而使 I_C 与 I_B 不再以 β 倍的关系发生变化，失去了基极电流对集电极电流的控制作用。三极管处于饱和状态时，其饱和压降 $U_{CES}\approx 0.3$ V。

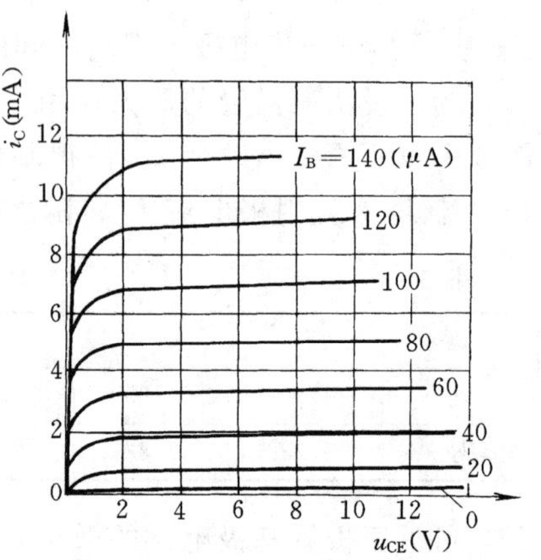

图 3-13　三极管的输出特性

(3) 放大区。它是饱和区与截止区之间的区域。在这个区域，发射结正向偏置，集电结反向偏置，且 I_C 与 I_B 之间满足 β 倍的关系，即 $I_C=\beta I_B$。在特性曲线上，它是一簇基本上平行于横轴的曲线。

通常将工作在放大区的电子电路称为模拟电子电

路；将工作在截止区和饱和区的电子电路称为数字电子电路。

3. 三极管的主要参数

三极管的参数是描述三极管性能的重要指标，是正确使用三极管的基本依据。现将其主要参数介绍如下：

（1）共发射极电流放大系数 β。它是描述基极电流 I_B 对集电极电流 I_C 控制作用的指标，等于集电极电流与基极电流之比。

（2）集电极—基极反向饱和电流 I_{CBO}。它是描述发射极开路时集电极的反向电流，它的数值很小，但受温度影响较大。因此，它是度量三极管工作稳定性的重要指标。

（3）集电极—发射极穿透电流 I_{CEO}。它表示基极开路时，集电极—发射极的漏电流，$I_{CEO}=(1+\beta)I_{CBO}$。

（4）集电极最大允许电流 I_{CM}。三极管 I_C 超过一定值时，β 将随之下降，I_{CM} 是指 β 下降为正常值的 2/3 时所对应的集电极电流。

（5）集电极反向击穿电压 $U_{(BR)CEO}$，它是指基极开路时，集电极与发射极之间的最大允许电压。使用时不得超过这一电压，否则将造成管子永久性损坏。

（6）集电极最大允许功耗 P_{CM}。它决定于管子的温升，一般不得超过。当超过 P_{CM} 时，管子会因过热，使性能恶化而损坏。

第四节　绝缘栅场效应管简介

场效应管分为结型和绝缘栅型两种，这里只简要地介绍绝缘栅场效应管，以期对场效应管有个初步的了解。

一、结构和符号

绝缘栅场效应管根据导电沟道不同而分为 N 沟道型和 P 沟道型。图 3－14 给出 N 沟道场效应管的结构和符号。它是以一块杂质浓度较低的 P 型硅片作衬底，用扩散等方法在其表面制作两个高掺杂的 N^+ 型区，用金属导线引出电极，分别称为源极（S）和漏极（D），然后在硅表面用高温氧化的方法覆盖一层二氧化硅，在源极、漏极之间的二氧化硅上面，制作一层金属铝，引出电极，称为栅极（G），由于栅极与衬底源极及漏极之间是绝缘的，所以称为绝缘栅。因为绝缘栅场效应管是由金属、氧化物、半导体组成的，所以又称为金属—氧化物—半导体场效应管，简称为 MOS 管。N 沟道的 MOS 管，简称 NMOS。

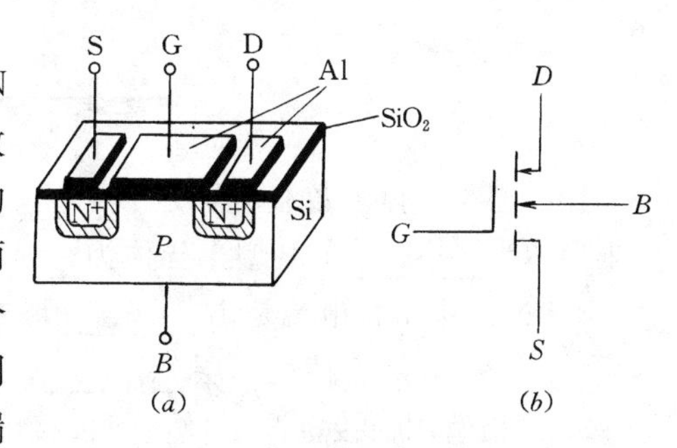

图 3－14　N 沟道型绝缘栅场效应管

（a）结构；（b）符号

二、主要参数

（1）开启电压 U_{TN}。它表示 NMOS 管开始产生导电沟道的电压值。当 $U_{GS}<U_{TN}$ 时，漏极电流 $I_D=0$。当 $U_{GS}>U_{TN}$ 时，NMOS 管导通。

（2）输入电阻 r_{GS}。它表示栅源电压与栅源电流之比，一般 r_{GS} 可达 $10^8\sim10^{12}\Omega$。可

见，NMOS管是一个输入电阻很大的电子器件。

(3) 跨导 g_m。它表示 U_{DS} 为常量时，漏极电流的变化量与栅源电压变化量的比值，即

$$g_m = \Delta I_0 / \Delta U_{GS} \mid_{U_{DS}=\text{常数}}$$

该参数表明栅源电压对漏极电流的控制能力。所以，通常将NMOS管等效为一个电压控制的电流源。

此外，还有极间电容、导通电阻及一些极限参数，限于篇幅，不再作一一介绍。

小　结

P型半导体和N型半导体都是利用掺杂原理形成的特定半导体。在P型半导体中，空穴是多数载流子，电子是少数载流子。在N型半导体中，电子是多数载流子，空穴是少数载流子，不论是P型半导体，还是N型半导体，尽管它们的多数载流子类型不同，但它们都是电中性的。

PN结具有单向导电性，半导体二极管是由一个PN结构成的电子器件。PN结的伏安特性，是表征半导体器件的一个重要特性。要特别注意理解正向压降、反向电流、反向击穿电压等概念。

半导体三极管是具有两个PN结的电子器件。它的输入特性和输出特性是我们认识和正确使用半导体三极管的重要依据。对三极管的放大状态、截止状态、饱和状态要有深刻的理解。因为这是我们构成模拟电子电路和数字电子电路的基本出发点。

绝缘栅场效应管也是应用极为广泛的电子器件，要特别注意理解 U_{TN}，gm 等参数的物理意义。

思考题与习题三

1. N型半导体多数载流子是________，P型半导体多数载流子是________。通常称N型半导体为________，P型半导体为________。

2. PN结中漂移电流是由________形成的，扩散电流是由________形成的。前者使耗尽层________，后者使耗尽层________。

3. 二极管阴极接电源正极，阳极接电源负极时称作________，此时二极管PN结内主要是________。

4. 温度变化时，对二极管的________电流影响大。若温度升高，二极管正向电压________反向电流________。

5. 有两个二极管 A 和 B 在相同测试条件下，A 管 $I_F=10$ mA，$I_R=2$ mA；B 管 $I_F=30$ mA，$I_R=0.5\ \mu$A，比较而言，________性能好。

6. 晶体三极管有________两种类型，在结构上，它们都分三个区，即__________，特点是____________________。

7. 三极管工作在放大状态，外部条件是________________________，截止条件是________，饱和条件是________________。

8. 有 A、B 两个三极管，测得 A 管 $\beta=200$，$I_{CEO}=200\ \mu A$；B 管 $\beta=50$，$I_{CEO}=10\ \mu A$，问两管哪个稳定性能好？为什么？

9. 晶体三极管和 MOS 管在性能上各有什么特点？如果用它们组成开关电路，影响开关时间的因素各是什么？

10. 用万用表如何区分硅二极管和锗二极管？如何区分 NPN 型和 PNP 型三极管？

11. 在电路中，测得一只三极管各管脚对地的电位是：$V_A=+7\ V$，$V_B=+3\ V$，$V_C=+3.7\ V$，试问 A、B、C 各是什么电极，该管属于什么类型？

12. 某晶体三极管的输出特性曲线如图 3-15 所示，$P_{CM}=50\ mW$，若 $U_{CE}=0.5\ V$，是否能使 I_C 工作在 100 mA？

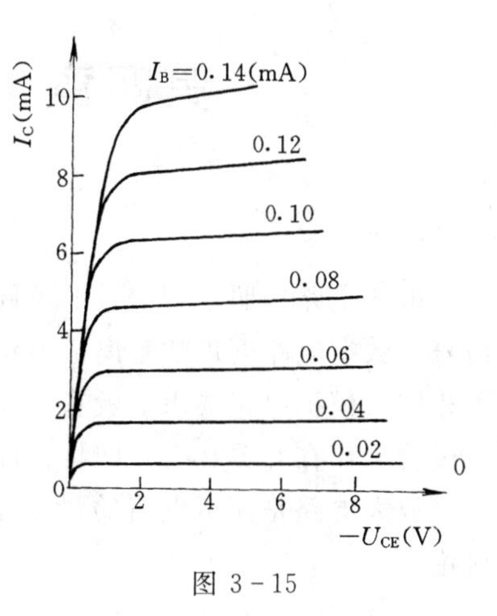

图 3-15

13. 在图 3-16 中，有人利用测电位的方法分别在 1、2、3 端测得电位为 $-6.2\ V$、$-6\ V$、$-9\ V$，从而定出了管脚所属电极和管子的类型。你能说出这是什么道理吗？

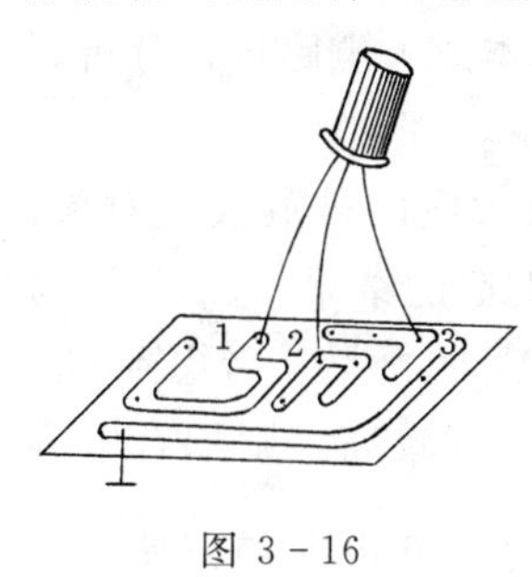

图 3-16

14. 二极管电路如图 3-17 所示，$u_i=5\sin\omega_t$ (V)，假设二极管是理想二极管，试画出输出 u_o 的波形。

15. 二极管开关电路如图 3-18 所示。二极管导通电压为 0.7 V。试分析输入端 A、B 分别是 0 V 和 5 V 时，二极管的工作状态和对应的输出电平。

16. 三极管电路如图 3-19 所示。管子 $\beta=20$，饱和时，$U_{BE}=0.7\ V$，$U_{CES}=0.3\ V$。试问 U_I 分别为 0 V、2 V、5 V 时管子的工作状态，输出电压 $U_O=$？

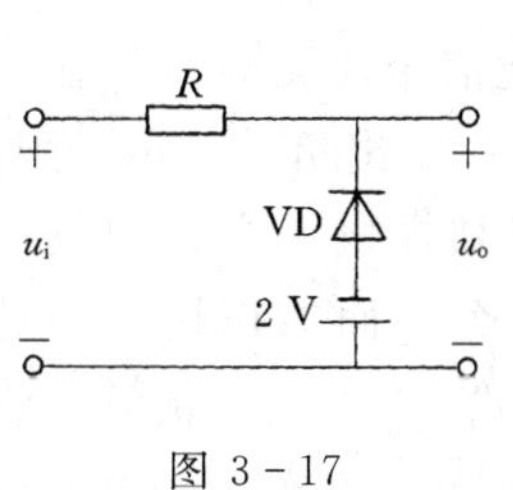

图 3-17

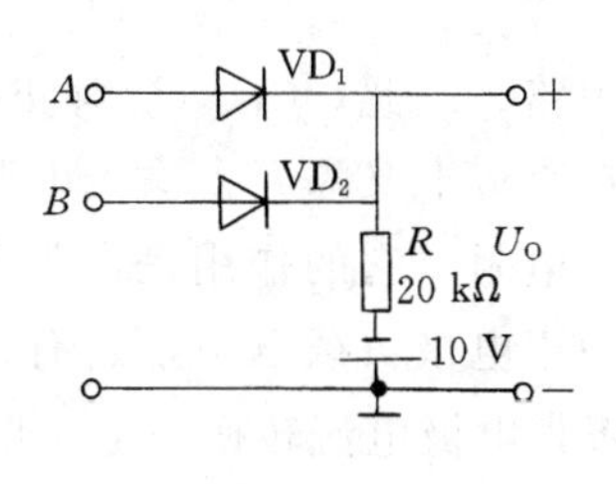

图 3-18

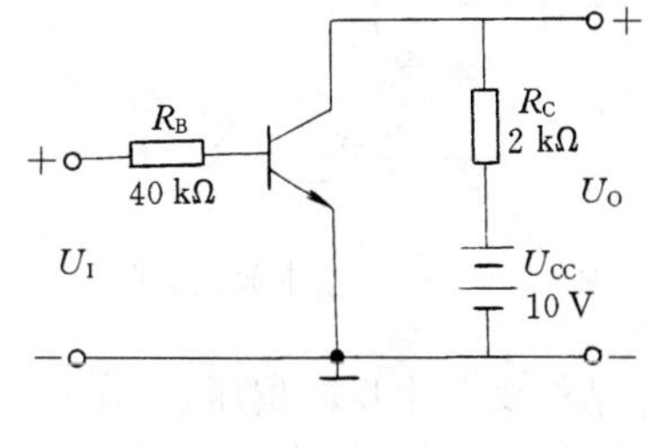

图 3-19

第四章　放大电路基础及应用

电子电路按照处理信号的不同可分为模拟电路和数字电路。模拟电路处理的是连续电信号，数字电路处理的是离散电信号。由于处理的信号不同，半导体三极管的工作状态也不相同。模拟电路要求三极管工作在放大状态，即特性曲线的放大区；而数字电路则要求三极管工作在开关状态，即特性曲线的饱和区和截止区。

放大电路是模拟电路的最基本形式，也是应用最广泛的电子电路，本章将对它展开讨论。

第一节　基本放大电路分析

放大电路是模拟电路中的基本电路形式，下面先对最简单的基本放大电路进行分析。

一、放大电路的组成

图 4－1 给出了一个基本放大电路，其中 u_i 为输入信号，是放大电路被放大的对象；

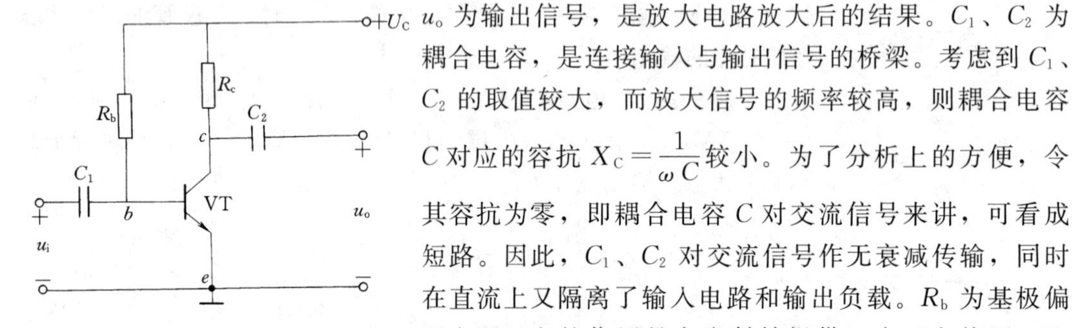

图 4－1　基本放大电路

u_o 为输出信号，是放大电路放大后的结果。C_1、C_2 为耦合电容，是连接输入与输出信号的桥梁。考虑到 C_1、C_2 的取值较大，而放大信号的频率较高，则耦合电容 C 对应的容抗 $X_C=\dfrac{1}{\omega C}$ 较小。为了分析上的方便，令其容抗为零，即耦合电容 C 对交流信号来讲，可看成短路。因此，C_1、C_2 对交流信号作无衰减传输，同时在直流上又隔离了输入电路和输出负载。R_b 为基极偏置电阻，它的作用是向发射结提供一个正向偏压。R_c 为集电极负载电阻，它有两个方面的作用：一是向集电结提供一个反向偏压；另一个是将集电极电流转换为电压形式。VT 为三极管，它是放大电路的核心。U_C 为集电极电源，它是放大电路全部能量的来源。事实上，放大电路本质上是一种控制电路，它是把电源的能量根据输入信号的变化而转变成一种新的能量。

二、放大电路的工作过程

放大电路的工作过程，也就是输入信号的传输过程。输入信号 U_i 经耦合电容 C_1 加到三极管的基极 b 和发射极 e 之间，由三极管的输入特性可知，在放大区发射结上电压 U_{be} 的变化必将引起基极电流 i_b 的变化，而 i_b 的变化也将使 i_c 发生更大的变化，变化的集电极电流 i_c 经 R_c 转换为电压形式，经耦合电容 C_2 输出。

上述过程必须要求三极管工作在放大区，即发射结处于正向偏置，集电结处于反向偏

置。偏置电路由基极电阻 R_b、集电极电阻 R_c 和电源电压 U_C 组成。

在放大电路中存在着两条通路：一条是输入信号在放大过程中形成的通路，另一条是保证放大状态得以实现的偏置电路。这两条通路分别被称为交流通路和直流通路，如图4－2所示。交流通路描述的是工作信号所经过的路径，它是研究放大电路特性的基础；而直流通路描述的是放大电路的偏置状态。

通常称在直流通路内进行的分析和计算为直流分析；在交流通路内进行的分析和计算为交流分析。

三、直流分析

直流分析主要是用来计算放大电路的静态工作点。所谓静态工作点，是指当输入信号等于零时，直流通路中三极管的 I_{BQ}、I_{CQ}、U_{CEQ}。其中 Q 为输入特性 I_B、U_{BE} 平面或输出特性 I_C、U_{CE} 平面中的一点，它代表了在没有输入信号条件下三极管所处的工作状态。计算静态工作点通常有两种方法：①直接利用直流通路的估算法；②利用放大管的输入、输出特性曲线的图解法。估算法简捷方便，是一种常用的方法；图解法充分考虑了放大管的非线性，物理概念清晰。

1. 静态工作点的估算法

对图4－1给定的基本放大电路，直流通路如图4－2（a）所示。

$$I_{BQ}=(U_C-U_{BEQ})/R_b$$

其中 U_{BEQ} 为三极管发射结的直流压降，通常取0.7 V，所以

$$I_{BQ}=(U_C-0.7)/R_b$$

当 $U_C \gg U_{BEQ}$ 时，则

$$I_{BQ}=U_C/R_b$$

$$I_{CQ}=\beta I_{BQ}$$

$$U_{CEQ}=U_C-I_{CQ}R_c$$

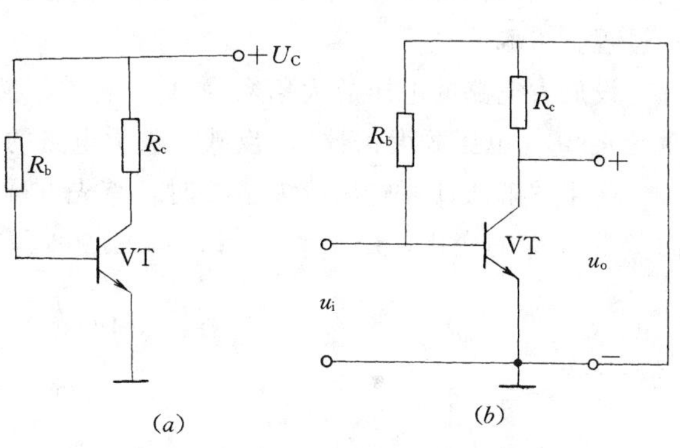

图4－2　基本放大电路的直流通路和交流通路
（a）直流通路；（b）交流通路

这样静态工作点就计算出来了。可见估算法十分简单方便。

2. 静态工作点的图解法

如图4－2（a）所示，输入回路中三极管的输入电压为

$$U_{BE}=U_C-I_BR_b \tag{4-1}$$

式（4－1）是关于 U_{BE}、I_B 间的线性方程，将其画在三极管的输入特性曲线上，如图4－3所示。

对输出回路，有

$$U_{CE}=U_C-I_CR_C \tag{4-2}$$

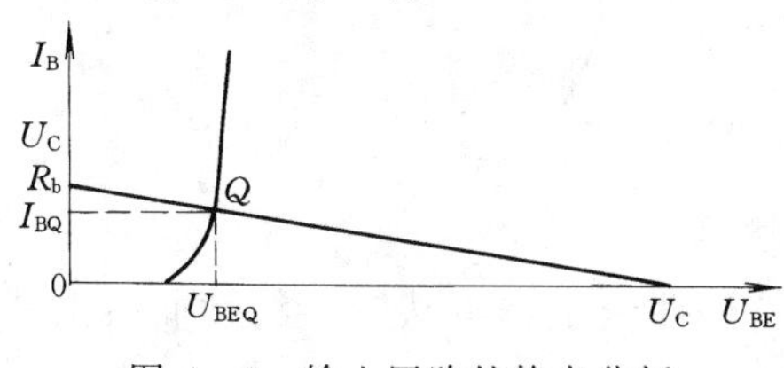

图4－3　输入回路的静态分析

式（4－2）也是线性方程，将其画在三极管的输出特性曲线上，如图4－4所示。

式（4－2）称为直流负载线，负载线的斜率为 $-1/R_C$。显然 R_C 越小，负载线越陡；R_C 越大，负

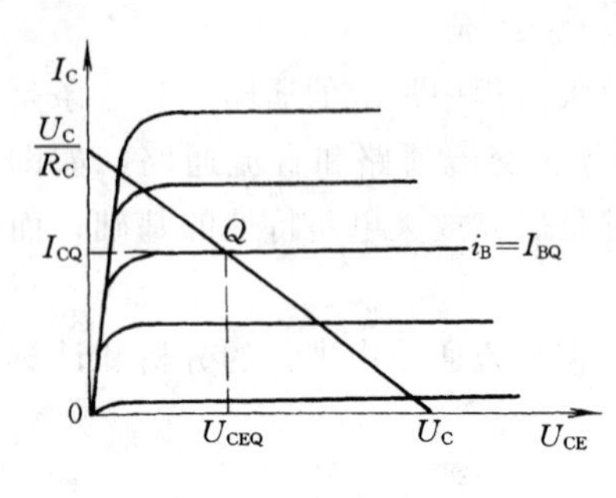

图 4-4 输出回路的静态分析

载线越平坦。

图 4-3 和图 4-4 中的 Q 点，即为静态工作点，从图中可直接求出 I_{BQ}、I_{CQ}和 U_{CEQ}。

应用图解法时，必须有相应三极管特性曲线，考虑到三极管的分散性，实际应用时，图解法受到了限制。

四、交流分析

交流分析是在交流通路内来研究放大信号的传输特性，通常包括计算放大电路的电压放大倍数 A_u、放大电路的输入电阻 R_i 和输出电阻 R_o。交流分析的方法也有两种：①利用放大管输入输出特性的图解法；②将放大管线性化后的微变等效电路法。图解法具有物理概念清楚、工作过程直观的特点，它不但能方便地求解电压放大倍数，还能了解放大电路的非线性失真，并能估算最大不失真幅度以及放大电路的参数对静态工作点的影响等。因此，图解法是解决电路中含有非线性器件的重要方法。由于受方法本身的限制，处理电路的规模有限，图解法只适用于简单情况，它能生动地反映出交流分析的过程。

设放大电路的电压放大倍数为 A_u，它被定义为输出电压 u_o 与输入电压 u_i 的比值，即 $A_u=u_o/u_i$。电压放大倍数 A_u 反映了放大电路的电压传输特性。

应用图解法计算电压放大倍数时，首先在输入特性曲线上研究因输入电压 u_i 的变化而产生的 i_B 的变化。令 $u_i=U_{im}\sin\omega t$，如图 4-5 所示。

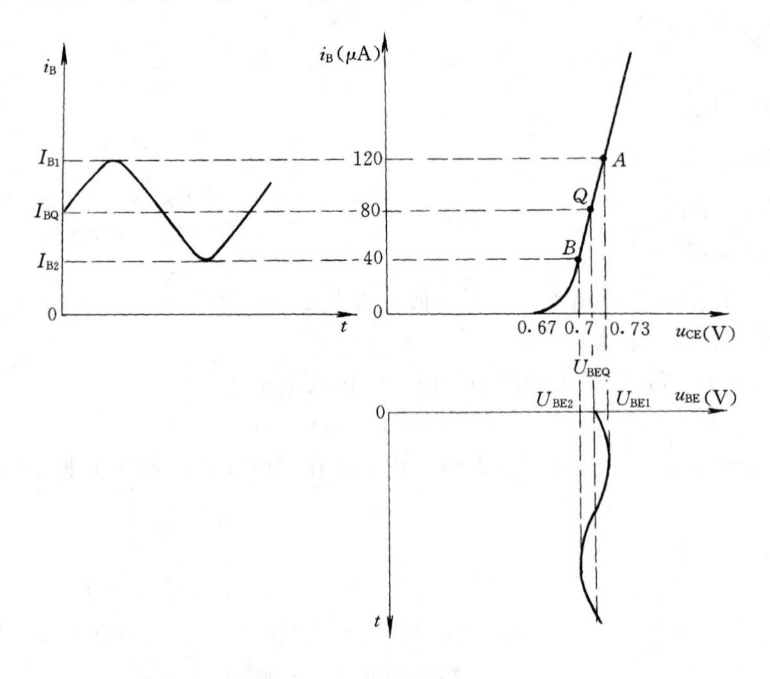

图 4-5 输入回路的图解法

将输入特性曲线上获得的 i_B 的变化，加到输出特性曲线上，再从输出特性曲线上获得 i_C 和 u_{CE}的变化。

分别在输出特性和输入特性上量取输出电压幅度 U_{om} 和输入电压幅度 U_{im}，则电压放大倍数 $A_u=-(U_{om}/U_{im})$，式中的负号表示输出电压与输入电压反相位。

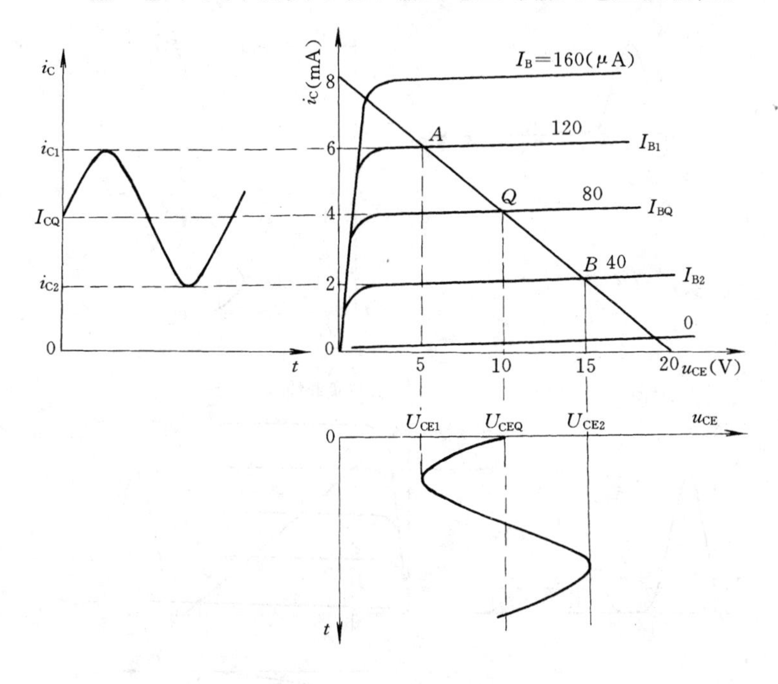

图 4－6　输出回路的图解法

五、静态工作点的选取

对于放大电路，一般希望其具有较高的电压放大倍数和在一定信号幅度条件下具有较小的非线性失真。这就要求放大电路的静态工作点要选取合适，不能过高或过低。当静态工作点过高时，i_B 很小的变化很容易进入饱和区而造成饱和失真，如图 4－7 所示。当静态工作点过低时，又易进入截止区而造成截止失真，如图 4－8 所示。所以，通常静态工作点选择在负载线的中点。

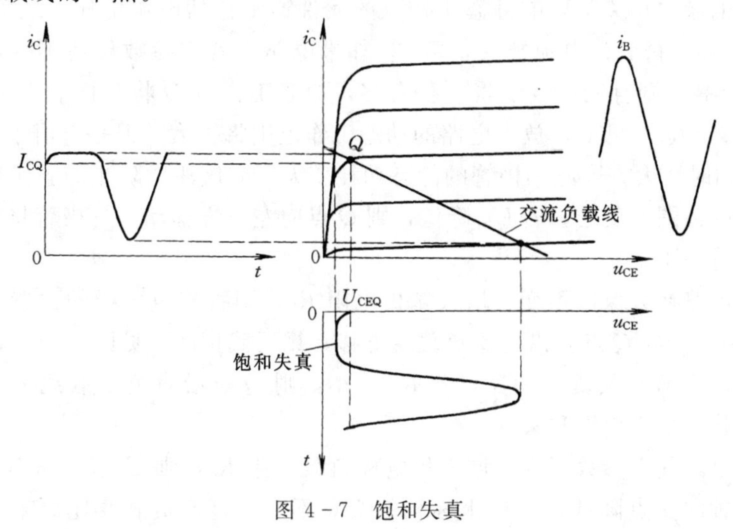

图 4－7　饱和失真

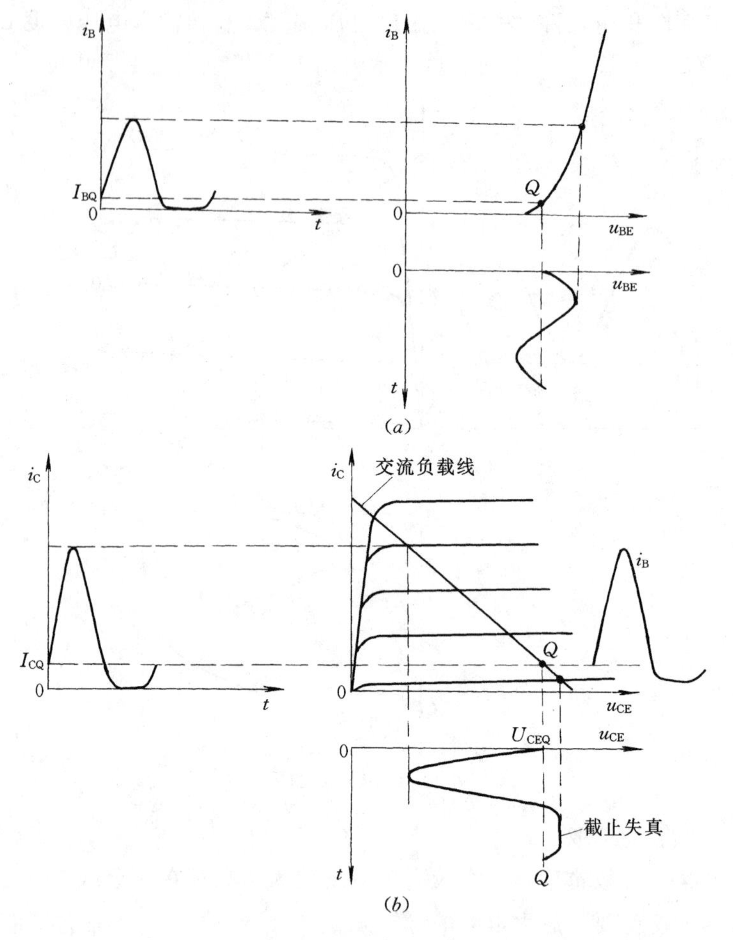

图 4-8　截止失真

(a) 输入回路波形；(b) 输出回路波形

静态工作点的选取，对放大电路的工作状态存在着重要影响。静态工作点的位置与放大电路中元件的参数相关。影响静态工作点的元件通常包括电源电压 U_C、基极电阻 R_b、集电极电阻 R_c 和三极管的电流放大倍数 β。如果电路中其它参数保持不变，而使集电极电源电压 U_C 升高，则直流负载线将平行右移，静态工作点 Q 将移向右上方。在图 4-9 (a) 中由 Q_1 移至 Q_2。可见，放大电路的动态工作范围将扩大。但是，由于静态工作点处的 I_{CQ} 和 U_{CEQ} 同时增大，因此三极管的静态功耗变大，应该注意防止静态工作点超出三极管安全工作区的范围。反之，若 U_C 降低，则 Q 点向左下方移动，三极管将更加安全，但动态工作范围将缩小。

如果其它电路参数保持不变，增大基极电阻 R_b，则直流负载线的位置不变，但由于静态基流 I_{BQ} 减小，故 Q 点将沿直流负载线下移，靠近截止区，见图 4-9 (b)，结果将使输出波形易于产生截止失真。相反，若 R_b 减小，则 Q 点沿直流负载线上移，靠近饱和区，输出波形将容易产生饱和失真。

如果保持电路其它参数不变，增大集电极负载电阻 R_c，则 U_C/R_c 减小，于是直流负载线与纵坐标轴的交点降低，与横坐标轴的交点不变，直流负载线比原来更加平坦。因

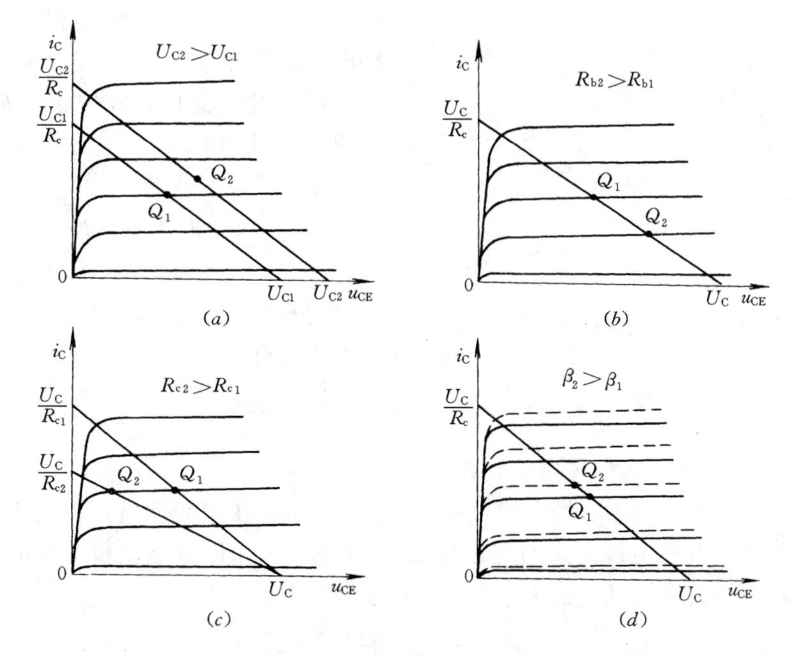

图 4－9　电路参数对静态工作点的影响

（a）U_C 对 Q 点的影响；（b）R_b 对 Q 点的影响；（c）R_c 对 Q 点的影响；（d）β 对 Q 点的影响

I_{BQ}不变，故 Q 点将移近饱和区，见图 4－9（c），结果将使动态范围变小，输出波形易于发生饱和失真。相反，若 R_c 减小，则 U_C/R_c 增大，直流负载线将变陡，Q 点右移，有可能增大动态工作范围，由于 U_{CEQ}增大，因而使静态功耗升高。

如果电路中其它参数保持不变，增大三极管的电流放大系数 β，例如电路中更换了 β 值较大的三极管等。设 β 增大后三极管的输出特性曲线如图 4－9（d）中的虚线所示，此时直流负载线的位置不变，静态基流 I_{BQ}值也不变，但因同样 I_{BQ}值所对应的输出特性曲线升高，故 Q 点将沿着直流负载线上移，则 I_{CQ}增大，U_{CEQ}减小，Q 点靠近饱和区。若 β 减小，则 I_{CQ}减小，Q 点远离饱和区，但单管共射放大电路的电压放大倍数可能下降。

图 4－9 分别给出了 U_C、R_b、R_c、β 对静态工作点的影响。

第二节　微变等效电路分析法

图解法虽然具有物理概念清晰，求解直观的特点，但在电路较复杂时，应用图解法求解就变得十分困难。微变等效电路法正是为解决上述问题而提出的一种方法。

微变等效电路法，实质上是在信号变化范围很小的前提下，将三极管电压、电流的非线性关系近似看成线性关系的一种方法，应用这种方法，能够将三极管的非线性模型转换线性模型，即用一个线性的等效电路去替代非线性的三极管。这样，就可以将一个复杂的放大电路的分析转换为线性电路的分析。

一、三极管的微变等效电路

为了获得三极管的微变等效电路，先来考查三极管的输入特性曲线，如图 4－10 所示。可以看出，当 U_{BE}在输入特性曲线 Q 点附近变化的范围不大时，这段曲线基本上可以

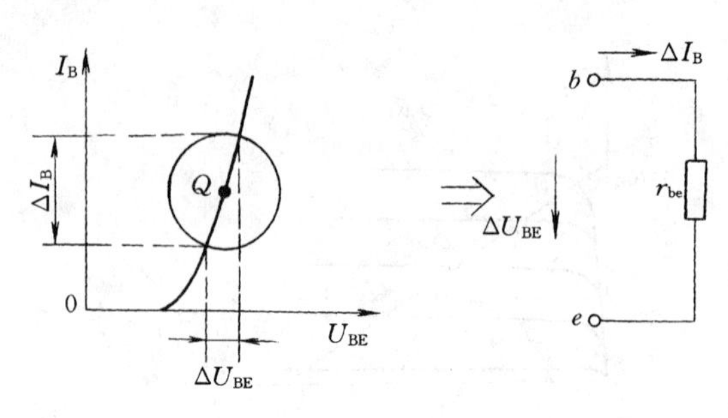

图 4-10 输入回路特性

看作是一段直线，也就是说，可以认为基极电流的变化量 ΔI_B 与基极电压的变化量 ΔU_{BE}成正比。这样，三极管的 b、e 之间可以用一个线性电阻 r_{be} 来替代，即 ΔU_{BE} 与 ΔI_B 间满足如下关系：

$$\Delta U_{BE} = \Delta I_B r_{be}$$

或

$$r_{be} = \Delta U_{BE}/\Delta I_B$$

r_{be}被称为三极管的输入电阻，通常可用下式进行估算

$$r_{be} = 300 + (1+\beta)\frac{26(\text{mV})}{I_{EQ}(\text{mA})}$$

式中 300——三极管基区的体电阻，Ω。

再来考察三极管的输出特性曲线，如图 4-11 所示。在 Q 点附近范围变化时，集电极电流的变化量 ΔI_C 与集电极电压的变化量 ΔU_{CE} 几乎无关，而只与基极电流的变化量 ΔI_B 相关。也就是说，集电极电流的大小完全依赖于基极电流的大小，即

$$\Delta I_C = \beta \Delta I_B$$

或

$$\beta = \Delta I_C/\Delta I_B$$

可以用一个电流源来替代三极管输出端口的电路特性，这个电流源是受基极电流控制的，它的大小为 $\beta\Delta I_B$。

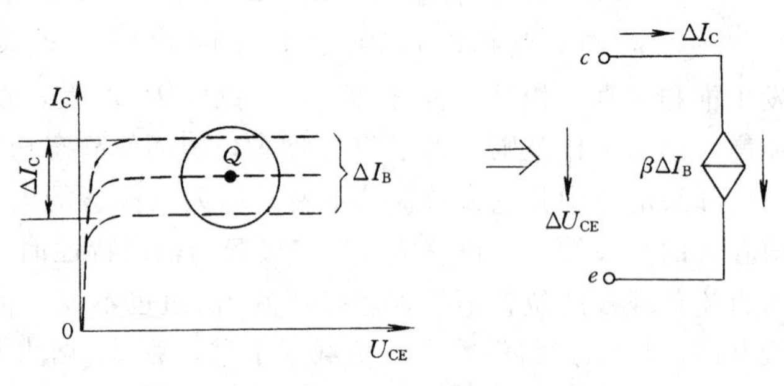

图 4-11 输出回路特性

根据上述讨论，就可以得到三极管的微变等效电路，如图 4-12 所示。三极管微变等效电路，称为简化的 h 参数等效电路。用微变等效电路去替代三极管的电路特性，本质上是一种线性化近似。三极管微变等效电路丢失了三极管作为非线性器件的许多固有属性，虽然使电路分析变得简捷，但不能完全反映三极管的电路行为，这一点在实际工作中必须予以注意。

二、放大电路的微变等效电路

放大电路的微变等效电路就是在放大电路的交流通路的基础上，将三极管用它自己的

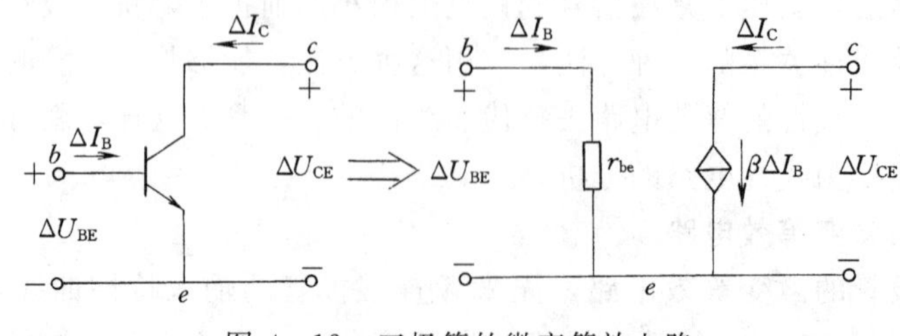

图 4-12 三极管的微变等效电路

微变等效电路去替代而形成的。画放大电路的微变等效电路时，步骤如下：

（1）将电容元件视为短路。

（2）将电源 U_C 视为短路。

（3）三极管用它的微变等效电路替代。

（4）整理成标准形式。

图 4－13 给出了放大电路和所对应的微变等效电路。

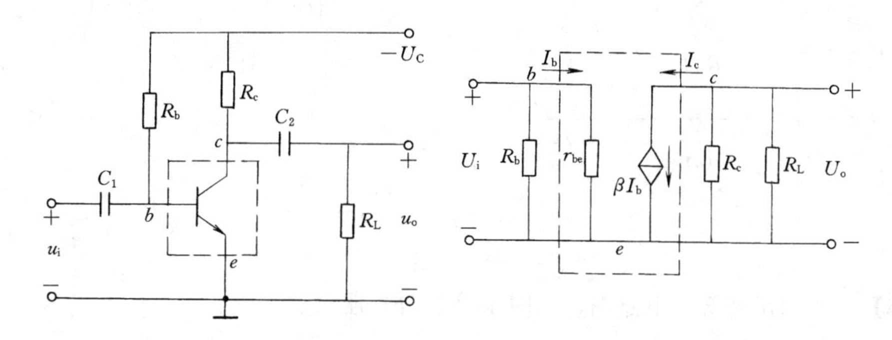

图 4－13　单管放大电路及微变等效电路

三、放大电路的微变等效电路分析

应用微变等效电路对放大电路进行分析，能够十分方便地求出其电压放大倍数 A_u、输入电阻 r_i 和输出电阻 r_o。这是图解法所不能比拟的。

电压放大倍数 A_u 被定义为输出电压 U_o 与输入电压 U_i 之比，即

$$A_u = U_o/U_i$$

电压放大倍数 A_u，本质上是一种电压传输系数。它的大小，反映了放大电路的电压传输行为。

输入电阻 r_i 被定义为输入电压与输入电流之比，即

$$r_i = U_i/I_i$$

输入电阻 r_i，本质上是从输入端口看进去的一种等效电阻，它的大小，反映了向信号源（被放大的对象）索取电流的大小。放大电路的输入电阻越大，向信号源索取的电流就越小，对信号源的要求就越低。

输出电阻 r_o 被定义为从输出端看进去的戴维南电阻。按照求解戴维南电阻的定义，可以采用外加电压法来确定，即放大电路中所有独立电源处于零状态时，在输出端口外加电压 U_o 与产生的电流 I_o 之比，于是有

$$r_o = \frac{U_o}{I_o}\bigg|_{U_i=0}$$

事实上，放大电路输出电阻的大小，反映了放大电路内阻的大小。显然，输出电阻 r_o 不应包括负载电阻 R_L。输出电阻越小，放大电路带负载的能力就越强；输出电阻越大，放大电路带负载的能力就越弱。对放大电路来讲，希望输出电阻越小越好。下面举例说明电压放大倍数 A_u、输入电阻 r_i 和输出电阻 r_o 的求法。

【例 4－1】　电路如图 4－14（*a*）所示，试应用微变等效电路法，求解电压放大倍数

A_u、输入电阻 r_i 和输出电阻 r_o。

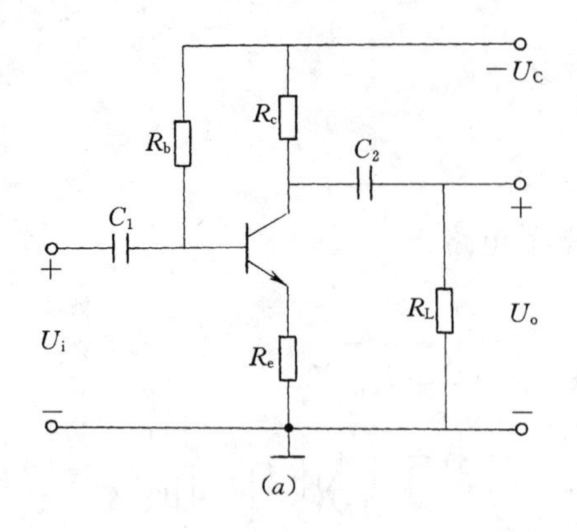

(a)

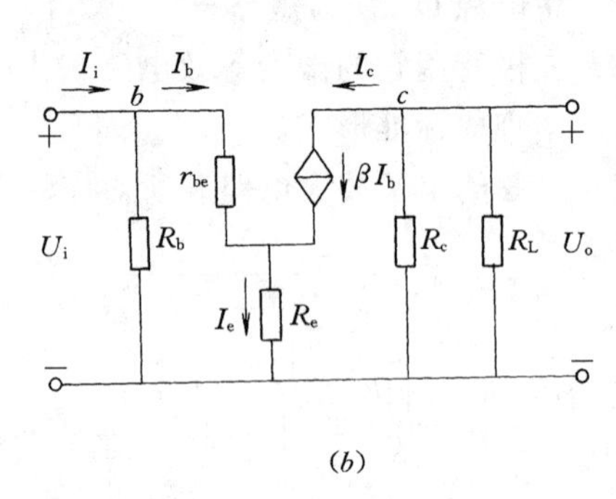

(b)

图 4-14　例 4-1 电路

(a) 电路图；(b) 微变等效电路

【解】　画出微变等效电路图，如图 4-14 (b) 所示。

(1) 电压放大倍数

$$A_u = U_o/U_i = \frac{-\beta I_b(R_c \,/\!/\, R_L)}{I_b r_{be} + I_e R_e}$$

$$= -\beta \frac{R_c \,/\!/\, R_L}{r_{be} + (1+\beta)R_e}$$

(2) 输入电阻

$$r_i = U_i/I_i = \frac{U_i}{I_R + I_b} = \frac{1}{\frac{I_R}{U_i} + \frac{I_b}{I_b r_{be} + I_e R_e}} = \frac{1}{\frac{1}{R_b} + \frac{1}{r_{be} + (1+\beta)R_e}}$$

$$= R_e \,/\!/\, [r_{be} + (1+\beta)R_e]$$

(3) 输出电阻。由输出电阻 r_o 的定义，所对应的微变等效电路如图 4-15 所示。此时 $I_b=0$，即 $\beta I_b=0$，则

$$r_o = (U_o/I_o)\,|_{U_{i=0}} = R_c$$

【例 4-2】　电路如图 4-16 (a) 所示，由于输出电压 U_o 从发射极引出，所以这种电路有时也称为射极输出器。试计算它的静态工作点，电压放大倍数 A_u、输入电阻 r_i 和输出电阻 r_o。

【解】　(1) 计算静态工作点。由于

$$I_{BQ}R_b + U_{BEQ} + I_{EQ}R_e = U_C$$

所以 $$I_{BQ} = \frac{U_C - U_{BEQ}}{R_b + (1+\beta)R_e}$$

$$I_{CQ} = \beta I_{BQ}$$

$$U_{CEQ} = U_C - I_{EQ}R_e = U_C - I_{CQ}R_e$$

(2) 计算 A_u、r_i、r_o。为了计算电压放大倍数 A_u、输入电阻 r_i 和输出电阻 r_o，画出它的微变等效电路，如图 4-16 (b)

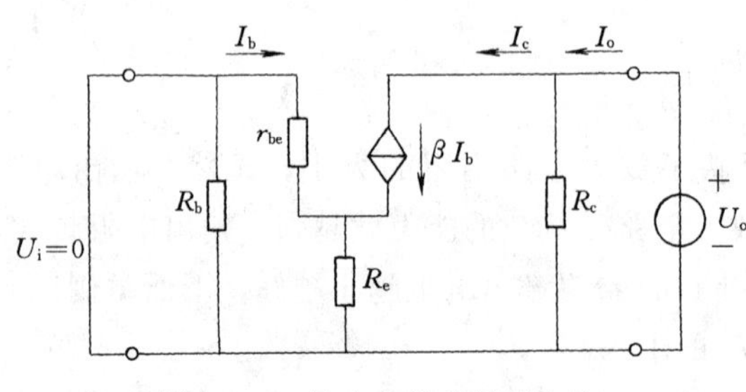

图 4-15　输出电阻的等效电路

所示。

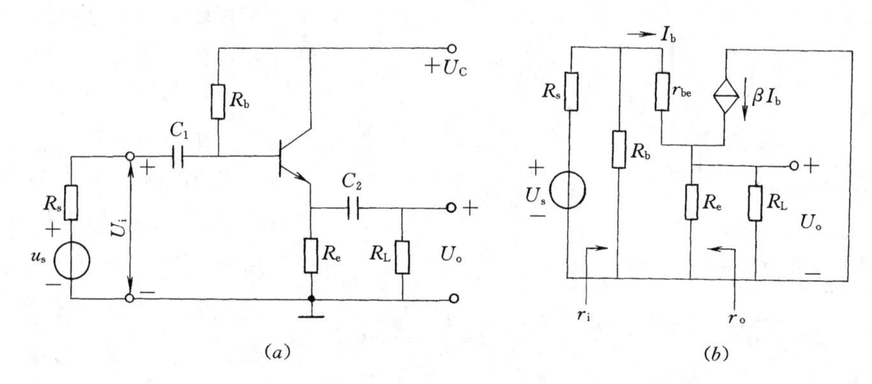

图 4-16　例 4-2 电路

(a) 射极输出器；(b) 微变等效电路

由微变等效电路，得

$$A_u = U_o/U_i = \frac{I_e(R_e \,/\!/\, R_L)}{I_b r_{be} + I_e(R_e \,/\!/\, R_L)} = \frac{(1+\beta)(R_e \,/\!/\, R_L)}{r_{be} + (1+\beta)(R_e \,/\!/\, R_L)}$$

射极输出器的输出与输入电压同相位且放大倍数小于 1。当 $r_{be} \ll (1+\beta)(R_e /\!/ R_L)$ 时，$A_u \approx 1$，所以射极输出器有时也称为电压跟随器。

$$r_i = U_i/I_i = R_b \,/\!/\, [r_{be} + (1+\beta)(R_e \,/\!/\, R_L)]$$

$$r_o = U_o/I_o = R_e \,/\!/\, \{[r_{be} + (R_e + R_s)]/(1+\beta)\}$$

可见，射极输出器还具有输入电阻高，输出电阻低的特点，利用这一特点，人们常用来作阻抗变换。

第三节　差动放大电路

在实际应用中，放大电路通常是由多级放大电路构成的。如何将多级放大电路连接起来，被称为放大电路的耦合问题。通常的耦合方式有阻容耦合、变压器耦合和直接耦合 3 种。

阻容耦合和变压器耦合的优点是前后级之间不存在直流联系，各级放大电路的静态工作点是独立的；缺点是由于存在电抗元件，其频率特性不好，不便于在芯片中集成。

直接耦合由于连接简单、频率特性好且便于集成，所以在芯片技术中获得了广泛的应用；缺点是存在零点漂移。所谓零点漂移就是输入信号为零时输出信号随时间或温度缓慢变化的现象。

差动放大电路是为了克服零点漂移而引入的一种放大电路，它是直接耦合放大电路中的基本单元电路。

典型的差动放大电路如图 4-17 所示。可见差动放大电路是一个完全对称的放大电路。

1. 差动放大电路的工作过程

为了说明差动放大电路的工作过程，下面先介绍差模输入电压和共模输入电压的

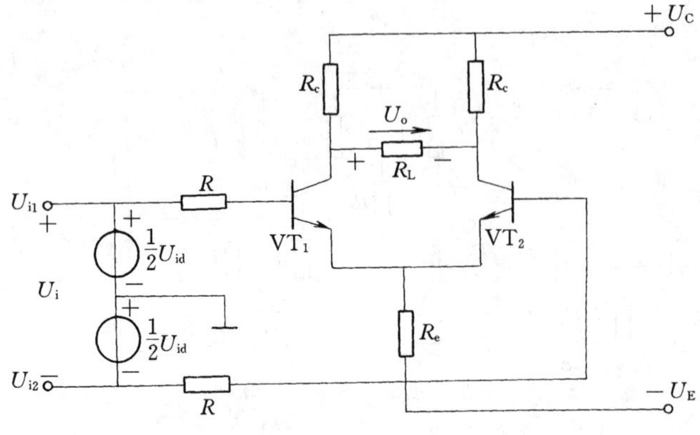

图 4－17　典型的差动放大电路

概念。

差模输入电压是指大小相等、极性相反的一对输入电压，即

$$U_{i1} = 1/2U_{id}$$
$$U_{i2} = -1/2U_{id}$$

在这样的输入电压作用下，所对应的电压放大倍数，称为差模电压放大倍数，记为 A_d。

共模输入电压是指大小相等、极性相同的一对输入电压，此时

$$U_{i1} = U_{i2} = 1/2U_{ic}$$

在共模输入电压的作用下，所对应的电压放大倍数称为共模电压放大倍数，记为 A_c。

设输入为差模电压，工作过程为

$$U_i = U_{id}\begin{bmatrix} I_{b1}\uparrow \to I_{c1}\uparrow \to U_{c1}\downarrow \\ I_{b2}\downarrow \to I_{c2}\downarrow \to U_{c2}\uparrow \end{bmatrix} U_{od} = U_{c1} - U_{c2} \neq 0$$

设输入为共模电压，工作过程为

$$U_i = U_{ic}\begin{bmatrix} I_{b1}\uparrow \to I_{c1}\uparrow \to U_{c1}\downarrow \\ I_{b2}\uparrow \to I_{c2}\uparrow \to U_{c2}\downarrow \end{bmatrix} U_{oc} = U_{c1} - U_{c2} = 0$$

可见差动放大电路对共模输入电压有着强烈的抑制作用。由于温度变化可以等效为共模输入电压，所以，差动放大电路能够有效地抑制零点漂移。

2. 差动放大电路的静态分析

所谓静态分析，就是计算放大电路的静态工作点。

由差动放大电路的对称性，有

$$I_{BQ} = \frac{U_E - U_{BEQ}}{R + 2(1+\beta)R_e}$$
$$I_{CQ} = \beta I_{BQ}$$
$$U_{CQ} = U_C - I_{CQ}R_c$$

3. 差模电压放大倍数 A_d 和共模电压放大倍数 A_c 的计算

在介绍差动放大电路的差模电压放大倍数 A_d 和共模电压放大倍数 A_c 之前，先介绍发射极电阻 R_e 对差模输入电压和共模输入电压的作用。

当输入为差模电压时，使得 I_{E1} 增加，I_{E2} 下降。由于电路是对称的，I_{E1} 增加的幅度与 I_{E2} 下降的幅度恰好相等，$I_{E1}+I_{E2}$ 是一个不变的量，R_e 对差模输入电压没有反馈作用。

当输入为共模电压时，使得 I_{E1}、I_{E2} 同时增加（或下降），则 $I_{E1}+I_{E2}$ 不再是常量，R_e 对共模输入电压存在着强烈的负反馈作用。

由上述讨论，可以得到如下结论：差模输入电压下的微变等效电路，R_e 相当于短路；共模输入电压下的微变等效电路，R_e 不能视为短路。

图 4－18 给出了差模输入时的等效电路，其差模电压放大倍数

$$A_d=\frac{U_{od}}{U_{id}}=\frac{\frac{1}{2}U_{od}}{\frac{1}{2}U_{id}}=\frac{-I_c(R_c\ /\!/\ \frac{1}{2}R_L)}{I_bR+I_br_{be}}$$

$$=-\beta\frac{R_c\ /\!/\ \frac{1}{2}R_L}{R+r_{be}}$$

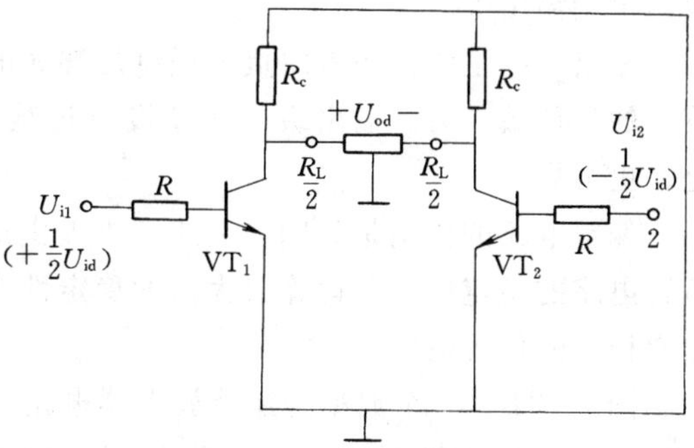

式中的负号表明输出电压与输入电压反相位。因此，有时称 1 端为反相输入端，2 端为同相输入端。

图 4-18　差模输入的等效电路

当输入为共模信号时，若电路是理论对称的，则 $A_c=0$，实际上，由于制造工艺水平的限制，A_c 并不完全为零，但其数值是非常小的。

第四节　运算放大器及电路分析

1. 运算放大器的概念

运算放大器也称为集成放大电路，采用半导体制造工艺将二极管、三极管、电阻等元件以及它们之间的连线，集成在一块半导体基片上，构成一个具有特定功能的完整电路。

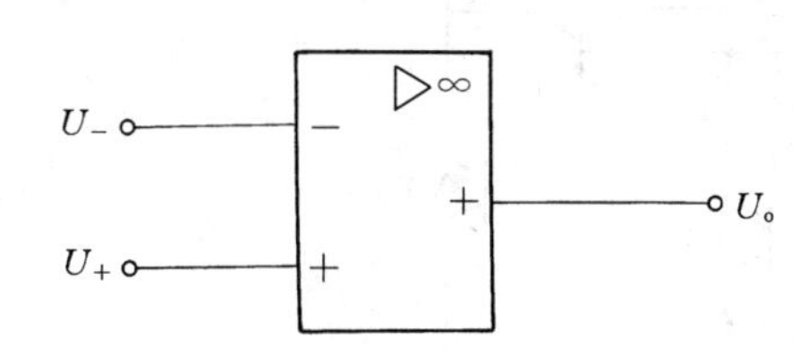

图 4-19　运算放大器的符号

运算放大器通常用图 4-19 所示的符号表示。“+”为同相输入端，“−”为反相输入端，U_+、U_- 为输入信号，U_o 为输出信号。

运算放大器内部，实际上是一个高放大倍数的直接耦合放大电路，电路结构一般包括：输入级、中间级、输出级和偏置电路四部分，如图 4-20 所示。

由于输入级直接影响运算放大器的多项技术指标，所以输入级一般采用差动式放大电路的结构形式，以便利用集成电路内部元器件之间参数匹配性好的优点，达到抑制温度漂移的目的，从而改善运算放大器的性能，差动放大器的两个输入端，就是运算放大器的两个输入端，即同相输入端和反相输入端。

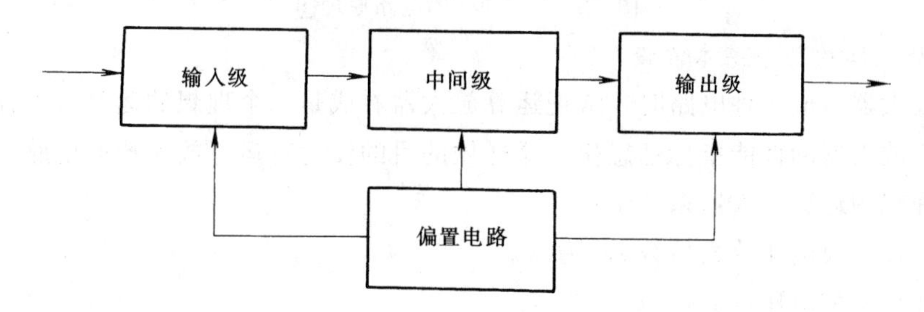

图 4-20　运算放大器的组成

中间级的主要任务是提供足够大的电压放大倍数。此外，中间级还应提供输出级所需要的较大的推动电流。在有些运算放大器中，还要求中间级实现电平转移以及双端输出转

换为单端输出等。

输出级的主要任务是向负载提供足够大的输出功率以及尽可能小的输出电阻，以获得较大的带负载能力。输出级一般还设有过载保护电路，使运算放大器在工作过程中更安全、更可靠。

偏置电路的作用是分别为上述各级提供适当的偏置电流，以确定各级的静态工作点。偏置电路的稳定性，对运算放大器的稳定性有着重要影响，特别是输入级，通常要求一个非常稳定的偏置电路。

图 4-21 是一个典型的运算放大器电路。输入级由 VT_1～VT_7 组成，中间级由 VT_{16}、VT_{17} 组成，输出级由 VT_{14}、VT_{19} 组成，偏置电路由 VT_8～VT_{13} 组成。电路的进一步分析，请读者参阅有关资料。

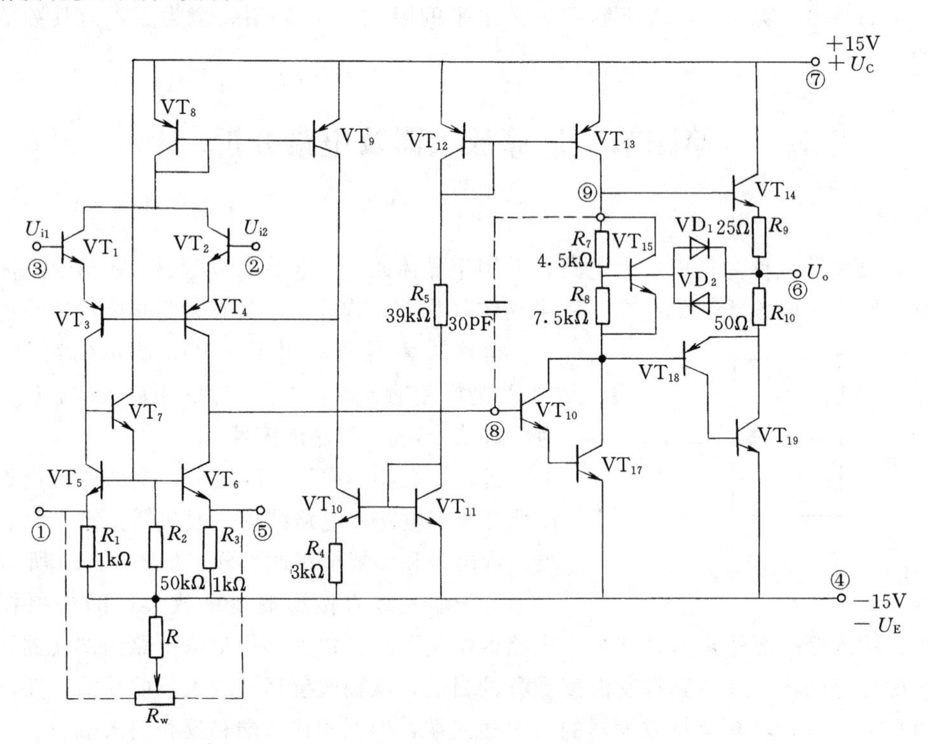

图 4-21　F007 的电路原理图

2. 运放电路的两个基本假设

运算放大器组成各种电路时，常把运算放大器看成是一个理想的运算放大器。也就是说，将运算放大器的性能指标理想化，这样做的目的使含有运算放大器的电路分析变得更为简捷。理想的运算放大器条件是：

（1）开环差模电压放大倍数 A_d 为∞。

（2）开环共模电压放大倍数 A_c 为 0。

（3）差模输入电阻 r_{id} 为∞。

（4）输出电阻 r_o 为零。

（5）理想运算放大器的通频带为∞。

上述指标虽然是理想的，但是现代集成运放的制造技术各项指标非常高，因此，一般情况下，在分析由运算放大器组成的电路时，将运算放大器理想化所带来的误差是很小的，在工程上是允许的。由此得到分析运算放大器电路的两个基本假设：

假设1：运算放大器的输入电流为零，即

$$I_{B1} = I_{B2} = I_B = 0$$

假设2：运算放大器的输入电压为零，即

$$U_+ = U_-$$

对于假设1，由于理想运放的输入电阻为无穷大，那么任何一个有限的输入电压 U_i 都使 $I_B=0$。

对于假设2，由于运算放大器的输出电压是有限的，开环差模电压放大倍数为无穷大，那么任何一个有限的输出电压都使得输入电压为零，即 $U_+=U_-$。

准确地应用上述两个假设，对于分析运放电路是极为重要的，它将使运放电路的分析变得极为简捷和方便。

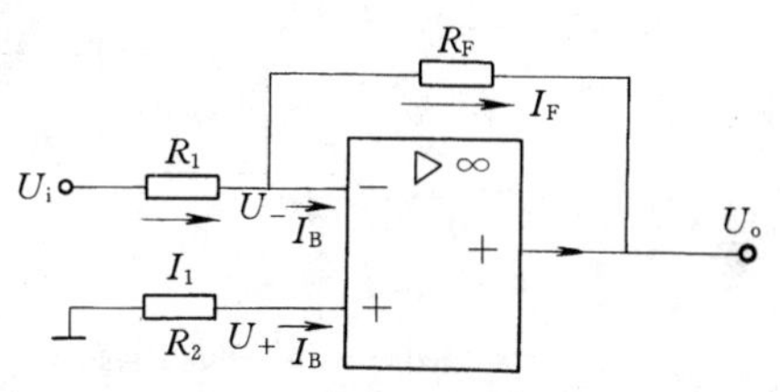

图 4-22　反相比例电路

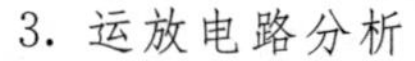
3. 运放电路分析

(1) 反相比例电路。如图 4-22 所示，这种电路输入信号从反相输入端引入，它是运放电路的基本电路之一。

下面应用两个基本假设，求解 U_o 和 U_i 的函数关系。

由假设1　$I_B=0$，则

$$I_1 = I_F$$

$$U_+ = I_B R_2 = 0$$

由假设2　$U_- = U_+$，则

$$U_- = 0$$

$$I_1 = U_i / R_1$$

$$I_F = \frac{0 - U_o}{R_F}$$

$$\frac{U_i}{R_1} = \frac{-U_o}{R_F}$$

或

$$U_o = -\frac{R_F}{R_1} U_i$$

上式为 U_o 与 U_i 间的关系式，表明输出电压 U_o 与输入电压 U_i 反相位，其大小与 R_F/R_1 成比例。其中 R_2 也称为平衡电阻，即

$$R_2 = R_1 \mathbin{/\!/} R_F$$

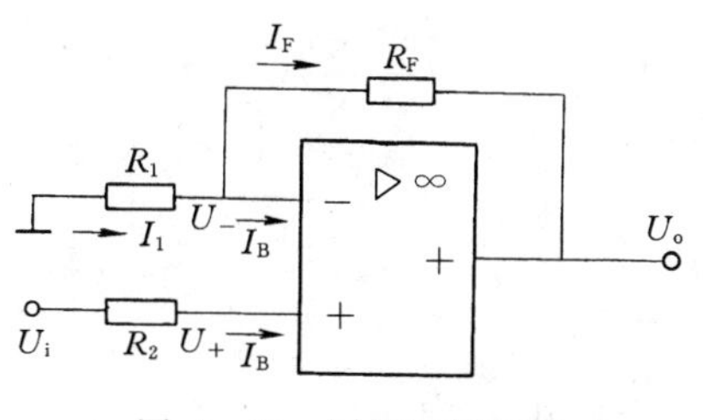

图 4-23　同相比例电路

(2) 同相比例电路。图 4-23 给出了一种同相比例电路，由于 $I_B=0$，则有 $U_+=U_i$，$I_1=I_F$。而 $U_-=U_+$，所以

$$\frac{0 - U_-}{R_1} = \frac{U_- - U_o}{R_F}$$

$$\frac{-U_{\mathrm{i}}}{R_1}=\frac{U_i-U_{\mathrm{o}}}{R_{\mathrm{F}}}$$

或

$$U_{\mathrm{o}}=\left(1+\frac{R_{\mathrm{F}}}{R_1}\right)U_{\mathrm{i}}$$

上式为同相比例电路的表达式。

（3）求和电路。图 4－24 给出了一个求和电路。应用两个基本假设即可得到

$$U_{\mathrm{o}}=-\left(\frac{R_{\mathrm{F}}}{R_1}U_1+\frac{R_{\mathrm{F}}}{R_2}U_2\right)$$

（4）减法电路。图 4－25 给出了一个减法电路。

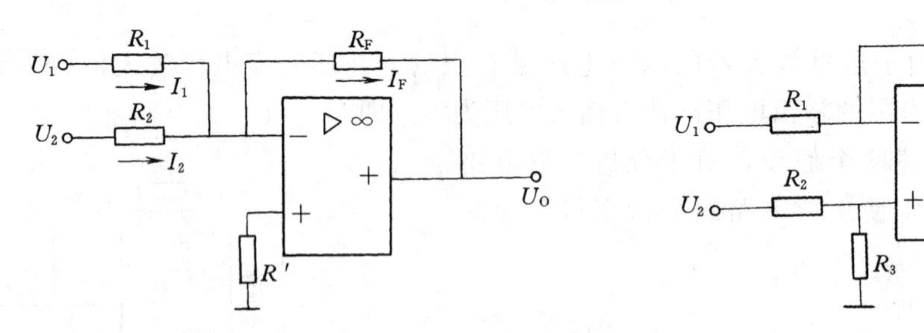

图 4－24　求和电路

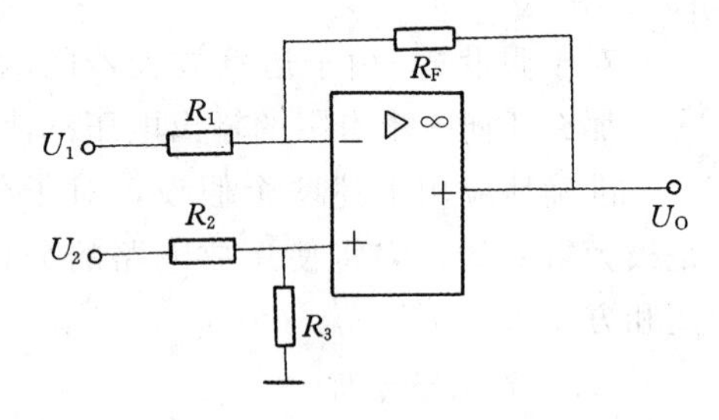

图 4－25　减法电路

应用叠加原理和两个基本假设就能方便地求出 U_{o} 与 U_1、U_2 间的关系。

当 U_1 单独作用时，有

$$U'_{\mathrm{o}}=-\frac{R_{\mathrm{F}}}{R_1}U_1$$

当 U_2 单独作用时，有

$$U''_{\mathrm{o}}=\left(1+\frac{R_{\mathrm{F}}}{R_1}\right)\left(\frac{R_3}{R_2+R_3}\right)U_2$$

$$U_{\mathrm{o}}=U'_{\mathrm{o}}+U''_{\mathrm{o}}=\left(1+\frac{R_{\mathrm{F}}}{R_1}\right)\left(\frac{R_3}{R_2+R_3}\right)U_2-\frac{R_{\mathrm{F}}}{R_1}U_1$$

当 $R_{\mathrm{F}}=R_1=R_2=R_3$ 时，有

$$U_{\mathrm{o}}=U_2-U_1$$

从而实现了减法运算。

减法电路也称为差动比例电路。

（5）微分电路。图 4－26 为微分电路，由于 $U_{-}=0$，而

$$i_{\mathrm{C}}=C\frac{\mathrm{d}u_{\mathrm{i}}}{\mathrm{d}t}$$

$$i_{\mathrm{R}}=-\frac{u_{\mathrm{o}}}{R}$$

所以

$$u_{\mathrm{o}}=-RC\frac{\mathrm{d}u_{\mathrm{i}}}{\mathrm{d}t}$$

可见该电路实现了输入电压的微分功能。

（6）积分电路。图 4－27 为积分电路，由于 $u_{\mathrm{o}}=-\frac{1}{C}\int i_{\mathrm{c}}\mathrm{d}t$，而

$$i_C = i_R = \frac{u_i}{R}$$

所以
$$u_o = -\frac{1}{RC}\int u_i \mathrm{d}t$$

即实现了积分运算。

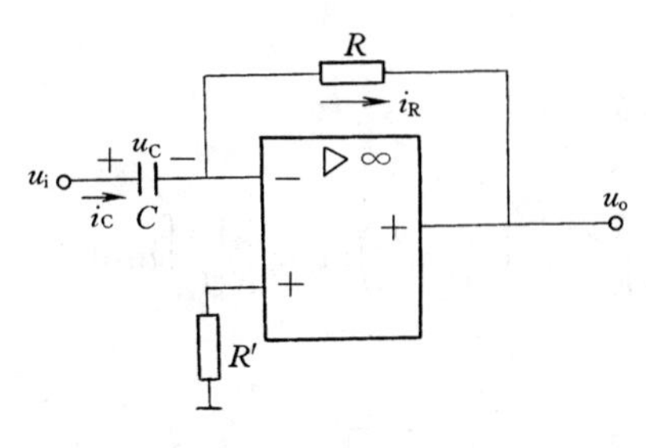

图 4-26　微分电路

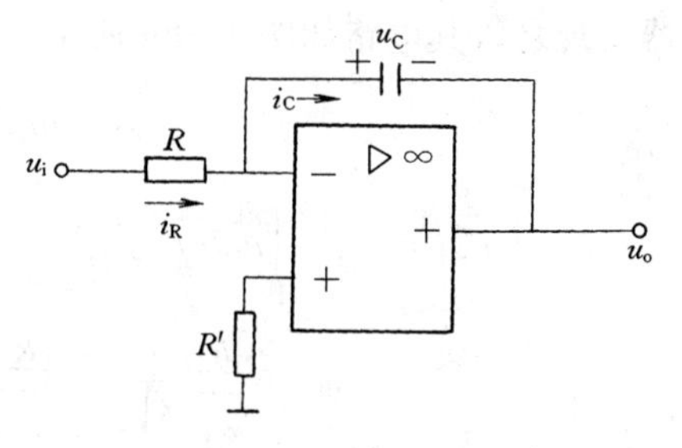

图 4-27　积分电路

从上述的运放电路分析中，可以看到分析运放电路的两个基本假设的重要性。只要运用好两个基本假设，就能对任意复杂的运放电路作出清晰的解答。

【例 4-3】　放大电路如图 4-28 所示，已知：$R_1=100\ \text{k}\Omega$，$R_2=10\ \text{k}\Omega$，$R_3=9.1\ \text{k}\Omega$，$R_4=R_6=25\ \text{k}\Omega$，$R_5=R_7=200\ \text{k}\Omega$，求：

(1) U_{O1}，U_{O2}，U_{O3} 与输入电压 U_{I1}，U_{I2} 的表达式。

(2) 若设 $U_{I1}=0.5\ \text{V}$，$U_{I2}=0.1\ \text{V}$，则输出电压 $U_{O3}=$?

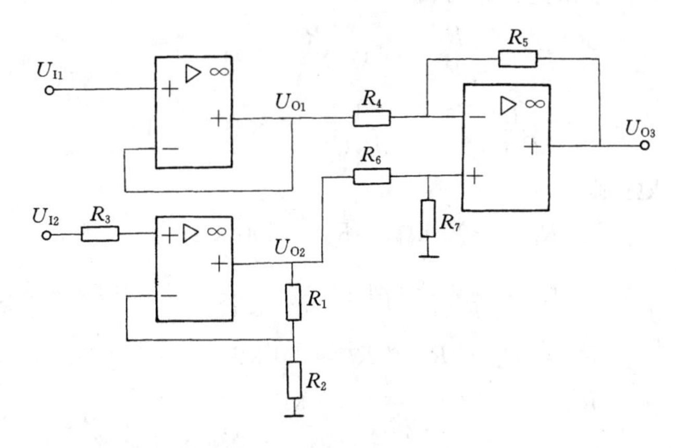

图 4-28　例 4-3 电路

【解】　(1) 根据两个基本假设

$$U_{O1}=U_{I1}$$

$$U_{O2}=\left(1+\frac{R_1}{R_2}\right)U_{I2}=\left(1+\frac{100}{10}\right)U_{I2}=11U_{I2}$$

$$U_{O3}=U_{O2}\left(\frac{R_7}{R_6+R_7}\right)\left(1+\frac{R_5}{R_4}\right)-U_{O1}\left(\frac{R_5}{R_4}\right)$$

$$=U_{O2}\left(\frac{200}{25+200}\right)\left(1+\frac{200}{25}\right)-U_{O1}\left(\frac{200}{25}\right)=8U_{O2}-8U_{O1}=88U_{I2}-8U_{I1}$$

(2) 将 $U_{I1}=0.5\ \text{V}$，$U_{I2}=0.1\ \text{V}$ 代入上式

$$U_{O3}=88U_{I2}-8U_{I1}=88\times0.1-8\times0.5=4.8\,(\text{V})$$

【例 4-4】　试用运算放大器实现下述运算关系

$$u_O=5\int(u_{I1}-0.2u_{I2}+3u_{I3})\mathrm{d}t$$

【解】　由于运算关系式中含有加法、减法和积分运算，所以，可以用两个运算放大器实现之，其电路如图 4-29 所示，有

$$u_{O1}=-\frac{R_F}{R_1}u_{I1}-\frac{R_F}{R_3}u_{I3}$$

$$u_O=-\frac{1}{R_4C}\int u_{O1}\mathrm{d}t-\frac{1}{R_2C}\int u_{I2}\mathrm{d}t=\frac{1}{R_4C}\int\left(\frac{R_F}{R_1}u_{I1}+\frac{R_F}{R_3}u_{I3}\right)\mathrm{d}t-\frac{1}{R_2C}\int u_{I2}\mathrm{d}t$$

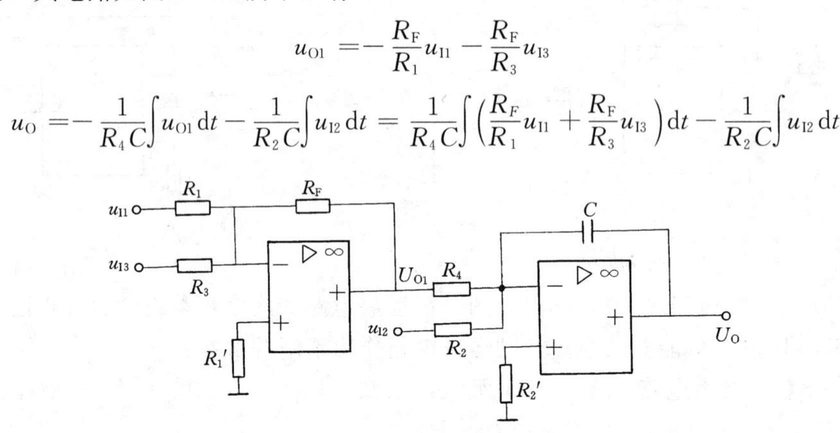

图 4-29　例 4-4 的实现电路

上式和给定运算关系相比较，可得

$$\frac{R_F}{R_1}=1;\quad\frac{R_F}{R_3}=3;$$

$$\frac{1}{R_4C}=5;\quad\frac{1}{R_2C}=5\times0.2=1$$

若令 $R_4=100\ \text{k}\Omega$ 则

$$R_F=300\ \text{k}\Omega;\quad R_1=300\ \text{k}\Omega;$$

$$C=\frac{1}{5R_F}=2\mu\text{F};\quad R_2=\frac{1}{C}=500\ \text{k}\Omega$$

$$R'_1=R_1\ /\!/\ R_3\ /\!/\ R_F=60\ \text{k}\Omega$$

$$R'_2=R_L\ /\!/\ R_4=83.3\ \text{k}\Omega$$

4. 电压比较器电路

应用运算放大器构成电压比较器，是运放应用的广泛领域之一。电压比较器是一种模拟信号的处理电路，它能将输入端的模拟信号进行电平比较后，输出一个能够反映模拟信号大小的电平信号。比较器的输出端只有两种状态：高电平或低电平。因此，电压比较器可以作为模拟电路与数字电路的接口，其工作过程如图 4-30所示。

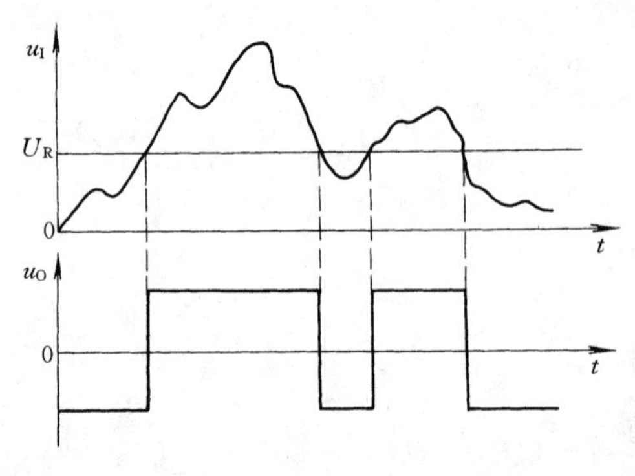

图 4-30　电压比较器的工作过程

电压比较器可分为过零比较器、单限比较

器、滞回比较器和双限比较器等。

(1) 过零比较器。图 4-31 (*a*) 给出了一个最简单的过零比较器，它由一个开环状态下的运放组成。

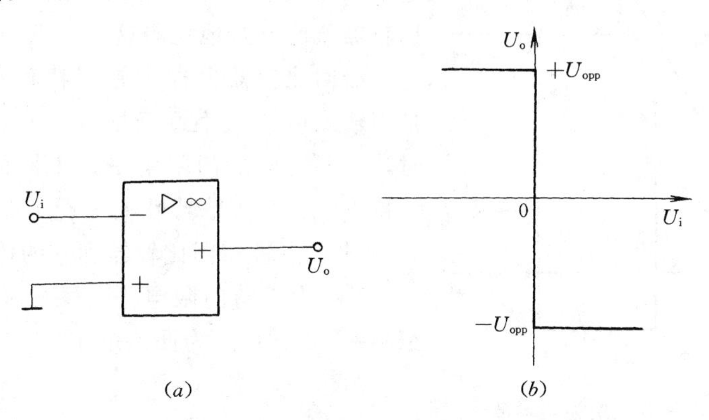

图 4-31　最简单的过零比较器

(*a*) 电路图；(*b*) 传输特性

由于理想运放开环差模放大倍数 $A_d=\infty$，所以，当 $U_i>0$ 时，$U_o=-U_{opp}$；当 $U_i<0$ 时，$U_o=+U_{opp}$。U_{opp} 为运放的最大输出电压，传输特性如图 4-31 (*b*) 所示。一般称输出电压从一种状态传换到另一状态时所对应的输入电压值为门限电压或阈值电压，过零比较器的门限电压为零。由于这种过零比较器的输出幅度 $U_o=\pm U_{opp}$，但在某些情况下，要求输出幅度限制在某个范围之内，这就需要在电路中采取限幅措施。图 4-32 给出了一个具有限幅措施的过零比较器。

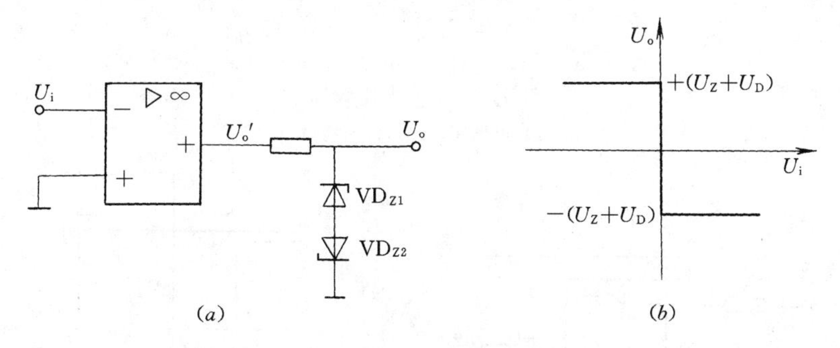

图 4-32　具有限幅措施的过零比较器

(*a*) 电路图；(*b*) 传输特性

当 $U_i>0$ 时，$U_o=-(U_Z+U_D)$；当 $U_i<0$ 时，$U_o=+(U_Z+U_D)$。

过零比较器能够实现波形变换，它能够将正弦波、三角波等变换为矩形波。图 4-33 给出了将正弦波变换为矩形波的例子。

(2) 单限比较器。单限比较器有一个门限电平，当输入电压达到门限电平时，输出状态发生变化，其电路和传输特性如图 4-34 所示。其中，U_R 为门限电平。当 $U_i<U_R$ 时，$U_o=+(U_Z+U_D)$；当 $U_i>U_R$ 时，$U_o=-(U_Z+U_D)$。

事实上，过零比较器也是一种单限比较器，只是它的门限电平为零。

(3) 滞回比较器。单限比较器具有结构简单，灵敏性高的特点，但抗干扰能力差。如

果输入电压因受某种干扰或噪声影响在门限电平附近变化时，单限比较器的输出端就会在高、低电平间反复跳变，使电路不能正常工作，而滞回比较器就能有效地克服这一缺点。

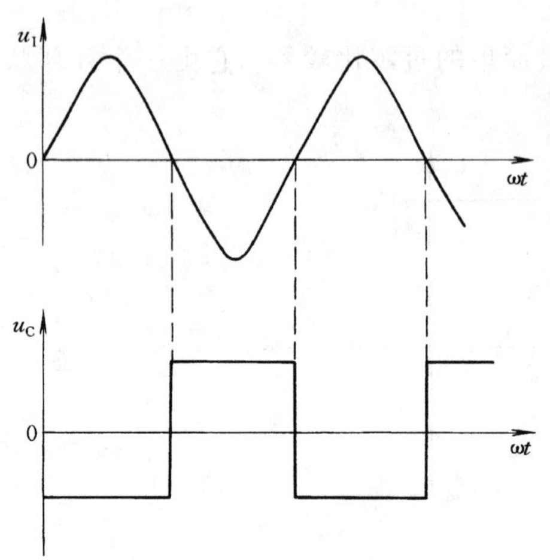

图 4-33 将正弦波变换为矩形波

滞回比较器也称为施密特触发器，它的特点是当输入电压从小逐渐增大，或者从大逐渐减小时，它所对应的门限电平是不同的。正是由于这一特点，在其传输特性上出现了滞回行为。图 4-35 给出了一种滞回比较器和它的传输特性。

U_{T+} 为正向门限电平，U_{T-} 为负向门限电平，$\Delta U_T = U_{T+} - U_{T-}$ 为回差电压。

由于

$$U_+ = \frac{R_F}{R_2 + R_F}U_R + \frac{R_2}{R_2 + R_F}U_o$$

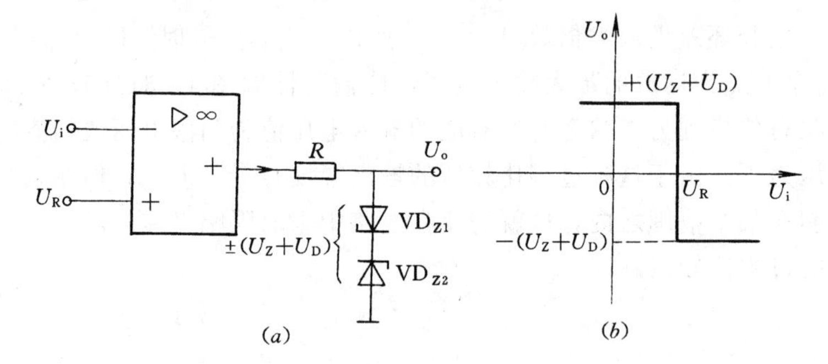

图 4-34 单限比较器

(a) 电路图；(b) 传输特性

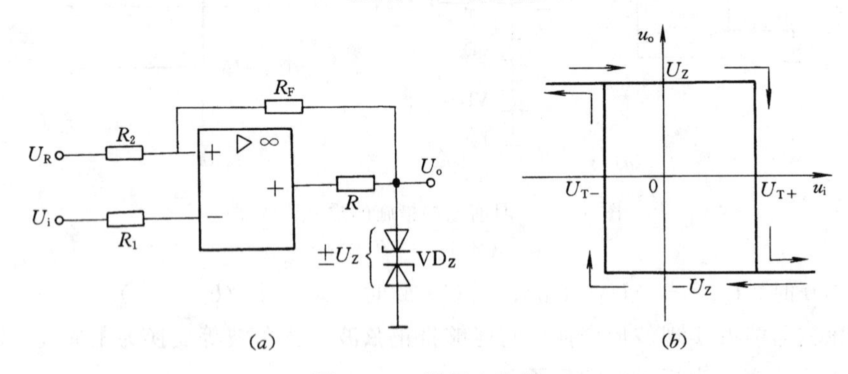

图 4-35 滞回比较器

(a) 电路图；(b) 传输特性

$$U_o = \pm U_Z$$

则

$$U_{T+} = \frac{R_F}{R_2 + R_F}U_R + \frac{R_2}{R_2 + R_F}U_Z$$

$$U_{T-} = \frac{R_F}{R_2 + R_F}U_R - \frac{R_2}{R_2 + R_F}U_Z$$

$$\Delta U_T = U_{T+} - U_{T-} = \frac{2R_2}{R_2 + R_F} U_Z$$

滞回比较器与单限比较器相比在实现波形变换过程中，抗干扰能力增强了。图4－36可以明显地看到这一过程。

(4) 双限比较器。双限比较器有两个门限电平，即上门限电平 U_{TH} 和下门限电平 U_{TL}，其中 $U_{TH} > U_{TL}$，当输入电压 $U_{TL} < U_i < U_{TH}$ 时，比较器的输出端是一种状态（例如低电平）；当 $U_i < U_{TL}$ 或 $U_i > U_{TH}$ 时，比较器的输出端则是另一种状态（例如高电平）。

双限比较器是用于检测输入信号是否处于两个参考电平之间的电路。图4－37给出了一种双限比较器的电路及传输特性。

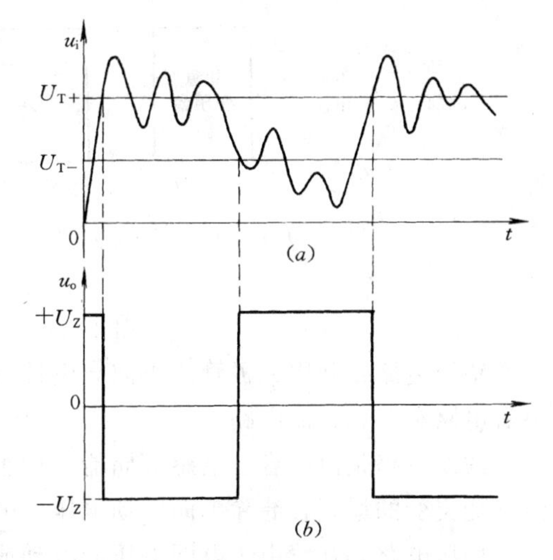

图4－36　滞回比较器的输出波形

(a) 电路图；(b) 传输特性

由图4－37可知，当 $U_i < U_{R2}$ 时，A_2 输出高电平，A_1 输出低电平。二极管 VD_2 导通，VD_1 截止，U_o 为高电平。

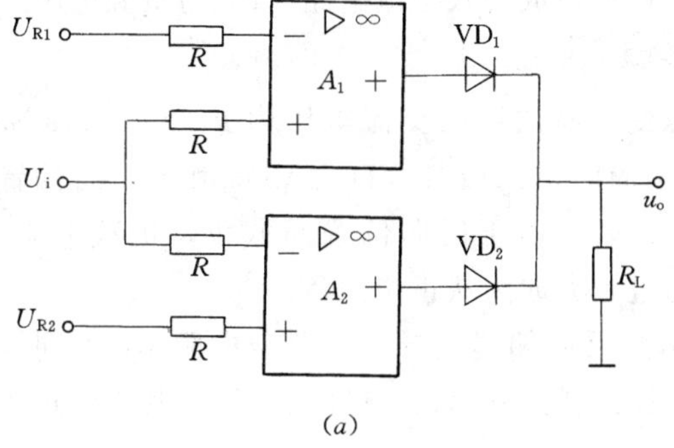

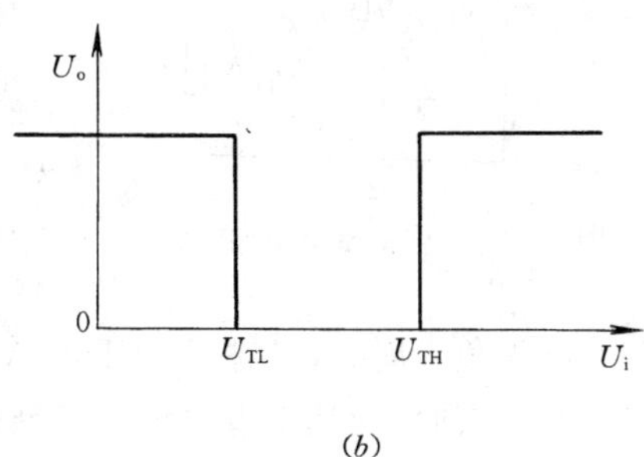

图4－37　双限比较器

(a) 电路图；(b) 传输特性

当 $U_i > U_{R1}$ 时，A_2 输出低电平，A_1 输出高电平。二极管 VD_1 导通，VD_2 截止，U_o 仍为高电平。

当 $U_{R2} < U_i < U_{R1}$ 时，A_1、A_2 输出端均为低电平。二极管 VD_1、VD_2 都截止，则 U_0 为低电平。

可见电路能够实现双限比较功能，其中 $U_{TH} = U_{R1}$，$U_{TL} = U_{R2}$。

第五节　电　源　电　路

电源是电子电路的基本组成部分之一。电源电路通常包括电源变压器、整流电路、滤波电路、稳压电路等部分，其结构如图4－38所示。

电源变压器是将电网电压变换成所需数值的电路器件。它由两个相互绝缘的线圈组成，通过磁路的耦合变换电压，所对应的电压分别称为初级电压 U_1 和次级电压 U_2。

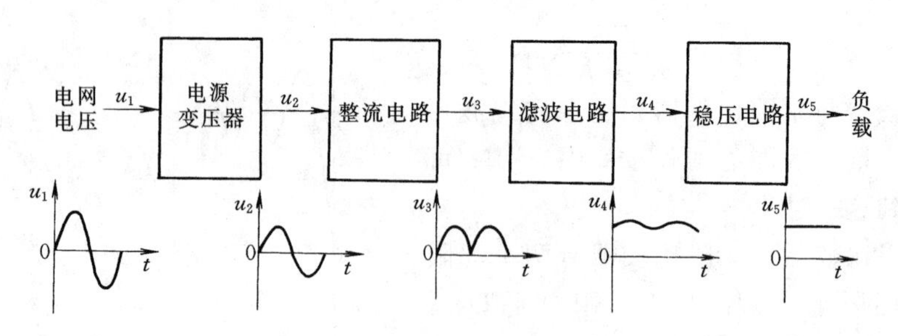

图 4-38 电源电路的结构图

整流电路是利用二极管的单向导电性将交变电压变为直流电压的装置，通常分为单相整流电路和三相整流电路。

滤波电路是由电容、电感等储能元件组成的电路，它利用电容上的电压及电感中的电流不能突变的原理，滤除单向脉动电压中的谐波分量，从而得到更加平滑的直流电压。

稳压电路是补偿由于电网电压的波动或负载电流的变化而引起的输出电压变化的电子电路，它的作用就是使得输出电压尽可能保持不变。

一、单相整流电路

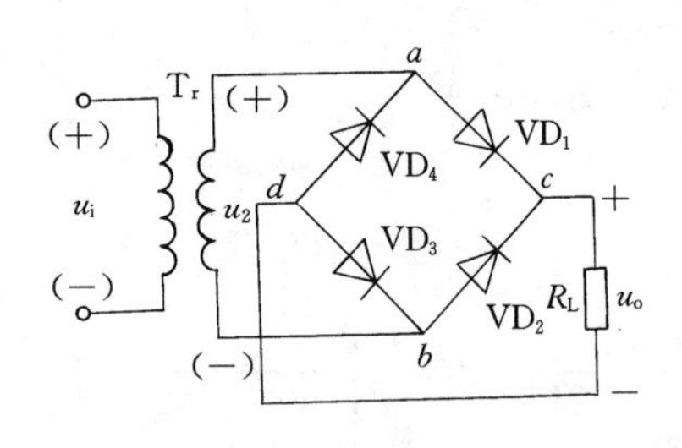

图 4-39 单相整流电路

图 4-39 给出了一种单相整流电路，T_r 为电源变压器，VD_1～VD_4 组成桥式整流电路，R_L 为负载电阻。

1. 工作过程

设电源变压器次级的交流电压为 $u_2=\sqrt{2}U_2\sin\omega t$，当 u_2 为正半周时，二极管 VD_1、VD_3 由于正向偏置而导通，VD_2、VD_4 由于反向偏置而截止，负载电阻 R_L 上有电流通过，方向为从正指向负。

当 u_2 为负半周时，二极管 VD_2、VD_4 由于反向偏置而导通，负载电阻 R_L 上同样有电流通过，方向仍为从正指向负。可见，负载两端的电压为直流脉动电压，其工作过程和波形图如图 4-40 所示。

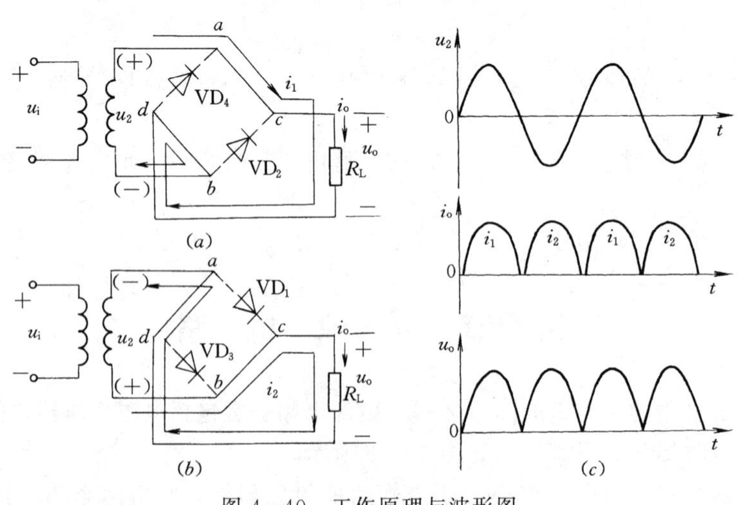

图 4-40 工作原理与波形图

(a) 正半周时；(b) 负半周时；(c) 波形图

2. 电路计算

设输入电压 $u_2=\sqrt{2}U_2\sin\omega t$ ，整流后的周期脉动电压用傅里叶级数展开，有

$$u_o=\sqrt{2}U_2\left(\frac{2}{\pi}-\frac{4}{3\pi}\cos 2\omega t-\frac{4}{15\pi}\cos 4\omega t-\cdots\right)$$

整流输出的平均电压为

$$U_o=\frac{2}{\pi}\sqrt{2}U_2\approx 0.9U_2$$

负载 R_L 上的平均电流

$$I_L=\frac{U_o}{R_L}=0.9\frac{U_2}{R_L}$$

二极管流过的平均电流

$$I_D=\frac{1}{2}I_L=\frac{U_o}{2R_L}$$

二极管的最高反向电压

$$U_{RM}=\sqrt{2}U_2$$

其中，I_D、U_{RM}是设计整流电路时选择二极管的基本依据。

【例 4-5】　设计一桥式整流电源。要求 $U_O=110V$，$I_L=3A$。试选择合适的整流元件。

【解】　变压器的副边电压

$$U_2=1.11U_O=1.11\times 110=122\ (V)$$

二极管的平均电流

$$I_D=(1/2)I_L=(1/2)\times 3=1.5\ (A)$$

二极管的最大反向电压

$$U_{RM}=\sqrt{2}U_2=172\ (V)$$

根据计算出的 I_D 和 U_{RM}值，查晶体管手册，可选用型号为 2CZ12D，参数 $I_{DM}=3A$、$U_{RM}=300V$ 的二极管。

二、三相桥式整流电路

单相整流电路一般用在几百瓦以下的电子设备中，当要求输出功率较大时，就不宜采用单相整流电路，而采用三相整流电路。

1. 电路的组成

图 4-41 给出了一个三相桥式整流电路。其中 T_r 为三相变压器，原边接成三角形，副边接成星形。二极管 VD_1～VD_6 组成了三相整流桥。通常，将 VD_1、VD_3、VD_5 称为奇数组，将 VD_2、VD_4、VD_6 称为偶数组。奇数组的负极性在一起，偶数组的正极性在一起，R_L 为负载电阻。

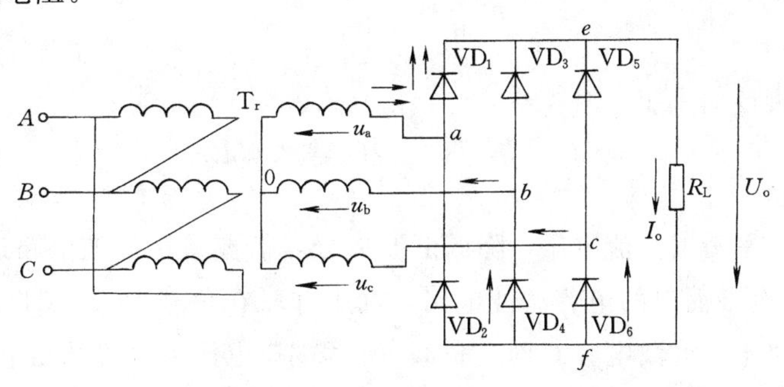

图 4-41　三相桥式整流电路

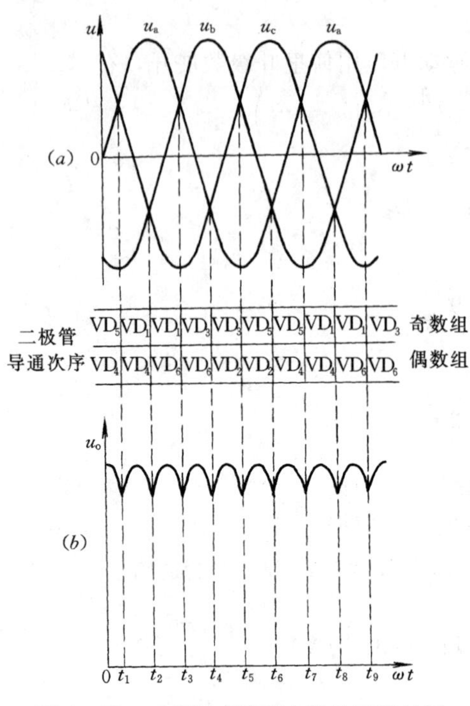

图 4-42　三相桥式整流电路的工作过程
（a）输入波形；（b）输出波形

2. 工作过程

由于变压器副绕组为星形接法，取中性点0为参考电位，则 a、b、c 三点的电位恰好与 a 相、b 相、c 相的相电压对应相等。设三相电压的波形如图 4-42（a）所示。

当 $0\leqslant t<t_1$ 时，u_c 为正，u_b 为负，二极管 VD_5、VD_4 导通，其电流通路为 $c\rightarrow VD_5\rightarrow e\rightarrow R_L\rightarrow f\rightarrow VD_4\rightarrow b$，其负载电阻上的电压 $U_o=U_{cb}$。

当 $t_1\leqslant t<t_2$ 时，u_a 为正，u_b 为负，二极管 VD_1、VD_4 导通，其电流通路为 $a\rightarrow VD_1\rightarrow e\rightarrow R_L\rightarrow f\rightarrow VD_4\rightarrow b$，其负载电阻上的电压 $U_o=U_{ab}$。

当 $t_1\leqslant t<t_2$ 时，u_a 为正，u_c 为负，二极管 VD_1、VD_6 导通，其电流通路为 $a\rightarrow VD_1\rightarrow e\rightarrow R_L\rightarrow f\rightarrow VD_6\rightarrow c$，其负载电阻上的电压 $U_o=U_{ac}$。

每一时段的工作波形如图 4-42（b）所示。由此可见，在任意时刻，只有两个二极管导通，它们分别属于奇数组和偶数组。在每一周期，每个二极管的导通角为120°。

3. 电路计算

由于输入电压为线电压，则输出电压

$$U_o=\frac{1}{\frac{\pi}{3}}\int_{\frac{\pi}{6}}^{\frac{\pi}{2}}\sqrt{2}U_{ab}\sin(\omega t+\frac{\pi}{6})\mathrm{d}\omega t=2.34U_a=2.34U$$

其中，U 为变压器副边相电压的有效值。

负载电阻中的电流

$$I_O=\frac{U_O}{R_L}=2.34\frac{U}{R_L}$$

二极管中的电流

$$I_D=\frac{1}{3}I_O$$

二极管的最大反向电压

$$U_{RM}=\sqrt{3}\times\sqrt{2}U=2.45U$$

三、滤波电路

为了获得更加平滑的直流电压，降低谐波成分，需要采用滤波电路进行滤波。图 4-43（a）给出了一个最简单的电容滤波电路，其中并联在负载 R_L 两端口的电容 C 起滤波作用。若整流电路不接滤波电容 C 时，负载 R_L 两端口电压为直流脉动电压，其波形如图 4-43（b）中的虚线所示。当整流电路接入滤波电容 C 后，其工作过程如下：

（1）在整流输出电压的上升段，电源除向负载电阻 R_L 提供电流 i_o 外，还向电容 C 提供一个充电电流 i_c。此时，由于变压器次级绕组和二极管导通电阻共同构成的内阻较小，所以其充电过程的时间常数很小，即

$$\tau_1 = [(R'_D + R_T) // R_L]C$$

式中　R'_D——二极管的正向导通电阻；

R_T——变压器次级绕组的直流电阻。

电容电压 u_c 将随着 u_2 很快上升到 u_2 的峰值 $\sqrt{2}u_2$。

（2）在整流输出电压的下降段，由于 U_2 的值小于电容上电压 U_C 的值，所有二极管均处于反向电压下而截止。电容 C 开始向负载放电，此时放电时间常数很大，即

$$\tau_2 = [(R''_D + R_T) // R_L]C$$

式中　R''_D——二极管的反向电阻。

电容电压 U_C 将按指数规律缓慢下降。

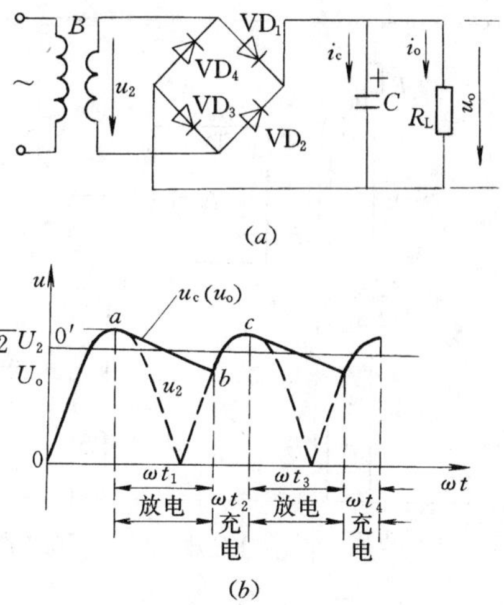

(a)

(b)

图 4-43　电容滤波电路及波形图

（a）电容滤波电路；（b）输出波形

由上述过程可见，电容滤波过程本质上是应用电容在充电、放电过程不相等这一物理性质来实现的。只要 $\tau_2 > \tau_1$，就有滤波作用。τ_2 与 τ_1 的差别越大，滤波效果就越好。通常，电容 C 的取值满足 $RC=$（3～5）$T/2$，T 为电源的周期。

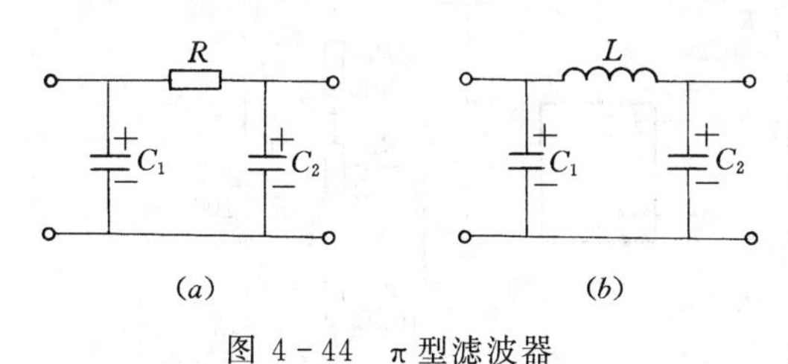

图 4-44　π 型滤波器

（a）π 型 RL 滤波器；（b）π 型 LC 滤波器

单一电容的滤波效果是有限的。一方面，它受电容容量的制约；另一方面，它又受到负载 R_L 的限制。通常，电容不能取得过大，而负载 R_L 的值又不能取得过小，所以这种滤波器只能工作在要求不高的小电流状态下。

为了改善滤波效果，有时还采用 π 型 RL 滤波器和 π 型 LC 滤波器，如图 4-44 所示。

四、串联稳压电源简介

串联稳压电源一般由基准电压源、比较放大器、调整电路和采样电路四部分组成。它的典型电路如图 4-45 所示，电阻 R 和稳压管 VD_Z 组成基准电压电路，稳压管的稳压值就是提供的基准电压 U_Z；运算放大器 A 组成比较放大电路，三极管 VT 组成调整电路；电阻 R_1、R_W、R_2 组成采样电路。

串联稳压电源的稳压过程可简述如下：

当电网电压波动或负载电流的变化使输出电压 U_O 升高时，取样电压 U_F 也将随之增高，但因基准电压 U_Z 基本不变，它与取样电压 U_F 比较放大后，使调整管 VT 的基极电位下降，I_O 将随之减小，U_{CE} 增大，从而使 U_O 基本不变。其上述过程可描述为 $U_O\uparrow \rightarrow U_F\uparrow \rightarrow (U_Z - U_F)\downarrow \rightarrow U_B\downarrow \rightarrow I_C\downarrow \rightarrow U_{CE}\uparrow \rightarrow U_O\downarrow$。

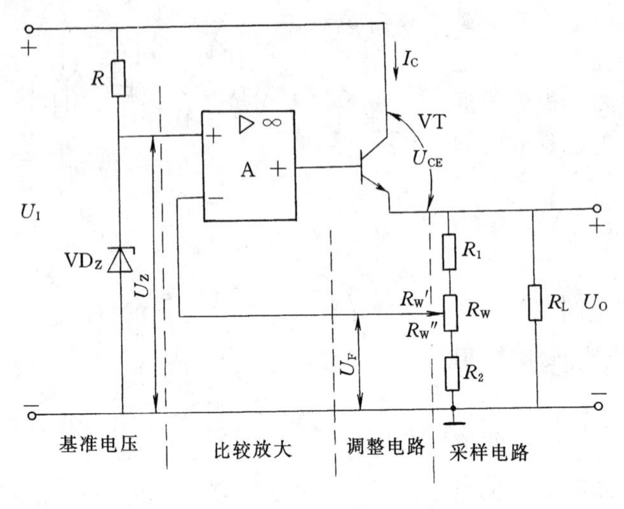

图 4-45　串联稳压电源

稳压电源输出电压的大小，由取样电压的大小来决定。所以改变取样电阻 R_W 中心头的位置，就能方便地调整输出电压的大小。

设运算放大器 A 是理想的，则

$$U_F = \frac{R_2 + R''_W}{R_1 + R_2 + R_W} U_Z$$

考虑到 $U_Z = U_F$，则

$$U_o = \frac{R_1 + R_2 + R_W}{R_2 + R''_W} U_Z$$

可见，当 $R''_W = R_W$ 时，输出电压最小，当 $R''_W = 0$ 时，输出电压最大，即

$$U_{omin} = \frac{R_1 + R_2 + R_W}{R_2 + R_W} U_Z$$

$$U_{omax} = \frac{R_1 + R_2 + R_W}{R_2} U_Z$$

【例 4-6】　图 4-46 给出了一个串联稳压电路。已知基准电压 $U_Z = 6V$，三极管的饱和压降 $U_{CES} = 2V$，求输出电压的最大值 U_{omax}、最小值 U_{omin} 和变压器次级电压 U_2。

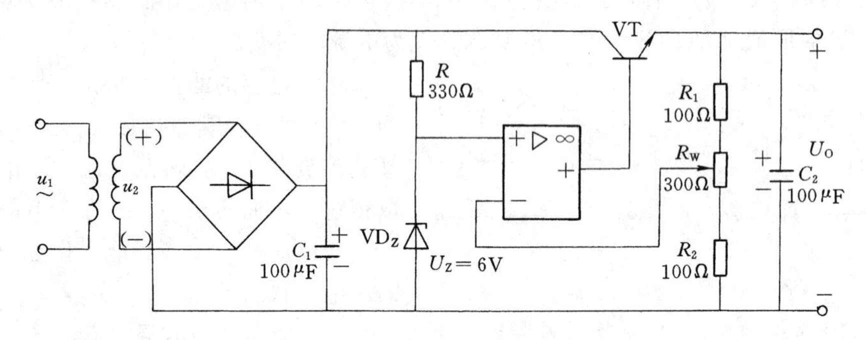

图 4-46　例 4-7 电路

【解】

$$U_{omin} = \frac{R_1 + R_2 + R_W}{R_2 + R_W} U_Z = \frac{100 + 100 + 300}{100 + 300} \times 6 = 7.5\ (V)$$

$$U_{omax} = \frac{R_1 + R_2 + R_W}{R_2} U_Z = \frac{100 + 100 + 300}{100} \times 6 = 30\ (V)$$

$$U_2 = \frac{U_{omax} + U_{CES}}{1.2} = \frac{30 + 2}{1.2} = 26.7\ (V)$$

随着集成电路生产工业的发展，目前已将串联稳压电源做成各种类型的芯片，称之为集成稳压器。最简单的集成稳压器一般有三个引出端，分别为输入端 *IN*、输出端 *OUT* 和公共端 *GND*。所以，也称为三端集成稳压器，它的外型和符号如图 4-47 所示。

三端集成稳压器通常应用最广泛的是 78×× 和 79×× 系列，它们的输出电压分别为

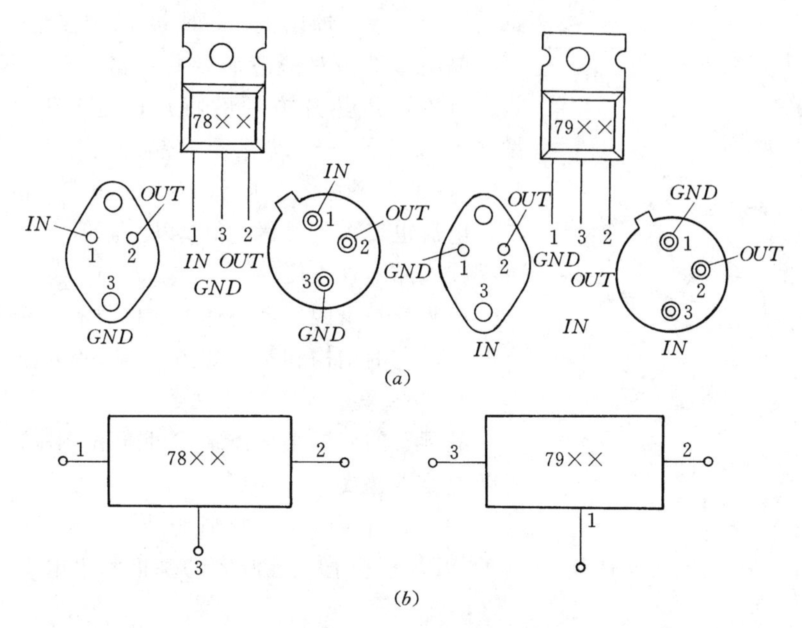

图 4-47 三端集成稳压器

(a) 外型；(b) 符号

±5 V，±6 V，±9 V，±12 V，±15 V，±18 V，±24 V，型号后面的两位数字即为输出电压值。图 4-48 给出了一个三端稳压器的基本应用电路。首先根据输出电压 U_o 的大小选择合适的型号。例如，若要求输出电压为 12V，则选择 7812，电容 C_I 为输入滤波电容，C_o 为改善负载瞬态响应的输出电容。另外，整流滤波后的输入电压必须小于集成稳压器允许的最大输入电压，但也要比输出电压的值高 2～3V，这样才能保障三端稳压器的正常工作。为了防止电路产生自激振荡和减小高频噪声，C_I、C_o 两电容应直接与三端稳压器管脚相连接。

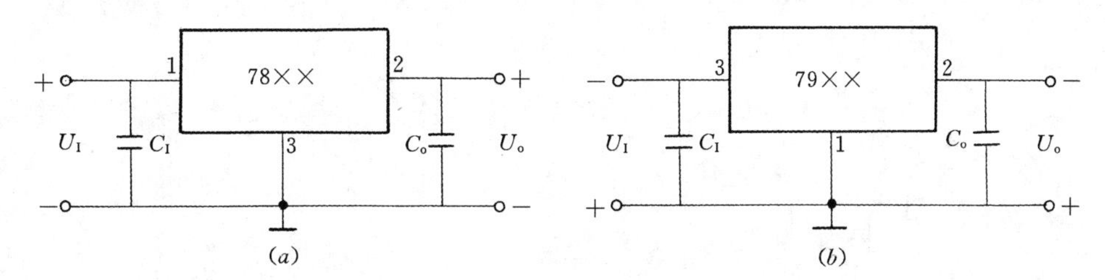

图 4-48 三端稳压器的应用电路

(a) 正电压稳压器；(b) 负电压稳压器

五、晶闸管与可控整流电路

晶闸管又称为可控硅，是大功率可控电子器件。由晶闸管组成的整流电路称为可控整流电路。这种电路在输入交流电压不变的情况下，依靠改变晶闸管的导通角，来改变输出电压的大小。当然，晶闸管除了作可控整流外，还可以构成无触点开关，有源逆变等装置，所以广泛应用于电力工程中，被称为电力电子技术。

1. 晶闸管的结构

晶闸管的外形如图 4-49 所示。它一般有两种形式：一是螺栓式，二是平极式。它们

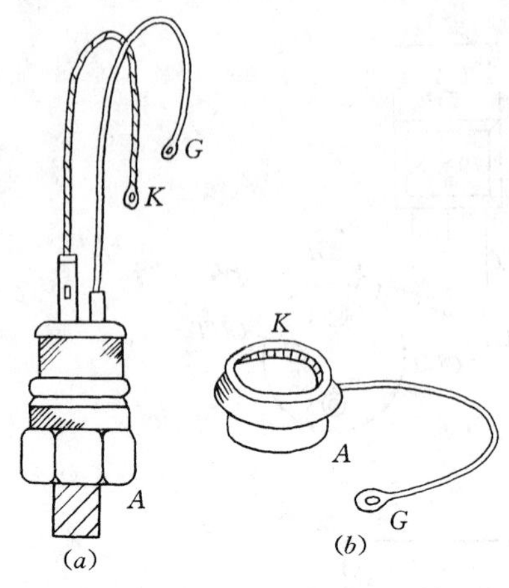

图 4-49　晶闸管的外形图

(a) 螺栓式；(b) 板式

都有三个电极，即阳极 A、阴极 K 和控制极 G。

晶闸管工作时一般需要装有散热片。螺栓式晶闸管具有安装散热片方便的特点，但由于接触面积小，散热效果较差，所以螺栓式晶闸管一般工作电流在100A以下。平板式晶闸管接触面积大，散热效果好，工作电流也较大，可达200A以上，但安装散热片时不如螺栓式晶闸管方便。

晶闸管是由四层半导体构成的具有三个PN结的电子器件，它的结构和符号如图 4-50 所示。

2. 晶闸管工作原理及主要参数

晶闸管的四层半导体结构可以用如图 4-51 所示的等效电路来替代。

等效电路由两个三极管组成：一个是 $P_1N_1P_2$ 构成的PNP三极管另一个是 $N_1P_2N_2$ 构成的NPN三极管，且两者的基极和集电极相互连接在一起。

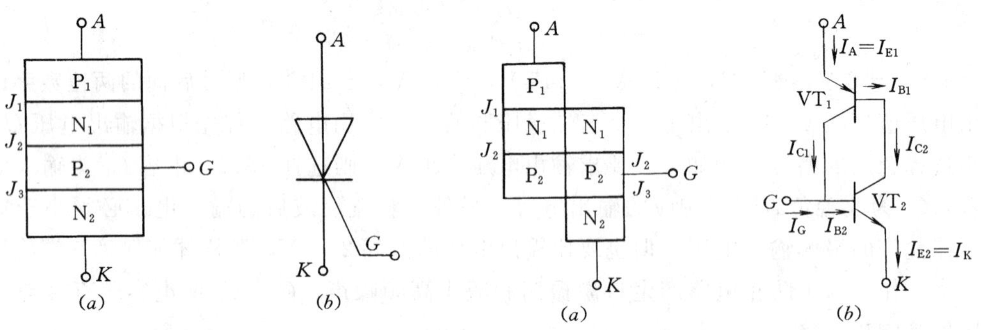

图 4-50　晶闸管的结构及符号

(a) 结构；(b) 符号

图 4-51　晶闸管的结构及等效电路

(a) 结构；(b) 等效电路

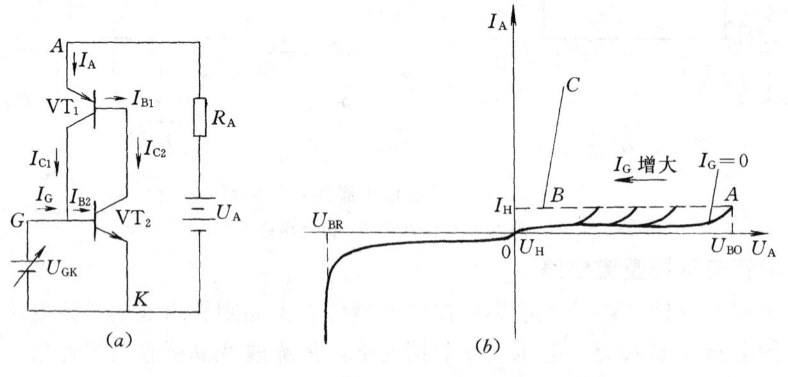

图 4-52　晶闸管工作原理及伏安特性

(a) 工作原理图；(b) 伏安特性

图 4-52 (a) 给出了晶闸管的工作原理图。当阳极阴极间外加正向电压时，控制极不加电压，控制极电流 $I_G=0$，晶闸管 A、K 之间只有很小的漏电流处于阻断状态。

若控制极和阴极之间加入正向电压，即 $U_{GK}>0$。这时，就会有控制电流 I_G 产生。由于 $I_{B2}=I_G$，I_{B2} 经 VT_1 放大后形电极电流 $I_{C2}=\beta_2 I_{B2}$ 而 $I_{B1}=I_{C2}$，再经 VT_1 放大后又产生了 VT_1 的集电极电流 $I_{C1}=\beta_1 I_{B1}=\beta_1\beta_2 I_{B2}$，这个电流又称为 VT_1 的基极电流再放大，如此不断循环而使晶闸管瞬时由阻断变为导通状态。

晶闸管导通后，两个三极管充分饱和，所以晶闸管的管压降很小，一段在 1V 左右，另一方面，晶闸管一旦导通后，即使去掉控制极电压，晶闸管仍能继续维持其导通状态。可见，控制电压 U_{GK} 只起触发作用。

晶闸管导通后的阳极电流 I_A 由外加电压 U_A 和负载电阻 R_A 来决定。当 U_A 减小或负载电阻 R_A 增大使得阳极电流 I_A 小于某一界值 I_H 时，晶闸管会重新阻断。通常称 I_H 为维持电流。

相反，晶闸管处在阻断状态下，增大外加电压 U_A，使得 $U_{AK}=U_{BO}$ 时，晶闸管由阻断状态变为导通。这是由于随着 U_A 的增大，晶闸管的漏电流加大，使得 $\beta_1\beta_2>1$ 造成的。通常称 U_{BO} 为正向转折电压。

当晶闸阳极和阴极间加反向电压时，三极管 VT_1、VT_2 截止，晶闸管阻断。

将上述特性在晶闸管的 I_A—U_{AK} 平面表达出来就构成了晶闸管的伏安特性，如图 5－52（*b*）所示。

通常用下列参数表达晶闸管的特性：

（1）反向重复峰值电压 U_{RRM}。它表示控制极断路，在额定结温下允许重复加在器件上的反向峰值电压，一般比 U_{BR} 小 100V。

（2）额定通态平均电流 I_T。在规定的环境温度（＋40℃）和散热条件下，它等于电阻性负载，单相工频正弦波电路的电流平均值。实际工作电流要小于这个电流。

（3）通态平均电压 U_T。它是在额定通态平均电流下晶闸管 U_{AK} 的平均值，一般为 0.6～1V。

（4）维持电流 I_H。它是在室温下，控制极开路时能维持晶闸管导通状态所需的最小阳极电流，一般为几十到一百毫安。

（5）控制极触发电压 U_{GT} 和触发电流 I_{GT} 是在室温下，$U_{AK}=6V$ 时，能使晶闸管完全导通所需的最小控制极电压和电流。一般 U_{GT} 为 1～5V，I_{GT} 为几十到几百毫安。

3. 单相桥式可控整流电路

图 4－53 给出了一种单相桥式可控整流电路，其中 VT_1、VT_2 为晶闸管，VD_3、VD_4 为普通整流二极管，u_G 为控制极的触发脉冲电压。

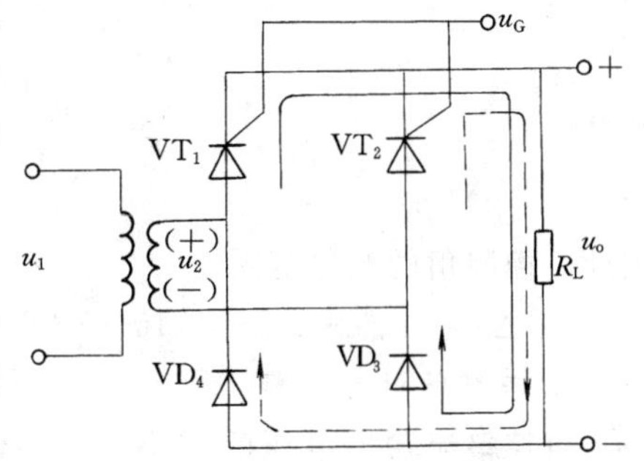

图 4－53　单相桥式可控整流电路

当 u_2 为正半周时，VT_1、VD_3 承受正向电压。若此时 T_1 的控制极没有触发脉冲，则 T_1 不能导通，负载 R_L 上没有电流通过。若 t_1 时刻控制极加有触发脉冲 u_G，T_1 则由阻断变为导通，即电流由 u_2 的正端→VT_1→R_L→VD_3→u_2 的负端。

当 u_2 为负半周时，VT_2、VD_4 承受正向电压，同样，只有在 t_2 时刻控制极加有触发

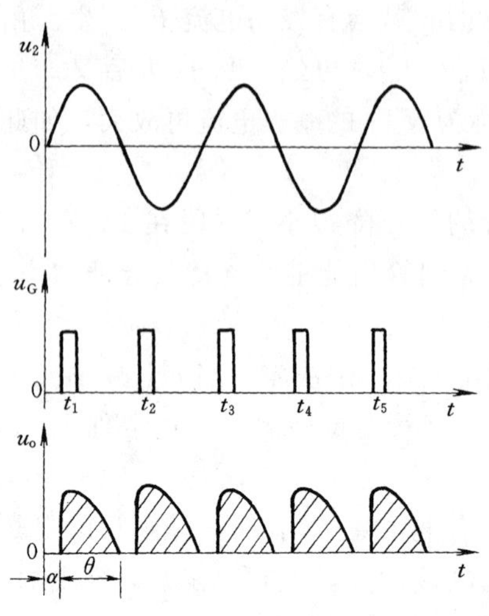

图 4-54　单相桥式整流电路的波形图

脉冲时，T_2 才导通，其电流由 u_2 的负端→VT_2→R_L→VD_4→u_2 的正端。

由于晶闸管 VT 和二极管 VD 导通时，其管压降很小，所以输出电压 $u_0=u_2$，而晶闸管 VT 阻断时，$u_o=0V$。

电路中 u_2、u_G 和 u_o 的波形如图 4-54 所示，图中 $\alpha=\omega t_1$ 称为控制角，$\theta=\pi-\alpha$ 称为导通角，ω 为输入正弦电压的角频率。

若设输入电压

$$u_2=\sqrt{2}U_2\sin\omega t$$

则输出电压

$$u_o=\frac{1}{\pi}\int_{\alpha}^{\pi}\sqrt{2}U_2\sin\omega t\,d\omega t=\frac{2\sqrt{2}U_2}{\pi}\times\frac{1+\cos\alpha}{2}$$
$$=0.9U_2\frac{1+\cos\alpha}{2}$$

可见当输入电压 u_2 为一定时，改变控制角 α 就可以改变输出电压 u_o 的值。当 $\alpha=0$ 时，输出电压 u_0 达到最大值，即全波整流输出。

【例 4-7】　单相桥式可控整流电路如图 4-53 所示，已知变压器次级电压 $U_2=40$ V，晶闸管的导通压降 $U_T=2$ V。求输出电压在 10～30V 之间连续可调时，晶闸管控制角 α 的变化范围。

【解】　考虑到晶闸管的压降，则

$$U_o+U_T=0.9U_2\frac{1+\cos\alpha}{2}$$

由于输出电压最小时，控制角 α 最大，而输出电压最大时，控制角 α 最小，所以

$$1+\cos\alpha_{min}=\frac{U_{omax}+U_T}{0.45U_2}=\frac{30+2}{0.45\times40}=1.77$$

即
$$\alpha_{min}=39°$$

同样
$$1+\cos\alpha_{max}=\frac{U_{omin}+U_T}{0.45U_2}=\frac{10+2}{0.45\times40}=0.66$$

即
$$\alpha_{max}=110°$$

因此，控制角的变化范围

$$\Delta\alpha=\alpha_{max}-\alpha_{min}=110°-39°=71°$$

4. 单结管触发电路

可控整流输出电压的大小，主要依靠改变晶闸管的控制角来实现，而控制角的改变，则是由触发电路来完成的。单结管触发电路，就是最常用的触发电路之一。

(1) 单结管的结构和特点。单结管又称为双基极三极管，它的符号和结构如图 4-55 所示。由于

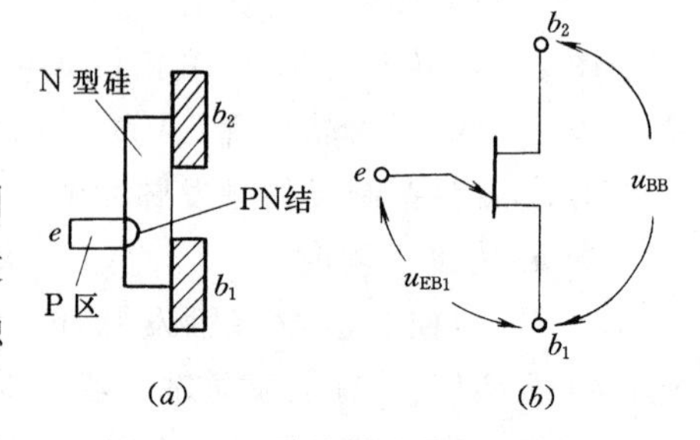

图 4-55　单结管的符号和结构
(a) 结构；(b) 符号

它只有一个 PN 结，所以称为单结管，其中 e 仍称为发射极，b_1 称为第一基极，b_2 称为第二基极。

单结管的等效电路如图 4-56（a）所示。其中二极管 VD 表示发射极与基区间的 PN 结，r_{b1}、r_{b2}分别对应于 b_1、b_2 间的等效电阻，若 b_2、b_1 间的电压为 U_{BB}时，r_{b1}两端的电压为

$$U_{b1} = \frac{r_{b1}}{r_{b1} + r_{b2}} U_{BB} = \eta U_{BB}$$

$$\eta = \frac{r_{b1}}{r_{b1} + r_{b2}} = 0.5 \sim 0.8$$

式中 η——分压比，其值一般在 0.5～0.8 之间。

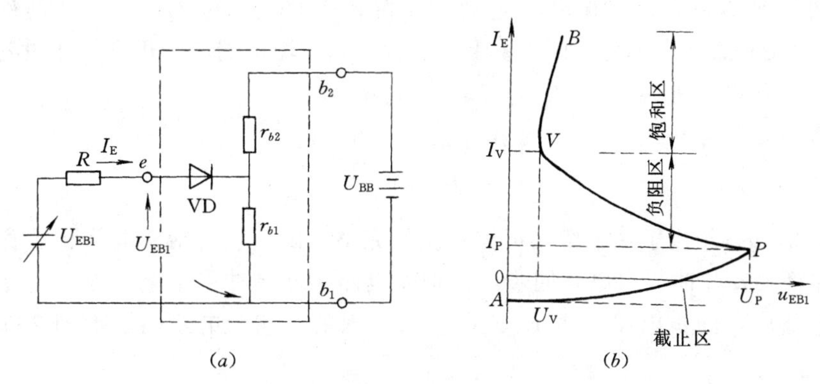

图 4-56 单结管等效电路及特性曲线

（a）等效电路；（b）特性曲线

当发射极 e 和第一基极 b_1 之间加入可变电压 U_{EB1}＜（$\eta U_{BB}+U_D$）时，其中 U_D 为二极管正向压降，二极管 VD 处于截止状态，单结管工作在截止区，如图 4-56（b）中的 AP 段所示。

当 U_{EB1}＞（$\eta U_{BB}+U_D$）时，二极管 VD 导通，产生发射极电流 I_E，由于发射极向基区注入了大量的载流子，使得 r_{b1}减小，从而 U_{b1}也将随之减小。二极管受到了更大的正向电压，使发射极电流继续增加，因此随着 I_E 的增加反而使 U_{EB1}下降，出现了负阻特性，如图 4-57（b）中的 PV 段所示。过了 V 点后，单结管进入了饱和区，如图 4-57（b）中的 VB 段所示。P 点为峰点，所对应的电压称为峰点电压，即

$$U_P = \eta U_{BB} + U_D \approx \eta U_{BB}$$

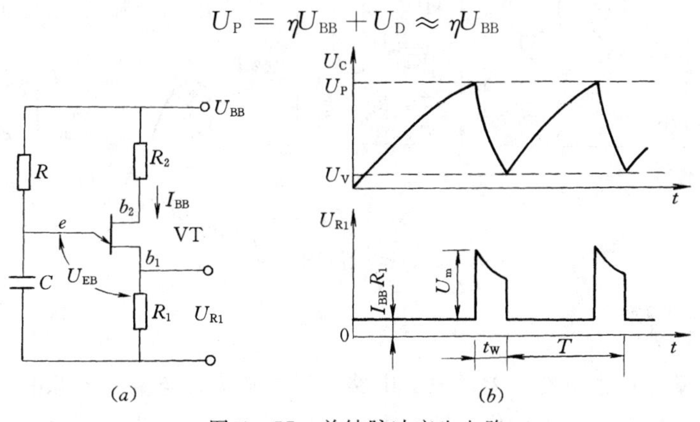

图 4-57 单结脉冲产生电路

（a）电路；（b）波形图

V 点称为谷点，所对应的电压 U_V 为谷电压。

（2）单结管脉冲产生电路。图 4－57（a）给出了一个单结管脉冲产生电路。VT 为单结管，R、C 组成充电电路。脉冲电压从 R_1 两端输出，R_2 为温度补偿电阻，U_{BB} 为外加电源。

当电源接通瞬间，设 $U_C=0$V，单结管处于截止状态，此时，I_{BB} 很小，输出电压 $U_{R1}=I_{BB}R_1$ 也很小。

当电源 U_{BB} 接通后，U_{BB} 通过 R 向电容 C 充电，使 U_C 逐渐升高，当 $U_C \geqslant U_P$ 时，单结管导通，电容通过发射结向 R_1 放电，放电电流在 R_1 上产生一个输出脉冲电压，由于此时的 r_{b1} 很小，所以放电过程很快，U_C 迅速下降；当 $U_{BE} \leqslant U_V$ 时，单结管重新截止，输出电压 U_{R1} 又变得很小。如此不断重复上述过程，则在输出端产生相应的脉冲电压，整个过程如图 4－57（b）所示。

触发脉冲的周期为

$$T \approx RC\ln\left(\frac{1}{1-\eta}\right)$$

图 4－58（a）给出了一个桥式可控整流的完整电路。它包括主电路和触发电路两部分，为了保证触发脉冲与主电路同步，在触发电路中除脉冲发生电路外，还包括同步电路。在该电路中，同步电路是由 R_3、VD_Z 来实现的，整个电路的波形如图 4－58（b）所示。

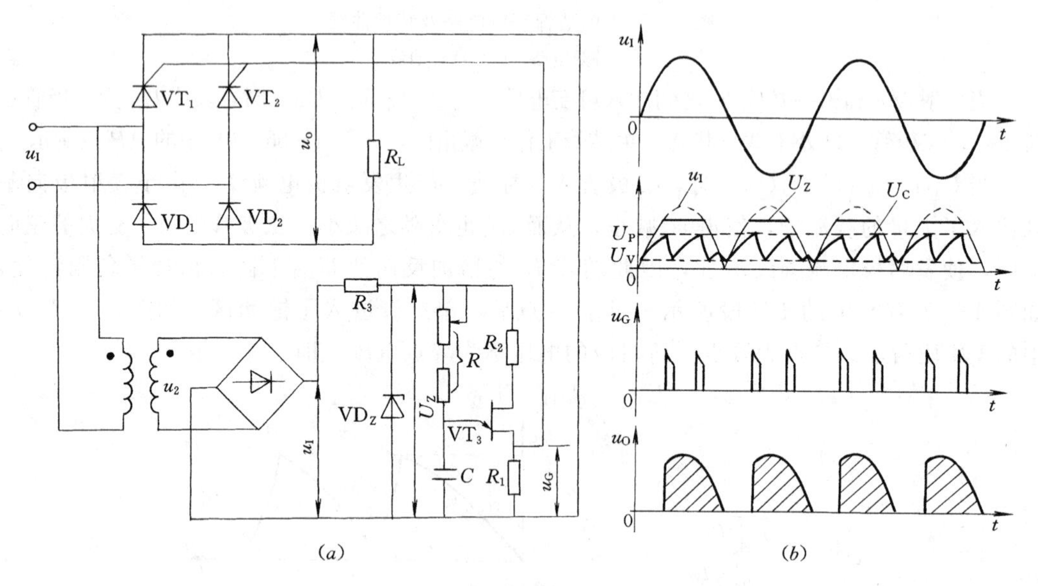

图 4－58　单结管桥式可控整流电路

（a）电路；（b）波形图

小　　结

本章介绍了基本放大电路、差动放大电路与运算放大器电路和电源电路。通过这一章的学习，应对模拟电子电路的内容、研究方法及应用有一个初步的了解。

基本放大电路的分析包括直流分析和交流分析两部分。直流分析就是在直流通路下计算

放大电路的工作状态，通常用静态工作点来表达，即 I_{BQ}、I_{CQ}、U_{CEQ}。交流分析是在交流通道内计算放大电路的参数，通常用电压放大倍数 A_u、输入电阻 r_i 和输出电阻 r_o 来表示。

交流分析常用的方法有图解法和微变等效电路法。微变等效电路法是交流分析时使用的最为普遍的方法。

能够对基本放大电路进行正确的分析与计算，是学习模拟电子电路的最基本要求之一。其中包括静态工作点的计算、微变等效电路的绘制以及根据微变等效电路计算放大电路的电压放大倍数 A_u、输入电阻 r_i、输出电阻 r_o 等。

差动放大电路是为了克服漂移而引入的一种直接耦合放大电路，它也是组成运算放大器的基本电路。对差动放大电路的分析计算，与基本放大电路的分析是一致的。

运算放大电路是应用极为广泛的电路，它在信号处理方面有着广泛的应用。分析运放电路，重要的是应用好两个基本假设，即 $I_B=0$ 和 $U_+=U_-$。

在运放电路的应用中，除介绍一般运算电路外，还介绍了电压比较器电路。掌握这些基本应用电路，是把电子电路应用于工程实践的重要方面。

电源电路包括整流电路和滤波电路，而整流电路又可分为全波整流和可控整流。特别是可控整流，它是电力电子技术的重要组成部分之一，对它的概念和分析方法，应有一个较深入的了解。

思考题与习题四

1. 判断下列电路（图 4-59）是否具有放大作用。

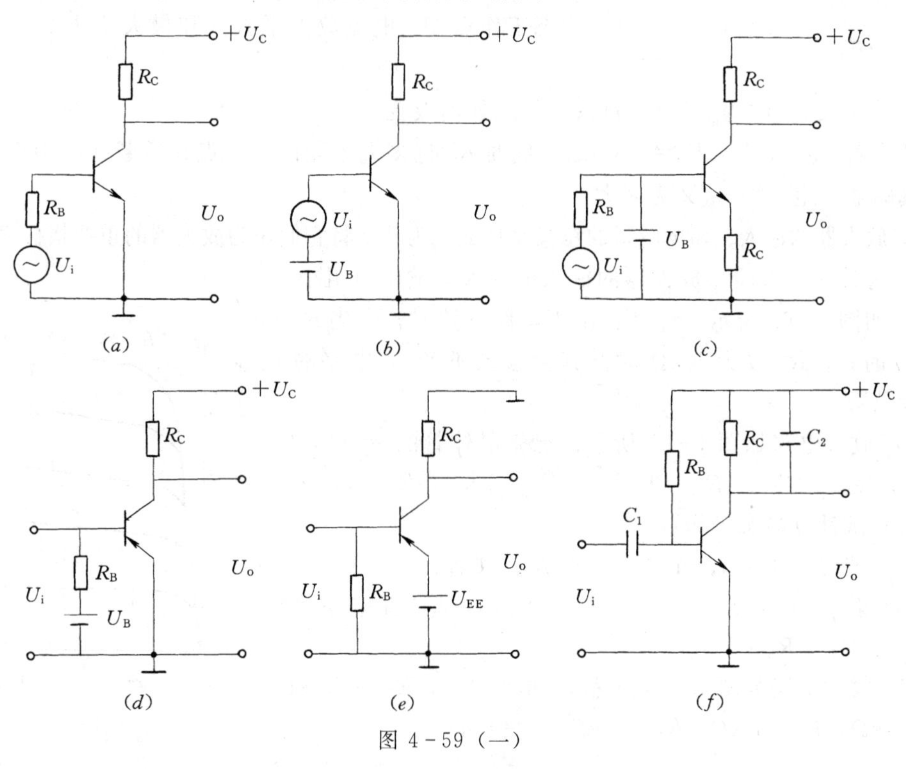

图 4-59（一）

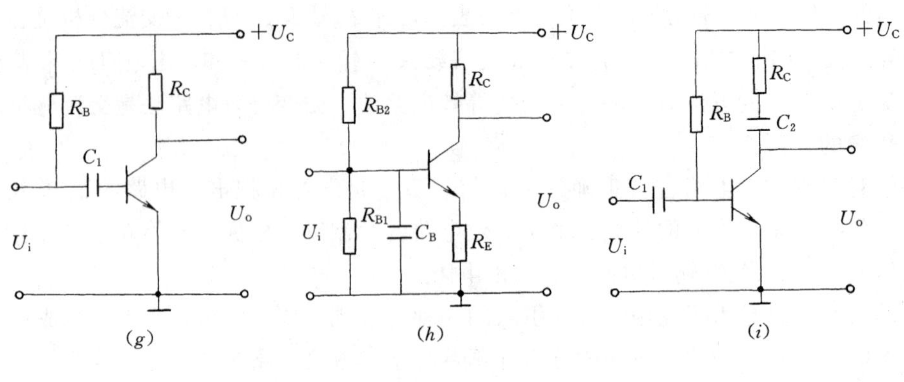

图 4-59（二）

2. 什么是静态工作点？应怎样选择工作点？偏流有什么作用？没有偏流放大器能否正常工作？

3. 当集电极电阻的阻值变化时，直流负载线将如何变化？

4. 放大器的输出电压 U_O（有效值）的大小与集电极电阻 R_C 有关。是否 R_C 愈大，U_O 就愈大？R_C 太大会出现什么问题？

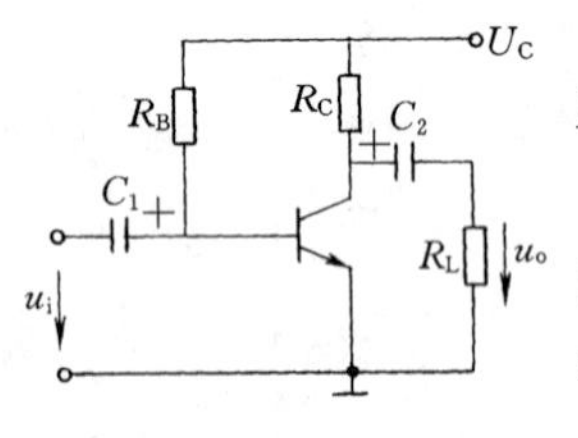

图 4-60

5. 放大电路如图 4-60 所示，已知 $U_{CC}=12V$，$R_C=1.5\ k\Omega$，$R_B=150\ k\Omega$，晶体管的电流放大系数 $\beta=60$。试求静态工作点 Q。

6. 放大电路如图 4-60 所示，其输出特性曲线如图 4-61 所示。电路中 $U_C=12\ V$，$R_C=1.5k\Omega$，$R_B=600\ k\Omega$。试用图解分析法求：

（1）静态工作点 Q、电流放大系数 β 和最大不失真的输出电压 U_{omax}。

（2）如果 R_C 改为 3 kΩ，静态工作点如何改变？

（3）若 $U_C=15V$，$R_B=500\ k\Omega$，此时 R_C 选多大才能使工作点在负载线的中点？最大不失真的输出电压 U_{0max} 又为多大？

7. 放大器的输入、输出电阻的意义是什么？为什么将它们作为放大器的重要指标之一？

8. 为什么一般希望放大器的输入电阻大，输出电阻小？

9. 如图 4-62 所示，计算：①当电路开路时；②当 $R_L=1.5\ k\Omega$ 时；③R_C 改为 1 kΩ 时（其余参数不变），电路的电压放大倍数。

10. 放大电路如图 4-63 所示，已知晶体管的 $\beta=80$，$U_C=12V$，$R_{B1}=24k\Omega$，$R_{B2}=10\ k\Omega$，$R_C=2\ k\Omega$，$R_E=1\ k\Omega$。

（1）试计算静态工作点。

（2）若要求 $I_C=1.5\ mA$，试求 R_{B1}、U_{CE}。

（3）若 $\beta=60$，$I_C=1\ mA$，$U_{CE}=6V$，试选择电路参数 R_E、R_C、R_{B1}、R_{B2}。

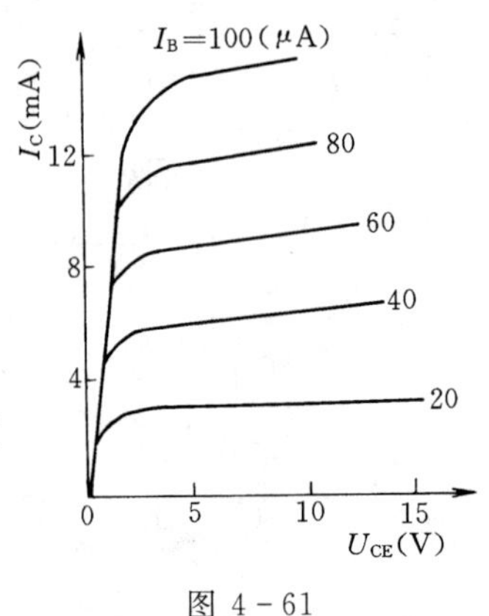

图 4-61

11. 放大电路如图 4-64 所示，$U_C=12V$，$R_{B1}=20\ k\Omega$，$R_{B2}=10k\Omega$，$R_E=1\ k\Omega$，$R_L=6\ k\Omega$，$\beta=40$。

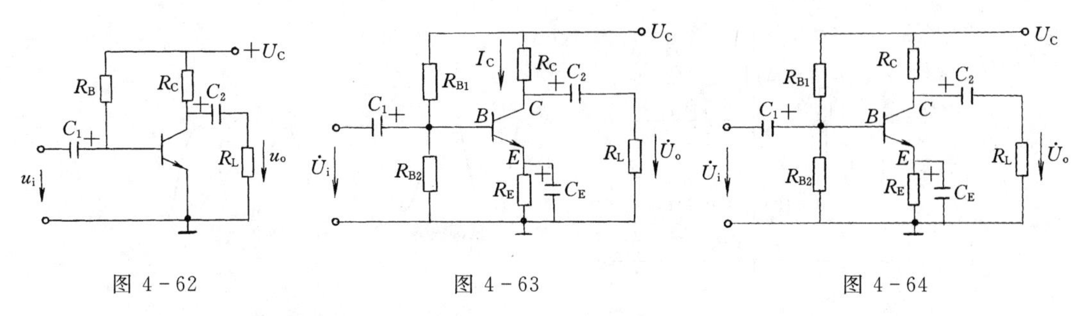

图 4-62　　图 4-63　　图 4-64

（1）试画出交流通道和微变等效电路。

（2）试计算电压放大倍数。

（3）如果把 C_E 去掉，试画出电路的微变等效电路。

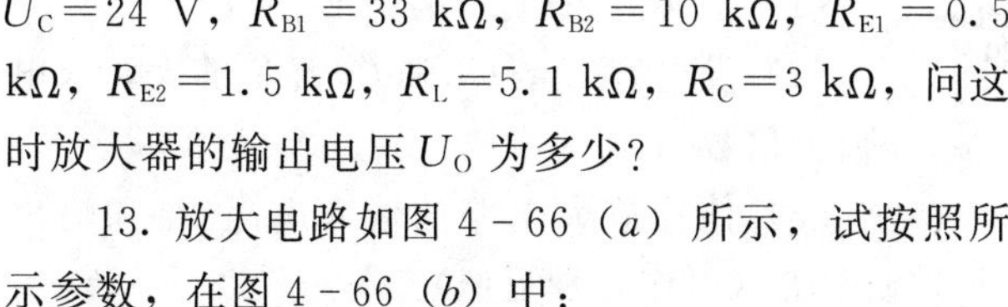

12. 放大电路如图 4-65 所示，如果信号流电压 $E_S=15$ mV，信号源内阻 $R_S=600\ \Omega$，$\beta=150$，$U_C=24$ V，$R_{B1}=33$ kΩ，$R_{B2}=10$ kΩ，$R_{E1}=0.5$ kΩ，$R_{E2}=1.5$ kΩ，$R_L=5.1$ kΩ，$R_C=3$ kΩ，问这时放大器的输出电压 U_O 为多少？

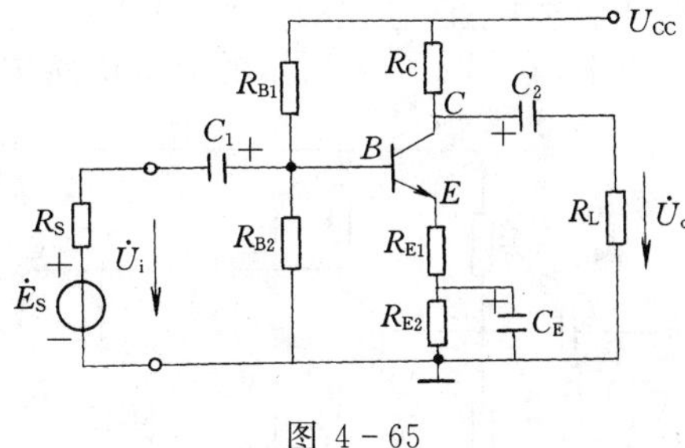

图 4-65

13. 放大电路如图 4-66（a）所示，试按照所示参数，在图 4-66（b）中：

（1）画出直流负载线。

（2）定出 Q 点（设 $U_{BEQ}=0.7$ V）。

（3）画出交流负载线。

（4）定出对应于 $I_B=0\sim100\ \mu$A 变化时，U_{CE}的变化范围，并由此计算 U（正弦电压有效值）。

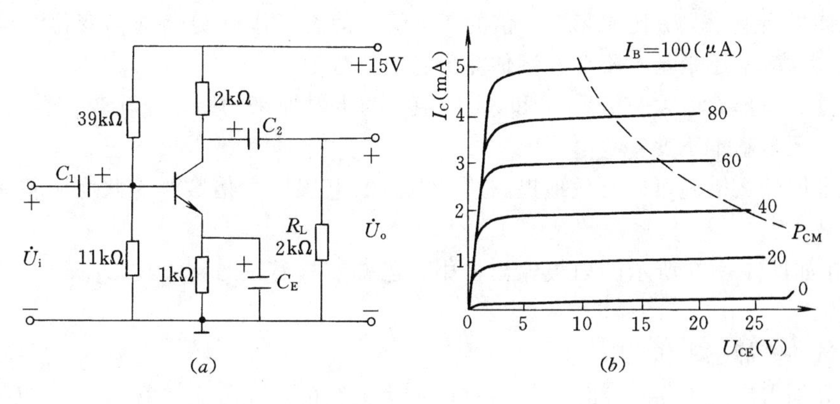

图 4-66

14. （1）在图 4-67（a）中，设 $R_B=300$ kΩ，$R_C=2.5$ kΩ，$U_{BEQ}=0.7$V，C_1、C_2 的容抗可以忽略，$\beta=100$，$r_{bb}=300\ \Omega$，试计算该电路的电压放大倍数 A_u。

（2）若将图 4-67（a）中的输入信号幅值逐渐增大，你认为用示波器观察输出波形时，将首先出现图 4-67（b）中所示的哪一种形式的失真现象？应改变哪一个电阻器的阻值来减小失真？增大还是减小？

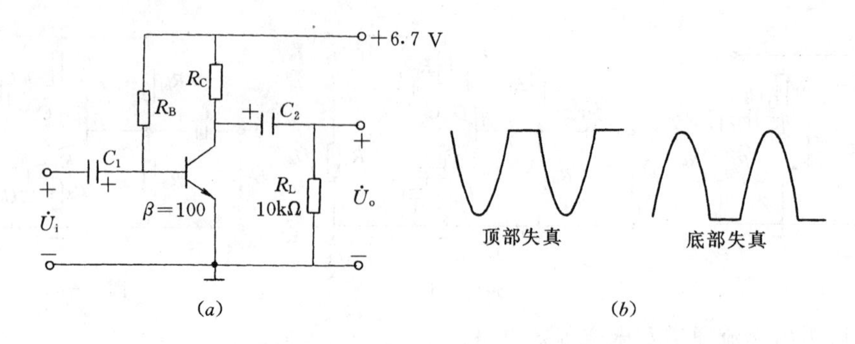

图 4-67

（3）若上题所述阻值调整合适，估计输出端用交流电压表测出的最大不失真电压（有效值）将是________（2 V、4 V、6 V）。

15. 在图 4-68 所示的放大电路中，设三极管的 $\beta=30$，$U_{BEQ}=0.7$ V，$r_{be}=1$ kΩ。

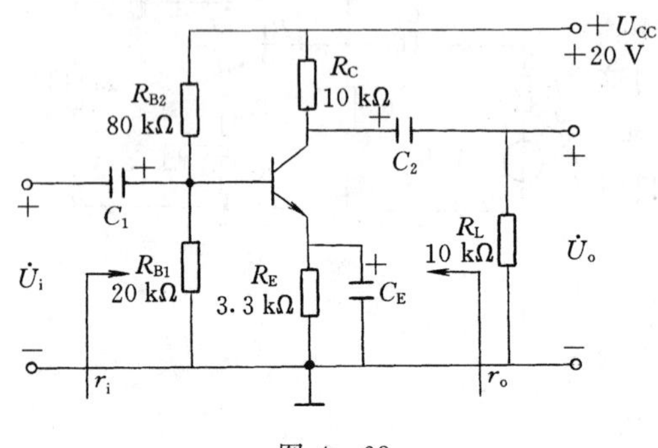

图 4-68

（1）估算静态时的 I_{BQ}、I_{CQ} 和 U_{CEQ}。

（2）设电容 C_1、C_2 和 C_e 都足够大，求电压放大倍数 A_u。

（3）估算放大电路的输入电阻 R_i 和输出电阻 R_o（可作合理近似）。

（4）如将电阻 R_{B2} 逐渐减小，将会出现什么性质的非线性失真（截止或饱和）？示意画出失真时输出电压的波形。

16. 在上题的分压式工作点稳定电路中，试求：

（1）如果换上一只 β 比原来大一倍的三极管，静态工作点 Q 将如何变化？I_{BQ}、I_{CQ} 和 U_{CEQ} 将增大、减小还是基本不变？试估算出它们的数值。

（2）分别估算 β 增大一倍后 r_{be} 和 A_u 的值，与上题原来的结果作比较，看它们是增大了、减小了还是基本不变？

（3）采取什么措施可以有效地提高放大电路的电压放大倍数？为此应调整哪些电阻？增大还是减小？

17. 在如图 4-69 所示的射极输出器中，已知三极管的 $\beta=100$，$U_{BEQ}=0.7$V，$r_{be}=1.5$ kΩ。

（1）试估算静态工作点。

（2）分别求出当 $R_L=\infty$ 和 $R_L=3$ kΩ 时放大电路的电压放大倍数 $A_u=U_o/U_i$。

（3）估算该射极输出器的输入电阻 R_i 和输出电阻 R_o。

（4）如信号源内阻 $R_S=1$ kΩ，$R_L=3$ kΩ，求 $A_{us}=U_o/U_S$。

18. 在如图 4-70 所示的基本共射放大电路中，试求：

（1）如果负载电阻改为 $R_L=\infty$，求电压放倍数 $A_u=U_o/U_i$。

（2）如果信号源内阻 $Rs=1$ kΩ，R_L 仍为 3 kΩ，求 $A_{us}=U_o/U_S$。

将本题结果与上题射极输出器的结果比较。

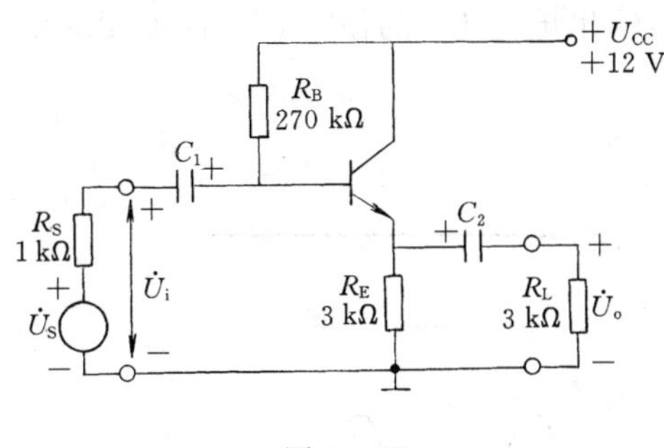

图 4-69

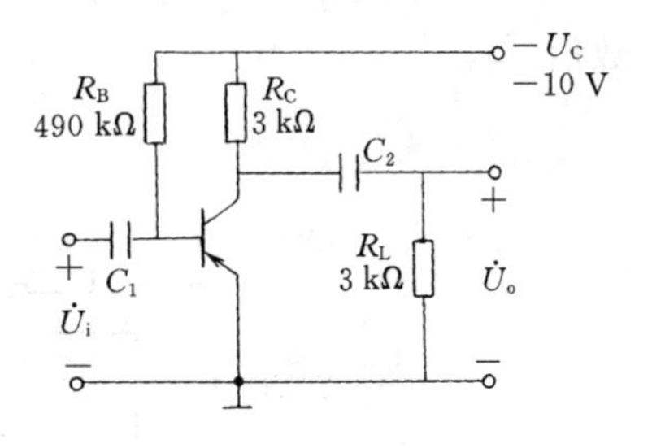

图 4-70

19. 什么叫零点漂移？零点漂移对放大器工作有什么影响？交流放大器是否有零点漂移现象，为什么？

20. 差动式放大电路为什么能减少零点漂移？差动式放大电路中的发射极公共电阻对交流信号有无反馈作用？为什么？

21. 试计算如图 4-71 所示电路的静态工作点和电压放大倍数。晶体管的 $\beta=62$（可以认为调零电位器 R_W 的活动端在中点）。如果 R_L 改为 5.1 kΩ，试问静态工作点是否需要重新调整？

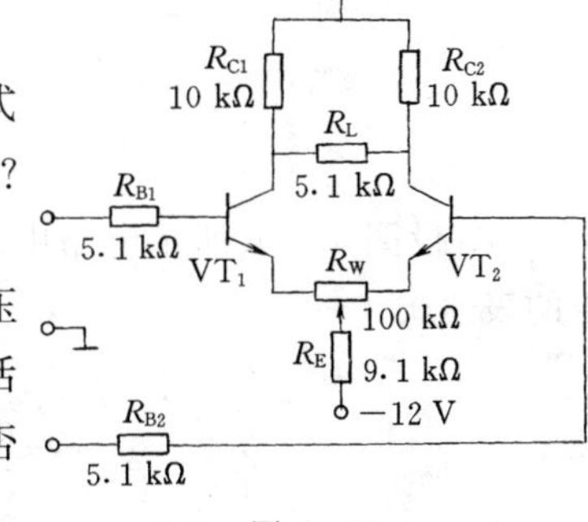

图 4-71

22. 求图 4-72 所示的输出电压 U_o。

23. 在图 4-73 中，已知 $R_F=2R_1$，$U_i=-2$V，试求输出电压 U_o。

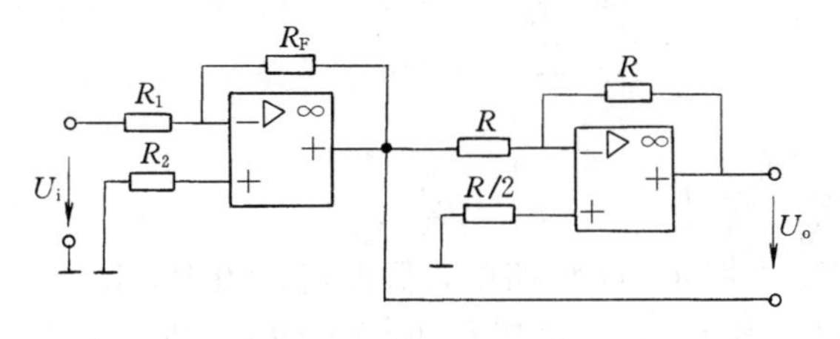

图 4-72

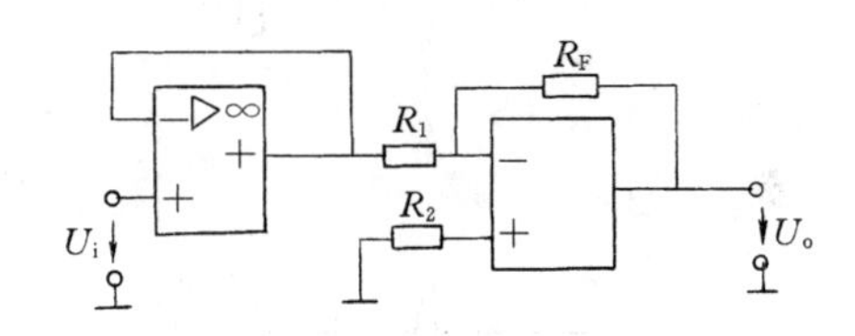

图 4-73

24. 在如图 4-74 所示中，试分析集成运放 A_1、A_2 和 A_3 分别组成何种运算电路，并列出 U_o 的表达式。

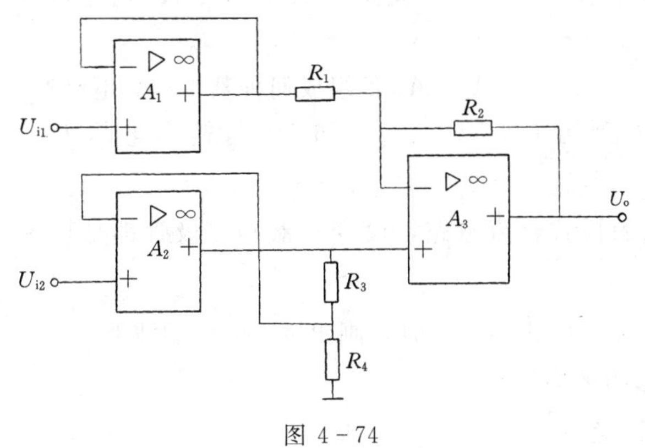

图 4-74

25. 试用集成运放实现以下比例运算：

$$A_{uf}=U_o/U_i=0.5$$

(1) 画出电路原理图。

(2) 估算电阻元件的阻值。所选电阻的阻值希望在 10 kΩ～200 kΩ 的范围内。

26. 在图 4-75 (*a*) 所示电路中，设 $R_1=R_F=10$ kΩ，$R_2=20$ kΩ，$R'=4$ kΩ，两个输入电压 U_{I1} 和 U_{I2} 的波形如图

4－75（b）所示，试在对应的时间坐标上画出输出电压 U_o 的波形，并标上相应电压的数值。

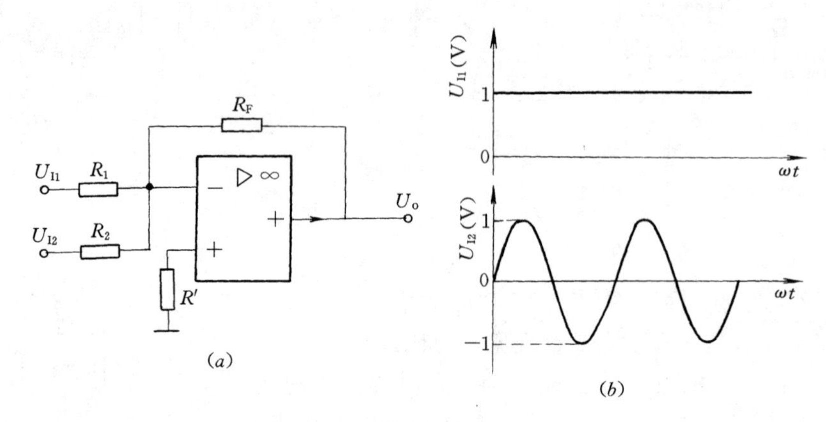

图 4－75

27. 设图 4－76 所示电路中的 A_1、A_2 均为理想运放，试分别列出 U_{o1} 和 U_{o2} 对输入电压的表达式。

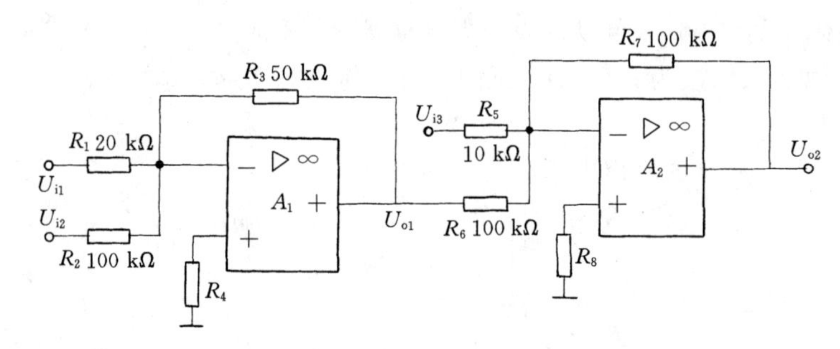

图 4－76

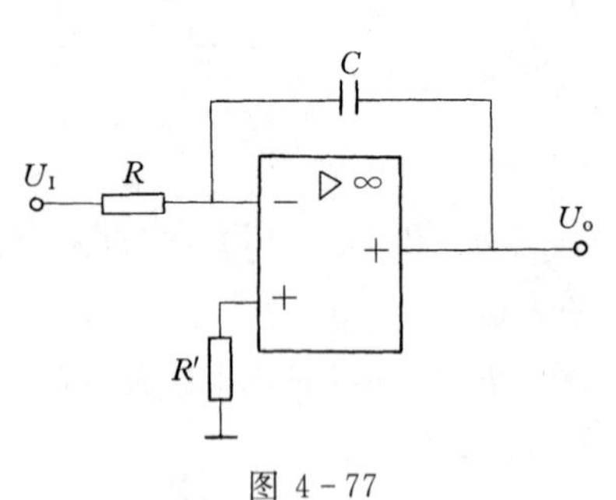

图 4－77

28. 在图 4－77 电路中，假设当 $t=0$ 时，$U_o=0$。

（1）当加上输入电压 U_I 时，写出 U_o 的表达式。

（2）如果 $R=100\ \text{k}\Omega$，$C=10\ \mu\text{F}$，$U_I=2\ \text{V}$，当 $t=1\ \text{s}$ 时，求 U_o。

29. 在图 4－78 中，设 A_1、A_2、A_3、A_4 均为理想运放。

（1）A_1、A_2、A_3、A_4 各组成何种基本运算电路？

（2）列出 U_{o1}、U_{o2}、U_{o3} 和 U_{o4} 与输入电压 U_{I1}、U_{I2}、U_{I3} 的关系。

30. 图 4－79 是一种能输出两种电压的桥式整流电路，设变压器和二极管都是理想器件。

（1）试分析二极管工作情况，当 $u_{21}=u_{22}=\sqrt{2}U_2\sin\omega t$ 时，画出 u_{o1} 和 u_{o2} 的波形。

（2）若 $u_{21}=u_{22}=10\text{V}$，试求 u_{o1} 和 u_{o2} 的平均值。

（3）每个 二极管的 I_D 和 U_{RM} 是多少？

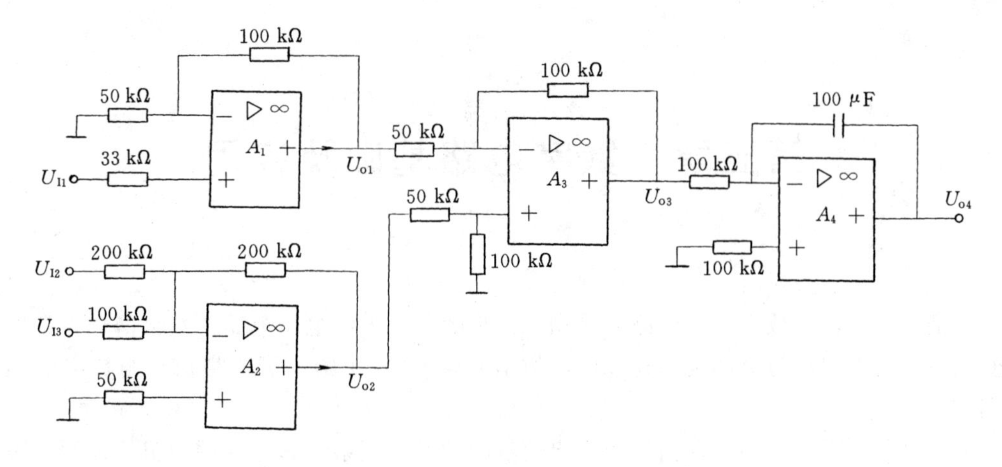

图 4-78

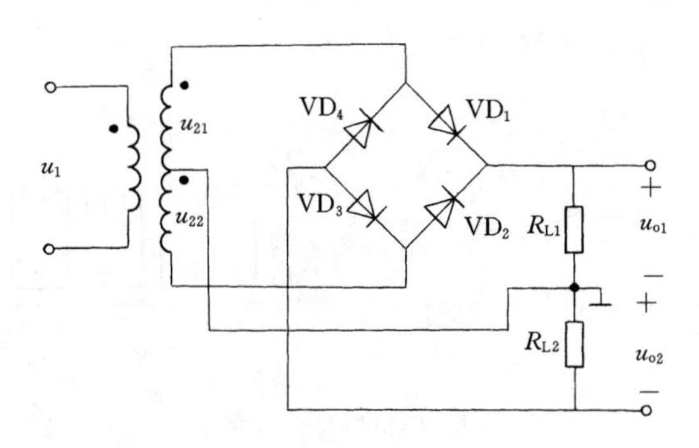

图 4-79

31. 用一个三端集成稳压器 CW7812 组成直流稳压电路，说明各元器件的作用并指出电路正常工作时的输出电压值。

32. 用 CW7812 和 CW7912 组成输出正、负电压的稳压电路，画出整流、滤波和稳压电路图。

第五章　数字电路基础及应用

数字电路也称为数字电子电路，是用来处理数字信号的电子电路。数字信号，是指它的变化在时间上和数值上都是不连续的离散信号，图 5-1 给出了模拟信号与数字信号的区别。

数字电路所研究的是输入信号与输出信号间的逻辑关系，表达这种逻辑关系的方法有逻辑函数、真值表、卡诺图、逻辑图等。用来实现这种逻辑关系的，就是由基本逻辑部件组成的逻辑电路（其中包括门电路和触发器等）。

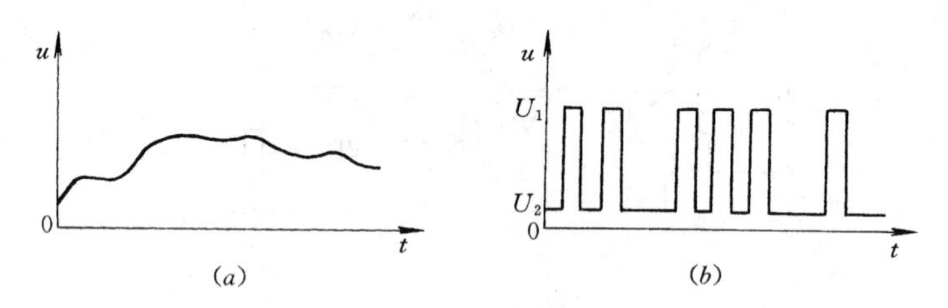

图 5-1　模拟信号与数字信号

由于数字电路的基本单元电路简单，可靠性高，价格低廉且适合于大批量生产，所以近年来得到了迅速的发展，其应用的广泛性和普遍性都是相当惊人的。事实上，数字技术已成为科学研究和工程应用的重要技术。

第一节　基本门电路

基本门电路包括与门、或门、非门、复合门，它们是组成数字电路的基础。所谓门，就是一种开关，在条件满足时信号通过，条件不满足，信号就通不过。因此，门电路的输入信号与输出信号之间存在着一定的逻辑关系。所以，门电路又称为逻辑门。

一、与门

与门是一种能够实现与关系的逻辑门。为了说明与关系，我们考察图 5-2 所示的电路，可以看到，只有当开关 A 与 B 都闭合时，灯 Y 才亮，只要有一个开关不闭合或两个开关都不闭合，灯 Y 就不会亮。上述过程用表 5-1 表示。

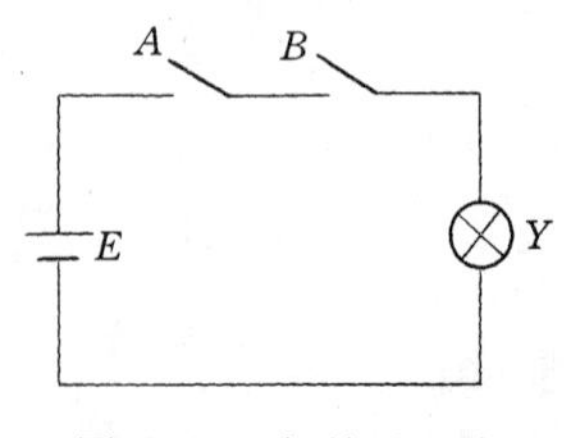

图 5-2　与关系电路

若令开关闭合状态为 1，断开状态为 0，灯亮为 1，灯灭为 0，则得到了表 5-2 所示的与关系真值表。真值表是表达逻辑关系的最重要和最基本的形式。

在逻辑代数中，把满足与逻辑关系的运算称为与运算，也称为逻辑乘，用符号“·”表示。与关系就可以记为

$$Y = A \cdot B$$

与关系的常用符号如图5-3（a）所示。实现与关系的电路，就称为与门电路。如图5-3（b）所示，给出了一个由二极管实现的与门电路。

表5-1　与关系状态表

开关 A	开关 B	灯 Y
断	断	不亮
断	通	不亮
通	断	不亮
通	通	亮

表5-2　与关系真值表

A	B	C
0	0	0
0	1	0
1	0	0
1	1	1

表5-3　与门电平关系（V）

U_A	U_B	U_Y
0	0	0
0	5	0
5	0	0
5	5	5

设低电平时输入为0V，高电平时输入为5V，二极管正向压降不计，则与门的电平关系见表5-3。

若令高电平为1，低电平为0，则上述电平关系满足表5-2，可见上述电路能够实现与关系。

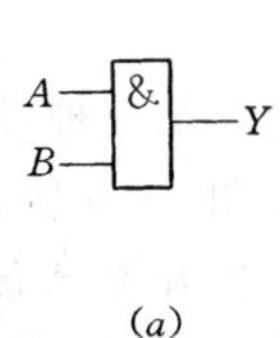

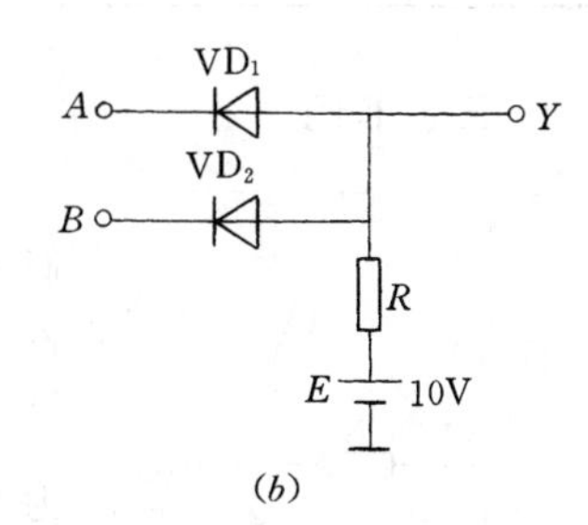

图5-3　与关系符号及实现电路
（a）符号；（b）电路

二、或门

或门是一种能够实现或关系的逻辑门。为了说明或关系，我们考察图5-4所示的电路，可以看到，只要开关 A 闭合或开关 B 闭合或开关 A、B 同时闭合，都会使灯 Y 亮，上述过程用表5-4表示。

若令开关闭合状态为1，断开状态为0，灯亮为1，灯灭为0，则得到或关系真值表，见表5-5。

在逻辑代数中，把满足或逻辑关系的运算称为或运算，也称为逻辑加，用符号“+”表示。或关系就可以记为

$$Y = A + B$$

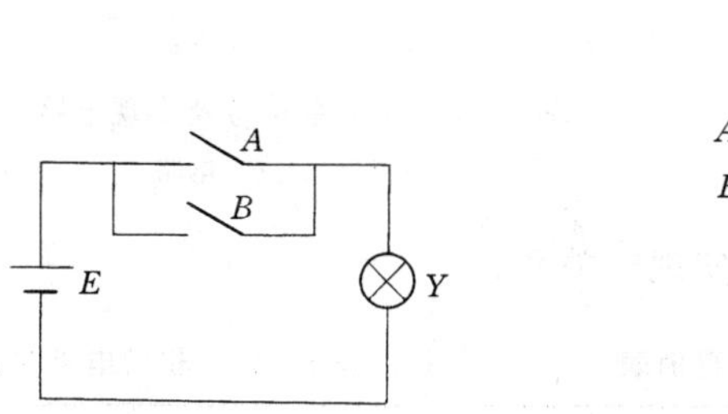

图5-4　或关系电路

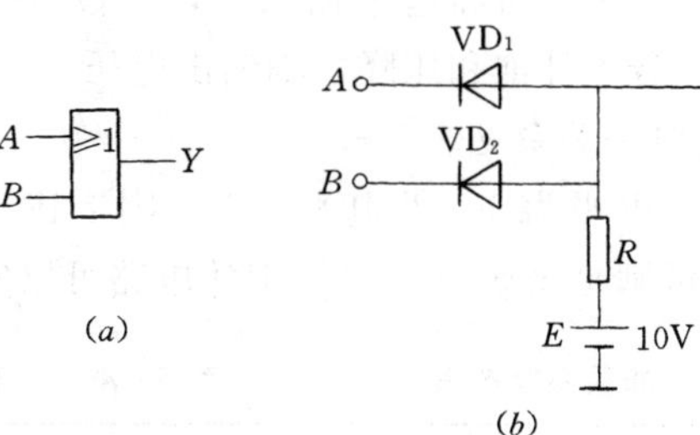

图5-5　或关系符号及实现电路
（a）符号；（b）电路

或关系的常用符号如图 5－5（*a*）所示。实现或关系的电路就称为或门电路，如图 5－5所示，给出了一个由二极管实现的或门电路。

设低电平输入为 0V，高电平输入为 5V，二极管正向压降不计，则或门的电平关系见表 5－6。

若令高电平为 1，低电平为 0，则上述电平关系可满足表 5－5。可见，上述电路可以实现或关系。

表 5－4　或关系状态表

开关 *A*	开关 *B*	灯 *Y*
断开	断开	不亮
断开	闭合	亮
闭合	断开	亮
闭合	闭合	亮

表 5－5　或关系真值表

A	*B*	*Y*
0	0	0
0	1	1
1	0	1
1	1	1

表 5－6　或门电平关系（V）

U_A	U_B	U_Y
0	0	0
0	5	5
5	0	5
5	5	5

三、非门

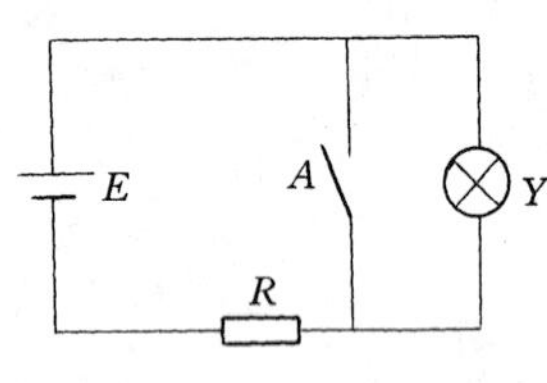

图 5－6　非关系电路

非门是一种可以实现非关系的逻辑门，为了说明非关系，我们考察图 5－5 所示的电路，可以看到，当开关 *A* 断开时，灯 *Y* 点亮，当开关 *A* 闭合时，灯 *Y* 不亮，上述过程用表 5－7 表示。

若令开关闭合状态为 1，开关断开状态为 0，灯亮为 1，灯灭为 0，则上述过程所对应的真值表见表 5－8。

在逻辑代数中满足非逻辑关系的运算称为非运算，也称为逻辑非，通常在逻辑变量上加短线表示，非关系就可以记为

$$Y = \overline{A}$$

逻辑非的常用符号如图 5－7（*a*）所示。实现非关系的电路称为非门电路。如图 5－7（*b*）所示，给出了由三极管实现的非门电路。

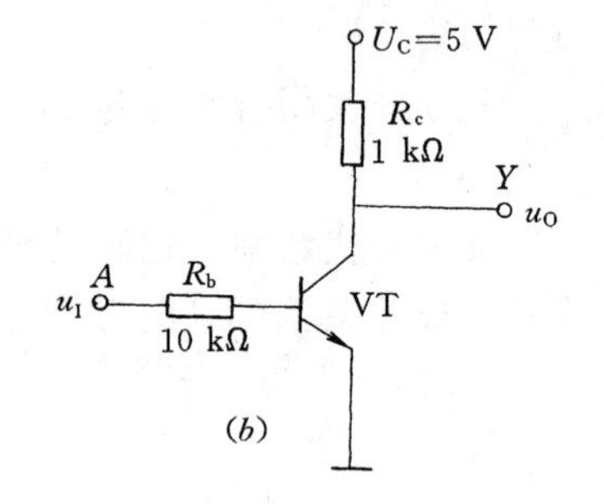

图 5－7　非关系符号及实现电路

（*a*）符号；（*b*）电路

设低电平输入为 0V，高电平输入为 5V，低电平输入时，三极管 VT 截止，输出电压 $u_O = 5V$；当高电平输入时，三极管 VT 饱和，若不计饱和压降，则输出电压 $u_O = 0V$，其电平关系见表 5－9。

若令高电平为 1，低电平为 0，则上述电平关系可满足表 5－9。可见上述电路可以实现非关系。

表 5－7　非关系状态表

开关 *A*	灯 *Y*
断开	亮
闭合	不亮

表 5－8　真值表

A	*Y*
0	1
1	0

表 5－9　非门电平关系（V）

U_I	U_O
0	5
5	0

四、复合门

与门、或门、非门是逻辑电路中最基本的逻辑门，将它们适当地组合起来，就构成了所谓的复合门。

1. 与非门

与非门是将与门和非门组合起来而构成的一种复合门，如图 5-8（a）所示，图 5-8（b）为与非门的符号，其逻辑关系可记为 $Y=\overline{AB}$ 。

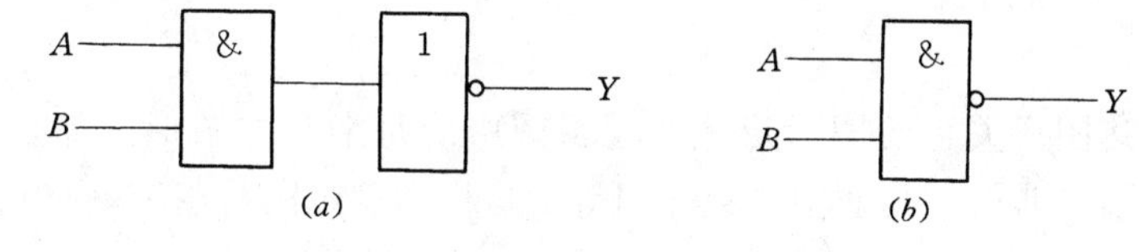

图 5-8　与非门的结构与符号

（a）结构；（b）符号

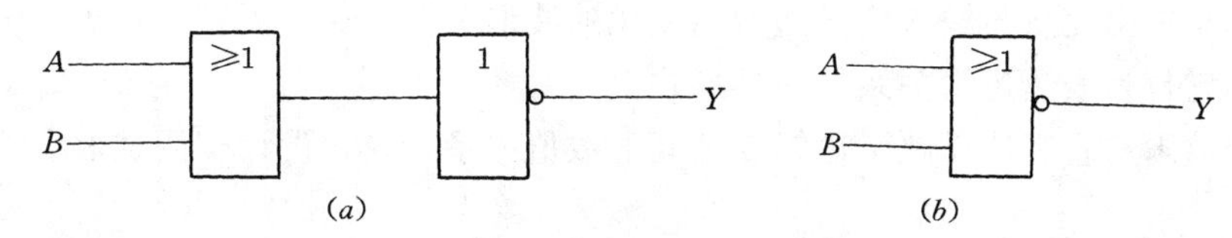

图 5-9　或非门的结构与符号

（a）结构；（b）符号

2. 或非门

或非门是由或门和非门组合起来而构成的一种复合门。如图 5-9（a）所示，图 5-9（b）为或非门的符号，其逻辑关系可记为 $Y=\overline{A+B}$ 。

3. 异或门

异或门也是一种常用的复合门，它的结构和符号如图 5-10 所示。其逻辑关系可记为 $Y=\overline{A}\cdot B+A\cdot\overline{B}$ 。

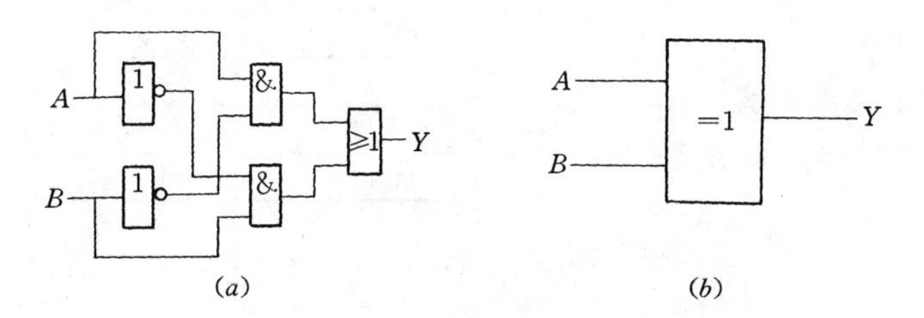

图 5-10　异或门的结构和符号

（a）结构；（b）符号

第二节　逻辑关系表达及运算

一、逻辑关系的表达

数字电路是研究输入与输出间逻辑关系的电子电路，逻辑关系的表达是数字电路的基本问题。下面介绍逻辑关系的几种表达方法。

1. 真值表

真值表是表达逻辑关系的最基本方法。真值表具有简单、直观的特点，但它不是逻辑算式，不便于推演和变换，当变量较多时，列出真值表也较繁琐。

2. 逻辑函数式

逻辑函数式是表达逻辑关系的另一种方法。它具有形式简捷、书写方便、便于推演和变换等特点，但它不能直接反映变量取值间的对应关系，而且同一种逻辑关系可以用多种逻辑函数式表达。

3. 逻辑图

逻辑图是表达图形关系的图形形式。逻辑图中的每个基本图形，都是基本的逻辑符号，如与门、或门、非门、与非门、或非门等。这样的逻辑图与逻辑电路是相对应的，利用它可直接制作实际的数字电路。

4. 波形图

波形图是输出变量与输入变量随时间变化的波形关系，这一关系反映了逻辑变量间的逻辑关系，它也是表达逻辑关系的一种形式。

波形图清晰、直观地反映了逻辑变量间的数值关系，它在设计、调试数字电路中有着广泛的应用。

综上所述，表达逻辑关系有4种方法，即真值表法、逻辑函数法、逻辑图法和波形图法。这4种方法都是逻辑电路的数学模型。

从真值表中可以获得逻辑函数式，根据逻辑函数式可以画出逻辑图和波形图。

二、逻辑代数的基本公式和常用公式

逻辑函数式是表达逻辑关系的基本形式之一，对逻辑函数进行推演和运算，需要应用逻辑代数的基本公式。

1. 逻辑代数的基本公式

逻辑代数的基本公式见表5-10。

表5-10　逻辑代数的基本公式

公式名称	逻辑乘(与)	逻辑加(或)
01律	$A\cdot 1=A$ $A\cdot 0=0$	$A+1=1$ $A+0=A$
交换律	$A\cdot B=B\cdot A$	$A+B=B+A$
结合律	$A\cdot(B\cdot C)$ $=(A\cdot B)\cdot C$	$A+(B+C)$ $=(A+B)+C$
分配律	$A\cdot(B+C)$ $=A\cdot B+B\cdot C$	$A+(B\cdot C)$ $=(A+B)\cdot(A+C)$
互补律	$A\cdot\overline{A}=0$	$A+\overline{A}=1$
重叠律	$A\cdot A=A$	$A+A=A$
反演律	$\overline{A\cdot B}=\overline{A}+\overline{B}$	$\overline{A+B}=\overline{A}\cdot\overline{B}$
对合律	$\overline{\overline{A}}=A$	

2. 几个常用公式

公式1 $$AB+A\overline{B}=A$$

证明： $$AB+A\overline{B}=A(B+\overline{B})=A\cdot 1=A$$

公式2 $$A+AB=A$$

证明： $$A+AB=A(1+B)=A\cdot 1=A$$

公式3 $$A+\overline{A}B=A+B$$

证明： $$A+\overline{A}B=(A+\overline{A})(A+B)=A+B$$

公式4 $$AB+\overline{A}C+BC=AB+\overline{A}C$$

证明： $$AB+\overline{A}C+BC=AB+\overline{A}C+BC(A+\overline{A})$$
$$=AB(1+C)+\overline{A}C(1+B)=AB+\overline{A}C$$

公式 5
$$\overline{A\overline{B}+\overline{A}B} = AB+\overline{A}\,\overline{B}$$

证明：
$$\overline{A\overline{B}+\overline{A}B} = \overline{A\overline{B}}\cdot\overline{\overline{A}B} = (\overline{A}+B)(A+\overline{B}) = \overline{A}\,\overline{B}+AB$$

三、逻辑函数的化简

1. 逻辑函数化简的意义

对同一个逻辑函数，经过推演和运算，可以得到不同形式的逻辑表达。也就是说，同一逻辑关系，可以由不同的逻辑电路去实现。对于给定的逻辑关系，其实现电路越简单越好，因此在分析和设计数字电路时，化简逻辑函数式是一项必不可少的重要环节。

2. 逻辑函数的化简

常用的有公式化简法和卡诺图化简法。下面只介绍公式化简法。

（1）并项法。利用公式 $AB+A\overline{B}=A$，把两项合为一项，并消去一个变量。

例如

$$Y = ABC+AB\overline{C}+A\overline{B} = AB+A\overline{B} = A$$

（2）吸收法。利用公式 $A+AB=A$，消去多余乘积项。

例如

$$Y = \overline{AB}+\overline{A}C+\overline{B}D = \overline{A}+\overline{B}+\overline{A}C+\overline{B}D = \overline{A}+\overline{B}$$

（3）消去法。利用公式 $A+\overline{A}B=A+B$ 消去多余因子，或利用公式 $AB+\overline{A}C+BC=AB+A\overline{C}$ 消去多余乘积项。

例如

$$Y = B\overline{C}+\overline{A}B+\overline{A}C+\overline{A}BC = B\overline{C}+\overline{A}C+\overline{A}B = B\overline{C}+\overline{A}C$$

（4）配项法。利用公式 $A+\overline{A}=1$ 或 $A+A=A$ 进行配项然后进行化简。

例如

$$\begin{aligned}Y &= \overline{A}B+A\overline{B}+B\overline{C}+\overline{B}C = A\overline{B}+B\overline{C}+\overline{B}C(A+\overline{A})+\overline{A}B(C+\overline{C})\\ &= A\overline{B}+B\overline{C}+A\overline{B}C+\overline{A}\,\overline{B}C+\overline{A}BC+\overline{A}B\overline{C} = A\overline{B}+B\overline{C}+\overline{A}C\end{aligned}$$

当化简较为复杂的逻辑函数时，需要熟练、灵活地应用上述方法，除此之外，还需要有一定的运算技巧。

例如

$$Y = ABC\overline{D}+ABD+BC\overline{D}+ABC+BD+B\overline{C}$$

利用吸收法，有

$$Y = BC\overline{D}+ABC+BD+B\overline{C}$$

利用消去法，有

$$Y = BC+BD+AB+B\overline{C}$$

利用并项法，有

$$Y = B+BD+AB$$

利用吸收法，有

$$Y = B$$

第三节　组合逻辑电路

数字电路按其逻辑功能和电路结构来分，可分为组合逻辑电路和时序逻辑电路。下面讨论组合逻辑电路。

一、组合逻辑电路的概念

在组合逻辑电路中，任意时刻的输出状态仅取决于该时刻输入信号的状态，而与输入信号作用前的状态无关。如图 5－11 所示，给出了一个组合逻辑电路的方框图，其中 A_1，A_2，…，A_m 为 m 个输入逻辑变量；Y_1，Y_2，…，Y_n 为 n 个输出逻辑函数。

根据组合逻辑电路的定义，输入与输出间的函数关系可以表示为

$$Y_1 = f_1(A_1, A_2, \cdots, A_m)$$
$$Y_2 = f_2(A_1, A_2, \cdots, A_m)$$
$$\vdots$$
$$Y_n = f_n(A_1, A_2, \cdots, A_m)$$

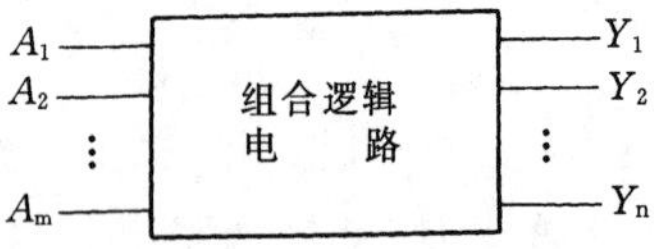

A_1　A_2　⋮　A_m　组合逻辑电路　Y_1　Y_2　⋮　Y_n

图 5－11　组合逻辑电路方框图

由于组合逻辑电路的输出状态只与输入信号相关，而与电路的原来状态无关，所以它在电路结构上应满足：

（1）电路中不存在从输出到输入间的反馈网路，从而使得输出状态不会影响输入状态。

（2）电路中不包含存储信号的记忆元件，它一般是各种门电路的组合。

二、组合逻辑电路分析

组合逻辑电路分析是指由组合逻辑电路的逻辑图求解其逻辑功能的过程，其分析步骤如下：

（1）根据逻辑图写出输出函数的逻辑表达式。

（2）对求出的逻辑函数表达式进行化简。

（3）根据化简后的逻辑表达式，列出所对应的真值表。

（4）根据真值表，说明其电路的逻辑功能。

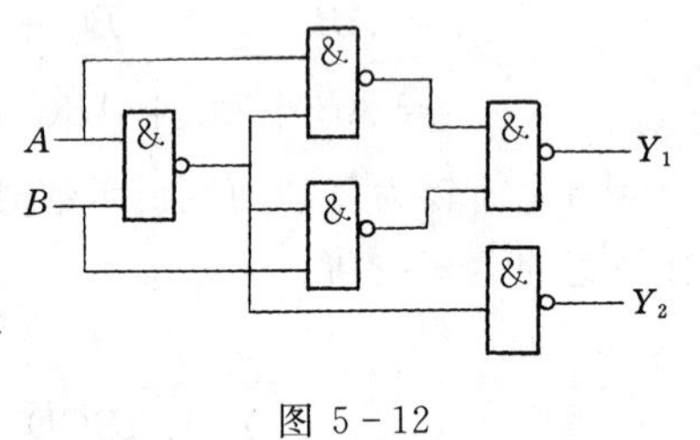

图 5－12

【例 5－1】　电路如图 5－12 所示，试分析其逻辑功能。

表 5－11　　例 5－1 真值表

A	B	Y_1	Y_2
0	0	0	0
0	1	1	0
1	0	1	0
1	1	0	1

【解】　（1）写出输出函数的逻辑表达式

$$Y_1 = \overline{\overline{A \cdot \overline{AB}} \cdot \overline{B \cdot \overline{AB}}}$$
$$Y_2 = \overline{\overline{AB}}$$

（2）对 Y_1、Y_2 进行化简，有

$$Y_1 = A\overline{B} + \overline{A}B = A \oplus B$$
$$Y_2 = AB$$

（3）根据 Y_1、Y_2 的表达式，列出真值表，见表 5－11。

（4）由真值表可以看出，变量 A、B 相当于二进制的两个加数，Y_1 相当于 A、B 两

数相加在本位上的和，Y_2 相当于 A、B 两数相加的进位数。所以，该电路是一个一位二进制加法器，又称半加器。

【例 5-2】 电路如 5-13 所示，试分析其逻辑功能。

【解】 （1）根据逻辑图，写出输出函数的逻辑表达式，即

$$Y_2 = A$$

$$Y_1 = \overline{\overline{A\overline{B}}\;\overline{\overline{A}B}}$$

$$Y_0 = \overline{\overline{B\overline{C}}\;\overline{\overline{B}C}}$$

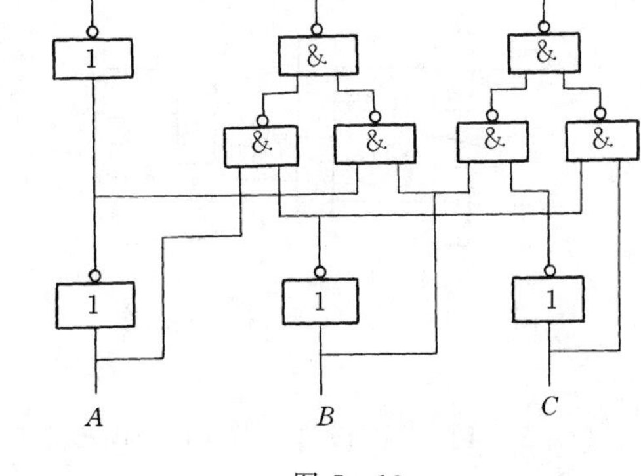

图 5-13

（2）化简

$$Y_2 = A$$

$$Y_1 = \overline{A}B + A\overline{B} = A \oplus B$$

$$Y_0 = \overline{B}C + B\overline{C} = B \oplus C$$

（3）列出真值表，见表 5-12。

（4）由真值表可知，这是一个代码变换电路，它能够将三位二进制代码变换成三位循环码。

三、组合逻辑电路设计

组合逻辑电路设计是指根据给定组合逻辑的要求，求出能实现该功能最简逻辑电路的过程，其设计步骤如下：

（1）根据逻辑功能的要求，列出相应的真值表。

（2）根据真值表求出逻辑函数表达式。

（3）对得到的逻辑函数表达式进行化简。

（4）根据化简后的逻辑函数表达式，画出对应的逻辑电路图。

【例 5-3】 试设计一个“一位数值比较器”，要求能对两个一位二进制数进行比较，当 $A<B$ 时，$Y_1=1$；当 $A>B$ 时，$Y_2=1$；当 $A=B$ 时，$Y_3=1$，除此之外，Y_1、Y_2、Y_3 均为 0 状态。

【解】 由逻辑设计要求，设两个二进制数 A、B 为输入变量。比较结果 Y_1、Y_2、Y_3 为输出变量，则所对应的真值表见表 5-13。

表 5-12　　例 5-2 真值表

A	B	C	Y_2	Y_1	Y_0	A	B	C	Y_2	Y_1	Y_0
0	0	0	0	0	0	1	0	0	1	1	0
0	0	1	0	0	1	1	0	1	1	1	1
0	1	0	0	1	1	1	1	0	1	0	1
0	1	1	0	1	0	1	1	1	1	0	0

表 5-13　　例 5-3 真值表

A	B	Y_1	Y_2	Y_3
0	0	0	0	1
0	1	1	0	0
1	0	0	1	0
1	1	0	0	1

由真值表可得逻辑函数式为

$$Y_1 = \overline{A}B$$

$$Y_2 = A\overline{B}$$

$$Y_3 = \overline{A}\,\overline{B} + AB$$

对上式化简，考虑到Y_1、Y_2已是最简表达式，若将Y_3写成Y_1、Y_2的形式，则使电路变得简捷，为此，对Y_3进行变换，得

$$Y_3 = \overline{A}\,\overline{B} + AB = \overline{\overline{A}B + A\overline{B}}$$

由逻辑函数式，即可画出逻辑图，如图 5-14 所示。

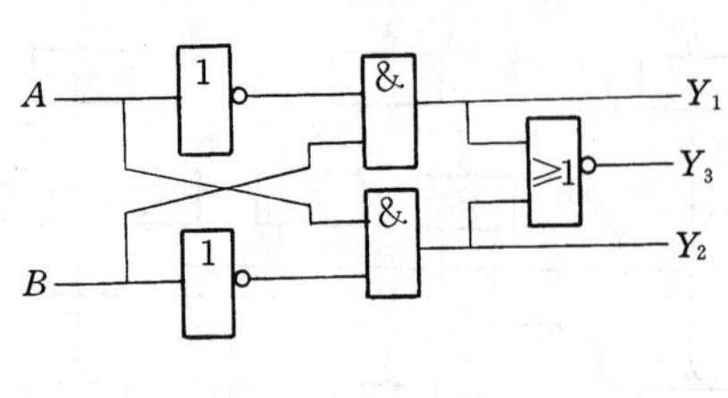

图 5-14　一位比较器实现电路

表 5-14　　例 5-4 真值表

A	B	C	Y	A	B	C	Y
0	0	0	0	1	0	0	0
0	0	1	0	1	0	1	1
0	1	0	0	1	1	0	1
0	1	1	1	1	1	1	1

【例 5-4】　试设计一个用与非门实现的三人表决器，若多数赞成，输出为 1；反之，输出为 0。

【解】　由逻辑设计要求，设 A、B、C 为对应三人的输入变量，赞成时取 1，反对时取 0，Y 为输出函数，其真值表见表 5-14。

由真值表写出对应的逻辑函数

$$Y = \overline{A}BC + A\overline{B}C + AB\overline{C} + ABC$$

对上述逻辑函数化简后，有

$$Y = AB + BC + CA$$

写成与非形式

$$Y = \overline{\overline{AB + BC + CA}} = \overline{\overline{AB} \cdot \overline{BC} \cdot \overline{CA}}$$

根据上式，即可画出逻辑图，如图 5-15 所示。

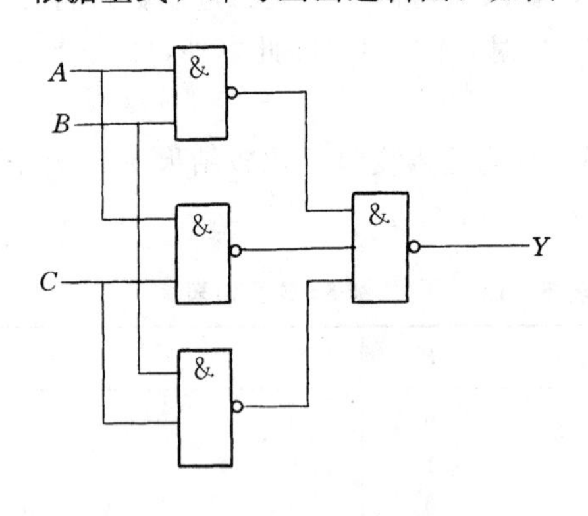

图 5-15　三人表决器实现电路

表 5-15　三位二进制编码器真值表

输　入	输　　出		
	Y_2	Y_1	Y_0
I_0	0	0	0
I_1	0	0	1
I_2	0	1	0
I_3	0	1	1
I_4	1	0	0
I_5	1	0	1
I_6	1	1	0
I_7	1	1	1

四、常见的组合逻辑电路

1. 编码器

在数字系统中，用二进制代码表示具有某种信息的过程称为编码，而能够实现编码功能的电路称为编码器。

编码器有二进制编码器、二—十进制编码器等。以三位二进制编码器来说明其工作原理。

设 I_0，I_1，I_2，…，I_7 为 8 个输入量，当某个输入量为高电平时，电路为其编码。列出编码器的真值表，见表 5-15。

由表 5-15，即可得到

$$Y_2 = I_4 + I_5 + I_6 + I_7 = \overline{\overline{I}_4 \cdot \overline{I}_5 \cdot \overline{I}_6 \cdot \overline{I}_7}$$

$$Y_1 = I_2 + I_3 + I_6 + I_7 = \overline{\overline{I}_2 \cdot \overline{I}_3 \cdot \overline{I}_6 \cdot \overline{I}_7}$$

$$Y_0 = I_1 + I_3 + I_5 + I_7 = \overline{\overline{I}_1 \cdot \overline{I}_3 \cdot \overline{I}_5 \cdot \overline{I}_7}$$

这样就得到了编码器所对应的逻辑电路，如图 5-16 所示，当 $I_1=1$，其余为 0 时，则输出为 0 0 1，即 I_1 的编码为 0 0 1；当 $I_4=1$，其余为 0 时，则输出为 1 0 0，即 I_4 的编码为 1 0 0。依此类推。

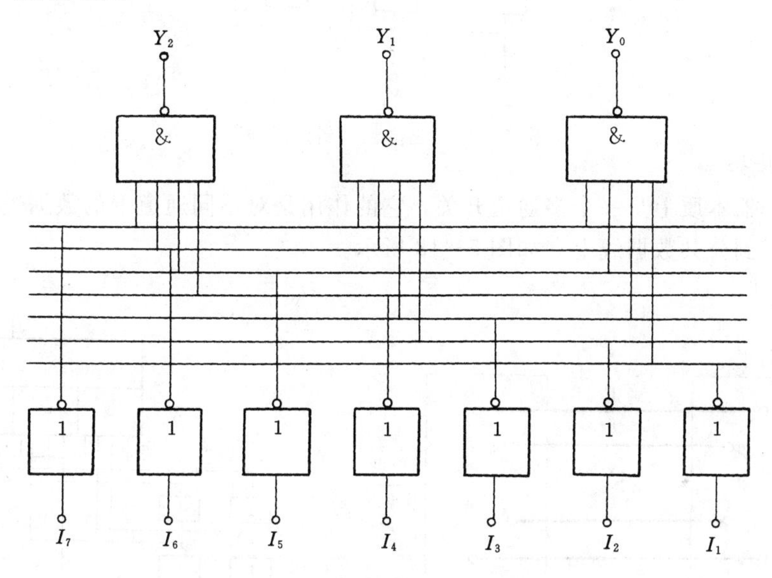

图 5-16　三位二进制编码器实现电路

2. 译码器

译码器是编码的逆过程。它能够将二进制代码翻译成原来的信息。实现译码功能的电路，称为译码器。

译码器输入的是二进制代码，输出的是一组高低电平。

图 5-17 给出了一个三位二进制译码器，其真值表见表 5-16。

表 5-16　　三位二进制译码器真值表

输入			输出							
Y_2	Y_1	Y_0	I_0	I_1	I_2	I_3	I_4	I_5	I_6	I_7
0	0	0	1	0	0	0	0	0	0	0
0	0	1	0	1	0	0	0	0	0	0
0	1	0	0	0	1	0	0	0	0	0
0	1	1	0	0	0	1	0	0	0	0
1	0	0	0	0	0	0	1	0	0	0
1	0	1	0	0	0	0	0	1	0	0
1	1	0	0	0	0	0	0	0	1	0
1	1	1	0	0	0	0	0	0	0	1

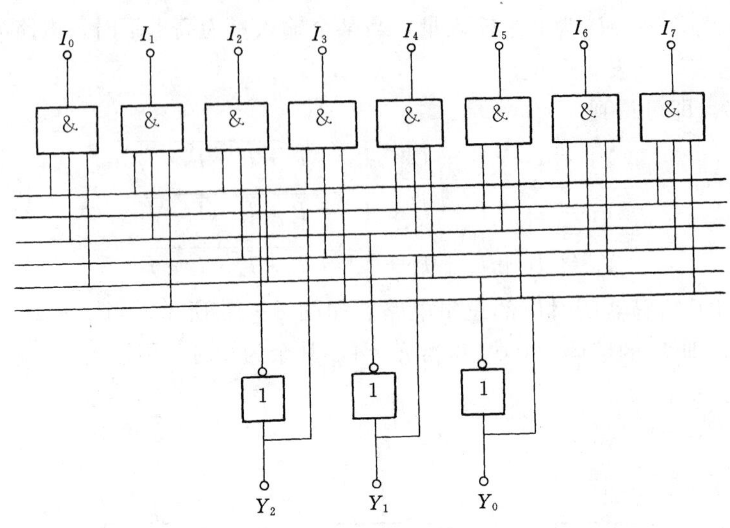

图 5-17　三位二进制译码器

3. 数据选择器

数据选择器本质上是一个多通道开关，它的作用是对不同通道上的数据进行选择，将选中的数据送到公共数据线上，如图 5-18 所示。

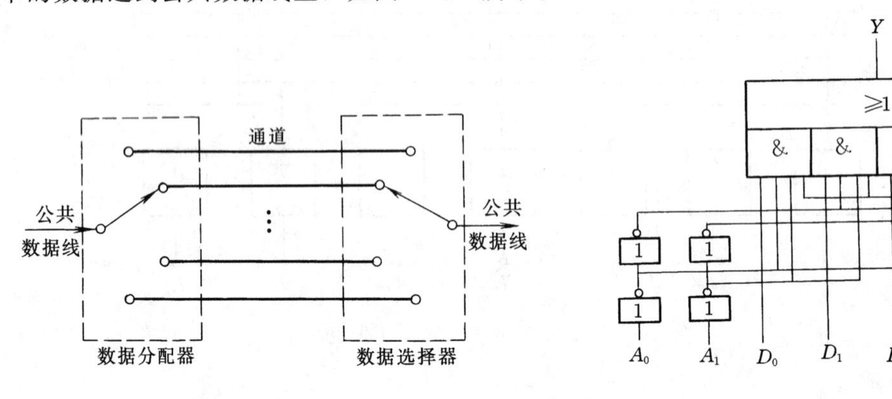

图 5-18　数据选择器示意图

图 5-19　数据选择器电路

图 5-19 给出了一个四选一数据选择器，其中 A_1、A_0 为地址控制端，D_0、D_1、D_2、D_3 为数据输入端，Y 为数据输出端，S 为数据选择器的工作控制端。当 $S=1$ 时，数据选择器工作；当 $S=0$ 时，数据选择器不工作。

图 5-19 电路的输出函数为

$$Y=(D_0\overline{A}_1\overline{A}_0+D_1\overline{A}_1A_0+D_2A_1\overline{A}_0+D_3A_1A_0)\cdot S$$

当地址码 A_1A_0 为 00 时，$Y=D_0$；当地址码 A_1A_0 为 01 时，$Y=D_1$。依此类推，即实现了数据选择功能。

第四节　基 本 触 发 器

一、触发器的概念

在数字电路中，不仅需要对数字信号进行各种运算和处理，有时还需要对信号及运算

结果进行保存。这就要求数字电路要有记忆功能。触发器正是能够记忆 0、1 信号的基本逻辑单元。触发器的基本功能如下：

（1）它具有两个稳定状态，能够记忆 0 或 1 这两种信号。

（2）根据不同的输入信号，电路能够被置 1 或置 0。

（3）在输入信号消失后，电路能保持更新后的状态。

描述触发器的逻辑功能，可以用真值表或逻辑表达式。由于触发器的输出状态（次态）不仅取决于它的输入信号，还取决于输入信号作用前它的状态（现态），所以在列写真值表或书写逻辑表达式时，需要把输入信号与现态一起作为输入量来处理。为了方便，称此时的真值表为触发器的特性表，所对应的逻辑表达式为特性方程。

二、几种常见的触发器

触发器的种类很多，按逻辑功能来分，可分为 RS 触发器、JK 触发器、D 触发器和 T 触发器。下面以 JK 触发器和 D 触发器为例来作一简单介绍。

1. JK 触发器

JK 触发器是一类常用触发器，其电路结构和符号如图 5－20 所示。

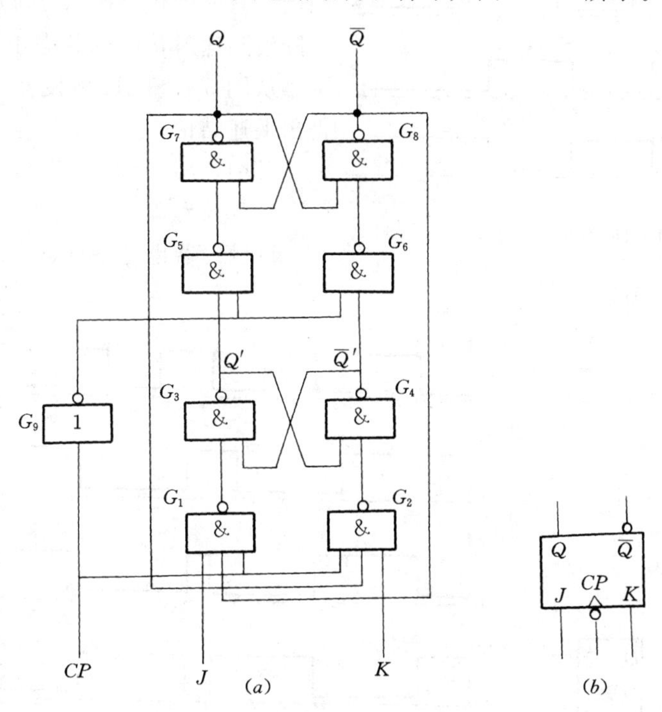

图 5－20　JK 触发器的电路结构与符号

（a）结构；（b）符号

其中 J、K 为触发器的输入端，CP 为时钟脉冲，下降沿有效，Q、$\overline{Q}$ 为输出端。

JK 触发器的特性表见表 5－17。

由表 5－17，不难得到其特性方程为

$$Q^{n+1}=\overline{J}\overline{K}Q^n+J\overline{K}\overline{Q}^n+J\overline{K}Q^n+JK\overline{Q}^n=J\overline{Q}^n+\overline{K}Q^n$$

表 5-17　　JK 触发器的特性表

J　K	Q^n（现态）	Q^{n+1}（次态）	说　明	J　K	Q^n（现态）	Q^{n+1}（次态）	说　明
0　0	0	0	保持（$Q^{n+1}=Q^n$）	1　0	0	1	置 1
0　0	1	1		1　0	1	1	
0　1	0	0	置 0	1　1	0	1	翻转（$Q^{n+1}=\overline{Q}^n$）
0　1	1	0		1　1	1	0	

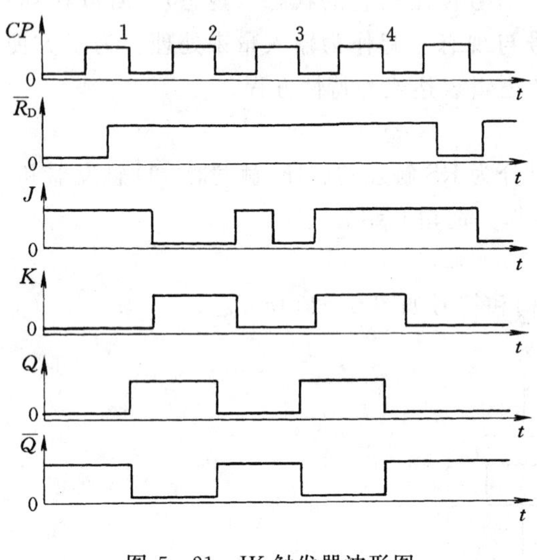

图 5-21　JK 触发器波形图

图 5-21 给出了一种 JK 触发器和对应的输出波形。该波形图在前两个 CP 时，输出波形与表 5-17 所对应的逻辑关系一致。但当第 3 个 CP 结束时，输出波形与表 5-17 所对应的逻辑关系不一致。这是由于在第 3 个 CP 有效区间内，输入端 J 波形发生了变化。由于 JK 触发器在一个 CP 有效区间内“只能变化一次”，所以，当第 3 个 CP 下降沿到达时，Q 的状态由 0 变为 1。读者不难从图 5-20 JK 触发器原理图的分析中得出上述结论。

其中，$\overline{R}_D$ 为置“0”信号输入端。

2. D 触发器

D 触发器也是一种常用触发器，它的符号如图 5-22（a）所示。

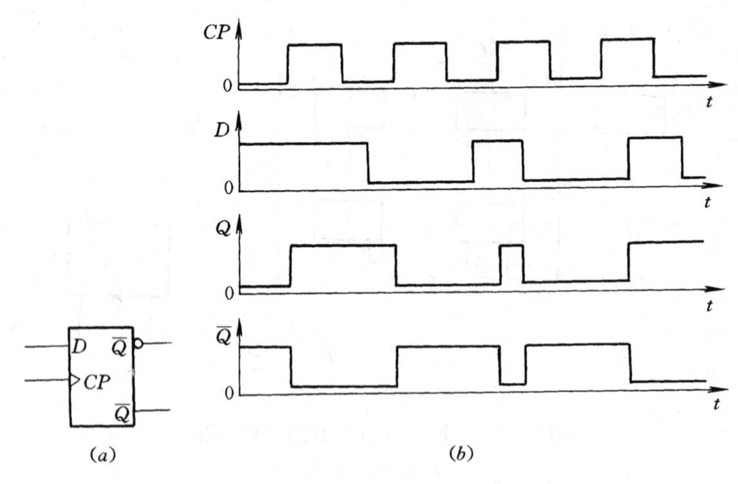

图 5-22　D 触发器符号和波形图

（a）符号；（b）波形图

其中，CP 为时钟脉冲输入端，上升沿有效，D 为信号的输入端，Q、$\overline{Q}$ 为输出端，它的特性表见表 5-18。

表 5-18　D触发器特性表

D	Q^n	Q^{n+1}	说　明	D	Q^n	Q^{n+1}	说　明
0	0	0	置 0	1	0	1	置 1
0	1	0		1	1	1	

所对应的特性方程为

$$Q^{n+1} = D$$

图 5-22 (b) 给出了一种 D 触发器和所对应的输出波形。从图中可以看出，它是一种电平触发器，高电平有效。在 CP 有效区间，$Q^{n+1}=D$。

第五节　时序逻辑电路

一、时序逻辑电路概述

时序逻辑电路在任一时刻的输出，不仅取决于该时刻的输入，而且还与该时刻电路的状态相关。所以，时序逻辑电路在结构上应包括两部分，即组合逻辑电路部分和存储电路部分，如图 5-23 所示。

由图 5-23，得

输出方程　$Y(t_n) = F_1[X(t_n),Q(t_n)]$

状态方程　$Q(t_{n+1}) = F_2[P(t_n),Q(t_n)]$

驱动方程　$P(t_n) = F_3[X(t_n),Q(t_n)]$

式中　X (x_1、x_2、…、x_i) ——输入向量；

Y (y_1、y_2、…、y_i) ——输出向量；

Q (q_1、q_2、…、q_l) ——状态向量；

P (p_1、p_2、…、p_h) ——驱动向量。

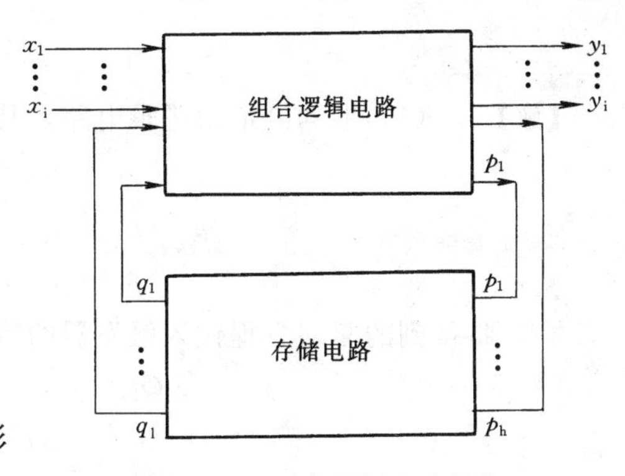

图 5-23　时序逻辑电路结构

为了把时序逻辑电路的逻辑功能更直观、形象地表示出来，通常还要根据输出方程、状态方程和驱动方程，列出状态转换表和状态转换图。

二、时序逻辑电路的分析方法

时序逻辑电路通常分为同步时序逻辑电路和异步时序逻辑电路两大类。在时序逻辑电路中，若所有触发器状态的变化是在同一个时钟信号作用下同时进行的，则称为同步时序逻辑电路；反之，则称为异步时序逻辑电路。这里只讨论同步时序逻辑电路的分析方法。

在分析给定同步时序逻辑电路的逻辑功能时，一般可按下列步骤进行：

(1) 由给定的逻辑电路图，写出存储电路中每个触发器的驱动方程（即每个触发器输入端的逻辑函数表达式）。

(2) 将得到的驱动方程代入各个触发器的特性方程，从而得到每个触发器的状态方程。

(3) 根据逻辑电路图，写出电路的输出方程。

(4) 由上述方程列出状态转换表并画出状态转换图。

三、时序逻辑电路举例分析

【例 5-5】　电路如图 5-24 所示，试分析其逻辑功能，并列出电路的状态转换表和

画出电路的状态转换图。

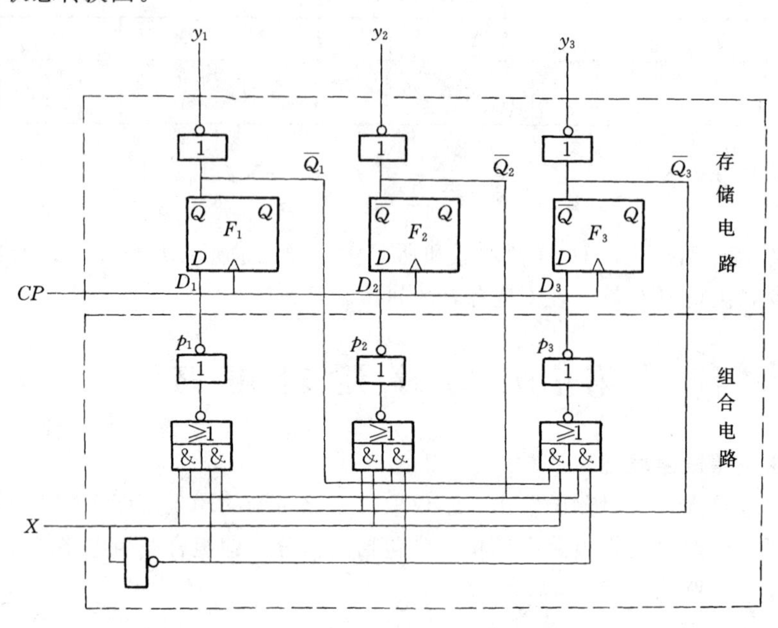

图 5-24 例 5-5 逻辑电路

【解】 (1) 根据给定的逻辑电路，其驱动方程为

$$p_1 = D_1 = X\overline{Q}_2 + \overline{X}\overline{Q}_3$$

$$p_2 = D_2 = X\overline{Q}_3 + \overline{X}\overline{Q}_1$$

$$p_3 = D_3 = X\overline{Q}_1 + \overline{X}\overline{Q}_2$$

(2) 将得到的驱动方程代入触发器的特性方程，即

$$Q_1^{n+1} = D_1 = X\overline{Q}_2^n + \overline{X}\,\overline{Q}_3^n$$

$$Q_2^{n+1} = D_2 = X\overline{Q}_3^n + \overline{X}\,\overline{Q}_1^n$$

$$Q_3^{n+1} = D_3 = X\overline{Q}_1^n + \overline{X}\,\overline{Q}_2^n$$

(3) 由图 5-24 得其输出方程为

$$y_1 = Q_1$$

$$y_2 = Q_2$$

$$y_3 = Q_3$$

(4) 列出状态转换表。列状态转换表时，可取 Q_1、Q_2、Q_3 的任何一组状态作为初始状态，代入状态方程，计算出次态，再将得到的状态作为新的初始状态，计算出下一个次态，以此类推，直至所有的状态取完。令 Q_1、Q_2、Q_3 的初始状态为 100，则其状态转换表见表5-19。

表 5-19 例 5-5 电路的状态转换表

CP	X=1			X=0		
	Q_1	Q_2	Q_3	Q_1	Q_2	Q_3
0	1	0	0	1	0	0
1	1	1	0	1	0	1
2	0	1	0	0	0	1
3	0	1	1	0	1	1
4	0	0	1	0	1	0
5	1	0	1	1	1	0
6	1	0	0	1	0	0
0	0	0	0	0	0	0
1	1	1	1	1	1	1
2	0	0	0	0	0	0

(5) 将状态转换表以图形的形式表达出来，即构成了状态转换图，如图 5-25 所示。

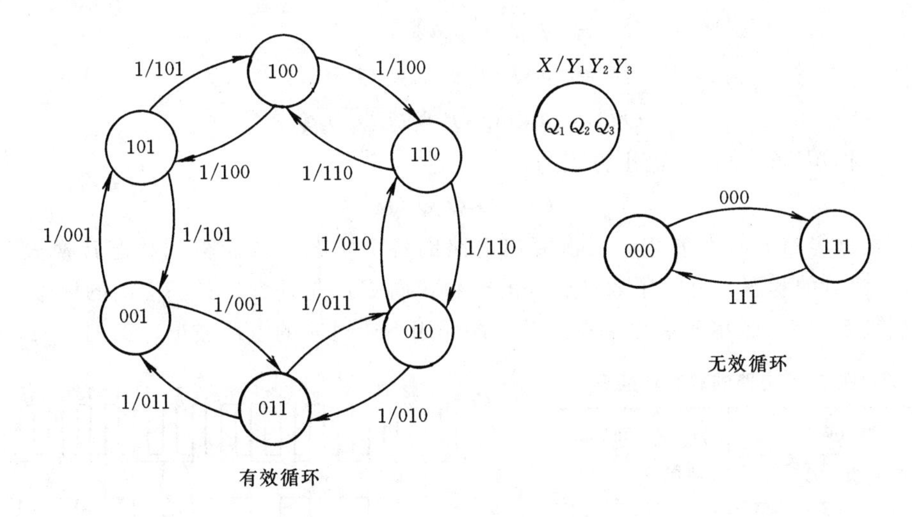

图 5-25　例 5-5 状态转换图

上述电路可以用于步进电机的驱动，X 为步进电机正反转控制量。当 $X=1$ 时，步进电机正转；当 $X=0$ 时，步进电机反转。

另外，从状态转换图可以看出，这个电路有两个循环。它不能从一个循环进入另一个循环，这种电路通常称为不能自行起动电路。

【例 5-6】电路如图 5-26 所示，是一个同步二进制加法计数器，试分析其逻辑功能，并画出状态转换表和波形图。

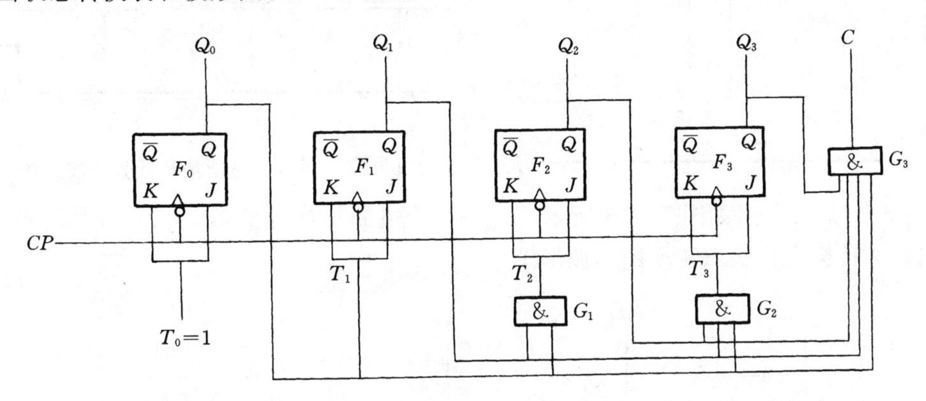

图 5-26　同步二进制加法计数器

【解】　(1) 由逻辑电路写出驱动方程，即

$$J_0 = K_0 = 1$$

$$J_1 = K_1 = Q_0$$

$$J_2 = K_2 = Q_0 Q_1$$

$$J_3 = K_3 = Q_0 Q_1 Q_2$$

(2) 将驱动方程代入 JK 触发器的特性方程，即得到电路的状态方程

$$Q_0^{n+1} = \overline{Q_0^n}$$

$$Q_1^{n+1} = Q_0\overline{Q}_1^n + \overline{Q}_0 Q_1^n$$

$$Q_2^{n+1} = Q_0 Q_1 \overline{Q}_2^n + \overline{Q_0 Q_1} Q_2^n$$

$$Q_3^{n+1} = Q_0 Q_1 Q_2 \overline{Q}_3^n + \overline{Q_0 Q_1 Q_2} Q_3^n$$

(3) 根据逻辑电路，其输出方程为

$$C = Q_0 Q_1 Q_2 Q_3$$

(4) 根据电路的状态方程，依次算出电路的各个状态，从而得到状态转换表，见表 5-20。计数器的状态，反映了累计脉冲的个数，而 C 则是计数器计满溢出的标志。

根据表 5-20，画出各输出端在时钟脉冲作用下所对应的电压波形，如图 5-27 所示。

表 5-20　例 5-6 电路的状态转换表

计数顺序	电路状态				表示的十进制数	进位输出
	Q_3	Q_2	Q_1	Q_0		C
0	0	0	0	0	0	0
1	0	0	0	1	1	0
2	0	0	1	0	2	0
3	0	0	1	1	3	0
4	0	1	0	0	4	0
5	0	1	0	1	5	0
6	0	1	1	0	6	0
7	0	1	1	1	7	0
8	1	0	0	0	8	0
9	1	0	0	1	9	0
10	1	0	1	0	10	0
11	1	0	1	1	11	0
12	1	1	0	0	12	0
13	1	1	0	1	13	0
14	1	1	1	0	14	0
15	1	1	1	1	15	1
16	0	0	0	0	0	0

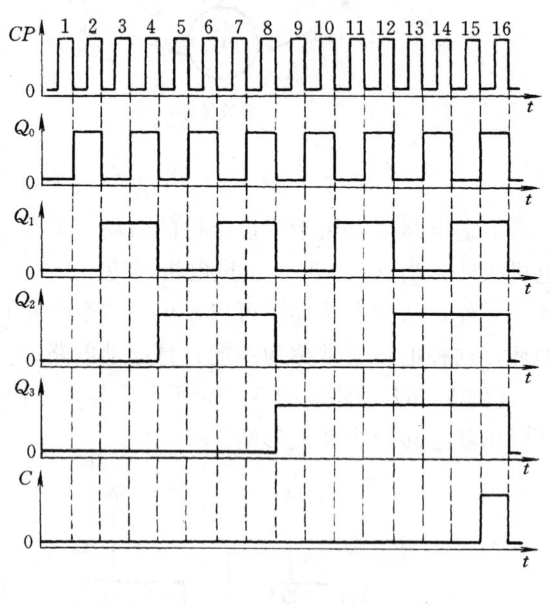

图 5-27　同步二进制加法计数器波形图

【例 5-7】　电路如图 5-28 所示，是一个十进制加法计数器，试分析其逻辑功能，并画出状态转换表、状态转换图和波形图。

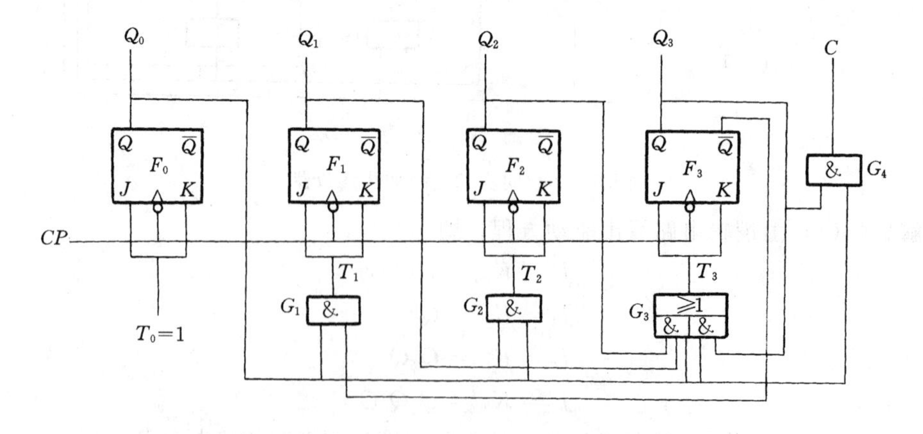

图 5-28　同步十进制加法计数器

【解】 根据图 5-28，其驱动方程、状态方程和输出方程分别为

（1）驱动方程

$$J_0 = K_0 = 1$$

$$J_1 = K_1 = Q_0\overline{Q}_3$$

$$J_2 = K_2 = Q_0Q_1$$

$$J_3 = K_3 = Q_0Q_1Q_2 + Q_0Q_3$$

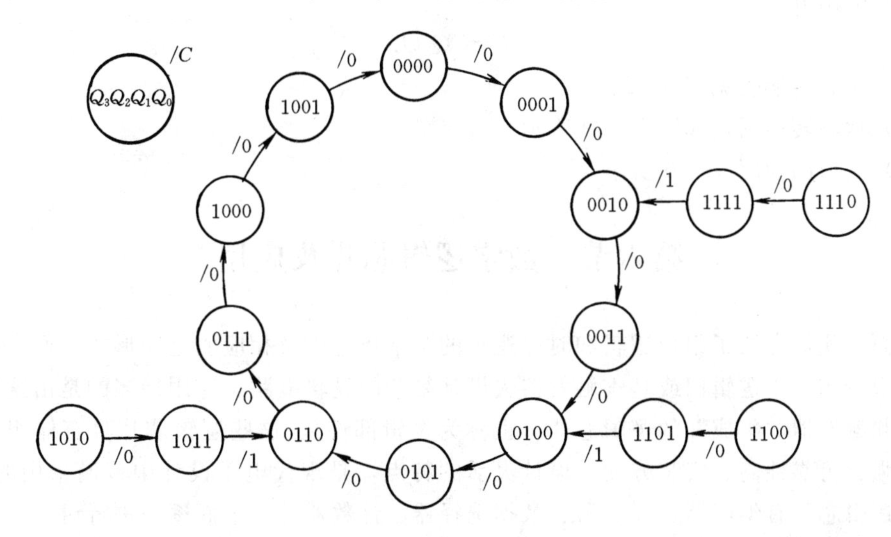

图 5-29 同步十进制加法计数器电路状态转换图

表 5-21 例 5-7 电路的状态转换表

计数顺序	电路状态 Q_3	Q_2	Q_1	Q_0	表示的十进制数	进位输出 C
0	0	0	0	0	0	0
1	0	0	0	1	1	0
2	0	0	1	0	2	0
3	0	0	1	1	3	0
4	0	1	0	0	4	0
5	0	1	0	1	5	0
6	0	1	1	0	6	0
7	0	1	1	1	7	0
8	1	0	0	0	8	0
9	1	0	0	1	9	1
10	0	0	0	0	0	0
0	1	0	1	0	10	0
1	1	0	1	1	11	1
2	0	1	1	0	6	0
0	1	1	0	0	12	0
1	1	1	0	1	13	1
2	0	1	0	0	4	0
0	1	1	1	0	14	0
1	1	1	1	1	15	1
2	0	0	1	0	2	0

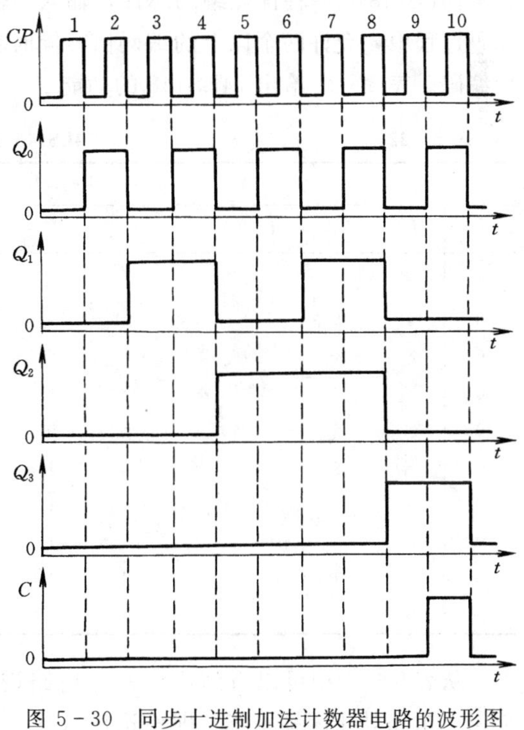

图 5-30 同步十进制加法计数器电路的波形图

（2）状态方程

$$Q_0^{n+1}=\overline{Q}_0^n$$

$$Q_1^{n+1}=Q_0\overline{Q}_3\overline{Q}_1^n+\overline{Q_0\overline{Q}_3}Q_1^n$$

$$Q_2^{n+1}=Q_0Q_1\overline{Q}_2^n+\overline{Q_0Q_1}Q_2^n$$

$$Q_3^{n+1}=(Q_0Q_1Q_2+Q_0Q_3)\overline{Q}_3^n+(\overline{Q_0Q_1Q_2+Q_0Q_3})Q_3^n$$

（3）输出方程

$$C=Q_3Q_0$$

（4）状态转换表见表 5－21。

（5）状态转换图，如图 5－29 所示。

（6）波形图如图 5－30 所示。

第六节　数字逻辑芯片及应用

前面，我们介绍了组合逻辑和时序逻辑的基本概念以及相应的电路形式，而在实际应用中，很少用基本逻辑门或基本触发器去设计复杂的逻辑电路，应用最多的是由这些基本逻辑门和触发器“集成”的逻辑芯片（也称为逻辑部件）。这些逻辑芯片具有体积小、逻辑功能强、可靠性高、安装方便、设计灵活的特点，是现代电子设计中普遍采用的方式。常用的逻辑芯片有编码器、译码器、数据选择器、计数器等。下面逐一进行讨论。

一、编码器芯片 74LS148

74LS148 是一种优先编码芯片，输入、输出均为低电平有效。所谓优先编码，是指在编码过程中，允许两个以上的编码信号同时输入，但编码器只对优先权最大的输入信号进行编码。表 5－22 给出 74LS148 的功能。

表 5－22　　74LS148 的功能表

输入									输出				
$\overline{S}$	$\overline{I}_0$	$\overline{I}_1$	$\overline{I}_2$	$\overline{I}_3$	$\overline{I}_4$	$\overline{I}_5$	$\overline{I}_6$	$\overline{I}_7$	$\overline{Y}_2$	$\overline{Y}_1$	$\overline{Y}_0$	$\overline{Y}_S$	$\overline{Y}_{EX}$
1	×	×	×	×	×	×	×	×	1	1	1	1	1
0	1	1	1	1	1	1	1	1	1	1	1	0	1
0	×	×	×	×	×	×	×	0	0	0	0	1	0
0	×	×	×	×	×	×	0	1	0	0	1	1	0
0	×	×	×	×	×	0	1	1	0	1	0	1	0
0	×	×	×	×	0	1	1	1	0	1	1	1	0
0	×	×	×	0	1	1	1	1	1	0	0	1	0
0	×	×	0	1	1	1	1	1	1	0	1	1	0
0	×	0	1	1	1	1	1	1	1	1	0	1	0
0	0	1	1	1	1	1	1	1	1	1	1	1	0

从表 5－22 中可以看到，$\overline{S}=0$，电路进入正常工作状态，即可以进行编码操作。当 $\overline{S}=1$，电路处于闭锁状态，即不论输入什么信号，都不进行编码操作，通常称 $\overline{S}$ 为工作

控制开关。

$\overline{S}=0$ 时，在输入信号 $\overline{I}_0 \sim \overline{I}_7$ 中，$\overline{I}_7$ 的优先权最大，其次是 $\overline{I}_6$，而 $\overline{I}_0$ 的优先权最低。当 $\overline{I}_7=0$ 时，无论其他输入端有无信号输入（表中用×表示），输出端只对 $\overline{I}_7$ 编码，输出结果为 $\overline{Y}_2\overline{Y}_1\overline{Y}_0=000$。当 $\overline{I}_7=1$，$\overline{I}_6=0$ 时，不论其他输入端有无信号输入，输出端只对 $\overline{I}_6$ 编码，输出为 $\overline{Y}_2\overline{Y}_1\overline{Y}_0=001$。依此类推，请读者自行分析。

表中的 $\overline{Y}_S$ 为选通控制端，$\overline{Y}_{EX}$ 为扩展输出端。从表中可以看到，在电路工作状态下（$\overline{S}=0$），当输入端 $\overline{I}_7 \sim \overline{I}_0$ 没有信号输入时，$\overline{Y}_S=0$，$\overline{Y}_{EX}=1$。当输入端 $\overline{I}_7 \sim \overline{I}_0$ 有信号输入时，$\overline{Y}_S=1$，$\overline{Y}_{EX}=0$。由于 74LS148 信号输入端有 8 个，编码输出端有 3 个，所以也称为 8 线—3 线优先编码器。它的逻辑图和逻辑符号如图 5-31 所示。

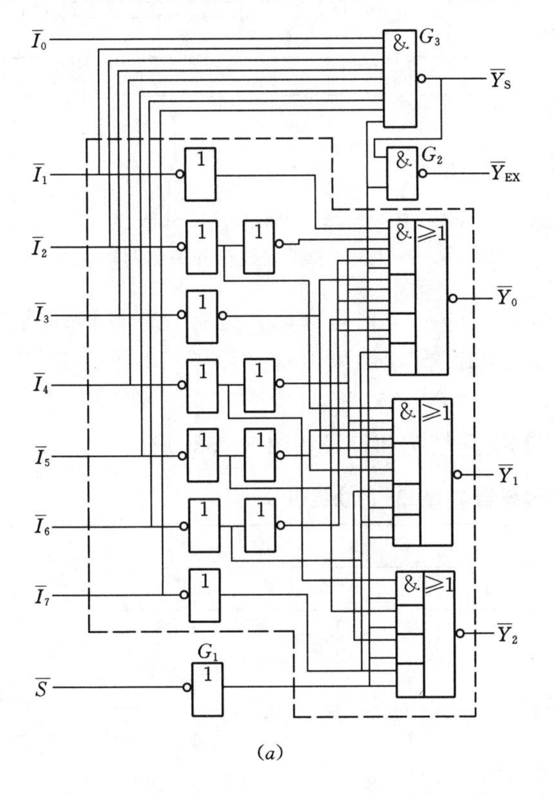

(a)

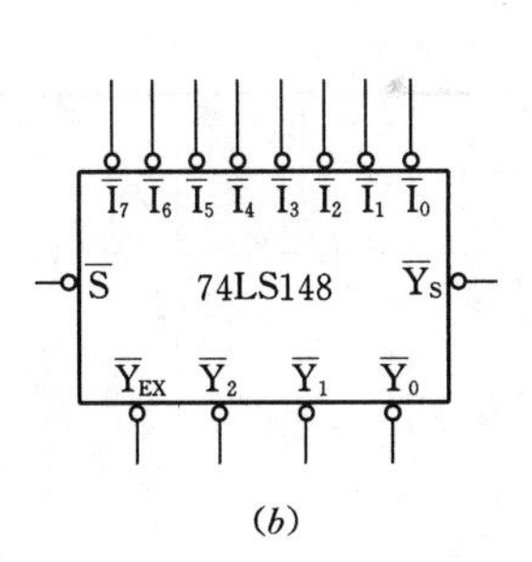

(b)

图 5-31　编码芯片 74LS148

(a) 逻辑图；(b) 逻辑符号

【例 5-8】　试用两片 74LS148 构成 16 线—4 线优先编码器。

【解】　设输入信号为 $\overline{A}_0 \sim \overline{A}_{15}$，低电平有效。输出编码为 0000～1111，高电平有效。考虑到 $\overline{A}_{15}$ 的优先权最高，$\overline{A}_0$ 的优先权最低，所以，将 $\overline{A}_{15}$ 接第一片的 $\overline{I}_7$ 端，$\overline{A}_0$ 接在第二片的 $\overline{I}_0$ 端。按照要求，第一片的优先权要高于第二片的优先权，利用 $\overline{S}$、$\overline{Y}_S$ 的特性来实现。具体接法如下：

令第一片的 $\overline{S}=0$，使第一片只要有编码输入，就能完成编码操作，第二片的 $\overline{S}$ 等于第一片的 $\overline{Y}_S$，它表明只有第一片无编码输入信号时，才能对第二片的编码输入信号进行编码操作。

此外，74LS138 是 8 线—3 线优先编码器，而构成新的优先编码器具有 16 线—4 线形式，这就需要输出端扩展一条线。由于第一片 $\overline{Y}_{EX}$ 输出应为 0000～0111，第二片的输出范围应为 1000～1111。令第一片的 $\overline{Y}_{EX}$ 作为扩展输出端，可满足要求。因为第一片有编码信号输入时，$\overline{Y}_{EX}=0$；第一片没有编码输入时，$\overline{Y}_{EX}=1$。

考虑到本题要求输出为高电平有效，利用与非门，可以将低电平有效转换为高电平有效，最后的接线如图 5-32所示。

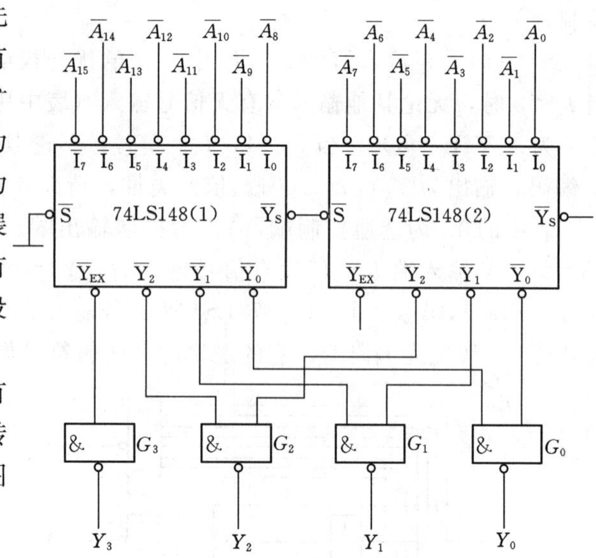

图 5-32　用两片 74LS148 接成的 16 线—4 线优先编码器

二、译码器芯片 74LS138

74LS138 是一种带有 3 个控制端的 3 线—8 线译码器，输入高电平有效，输出低电平有效。当控制端 $S_1=0$，$\overline{S}_2+\overline{S}_3=0$ 时，译码器进行译码操作；反之，译码器闭锁。利用这 3 个控制端，可以实现“片选”，即可以将多片译码器连接起来，构成更大规模的译码器。

74LS138 的功能如表 5-23 所示，其电路结构和符号如图 5-33 所示。

表 5-23　　3 线—8 线译码器 74LS138 的功能表

输入					输出							
S_1	$\overline{S}_2+\overline{S}_3$	A_2	A_1	A_0	$\overline{Y}_0$	$\overline{Y}_1$	$\overline{Y}_2$	$\overline{Y}_3$	$\overline{Y}_4$	$\overline{Y}_5$	$\overline{Y}_6$	$\overline{Y}_7$
0	×	×	×	×	1	1	1	1	1	1	1	1
×	1	×	×	×	1	1	1	1	1	1	1	1
1	0	0	0	0	0	1	1	1	1	1	1	1
1	0	0	0	1	1	0	1	1	1	1	1	1
1	0	0	1	0	1	1	0	1	1	1	1	1
1	0	0	1	1	1	1	1	0	1	1	1	1
1	0	1	0	0	1	1	1	1	0	1	1	1
1	0	1	0	1	1	1	1	1	1	0	1	1
1	0	1	1	0	1	1	1	1	1	1	0	1
1	0	1	1	1	1	1	1	1	1	1	1	0

【例 5-9】　试用两片 3 线—8 线译码器 74LS138 构成 4 线—16 线译码器。

【解】　由于 4 线—16 线译码器的输入范围为 0000～1111，将输入范围分成两段，分别由第一片译码器和第二片译码器去完成。所以第一片译码器的输入范围为 0000～0111，第二片译码器的输入范围为 1000～1111。利用片选控制端 $\overline{S}_2+\overline{S}_3$ 等于输入信号最高位 D_3 的值，决定由哪个芯片进行译码操作。例如，$D_3=0$ 时，第一片进行译码操作；$D_3=1$ 时，第二片进行译码操作。具体接法如图 5-34 所示。

【例 5-10】　试用 3 线—8 线译码器 74LS138 实现逻辑函数。

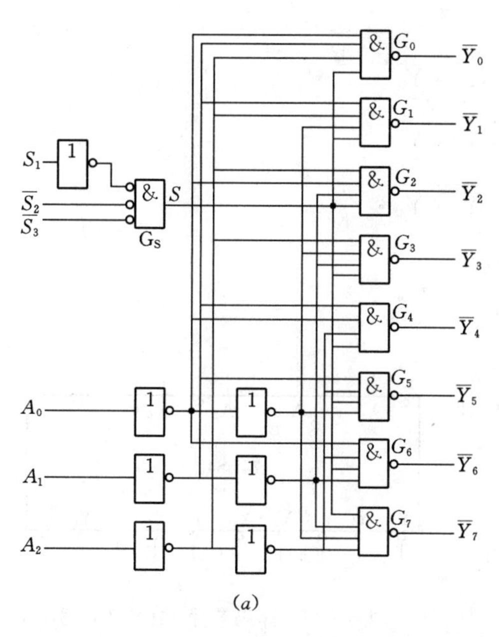

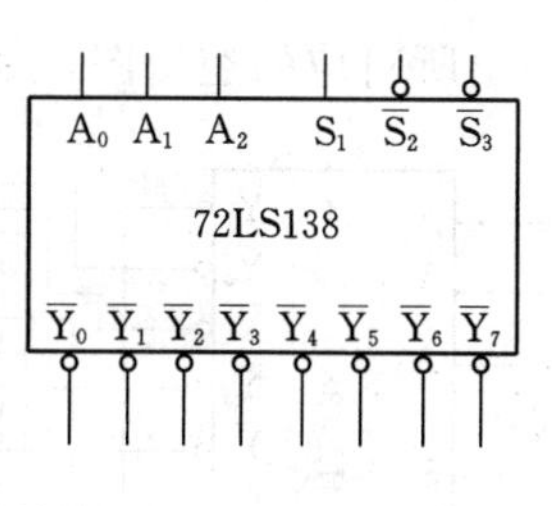

图 5-33　译码芯片 74LS138

(a) 逻辑图；(b) 逻辑符号

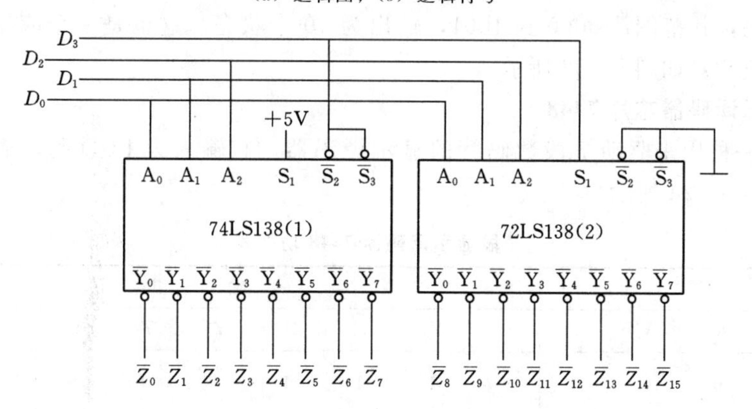

图 5-34　用两片 74LS138 接成的 4 线—16 线译码器

$$Y_a = A\overline{C} + \overline{A}BC + A\overline{B}C$$
$$Y_b = BC + \overline{A}\overline{B}C$$
$$Y_c = \overline{A}B + A\overline{B}C$$
$$Y_d = \overline{A}B\overline{C} + \overline{B}\overline{C} + ABC$$

【解】　由于

$$\begin{aligned} Y_a &= A\overline{C} + \overline{A}BC + A\overline{B}C \\ &= AB\overline{C} + A\overline{B}\overline{C} + \overline{A}BC + A\overline{B}C \\ &= \overline{\overline{AB\overline{C}} \cdot \overline{A\overline{B}\overline{C}} \cdot \overline{\overline{A}BC} \cdot \overline{A\overline{B}C}} \\ &= \overline{\overline{Y}_6 \cdot \overline{Y}_4 \cdot \overline{Y}_3 \cdot \overline{Y}_5} \end{aligned}$$

同理

$$Y_b = \overline{\overline{Y}_1 \cdot \overline{Y}_3 \cdot \overline{Y}_7}$$

$$Y_c = \overline{\overline{Y}_2 \cdot \overline{Y}_3 \cdot \overline{Y}_5}$$

$$Y_d = \overline{\overline{Y}_0 \cdot \overline{Y}_2 \cdot \overline{Y}_4 \cdot \overline{Y}_7}$$

画出所对应的逻辑图，如图 5-35 所示。

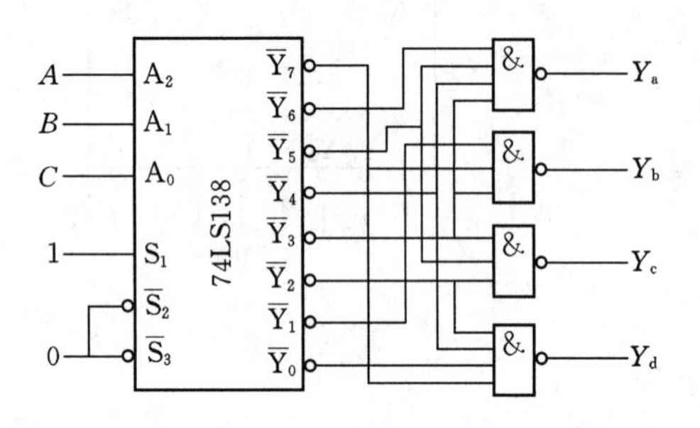

图 5-35　例 5-10 逻辑图

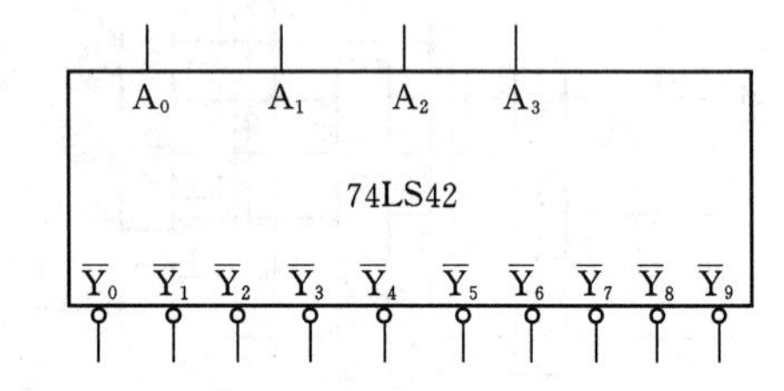

图 5-36　译码芯片 74LS42 符号

译码器芯片除 74LS138 外，常用的还有 4 线—10 线译码器芯片 74LS42，它输入为 4 位二进制代码，其范围从 0000 到 1001，输出为 10 个状态。这也是一个应用十分广泛的译码芯片，其符号如图 5-36 所示。

三、显示译码器芯片 7448

7448 是一种用来驱动 7 段数码管的显示译码器，它输入为 BCD 码，输出为字符显示，功能如表 5-24 所示。

表 5-24　　7 段显示译码器 7448 功能表

输入					输出							
数字	A_3	A_2	A_1	A_0	Y_a	Y_b	Y_c	Y_d	Y_e	Y_f	Y_g	字形
0	0	0	0	0	1	1	1	1	1	1	0	0
1	0	0	0	1	0	1	1	0	0	0	0	1
2	0	0	1	0	1	1	0	1	1	0	1	2
3	0	0	1	1	1	1	1	1	0	0	1	3
4	0	1	0	0	0	1	1	0	0	1	1	4
5	0	1	0	1	1	0	1	1	0	1	1	5
6	0	1	1	0	0	0	1	1	1	1	1	6
7	0	1	1	1	1	1	1	0	0	0	0	7
8	1	0	0	0	1	1	1	1	1	1	1	8
9	1	0	0	1	1	1	1	0	0	1	1	9

电路结构和符号如图 5-37 所示。其中$\overline{BI}/\overline{RBD}=0$ 为灭灯控制端，当$\overline{BI}/\overline{RBD}=0$ 时，被驱动的数码管各段灯灭。$\overline{LT}$为灯测试输入端，当$\overline{LT}=0$ 时，被驱动的数码管各段

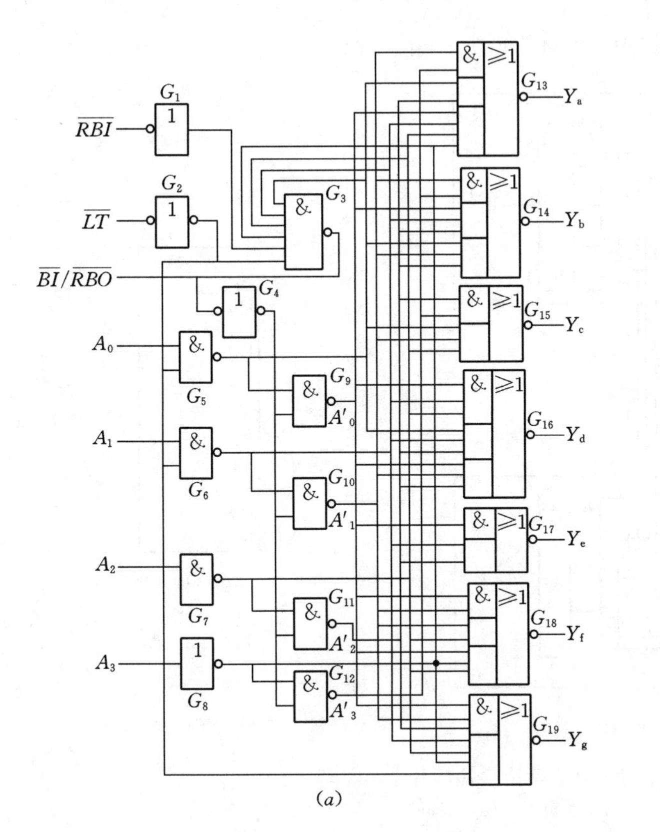

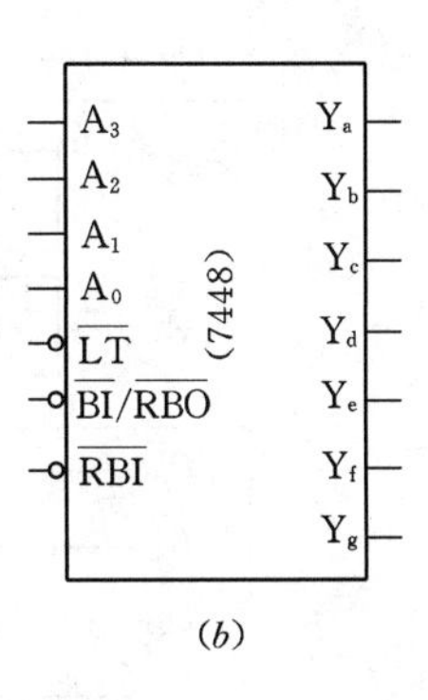

图 5-37　显示译码芯片 7448

（a）逻辑图；（b）逻辑符号

点亮，以检测数码管是否正常。$\overline{RBI}$为灭零输入端，低电平有效。应用$\overline{RBI}$的目的是为了能把不希望显示的零熄灭。

图 5-38 用 7448 和数码管 BS201A 接成一位显示器的例子。

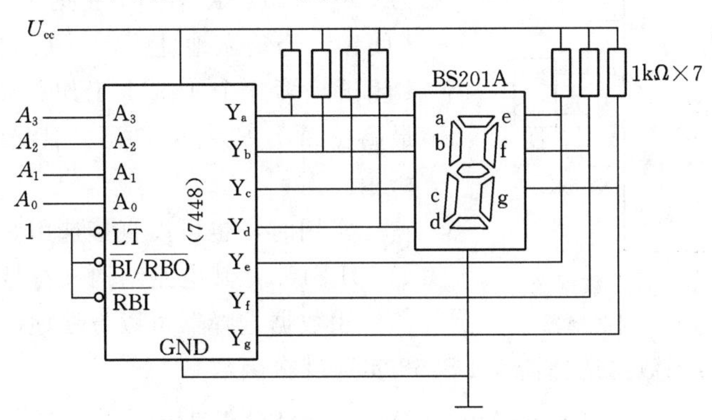

图 5-38　一位显示器接线图

四、数据选择器芯片 74LS153

74LS153 是由两个 4 选 1 电路构成的双 4 选 1 逻辑芯片，$\overline{S}_1$、$\overline{S}_2$ 是它的 2 个控制端，低电平有效。D_{10}～D_{13}、D_{20}～D_{23} 是两组数据输入端，A_1A_0 是两个 4 选 1 电路公共地址

线。74LS153 的电路结构和符号如图 5-39 所示。

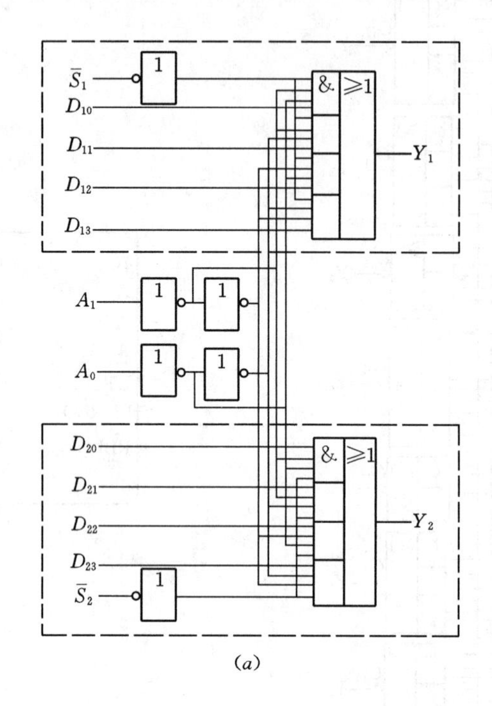

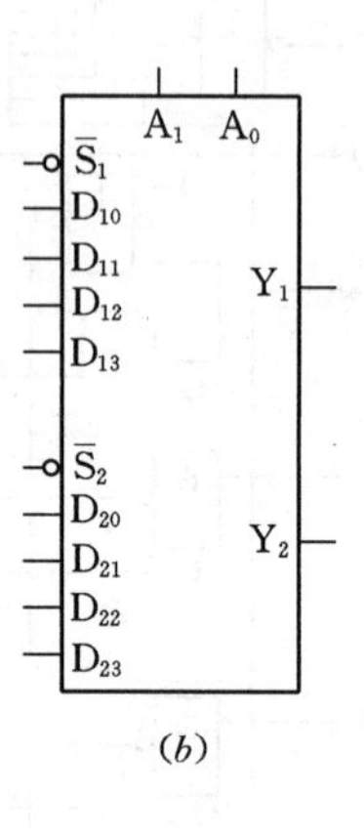

图 5-39　数据选择器芯片 74LS153

(a) 逻辑图；(b) 逻辑符号

【例 5-11】　用 74LS153 构成 8 选 1 数据选择器。

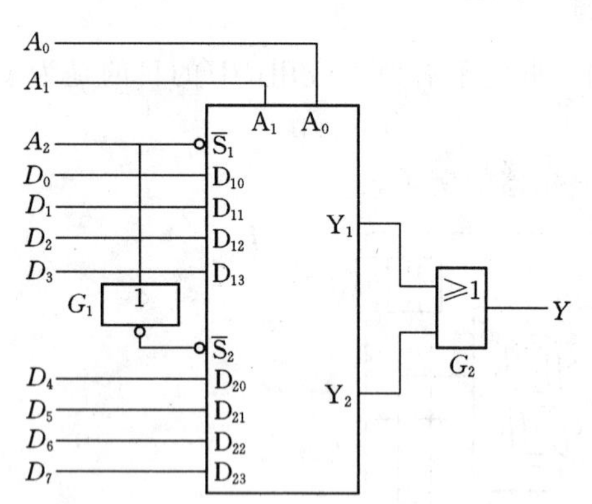

图 5-40　用两个 4 选 1 数据选择器接成的 8 选 1 数据选择器

【解】　由于 8 选 1 数据选择器需要 3 条地址线，而 74LS153 只有 2 条地址线。因此，需要扩展 1 条地址线。应用控制端 $\overline{S}_1$、$\overline{S}_2$。当输入地址为 000～011，让第一个 4 选 1 工作，第二个 4 选 1 闭锁。当输入地址为 100～111 时，第一个 4 选 1 闭锁，第二个 4 选 1 工作。显然，令地址线的最高位 $A_2=\overline{S}_1=S_2$ 即可。其接线方式如图 5-40 所示。

实用时，也可以直接选用 8 选 1 数据选择器，如 74LS152，其电路结构和符号如图5-41所示。

用数据选择器可以方便地产生逻辑函数。

【例 5-12】　用数据选择器 74LS152 实现逻辑函数

$$Y=\overline{A}\overline{B}\overline{C}+\overline{A}BC+AB\overline{C}+ABC$$

【解】　对给定的逻辑函数取反，有

$$\overline{Y}=\overline{\overline{A}\overline{B}\overline{C}+\overline{A}BC+AB\overline{C}+ABC}$$

而 74LS152 的输出函数

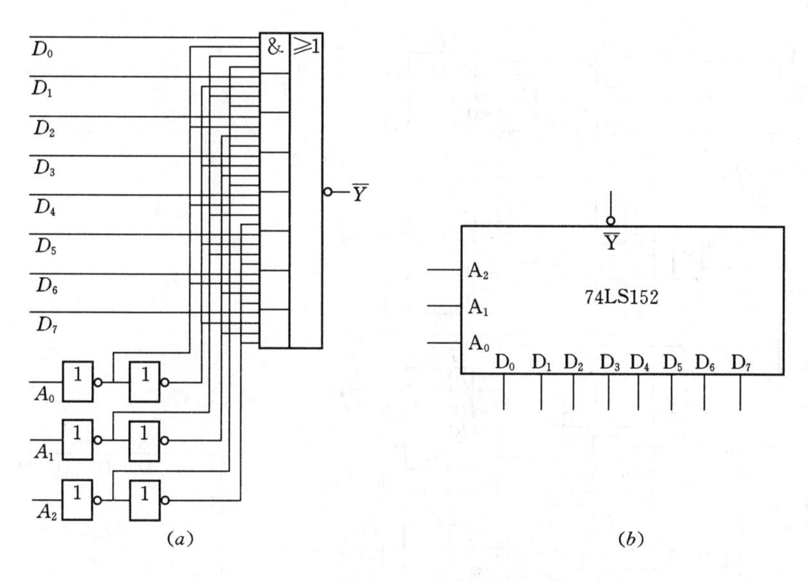

图 5-41　数据选择器芯片 74LS152

(a) 逻辑图；(b) 逻辑符号

$$\overline{Y}=\overline{D_0(\overline{A}_2\overline{A}_1\overline{A}_0)+D_1(\overline{A}_2\overline{A}_1A_0)+D_2(\overline{A}_2A_1\overline{A}_0)+D_3(\overline{A}_2A_1A_0)}$$
$$\overline{+D_4(A_2\overline{A}_1\overline{A}_0)+D_5(A_2\overline{A}_1A_0)+D_6(A_2A_1\overline{A}_0)+D_7(A_2A_1A_0)}$$

令　　$A_2=A$，$A_1=B$，$A_0=C$

可见　$D_0=D_3=D_6=D_7=1$

$D_1=D_2=D_4=D_5=0$

考虑到给定函数为高电平有效，所以将 74LS152 的输出取反即可，其逻辑图如图 5-42 所示。

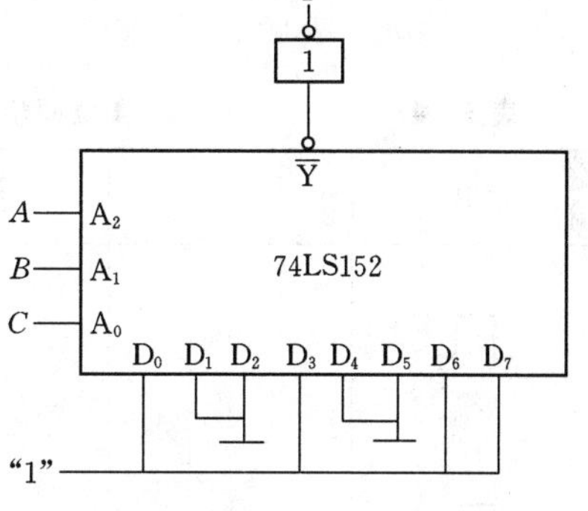

图 5-42　例 5-12 逻辑图

五、计数器芯片 74LS161

74LS161 是同步四位二进制加法计数器，图 5-43 是它的电路结构和符号。

其中，CP 为脉冲输入端，$\overline{R}_D$ 为异步置 0 控制端（复位端），$\overline{LD}$ 为置数控制端，EP、ET 为控制端。通常描述计数器的工作特性要用一个功能表来表达，表 5-25 是 74LS161 的功能表。

同步加法计数器除 74LS161 外，常用的还有 74LS160。74LS160 是一个同步十进制加法计数器，它从 0000 开始计数，计到 1001 后返回 0000，共 10 个状态。74LS160 的电路结构与逻辑符号如图 5-44 所示，其功能表与 74LS161 的功能表完全相同，所不同的仅在于 74LS160 是十进制计数器而 74LS161 是十六进制计数器。

应用计数器控制端 $\overline{LD}$ 可以在其计数范围内构成任意进制计数器。例如，对于 74LS161 可以构成五进制、七进制、十三进制计数器等。

图 5-45 (a) 是 74LS160 构成六进制计数器的例子，图 5-45 (b) 是它的状态转换图。

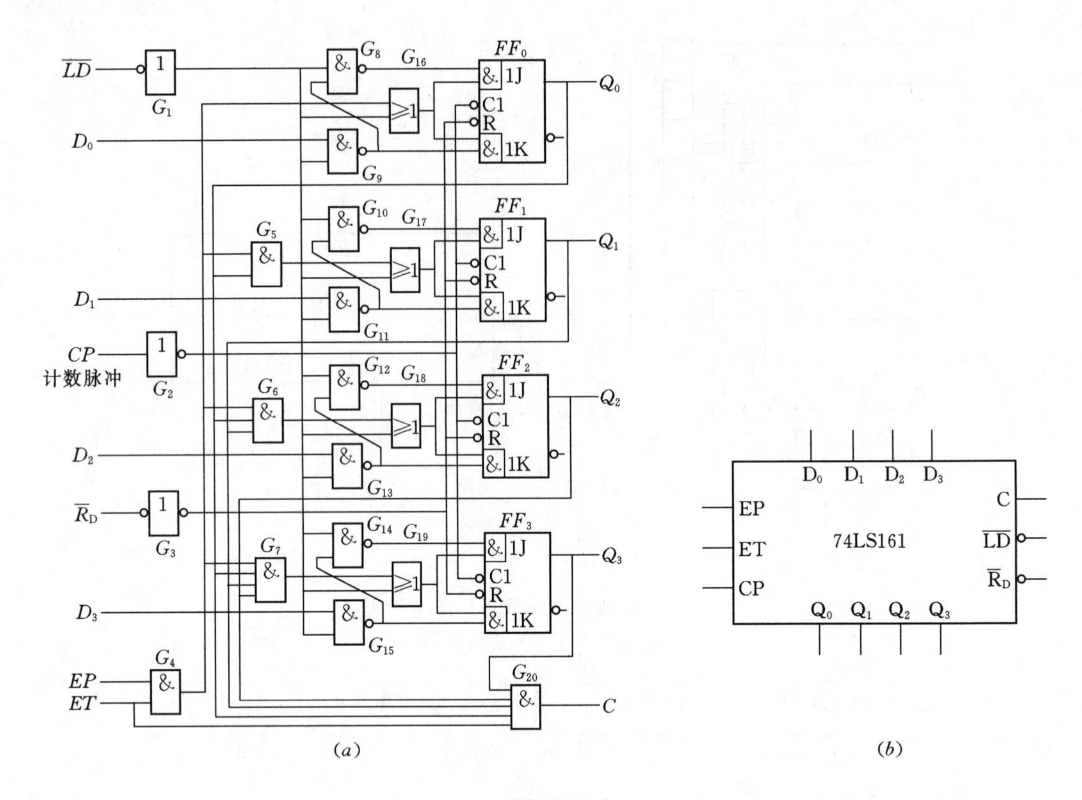

图 5-43　计数器芯片 74LS161

（a）逻辑图；（b）逻辑符号

表 5-25　　4 位同步二进制计数器 74LS161 的功能表

CP	$\bar{R}_D$	$\overline{LD}$	EP	ET	工作状态
×	0	×	×	×	置　零
↑	1	0	×	×	预置数
×	1	1	0	1	保　持
×	1	1	×	0	保持（但 $C=0$）
↑	1	1	1	1	计　数

从图 5-45 中的逻辑关系可以看出，当计数器状态从 0100 到达 0101 后，与非门 G 的输入状态为 1，输出状态为 0，使得$\overline{LD}=0$。根据 74LS160 的功能表，当$\overline{LD}=0$ 时，表示计数器进入了预置数状态。此时，为将数据 $D_3D_2D_1D_0$ “置入” $Q_3Q_2Q_1Q_0$ 做好了准备，当且仅当计数脉冲 CP 到达后，计数器立刻完成计数操作，即 $Q_3Q_2Q_1Q_0=D_3D_2D_1D_0$。由于在例中已经令 $D_3D_2D_1D_0=0000$，所以计数器 0101 的下一个状态应为 0000。

上述过程能够实现每 6 个有效状态进行一次循环，即构成了六进制计数。图 5-46（a）是应用 74LS161 构成的八进制计数器，图 5-46（b）是它的状态转换图，其工作原理与上述过程相同，读者可自行分析。

应用$\overline{LD}$构成任意计数器的方法，有时也称为置位法。

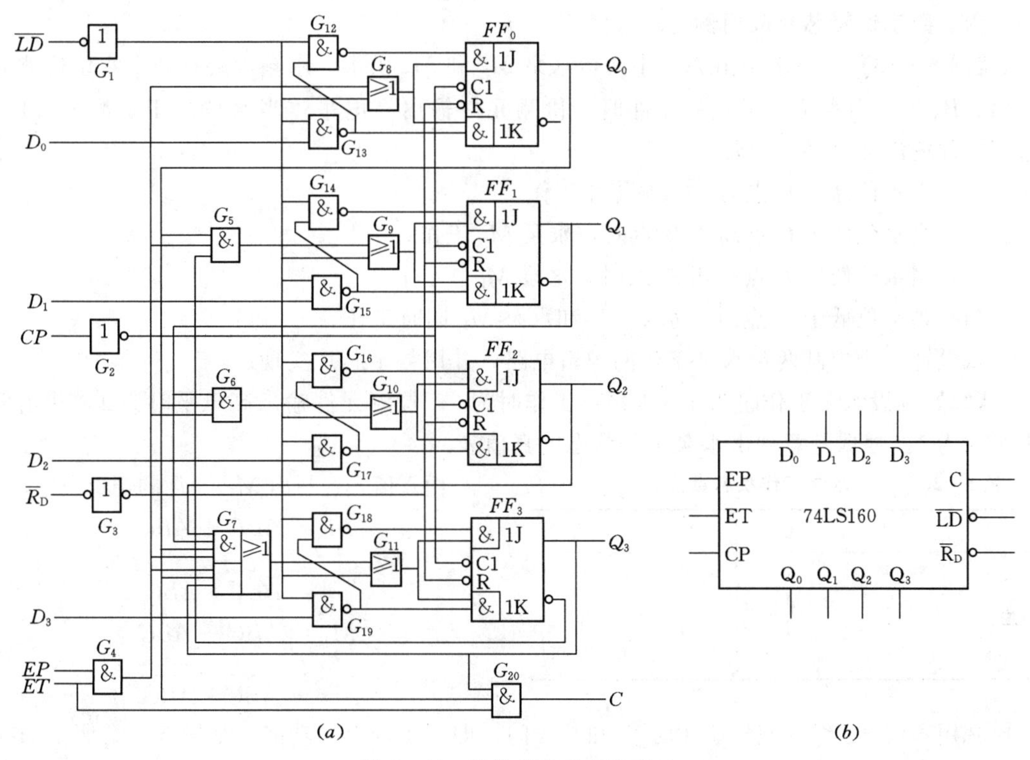

图 5-44 计数器芯片 74LS160

(a) 逻辑图；(b) 逻辑符号

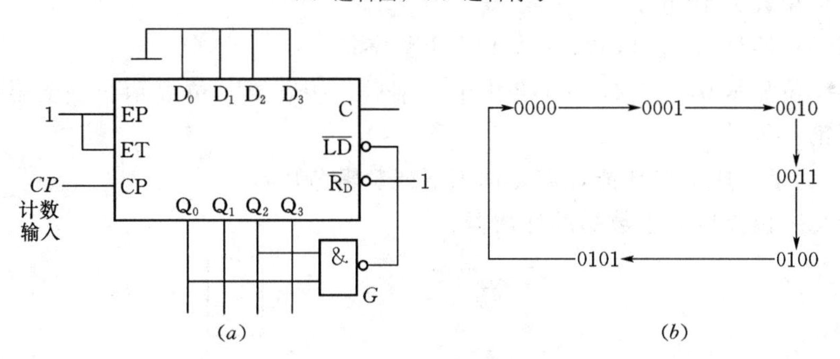

图 5-45 74LS160 构成的六进制计数器

(a) 逻辑图；(b) 状态转换图

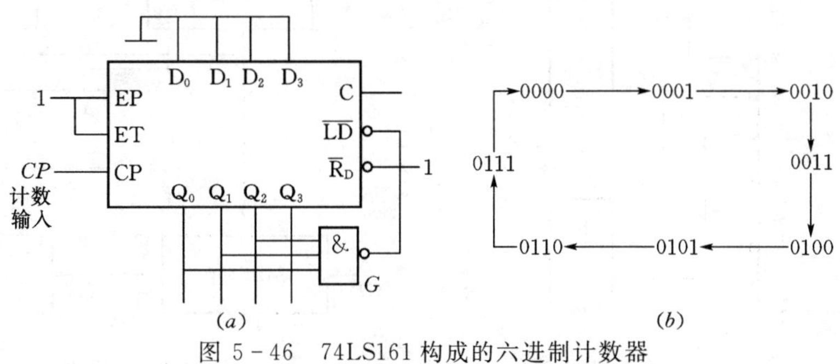

图 5-46 74LS161 构成的六进制计数器

(a) 逻辑图；(b) 状态转换图

六、数字逻辑芯片应用例

【例 5-13】　一水箱由大、小两台水泵 M_L 和 M_S 供水，水箱内装有 3 个水位检测元件 A、B、C。当水位低于检测元件时，检测元件输出高电平；当水位高于检测元件时，检测元件输出低电平。现要求：

(1) 当水位高于 C 点时，水泵停止工作；

(2) 当水位低于 C 点高于 B 点时，水泵 M_S 工作；

(3) 当水位低于 B 点高于 A 点时，水泵 M_L 工作；

(4) 当水位低于 A 点时，水泵 M_S 和水泵 M_L 同时工作。

试设计一个控制两台水泵工作的逻辑电路，并用数字芯片实现。

【解】　设水泵工作时为 1，水泵不工作时为 0；检测元件输出高电平时为 1，输出低电平时为 0。根据题意列出水泵工作状态的真值表。

表 5-26　　水泵工作状态真值表

A	B	C	M_S	M_L
0	0	0	0	0
0	0	1	1	0
0	1	1	0	1
1	1	1	1	1

由真值表，写出 M_S、M_L 的逻辑表达式

$$M_S=\bar{A}\bar{B}C+ABC$$

$$=\overline{\overline{\bar{A}\bar{B}C}\cdot\overline{ABC}}$$

$$M_L=\bar{A}BC+ABC$$

$$=\overline{\overline{\bar{A}BC}\cdot\overline{ABC}}$$

选用 3 线—8 线译码器 74LS138 和与非门，即可实现上述功能，如图 5-47 所示。

【例 5-14】　试设计一个具有自检功能的数字显示系统，要求：

(1) 显示位数为 10 位；

(2) 每一位能显示 0，1，2，…，9 十个数字；

(3) 第一位显示 0，1，2，…，9 十个数字后，接着第二位显示。直至第十位显示结束后，返回第一位。

【解】　为了完成上述功能，需要选用下列逻辑芯片：

(1) 为每一位提供显示数据的计数器；

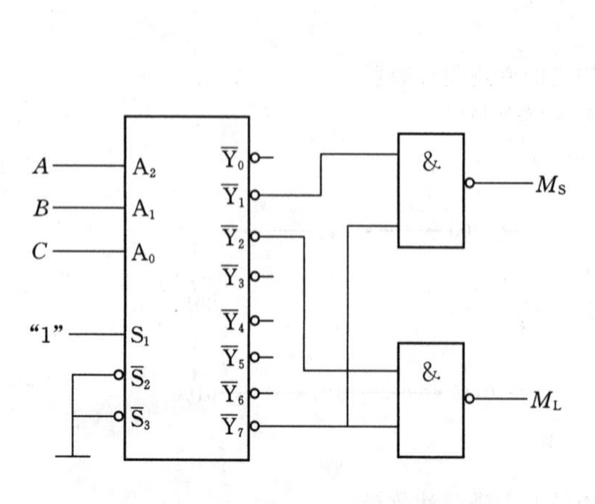

图 5-47　例 5-13 逻辑图

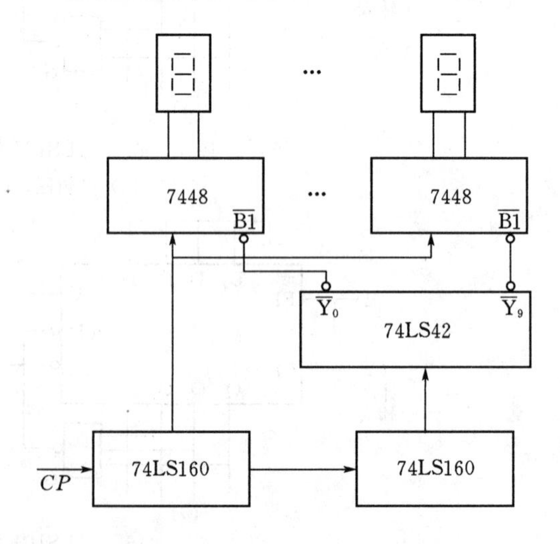

图 5-48　例 5-14 系统结构图

（2）控制显示位的计数器；

（3）与显示数码管相配合显示译码器。

考虑到每一位要求显示10个数字且具有十位，所以数据计数器和位控制计数器选用74LS160，位控制译码器选用7442，显示译码器选用7448。其数字显示系统的结构如图5－48所示。读者可根据上述结构，自行画出所对应的逻辑图。

第七节　电子电路计算机仿真与设计简介

随着计算机的广泛应用，电子电路的仿真与设计得到了空前的发展，并受到了广泛的重视，它已经成为现代工业设计的基本方式和重要手段。计算机仿真设计代替了以往工程技术人员凭借经验反复试凑、修改电路的传统设计方法，使得电路的研制周期更短、费用更低、效率更高。此外，电子技术的进步，特别是芯片技术的可编程实现，计算机仿真设计已经成为关键的技术手段。计算机仿真与设计通常包括以下几个方面：

（1）电路仿真。它包括直流电路、交流电路的稳态计算，瞬态计算，频率特性和传输特性的分析等，常用软件有PSPICE、EWB等。

PSPICE（PC Simulation Program with IC Emphasis）是在美国加利福尼亚大学开发的SPICE基础上开发的通用电路仿真软件，它界面友好，仿真能力强，是目前许多电路仿真的基础软件。

EWB（Electronics Work Bench），也称为虚拟电子工作平台，是加拿大Interactive Image Technologies公司开发的电路仿真软件。它含有许多虚拟电子仪器，如万用表、示波器、信号发生器、逻辑分析仪、扫频仪等。利用EWB可以进行多项电路仿真，就像拥有一个电子实验室一样方便。

（2）模拟电子电路仿真。它包括放大电路、运算电路、电源电路、信号发生与处理电路的静态工作点的计算，交流参数（电压放大倍数、输入电阻、输出电阻等）的计算以及频率特性、容差特性和温度特性的分析。常用软件有PSPICE、EWB和Circuit Maker等。

Circuit Maker是Microcode公司在SPICE基础上开发的仿真软件，它除具有SPICE强大的功能外，还具有非常人性化的界面，使操作非常简单方便。Circuit Maker不仅能对模拟电子电路仿真，也能对数字电子电路进行仿真。

（3）数字电子电路仿真。它包括组合逻辑仿真和时序逻辑仿真。输入变量可以是一组二进制代码，也可以是对应的波形。常用的软件有EWB和Circuit Maker等。

（4）可编程逻辑芯片设计。前面我们介绍的数字芯片都是具有特定逻辑功能的芯片。应用这种芯片去构成复杂数字系统时，其体积和外部接线以及电路的灵活运用上，还不能满足现代工业与科学技术发展的需要，而可编程逻辑芯片正是在这一背景下产生的。它容量大，可多次进行编程，应用非常灵活。运用可编程逻辑芯片，用户可以根据自己的需要，生产出具有自主知识产权的芯片。

可编程逻辑芯片的编程，需要相应的软件支持。常用的软件有MAX＋PLUSII和ISP Synario System等。

下面，以 PSPICE 软件为例，来说明计算机进行仿真设计的一些概念。

一、电子电路仿真设计原理

1. 首先建立一个电子电路输入文件

该输入文件描述了电路中所包含的元器件的名称（电阻、电容、电感、电源、半导体器件等）、参数及它们之间的连接关系，还包含电路分析的种类（直流分析、交流分析、时序分析等）。

2. 利用基尔霍夫定律联立方程组

仿真程序以输入文件的电路结构、元件参数为基础建立相应的 KCL 方程和 KVL 方程。

3. 应用牛顿-拉夫逊法求得联立方程的一组解

牛顿-拉夫逊法是求解非线性方程的一个有效方法，是当前电路分析程序中非线性分析方法的基础，是将非线性逐次线性化而得到的迭代方法。

二、电子电路仿真设计应用举例

图 5-49 为 RLC 电路，试求节点 1 处的输出电压与频率的关系。

SPICE 仿真程序如下：

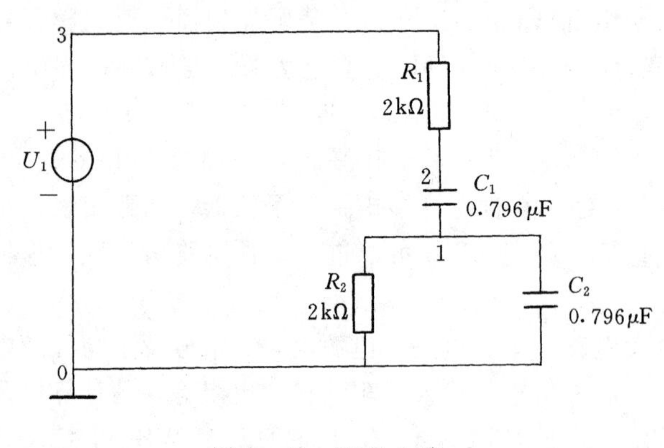

图 5-49　RLC 电路

```
RLC. CIR❶
C1   2   1   0.796UF
C2   1   0   0.796UF
R1   3   2   2k
R2   1   0   2k
V1   3   0   AC   1
. AC DEC 15 10 1000
. PRINT AC VM (1)
. PLOT AC VM (1)
. PROBE
. END
```

说明：

语句 1　文件名，即电路名称。

语句 2～6　电路元件名、连接结构及参数。例如，电容 C_1 连接在节点 2 与节点 1 之间，大小为 0.796μF。

语句 7　说明语句，意为进行交流分析，取样点数为 15，起始频率为 10Hz，终止频率为 1000Hz。

语句 8　打印输出语句，意为输出节点 1 的电压幅度。

语句 9　绘图输出语句，意为输出节点 1 的电压幅度。

语句 10　图形输出语句。

❶ 在 SPICE 格式中，UF 相当于 μF，V_1 相当于电压源 U_1。

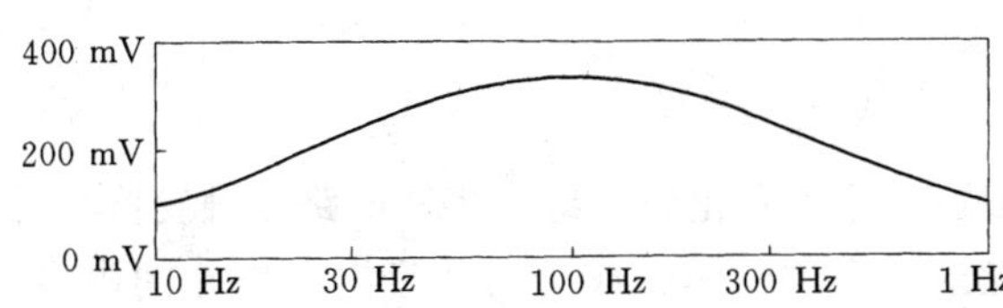

图 5-50 节点 1 输出电压与频率的关系

语句 11 结束语句。

仿真结果如图 5-50 所示。

图 5-51 给出了一个基本放大电路，应用 PSPICE 对它进行直流、交流分析，程序如下：

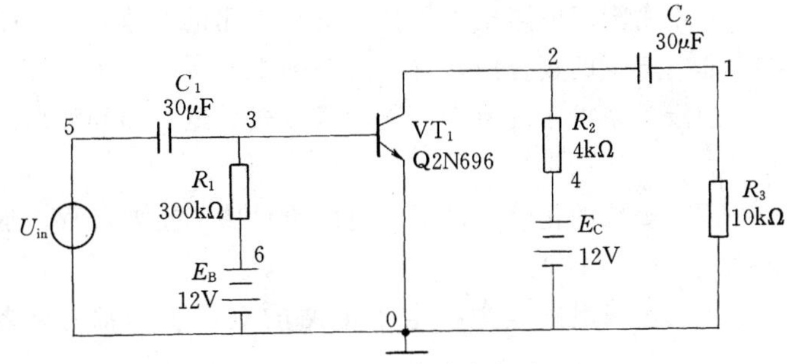

图 5-51 基本放大电路

BA. CIR[1]

R_3 1 0 10k

C_1 3 5 30UF

V_B 6 0 12V

V_{CC} 4 0 12V

R_1 3 6 300k

C_2 2 1 30UF

R_2 2 4 4k

Q_1 2 3 0 Q2N696

V_{in} 5 0 *AC* 1 sin（0 0.015 10k）

. LIB NOM. LIB

. OP

. DC V_B 1 32 2 V_{CC} 1 12 1

. AC OCT 50 1 1G

. END

分析结果如图 5-52～图 5-54 所示，可见计算机的分析与仿真能力是极为强大的。

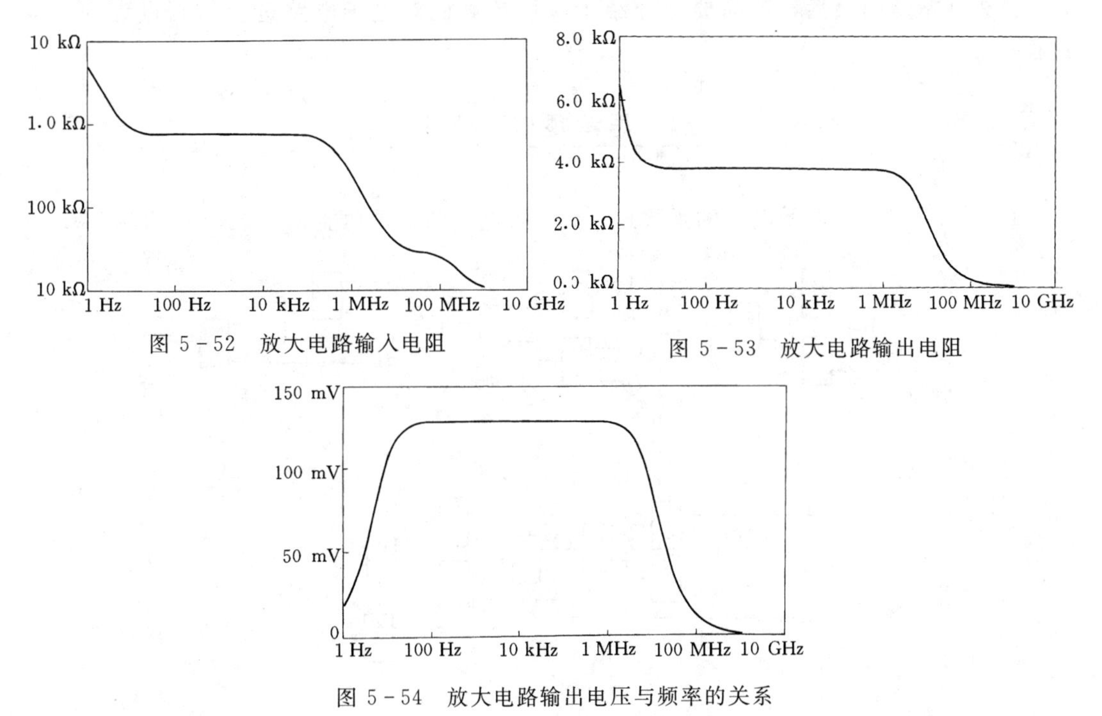

图 5-52 放大电路输入电阻

图 5-53 放大电路输出电阻

图 5-54 放大电路输出电压与频率的关系

[1] 在 SPICE 格式中，V_{in}相当于U_{in}，V_B 相当于 E_B，V_{CC}相当于 E_C，Q_1 相当于 VT_1。

小　　结

本章介绍了基本门电路，逻辑关系的表达、运算和化简，组合逻辑电路，触发器和时序逻辑电路以及数字逻辑芯片应用等。通过这一章的学习，应该对数字电子电路的内容、研究方法及应用有一个初步的了解。

基本逻辑门电路是组成数字电子电路的基本部件。它包括与门、或门、非门及由与、或、非门产生的复合门。对门电路的组成、电平关系和真值表要求熟练掌握。

逻辑关系可用真值表、逻辑函数式、逻辑图和波形图来表达。真值表是最基本的表达方式。

逻辑函数的化简，是逻辑电路设计中的重要过程。这就要求对逻辑代数的运算规则能熟练地掌握。

组合逻辑电路是数字电子电路的重要组成部分。要求能熟练地掌握它的分析和设计方法。

触发器是具有记忆功能的逻辑部件。它是组成时序逻辑电路的基础。主要介绍了 JK 触发器和 D 触发器。描述触发器的逻辑功能通常用特性表和特性方程，必须很好地掌握。时序逻辑电路比组合逻辑电路复杂，分析时要按照给定的步骤进行，这样便于理解，也便于更好地应用。

数字芯片是实现复杂逻辑控制的基础，特别要熟悉和掌握数字芯片的逻辑功能和接线方式。

此外在本章的最后，还简要地介绍了应用计算机对电子电路进行仿真设计的基本过程。

思考题与习题五

1. 写出图 5 - 55 所示电路的函数式，说明各电路的逻辑功能。

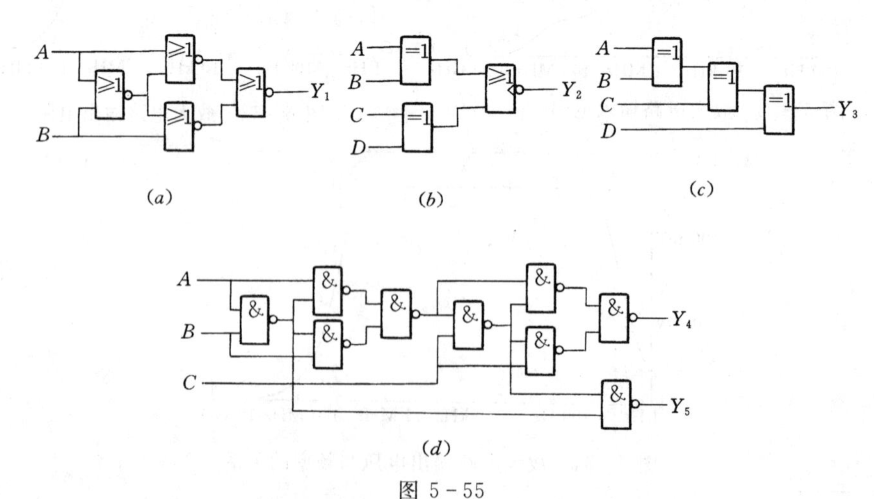

图 5 - 55

2. 用真值表证明下列等式成立。

(1) $\overline{ABC}=\overline{A}+\overline{B}+\overline{C}$

(2) $\overline{A+B+C}=\overline{A}\cdot\overline{B}\cdot\overline{C}$

(3) $\overline{AB}+\overline{A}B=(\overline{A}+\overline{B})(A+B)$

(4) $A\oplus 0=A$

(5) $A\oplus 1=\overline{A}$

(6) $A(B\oplus C)=AB\oplus AC$

(7) $(A+B)(\overline{A}+C)(B+C)=(A+B)(\overline{A}+C)$

3. 应用公式证明下列等式。

(1) $A(A+B)=A$

(2) $A(\overline{A}+B)=AB$

(3) $AB+A\overline{B}+\overline{A}\,\overline{B}=A+\overline{B}$

(4) $ABC+A\overline{B}C+AB\overline{C}=AB+AC$

(5) $AB\overline{D}+A\overline{B}\,\overline{D}+ABC=A\overline{D}+AB\overline{C}$

(6) $\overline{A\overline{B}+\overline{A}C+B\overline{C}}=\overline{A}\,\overline{B}\,\overline{C}+ABC$

(7) $(A+B)(\overline{A}+C)(B+C+D)=(A+B)(\overline{A}+C)$

4. 应用公式化简下列函数。

(1) $Y_1=\overline{A}+\overline{B}+\overline{C}+ABC$

(2) $Y_2=A\overline{B}\,\overline{C}+A\overline{B}C+AB\overline{C}+ABC$

(3) $Y_3=A\overline{B}+\overline{B}\,\overline{C}+AC$

(4) $Y_4=A\overline{B}+\overline{A}B+BC+\overline{B}\,\overline{C}$

(5) $Y_5=\overline{A}\,\overline{B}C+\overline{A}BC+ABC+AB\overline{C}$

(6) $Y_6=A+\overline{A}BCD+A\,\overline{BC}+BC+\overline{B}C$

(7) $Y_7=\overline{A}\,\overline{B}\,\overline{C}+AC+B+C$

(8) $Y_8=(A+\overline{A}C)(A+CD+D)$

(9) $Y_9=A\overline{B}+B\overline{C}+A\overline{B}\,\overline{C}+\overline{A}BC$

5. 化简下列函数，画出最简与非逻辑图。

(1) $Y_1=A\overline{B}+B\overline{C}+\overline{D}C+D\overline{A}+CA+\overline{C}A$

(2) $Y_2=A\overline{B}+\overline{A}C+BCD$

(3) $Y_3=AB+\overline{B}\,\overline{C}+A\overline{C}+AB\overline{C}+\overline{A}\,\overline{B}\,\overline{C}\,\overline{D}$

6. 分析图 5-56 所示电路的逻辑功能，写出输出函数式，列出真值表。如果 $A_2B_2=00$ 不会出现，该电路的功能特点是什么？

7. 用与非门实现如下功能的组合逻辑电路。

(1) 三变量判奇电路。

(2) 四变量多数表决电路。

8. 在图 5-57 的 JK 触发器电路中，给出 J、K 端的输入电压波形，试画出 Q 和 $\overline{Q}$ 端与之对应的波形。假定触发器的初始状态为 $Q=0$。

9. 在图 5-58 的 D 触发器电路中，已知 D 端的输入电压波形如图中所示，试画出 Q

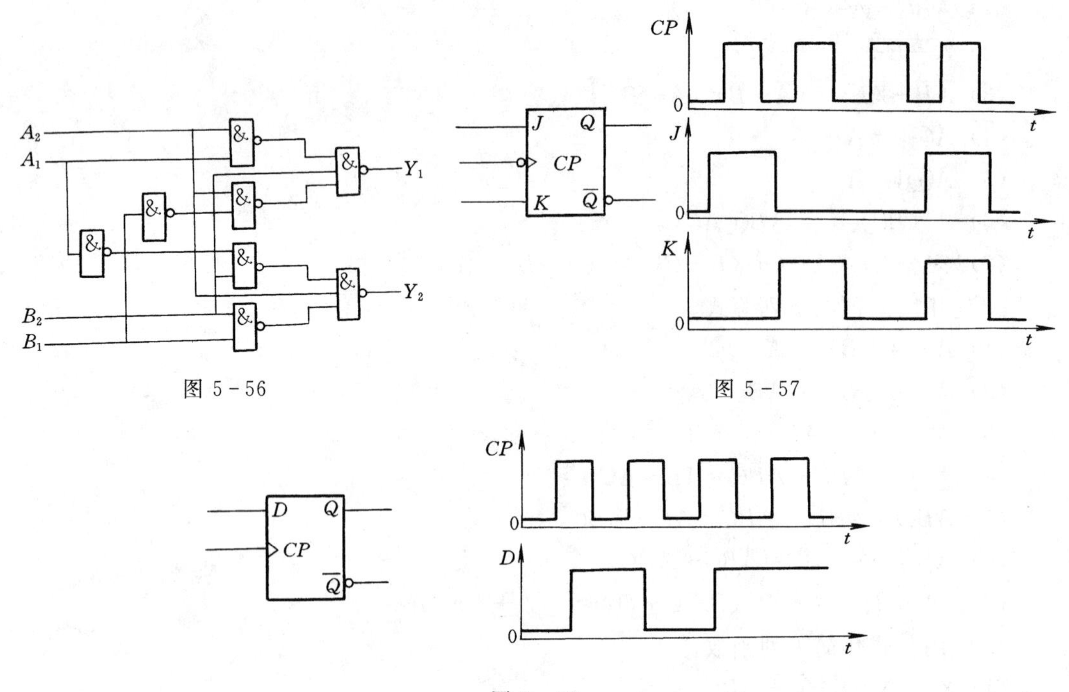

图 5-56

图 5-57

图 5-58

和 $\overline{Q}$ 端与之对应的波形。假定触发器的初始状态为 $Q=0$。

10. 若JK触发器输入端 J、K、$\overline{R}_D$ 和 CP 的电压波形如图 5-59 所示，试画出输出端 Q 和 $\overline{Q}$ 的电压波形。

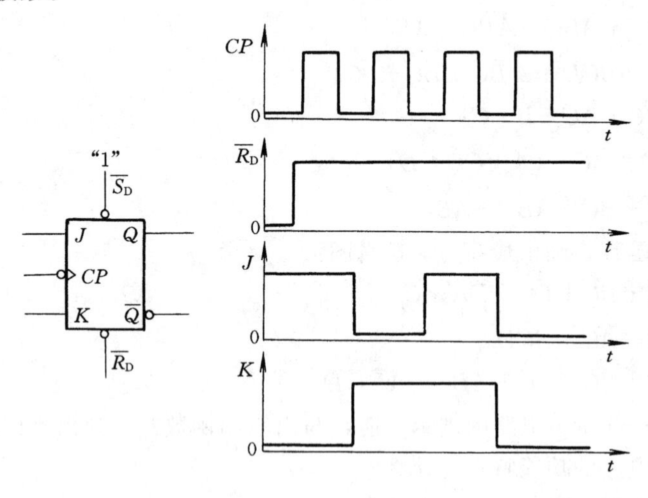

图 5-59

11. 试用3线—8线译码器74LS138实现如下多输出逻辑函数：

$$\begin{cases} Y_1 = AC \\ Y_2 = \overline{A}\overline{B}C + A\overline{B}\overline{C} + BC \\ Y_3 = \overline{B}\overline{C} + AB \end{cases}$$

12. 试用数据选择器实现下列逻辑函数：

（1）$Y=A\overline{B}\overline{C}+\overline{A}\overline{C}+BC$

（2）$Y=\overline{A}C+AB+\overline{B}\overline{C}$

（3）$Y=\overline{A}CD+A\overline{B}\,\overline{D}+\overline{C}D$

13. 试用译码器芯片和数据选择器芯片分别实现交通灯管理报警电路。要求：当红、黄、绿三种信号灯单独亮或黄、绿灯同时亮为正常情况，其它情况均为不正常，请根据上述要求进行设计。

14. 试用计数器芯片 74LS161 实现 12 进制计数。

15. 试用两片 74LS160 实现 100 进制计数。

第六章　变　　压　　器

第一节　变压器及其工作原理

一、变压器的种类和结构

变压器是利用电磁感应原理，能够把某一频率的交流电压变换为同频率的另一交流电压，传递能量，应用很广泛。按用途来分，有电力系统中输配电能用的电力变压器、冶炼用的电炉变压器、电解用的整流变压器、焊接用的电焊变压器、实验或降压起动用的自耦变压器、仪表用的互感器，以及电子设备用的电源变压器、匹配变压器等。按交流电相数来分，有单相变压器和三相变压器。按每相的绕组个数不同，又可以分为双绕组变压器、三绕组变压器以及多绕组的分裂变压器。为多种不同用途而制造的变压器差别极大，它们的容量范围可以从数伏安到数兆伏安以上，电压等级可以从数伏至数百千伏。本章主要讨论电力变压器。虽然变压器的种类很多，但其基本结构和基本原理是相同的。

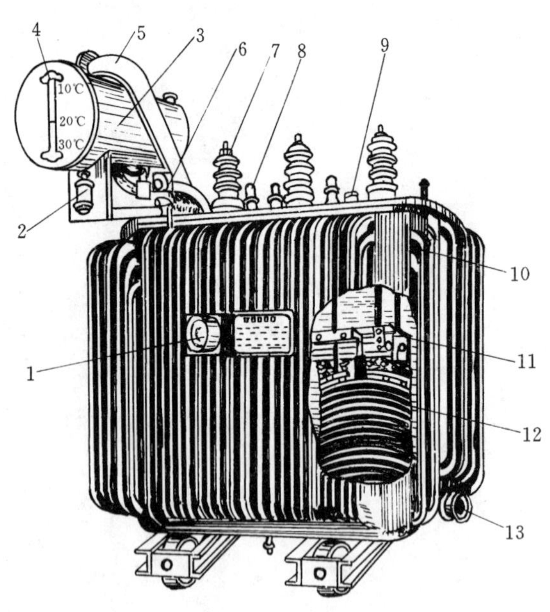

图 6-1　变压器外形

1—温度计；2—吸湿器；3—储油柜；4—油表；5—安全气道；6—气体继电器；7—高压套管；8—低压套管；9—分接开关；10—油箱；11—铁芯；12—线圈；13—放油阀门

除了安全防火要求较高的场所采用户内型的干式或环氧树脂浇注式变压器外，户外型电力变压器都为油浸式。它由铁芯、绕组、变压器油及油箱、绝缘套管五个部分组成，外形如图 6-1 所示。铁芯和绕组都浸放在盛满变压器油的油箱之中，各绕组的端头通过绝缘套管引至油箱外面，以便与外线路连接。

铁芯是变压器的磁路。为了减少涡流和磁滞损耗，铁芯用表面涂有绝缘漆的 0.35～0.5 mm厚的硅钢片交错叠装而成。绕组（线圈）是变压器的电路部分。单相小功率变压器的绕组，多用高强度漆包线绕制，大功率变压器多用绝缘的扁铜芯或变铝线绕制。与交流电源连接的绕组称为原绕组或一次绕组，简称原边；与负载连接的绕组称为副绕组或二次绕组，简称副边。为了绝缘方便，多将低压绕组套在铁芯上，高压绕组同心地套在低压绕组的外面，彼此间用绝缘隔开。

按铁芯与绕组相对位置不同，变压器可分为心式和壳式。前者是绕组包围铁芯，后者是铁芯包围绕组，如图 6－2 所示。小型变压器以及电压低而电流大的电炉变压器等为壳式，电力系统中的变压器都为心式。

变压器油可以用来增强绝缘，又可以通过油受热后的对流，把铁芯和绕组损耗产生的热量传至油箱表面。容量小的变压器，箱壁是平滑的。容量较大的变压器，为增大散热面积，箱壁外焊接出散热扁油管。容量很大的变压器，油箱外接散热组件，甚至还采用风扇强迫风冷或油泵强迫油循环冷却方式。

(a)

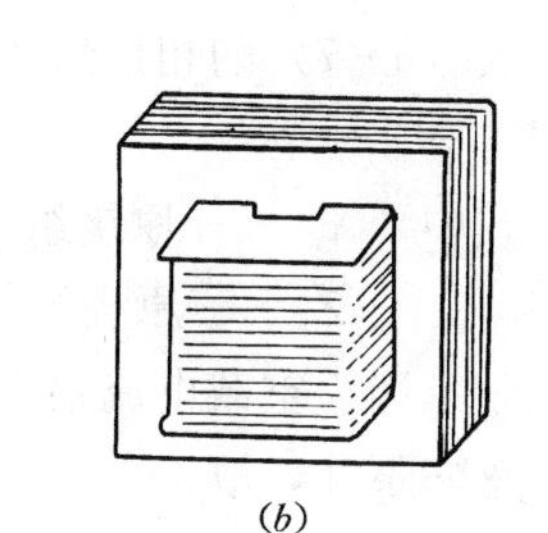

(b)

图 6－2　变压器铁芯的结构型式
(a) 心式；(b) 壳式

为了使带电的引出线与油箱绝缘，并使其固定，高低压绕组从油箱引出时必须穿过绝缘套管。绝缘套管的结构与尺寸取决于高低压绕组的电压等级。除上述五个部分外，变压器还装有分接开关、油枕、油位计、温度计、吸湿器、防爆管、气体继电器和放油阀等附件。

二、变压器的工作原理

1. 电压变换特性

图 6－3 是一个副边开路的单相变压器，原副边绕组分别为 N_1、N_2 匝。当原绕组接通正弦交流电压 u_1，空载电流 i_0 产生磁动势 $i_0 N_1$，并产生经铁芯而闭合的主磁通 φ，它既交链原绕组又交链副绕组。此外，还有少量只与原绕组交链，且通过空气（或油）而闭合的漏磁通 $\varphi_{\sigma 1}$。

现选取 i_0 和 ϕ 的参考方向与线圈绕向符合右手螺旋定则，u_1 及各感应电动势的方向均与 i_0 一致，根据电磁感应定律，主磁通在原、副绕组感应出主磁电动势 e_1、e_2，漏磁通在原绕组感应出漏磁电动势 $e_{\sigma 1}$，它们的表达式分别为

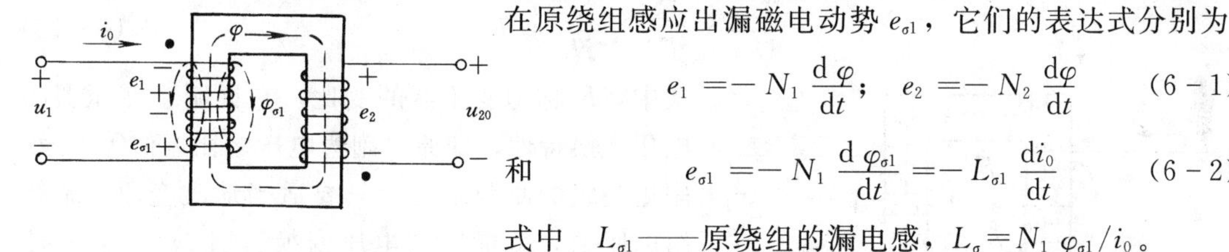

图 6－3　变压器的空载运行

$$e_1 = -N_1 \frac{\mathrm{d}\varphi}{\mathrm{d}t};\quad e_2 = -N_2 \frac{\mathrm{d}\varphi}{\mathrm{d}t} \tag{6-1}$$

和

$$e_{\sigma 1} = -N_1 \frac{\mathrm{d}\varphi_{\sigma 1}}{\mathrm{d}t} = -L_{\sigma 1} \frac{\mathrm{d}i_0}{\mathrm{d}t} \tag{6-2}$$

式中　$L_{\sigma 1}$——原绕组的漏电感，$L_{\sigma} = N_1 \varphi_{\sigma 1}/i_0$。

若不计磁路饱和影响，i_0 和 φ 也按正弦规律变化，即 $\varphi = \Phi_{\mathrm{m}} \sin\omega t$，则

$$\begin{aligned} e_1 &= -N_1 \frac{\mathrm{d}}{\mathrm{d}t}(\Phi_{\mathrm{m}} \sin\omega t) = -N_1 \omega \Phi_{\mathrm{m}} \cos\omega t \\ &= 2\pi f N_1 \Phi_{\mathrm{m}} \sin(\omega t - 90°) = E_{1\mathrm{m}} \sin(\omega t - 90°) \end{aligned} \tag{6-3}$$

$$\begin{aligned} e_2 &= -N_2 \frac{\mathrm{d}}{\mathrm{d}t}(\Phi_{\mathrm{m}} \sin\omega t) = -N_2 \omega \Phi_{\mathrm{m}} \cos\omega t \\ &= 2\pi f N_2 \Phi_{\mathrm{m}} \sin(\omega t - 90°) = E_{2\mathrm{m}} \sin(\omega t - 90°) \end{aligned} \tag{6-4}$$

可见 e_1 和 e_2 均比主磁通滞后 90°，有效值为

$$E_1 = \frac{1}{\sqrt{2}} E_{1\mathrm{m}} = 4.44 f N_1 \Phi_{\mathrm{m}} \tag{6-5}$$

$$E_2 = \frac{1}{\sqrt{2}} E_{2\mathrm{m}} = 4.44 f N_2 \Phi_{\mathrm{m}} \tag{6-6}$$

式中 f——电源频率，Hz；

Φ_m——主磁通最大值，Wb；

E_1、E_2——电动势，V。

空载电流 i_0 流过原边绕组电阻 R_1 产生的电压 $u_{R1}=R_1 i_0$。在图 6-3 选定的参考方向下，由 KVL 得到空载时原绕组的电压平衡方程式为

$$u_1 = R_1 i_0 - e_{\sigma1} - e_1 = R_1 i_0 + L_{\sigma1}\frac{di_0}{dt} - e_1 \quad (6-7)$$

式（6-7）的相量形式为

$$\dot{U}_1 = R_1\dot{I}_0 + jX_{\sigma1}\dot{I}_0 - \dot{E}_1 = Z_1\dot{I}_0 - \dot{E}_1 \quad (6-8)$$

式中 $X_{\sigma1}$——原绕组漏磁电感抗，Ω，$X_{\sigma1}=2\pi f L_{\sigma1}$；

Z_1——原绕组复阻抗，Ω，$Z_1=R_1+jX_{\sigma1}$。

因为空载电流很小，阻抗压降 $\dot{I}_0 Z_1$ 也很小（只占总电压的 0.10%～0.25%），可以忽略不计，故

$$\dot{U}_1 \approx -\dot{E}_1 \quad (6-9)$$

其有效值为

$$U_1 \approx E_1 \approx 4.44 f N_1 \Phi_m \quad (6-10)$$

副边的空载电压 $\dot{U}_{20}=\dot{E}_2$，其有效值为

$$U_{20} = E_2 = 4.44 f N_2 \Phi_m \quad (6-11)$$

由式（6-10）、式（6-11）可得到变压器空载运行时原、副边绕组端电压有效值之比

$$\frac{U_1}{U_{20}} \approx \frac{E_1}{E_2} = \frac{N_1}{N_2} = K \quad (6-12)$$

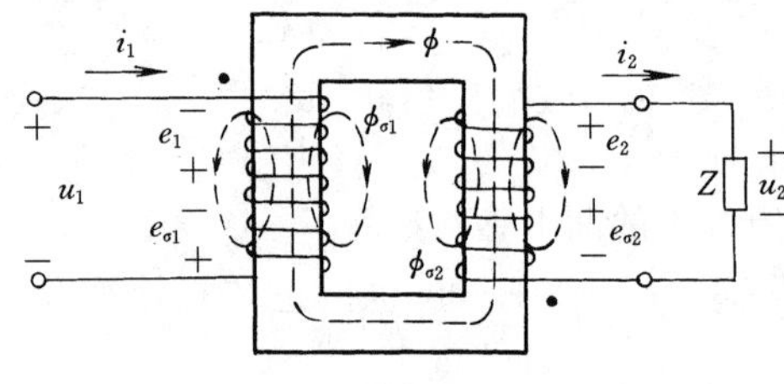

图 6-4 变压器的负载运行

式中，K 称为变压器的变比，它说明了变压器的电压变换特性，即原、副边电压之比近似等于原、副边绕组的匝数之比。只要适当地改变原、副绕组的匝数，就能实现电压变换。当 $N_1>N_2$，即 $K>1$ 时为降压变压器；当 $N_1<N_2$，即 $K<1$ 时为升压变压器。由于实际的电力系统中，多数是降压变压器，故习惯上把变比定义为：变压器空载时，高压绕组（匝数较多）电压对低压绕组（匝数较少）电压之比。

变压器负载运行时的电磁原理图如图 6-4 所示。此时，副边电流 i_2 同样产生漏磁通 $\varphi_{\sigma2}$，并产生漏磁电动势 $e_{\sigma2}$，副绕组也具有一定的电阻压降 $R_2 i_2$。原边电流由 i_0 变为 i_1，i_1 与 i_2 共同产生合成主磁通 ϕ，并感应出电动势 e_1 和 e_2。

根据 KVL 可以得变压器负载运行时原、副边的电压平衡方程式为

$$u_1 = R_1 i_1 - e_{\sigma1} - e_1 = R_1 i_1 + L_{\sigma1}\frac{di_1}{dt} - e_1 \quad (6-13)$$

$$u_2 = e_2 + e_{\sigma2} - R_2 i_2 = e_2 - L_{\sigma2}\frac{di_2}{dt} - R_2 i_2 \quad (6-14)$$

用相量表示，则为

$$\dot{U}_1 = R_1\dot{I}_1 + jX_{\sigma 1}\dot{I}_1 - \dot{E} = Z_1\dot{I}_1 - \dot{E}_1 \tag{6-15}$$

$$\dot{U}_2 = \dot{E}_2 - jX_{\sigma 2}\dot{I}_2 - R_2\dot{I}_2 = \dot{E}_2 - Z_2\dot{I}_2 \tag{6-16}$$

若忽略原、副边绕组的复阻抗 $Z_1 = R_1 + jX_{\sigma 1}$ 和 $Z_2 = R_2 + jX_{\sigma 2}$ 的电压降，则原、副边电压的有效值之比为

$$\frac{U_1}{U_2} \approx \frac{E_1}{E_2} = \frac{N_1}{N_2} = K \tag{6-17}$$

2. 电流变换特性

式（6-17）是基于变压器原边绕组接在无穷大电网，电压 U_1 和频率 f 恒定不变的情况下得出的。由式（6-10）$U_1 = 4.44fN_1\Phi_m$ 可知，U_1 和 f_1 恒定，变压器正常负载运行时，由 i_1 和 i_2 共同作用产生的合成磁通的最大值和空载运行时，由 i_0 产生的磁通最大值是相等的。就是说，负载运行时的合成磁动势 $i_1N_1 + i_2N_2$ 应该和空载运行时由 i_0 产生的磁动势 i_0N_1 相等，即

$$i_1N_1 + i_2N_2 = i_0N_1$$

用相量形式表示，则为

$$\dot{I}_1N_1 + \dot{I}_2N_2 = \dot{I}_0N_1 \tag{6-18}$$

式（6-18）称为变压器的磁势平衡方程式。可得

$$\dot{I}_1 = \dot{I}_0 - \frac{N_2}{N_1}\dot{I}_2 = \dot{I}_0 + \left(-\frac{1}{K}\right)\dot{I}_2 \tag{6-19}$$

由于铁芯的磁导率很高，空载电流 I_0 很小，仅占原边额定电流的百分之几，可忽略不计，式（6-19）简化为

$$\dot{I}_1 \approx -\frac{N_2}{N_1}\dot{I}_2 = -\frac{1}{K}\dot{I}_2 \tag{6-20}$$

式（6-20）表明 $\dot{I}_1$ 与 $\dot{I}_2$ 近似反相。当 $\dot{I}_1$ 为正时，$\dot{I}_2$ 为负（与参考方向相反），$\dot{I}_2N_2$ 具有去磁作用。负载增大即 I_2 增大，去磁作用也增大，电压 U_1 恒定使 Φ_m 不变，必然增大 I_1 向电源索取更大的功率，揭示了变压器通过主磁通传递能量的物理实质。原、副边电流的有效值关系为

$$\frac{I_1}{I_2} \approx \frac{N_2}{N_1} = \frac{1}{K} \tag{6-21}$$

式（6-21）表明原、副边电流之比近似等于它们变比的倒数，反映了变压器的电流变换特性。匝数多的绕组电压高而电流小，可用较细的导线绕制；匝数少的绕组电压低而电流大，须用较粗的导线绕制。如果忽略原、副绕组的电阻和漏磁电抗，变压器原、副边的电压、电流关系、视在功率的关系为

$$\frac{U_1}{U_2} \approx \frac{N_1}{N_2} \approx \frac{I_2}{I_1}$$

$$S_1 = U_1I_1 \approx U_2I_2 = S_2$$

表明输入的视在功率近似等于输出的视在功率。

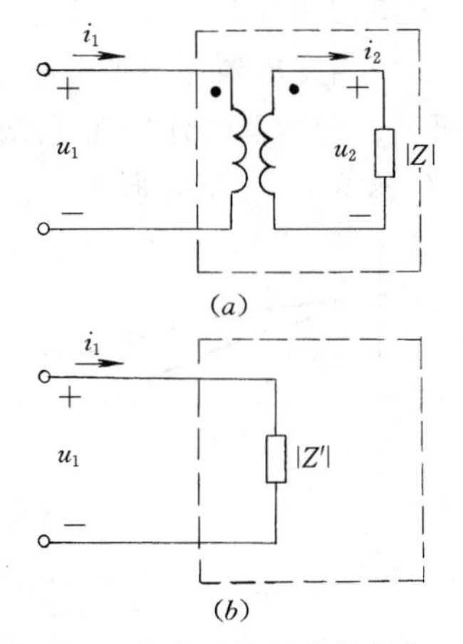

图 6-5　负载阻抗的等效变换

3. 阻抗变换特性

在图 6-5（a）中，负载阻抗 $|Z|$ 接在变压器的副边，

图中的虚线框部分可以用一个阻抗 $|Z'|$ 来等效替代。即对电源来讲，它所接的等效阻抗为

$$|Z'| = \frac{U_1}{I_1} = \frac{\frac{N_1}{N_2}U_2}{\frac{N_2}{N_1}I_2} = \left(\frac{N_1}{N_2}\right)^2 \frac{U_2}{I_2}$$

即
$$|Z'| = K^2 |Z| \tag{6-22}$$

由式（6－22）可见，副边接上阻抗为 $|Z|$ 的负载，原边相当于接上阻抗为 $|Z'| = K^2 |Z|$ 的负载，如图 6－5（b）所示。由于变压器有这种阻抗变换特性，故电子电路中常用其作为阻抗匹配变换器。

【例 6－1】　有一台 50 kVA，6.6/0.23 kV 的单相变压器，$I_0 = 5\% I_{1e}$，试求原、副边的额定电流 I_{1e}、I_{2e} 和空载电流 I_0。

【解】　额定负载时有 $S_e = U_{2e} I_{2e}$，故得

$$I_{2e} = \frac{S_e}{U_{2e}} = \frac{50 \times 10^3}{230} = 217.4\ (\text{A})$$

$$I_{1e} = \frac{1}{K} I_{2e} = \frac{U_{2e}}{U_{1e}} I_{2e} = \frac{230}{6600} \times 217.4 = 7.58\ (\text{A})$$

或
$$I_{1e} = \frac{S_e}{U_{1e}} = \frac{50 \times 10^3}{6600} = 7.58\ (\text{A})$$

根据题意，空载电流 I_0 为

$$I_0 = 5\% I_{1e} = 0.05 \times 7.58 = 0.38\ (\text{A})$$

第二节　变压器的运行

变压器的运行性能指标通常用外特性、损耗和效率来表达。

一、变压器的外特性

在电源电压 U_1 一定，负载的功率因数 $\cos\varphi_2$ 为常数时，输出电压 U_2 随负载电流 I_2 的变化曲线 $U_2 = f(I_2)$ 称为变压器的外特性，如图 6－6 所示。

当变压器原边加上额定电压 U_{1e}，副边的开路电压 $U_{20} = E_2$ 定义为副边的额定电压 U_{2e}。变压器的外特性是副边电压平衡方程式（6－16）$\dot{U}_2 = \dot{E}_2 - Z_2 \dot{I}_2$ 的反映，负载电流 I_2 愈大，U_2 下降愈多，负载的功率因数愈低，副绕组阻抗愈大，U_2 下降程度愈明显。

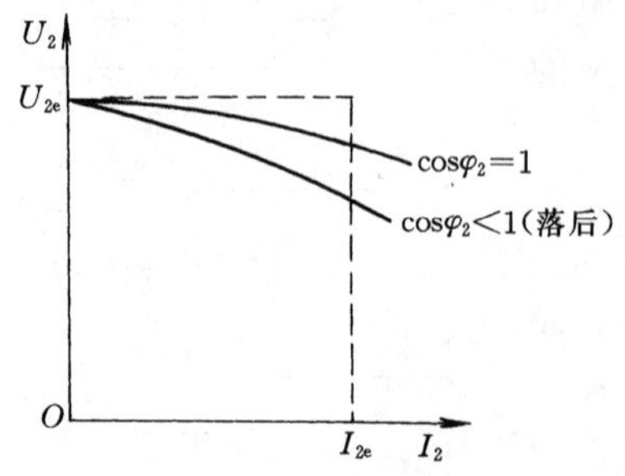

图 6－6　变压器的外特性曲线

变压器的副边输出电压 U_2 随负载电流 I_2 变化的特性，除用外特性曲线表示外，还常用电压调整率 $\Delta U\%$ 表示，其定义是：副边空载电压 U_{20} 与额定负载电流 I_{2e} 时的电压 U_2 之差与空载电压之比的百分数，即

$$\Delta U\% = \frac{U_{20} - U_2}{U_{20}} \times 100\% \tag{6-23}$$

$\Delta U\%$ 的大小，反映了变压器输出电压的稳定程度，除电焊变压器外，通常希望 $\Delta U\%$ 愈小愈好。由于副绕组的

阻抗很小，一般变压器的 $\Delta U\%$ 约为 5%左右，大型输配电变压器约为 2%～3%。

二、变压器的损耗

电力变压器是一种能量转换装置，转换过程中会产生能量损耗，主要有铁损 P_{Fe} 和铜损 P_{Cu}。

铁损包括涡流损耗和磁滞损耗，它们都取决于电源的频率以及通过铁芯的磁通量。变压器运行时，电源频率 f 和 $U_1(B_m)$ 均为常数，故铁损为不变损耗。铁损可通过空载试验测得。将变压器副边开路，在原边加上额定电压，原边电流为空载电流 I_0。由于空载电流仅起激磁作用，其值远小于原边额定电流，故原边铜损可忽略不计，测得的输入功率即为变压器铁损 P_{Fe}。

铜损是变压器原、副绕组电阻所消耗的功率，即 $P_{cu}=I_1^2R_1+I_2^2R_2$，它随负载电流而变化，所以铜损是可变损耗。铜损可通过短路试验测得。将变压器副边短路，由零值逐渐增大原边的电压（称为短路电压），使副边电流达到额定值。由于短路电压仅为原边额定电压的百分之几，磁通产生的铁损甚微可略，故此时测得的输入功率即为变压器的铜损 P_{Cu}。

三、变压器的效率

变压器输出有功功率 P_2 与输入有功功率 P_1 之比，称为变压器的效率，常用百分数表示为

$$\eta=\frac{P_2}{P_1}\times 100\% \tag{6-24}$$

根据能量守恒定律，原边的输入功率为

$$P_1=P_2+P_{Fe}+P_{Cu}=U_2I_2\cos\varphi_2+P_{Fe}+P_{Cu}$$

故变压器的效率又可表示为

$$\eta=\frac{P_2}{P_2+P_{Fe}+P_{Cu}}=\frac{U_2I_2\cos\varphi_2}{U_2I_2\cos\varphi_2+P_{Fe}+P_{Cu}}$$

$$=\frac{U_2I_2\lambda_2}{U_2I_2\lambda_2+P_{Fe}+P_{Cu}}\times 100\% \tag{6-25}$$

可见，不同输出功率时的效率并不相同，通常变压器的最大功率出现在额定负载的 60%左右。由于变压器的损耗很小，故效率很高，大型变压器额定负载时效率高达 98%～99%。

【例 6-2】　对例 6-1 的变压器，如向 $\cos\varphi=0.8$ 的负载供电，满载时副边电压 $U_2=222$ V，铜损 1450 W，铁损 500 W。试求满载时的电压调整率 $\Delta U\%$、效率 η_1 以及半载时的效率 $\eta_{0.5}$。

【解】

$$\Delta U\%=\frac{U_{20}-U_2}{U_{20}}\times 100\%=\frac{230-222}{230}\times 100\%=3.5\%$$

$$\eta_1=\frac{U_2I_2\cos\varphi_2}{U_2I_2\cos\varphi_2+P_{Fe}+P_{Cu}}\times 100\%$$

$$=\frac{222\times 217.4\times 0.8}{222\times 217.4\times 0.8+500+1450}\times 100\%=95.2\%$$

$$\eta_{0.5}=\frac{\frac{1}{2}U_2I_2\cos\varphi_2}{\frac{1}{2}U_2I_2\cos\varphi_2+P_{\mathrm{Fe}}+\left(\frac{1}{2}\right)^2P_{\mathrm{Cu}}}\times100\%$$

$$=\frac{\frac{1}{2}\times222\times217.4\times0.8}{\frac{1}{2}\times222\times217.4\times0.8+500+\left(\frac{1}{2}\right)^2\times1450}\times100\%=95.7\%$$

第三节　三相变压器的参数及意义

三相变压器在输送、分配电能的三相系统中广泛应用，常常多台变压器并联运行。并联运行的各台变压器必须同时满足变比、连接组号、短路电压百分比都相等的 3 个条件，以保证副边三个线电压和相位都相等，并联的各台变压器之间不会产生环流，且分担的负载电流与它们的容量成比例。

正常情况下，可以认为三相变压器是对称运行的，只需对其中一相的电压和电流进行分析。因此，前面分析单相变压器的方法和结论完全适用于三相变压器。图 6-7 为一台三相变压器的铭牌，其额定参数、相对于周围环境温度的允许温升等是不难理解的，这里仅讨论三相变压器的一些特殊问题。

<table>
<tr><td colspan="7">铝　线　电　力　变　压　器</td></tr>
<tr><td colspan="4">产品标准：</td><td colspan="3">型号：SJL—1000/10</td></tr>
<tr><td colspan="4">额定容量：1000kVA</td><td>相数：3</td><td colspan="2">额定频率：
50 Hz</td></tr>
<tr><td colspan="2">额定电压</td><td colspan="2">高压：6300 V
低压：400/230 V</td><td>额定电流</td><td colspan="2">高压：91.6 A
低压：1413 A</td></tr>
<tr><td colspan="4">使用条件：户外式线圈温升 65℃</td><td colspan="3">油面温升：55℃</td></tr>
<tr><td colspan="4">阻抗电压：4.5%</td><td colspan="3">冷却方式：油浸自冷式</td></tr>
<tr><td colspan="2">接线连接图</td><td colspan="2">相 量 图</td><td rowspan="2">连接组
标号</td><td rowspan="2">开关
位置</td><td rowspan="2">分接头
电压</td></tr>
<tr><td>高　压</td><td>低　压</td><td>高　压</td><td>低　压</td></tr>
<tr><td rowspan="3">C B A
Z3 Y3 X3
Z2 Y2 X2
Z1 Y1 X1</td><td rowspan="3">c b a o</td><td rowspan="3">C A
B</td><td rowspan="3">c a
b</td><td rowspan="3">Yyn0</td><td>Ⅰ</td><td>6600</td></tr>
<tr><td>Ⅱ</td><td>6300</td></tr>
<tr><td>Ⅲ</td><td>6000</td></tr>
<tr><td colspan="7">自重：　　kg　油重：　　kg　总重：　　kg
××变压器制造厂
出厂时间：</td></tr>
</table>

图 6-7　变压器的铭牌

一、三相变压器的连接组、电压比

三相变压器在结构上是一个整体，它有三个铁芯柱，每根铁芯柱上绕有属于同一相的高、低压绕组。高压绕组的首末端分别用 AX、BY、CZ 表示，对应低压绕组的首末端分别用 ax、by、cz 表示。高、低压绕组都可以接成星形或三角形，其中以 Yyn0、Yd11 和 YNd11 三种连接组应用最广。其中逗号左边表示高压绕组的接法，逗号右边表示低压绕组的接法，YN 表示星形接法且中点接地或引出成为三相四线制，数字为"时钟表示法"的连接组号。

高压边采用 Y 或 YN 接法可以降低绕组的绝缘强度要求，低压边 yn 或 d 接法以满足副边的电压需要。Yyn0 连接组，副边 380 V 线电压用于三相动力负载，220 V 相电压用于照明等单相负载。Yd11 连接组用于副边电压超过 400 V 的负载或线路。YNd11 连接组用于高压输电线路，高压边的中点用于直接接地或经阻抗接地。

三相变压器高压边和低压边的线电压之比 U_{11}/U_{21}，不仅与相绕组的匝数比有关，还与原、副边的连接方式有关。Yy 连接时，原、副边的线电压关系如图 6-8 所示。

$$\frac{U_{11}}{U_{21}}=\frac{\sqrt{3}U_{1p}}{\sqrt{3}U_{2p}}=\frac{U_{1p}}{U_{2p}}=\frac{N_1}{N_2}=K$$

式中　U_{1p}、U_{2p}——原、副边的相电压。

Yd 连接时，原、副边线电压关系如图 6-9 所示。

$$\frac{U_{11}}{U_{21}}=\frac{\sqrt{3}U_{1p}}{U_{2p}}=\sqrt{3}\,\frac{U_{1p}}{U_{2p}}=\sqrt{3}\,\frac{N_1}{N_2}=\sqrt{3}K$$

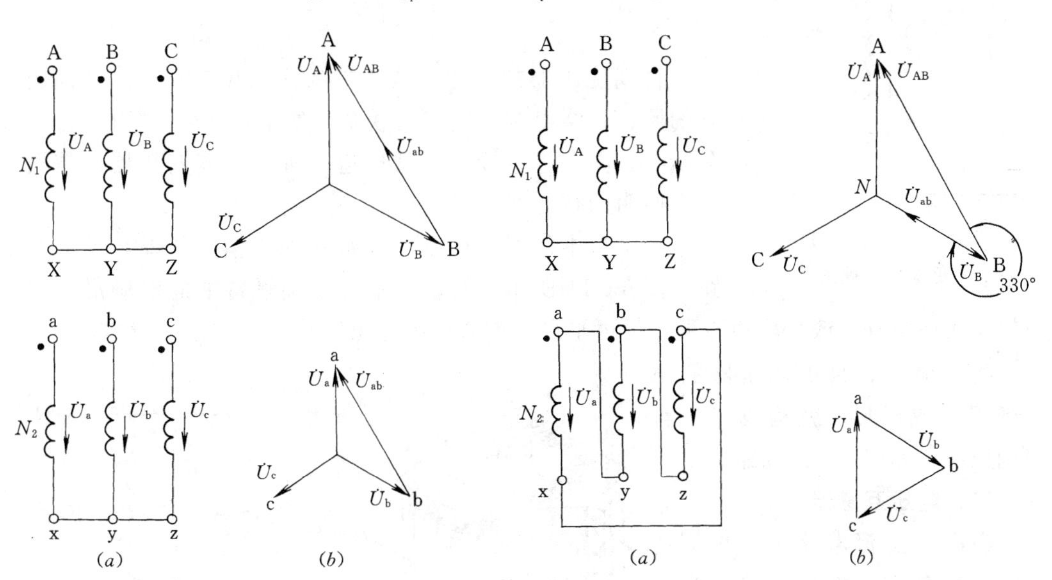

图 6-8　Yy0 连接组　　　　图 6-9　Yd11 连接组

原、副边绕组的连接方式不同，还会产生原、副边线电压之间的相位差，通常采用时钟法来表示：把原边绕组的线电压（如 $\dot{U}_{AB}$）看作时钟的长针，并固定指向时钟的 12 上；而把副边绕组的线电压（如 $\dot{U}_{ab}$）看作短针，其所指钟点数即为变压器的连接组号。图 6-8（b）中 $\dot{U}_{ab}$与 $\dot{U}_{AB}$同相，故其连接组号为 Yy0。图 6-9（b）中的 $\dot{U}_{ab}$（$=-\dot{U}_b$）超前

$\dot{U}_{AB}30°$，故其连接组号为 Yd11。

二、阻抗电压

变压器短路试验，在副边电流达到额定值时，原边所加的电压称为变压器的短路电压或阻抗电压 U_{1s}，通常用相对值：U_{1s}与额定电压 U_{1e}之比的百分数表示，即

$$U_{1s}\% = \frac{U_{1s}}{U_{1e}} \times 100\%$$

三、分接头与分接开关

输电线路的首、末端通常允许与额定电压有±5%的电压差。为了使变压器负载运行时，副边电压为额定值，适应线路压差分布，变压器的原边绕组具有几个分接头。调节分接开关的位置而实现分接头的切换，使原边绕组工作匝数改变，即以变比的调节保持副边的额定电压。

第四节　特殊变压器

一、自耦变压器

图 6－10 所示是单相自耦变压器的原理图，其特点是副绕组是原绕组的一部分，至于原、副边电压之比和电流之比也是

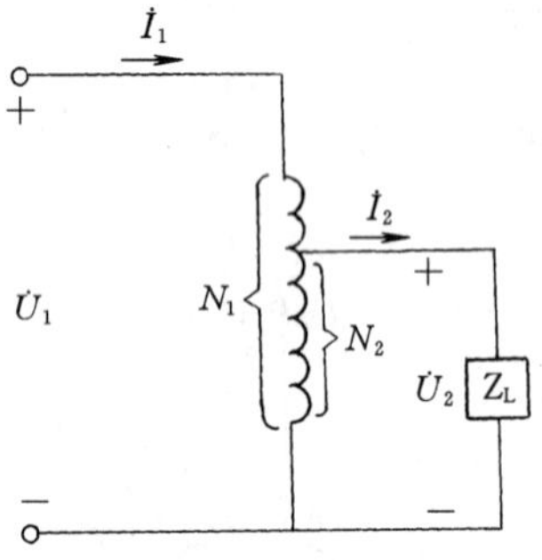

$$\frac{U_1}{U_2} \approx \frac{N_1}{N_2} = K$$

$$\frac{I_1}{I_2} \approx \frac{N_2}{N_1} = \frac{1}{K}$$

图 6－10　单相自耦变压器原理图

自耦变压器的变比一般不能太大（$K \leqslant 2.5$）。这是因为它的原、副绕组有电气直接联系，如果 K 太大，万一公共部分断线，高压将直接加到低压边，所以自耦变压器严禁用作安全照明的行灯变压器。

实验室中常用的调压器也是一种自耦变压器，外形和电路如图 6－11 所示。转动手柄，使接触臂上的电刷沿绕组径向裸露表面滑动，改变副边匝数，便可平滑地调节输出电压值。

将三个单相自耦调压器的原边绕组接成星形，就构成三相自耦调压器，如图 6－12 所示。

二、电压互感器

在高压交流电路中，必须使用电压互感器，将高压转变为一定数值的低压（通常为 100 V），以供测量、继电保护及信号指示等二次回路应用。

电压互感器的原绕组匝数较多，与被测电路并联。副绕组的

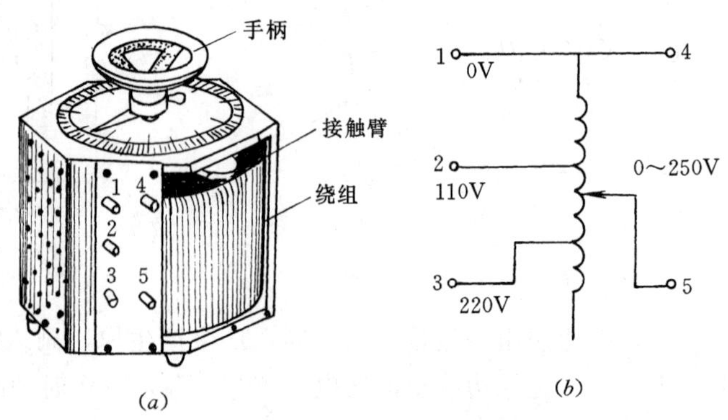

图 6－11　调压器外形图和电路图

(a) 外形图；(b) 电路图

匝数较少，测量仪表、控制和指示电路均接在副边，电路示意如图 6-13 所示，由于

$$\frac{U_1}{U_2}=\frac{N_1}{N_2}=K$$

故 $U_1=KU_2$，只要适当地选择变比，就能从副边电压表上的标度直接读出原边的高压值。使用中，副边一定要接地，以保证人身与设备安全。

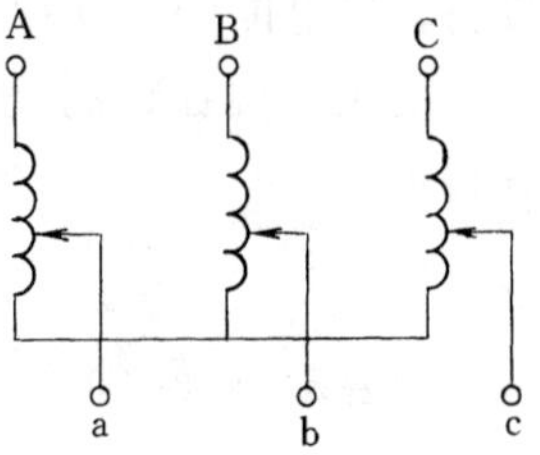

图 6-12　三相自耦调压器

三、电流互感器

电流互感器可以把交流线路中的大电流变换为副边可测量的电流模数（通常为 5 A 或 1 A），其接线示意如图 6-14 所示。原绕组的匝数很少（甚至只有一匝），导线粗且串联在被测电路中；副绕组匝数多、导线细，与测量仪表及继电器的电流线圈连接。根据变压器的磁势平衡关系，可得

$$\frac{I_1}{I_2}\approx\frac{N_2}{N_1}=\frac{1}{K}$$

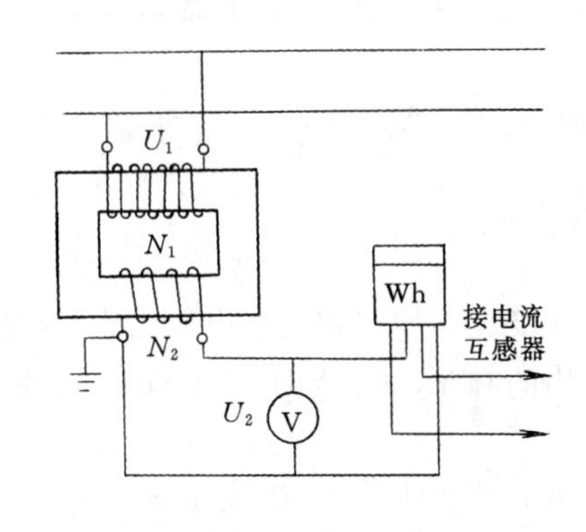

图 6-13　电压互感器

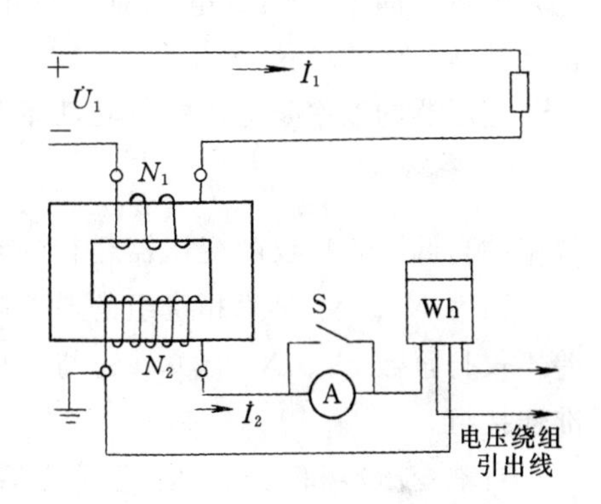

图 6-14　电流互感器

被测电流 $I_1=I_2/K$，可由电流表的标度直接读出。

使用电流互感器时，为保证安全，副边不但要接地，而且绝不允许断开。因为正常运行情况下，如果副边断开，$I_2=0$ 使去磁作用消失，仍然存在的原边磁动势 I_1N_1 导致铁芯中磁通剧增，造成铁芯过热、匝数较多的副边绕组感应出过电压，将会击穿绝缘或发生触电事故。图 6-14 中的 Q 即为拆换电流表时的备用旁路开关。

钳形电流表是电流互感器和电流表的结合体，如图 6-15 所示。通过手柄张开铁芯，放入被测电流的导线，即可直接读出被测电流值。电流量程为 20～100 A。由于不需断开被测电路，使用十分方便。

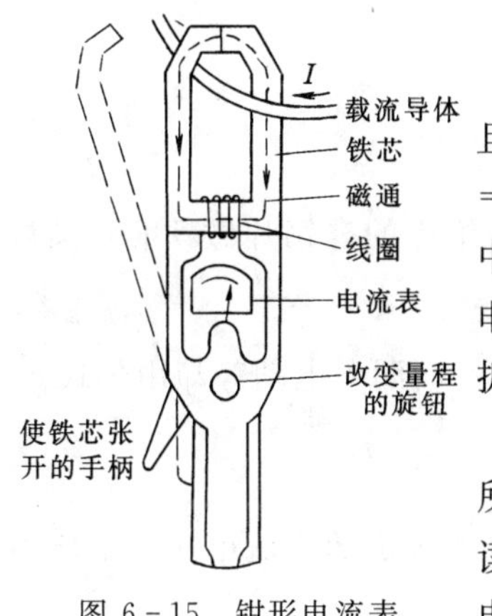

图 6-15　钳形电流表

小　　结

变压器由硅钢片叠成的闭合铁芯和绕在同一铁芯柱上的原、副绕组构成，利用电磁感应原理实现电能传递。原绕组从电网输入电能，因而对电网来说它是负载；副绕组向用电

设备输出电能，所以对用电设备来说，它又是电源。

变压器按原、副绕组的匝数比进行电压、电流和阻抗变换，由原、副边电压平衡方程得

$$\frac{U_1}{U_2} \approx \frac{N_1}{N_2} = K$$

由磁动势（按匝数）平衡方程式，可得

$$\frac{I_1}{I_2} \approx \frac{N_2}{N_1} = \frac{1}{K}$$

在副边接有负载 Z_2，对电源（原边）来说，相当于接入一个等效复阻抗 Z'_1，即

$$|Z'_1| = K^2 |Z_2|$$

变压器的运行性能主要是外特性和效率。外特性描述变压器有载运行时，U_2 与 I_2 的关系曲线 $U_2 = f(I_2)$，也可以用电压调整率表示，即

$$\Delta U\% = \frac{U_{20} - U_2}{U_{20}} \times 100\%$$

它是外特性曲线上额定电流对应点电压下降程度的量化参数，反映变压器副边电压的稳定性。

变压器的效率是输出的有功功率与输入的有功功率之比，即

$$\eta = \frac{P_2}{P_1} \times 100\% = \frac{P_2}{P_2 + P_{Fe} + P_{Cu}} \times 100\%$$

效率的高低，直接反映变压器运行的经济性。

因为 N_1、N_2 是每相绕组的原、副边匝数，故三相变压器原、副边线电压之比、相位差不仅与匝数 N_1、N_2 有关，还与连接方式有关。常用的有 Yyn0、Yd11、YNd11 三种标准连接组。

自耦变压器和电压、电流互感器的原理与一般变压器相同，但使用中须注意其特殊性。

思考题与习题六

1. 变压器有什么用途？为什么要采用交流高压输电？

2. 制造变压器不用铁芯行不行？为什么要用很薄、表面绝缘的硅钢片做铁芯？又规定绕组的方向只能与铁芯叠片方向垂直，什么原因？

3. 为什么主磁通的感应电动势用公式 $e_1 = -N_1 \frac{d\varphi}{dt}$ 计算？而漏磁电动势却用公式 $e_{\sigma 1} = -L_{\sigma 1} \frac{di_b}{dt}$ 计算？

4. 变压器原边绕组的电阻很小，为什么空载运行时原边加额定的交流电压，变压器不烧坏？若加上电压相同的直流电压，后果如何？

5. 变压器能变换原、副边的电压和电流，它能交换原、副边的功率吗？

6. 变压器铭牌上标出的额定容量是“kVA”，为什么不是“kW”？试复核图 6-7 中原、副边额定电压、电流与额定容量的关系。

7. 图 6-7 所示型号的三台变压器，分别接在输电线路的首、中、末段，线电压分别

为6.6 kV、6.3 kV、6.0 kV，为保证副边均为额定电压0.4 kV，试证明分接头须分别调至（$X_1Y_1Z_1$）、（$X_2Y_2Z_2$）、（$X_3Y_3Z_3$）处。

8. 用钳形电流表测量单相电流时，如把两根线同时钳入，电流表有何读数？当测量三相对称电流时，如钳入两根或三根相线，电流表的读数是否是钳入一根时的两倍或三倍？

9. 已知变压器铁芯中磁感应强度的最大值 $B_m=0.8T$，铁芯的截面积 $S=120\ cm^2$，工频电源。试求：

（1）每匝线圈的感应电动势 E/N 为多少？

（2）当原绕组的额定电压为6000 V，副绕组的额定电压为220 V时，问原、副绕组为多少匝？

[2.13、2817、103]

10. 有一台单相变压器，额定容量为10 kVA，副边额定电压为220 V，设变压器在额定状态下运行。试求：

（1）副边接功率为40 W、220 V，功率因数为1的白炽灯，问可接多少盏？

（2）如改接功率因数为0.44、220 V、40 W的日光灯（每盏附有8 W功率损耗的镇流器一个），问可接多少盏这样的日光灯？

[250、91]

11. 把电阻 $R=8\ \Omega$ 的扬声器接于输出变压器的副边，设变压器的原绕组为500匝，副绕组为100匝，试求：

（1）扬声器的等效阻抗；

（2）将变压器的原边接入电动势 $E=10$ V，电阻 $R_0=250\ \Omega$ 的信号源时输送到扬声器的功率；

（3）直接把扬声器接到信号源时输送到扬声器的功率。

[200Ω，0.098W，0.012W]

12. 有一台50 kVA，6600/230 V的单相变压器，空载电流为额定电流的3%，空载损耗为500 W，短路损耗为1450 W，满载时副边电压为220 V，试求：

（1）变压器原、副边的额定电流；

（2）空载电流 I_0 和空载时的功率因数；

（3）电压调整率 $\Delta U\%$；

（4）满载时的效率（设负载的功率因数等于1）。

[7.58 A，218 A，0.227 A，0.33，4.35%，96%]

13. 有一台三相变压器，额定容量为100 kVA，原边额定电压为10 kV，原绕组每相匝数 $N_1=2100$，副边绕组每相匝数 $N_2=84$，试求：

（1）当采用Yyn连接时，副边的线电压、相电压、线电流和相电流；

（2）当采用Yd连接时副边的线电压、相电压、线电流和相电流；

（3）当连接方式改变后，额定容量 S_e 是否改变？

[400 V，231 V，144 A，144 A；230 V，230 V，251 A，145 A；不变]

14. 某单位拟选用一台10/0.4 kV，Dyn变压器供动力及照明用电，已知用电负载

256 kW，λ（$=\cos\varphi$）$=0.8$，试计算所需变压器的额定容量和原、副边额定电流。

[320 kVA，18.5 A，462 A]

15. 电流互感器接线如图 6-14 所示，$N_1=2$，$N_2=40$，$I_1=100$ A，试问：

(1) 电流表的读数为多少？

(2) 若未合上 S 就拆取电流表会出现什么问题？

第七章　异 步 电 动 机

异步电动机有三相异步电动机、单相异步电动机、伺服电动机以及特种异步电动机。本章只讨论电力拖动中应用最广的三相异步电动机。

第一节　三相异步电动机及工作原理

一、结构和种类

三相异步电动机主要由定子和转子两部分组成。图 7-1 是三相鼠笼式异步电动机的结构。

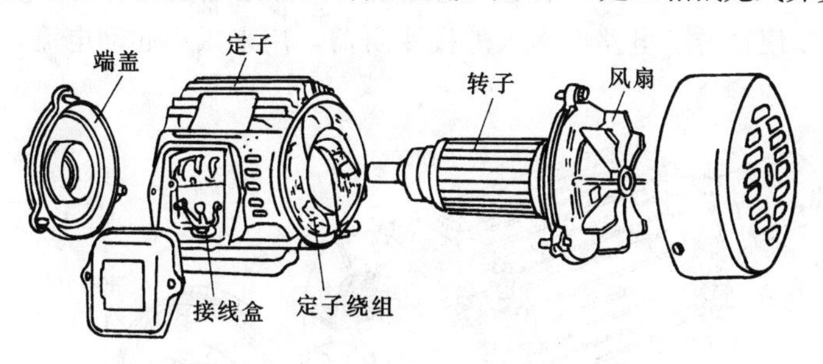

图 7-1　三相鼠笼式异步电动机的结构

定子是电动机的不动部分，它主要由铁芯、定子绕组和机座组成。铁芯用 0.5 mm 厚的硅钢片叠成圆筒形，内圆周冲有槽，用来嵌放对称的三相定子绕组。三相绕组的首、末端分别用 A、B、C 和 X、Y、Z 来标记，并引至机座的接线盒内，根据其额定电压接成星形或三角形。

转子是电动机的旋转部分，由转轴、转子铁芯和转子绕组等组成。转子铁芯也用 0.5 mm 厚的硅钢片叠成圆柱体，其外圆周冲有槽，以嵌放转子绕组。三相异步电动机通常根据转子的结构来分类，有鼠笼式和绕线式两种。

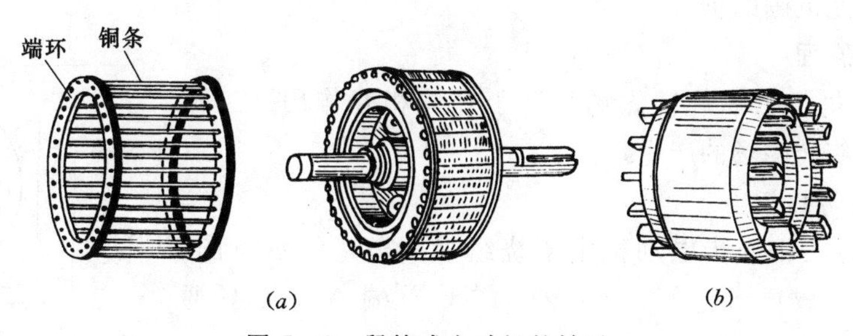

图 7-2　鼠笼式电动机的转子

(a) 铜条鼠笼式转子；(b) 铸铝鼠笼式转子

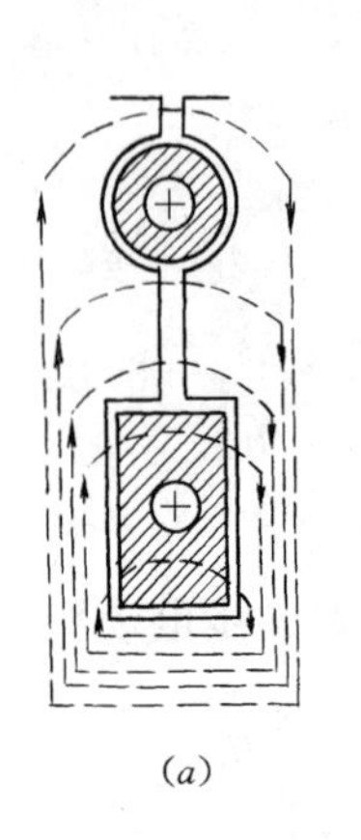

(a)

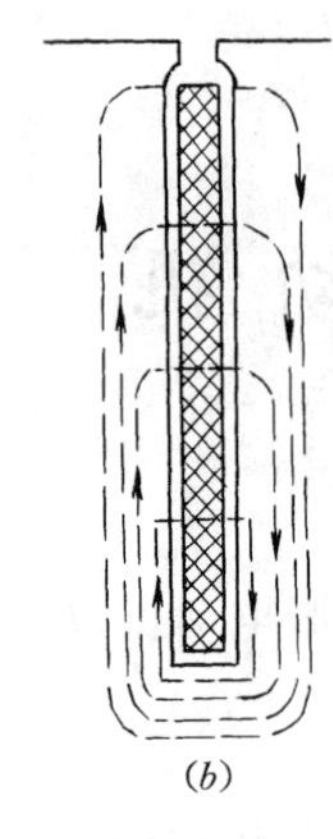

(b)

图 7-3　双鼠笼式、深槽鼠笼式转子槽截面

(a) 铜条双鼠笼；(b) 铜条深槽鼠笼

（1）鼠笼式转子。这种转子铁芯的槽内压放铜条，并焊接在两个铜质端环上，如图 7-2（a）所示，因其形状如同鼠笼，因此得名。中小型异步电动机采用铸铝转子，用离心浇铸法或压铸法将熔化的铝浇铸在转子铁芯槽内，两个端环及风扇一并铸成，如图 7-2（b）所示。

鼠笼式异步电动机结构简单、价格低廉、运行可靠、维护方便，虽有起动电流大而起动转矩小的缺点，但对起动负荷不大、转速不需调节的生产机械很适用。容量 100 kW 以上的异步电动机采用双鼠笼或深槽鼠笼转子，如图 7-3 所示，以改善起动性能。

（2）绕线式转子。绕线式转子的结构如图 7-4 所示。其转子铁芯与鼠笼式相同，但槽内嵌放对称的三相星形绕组，首端分别接至转轴上三个彼此绝缘的铜质滑环。滑环对轴也是绝缘的，滑环通过电刷将转子绕组的首端引到机座的接线盒里，以便在转子电路中串入外接变阻器，用来减小起动电流，增大起动转矩或调速。

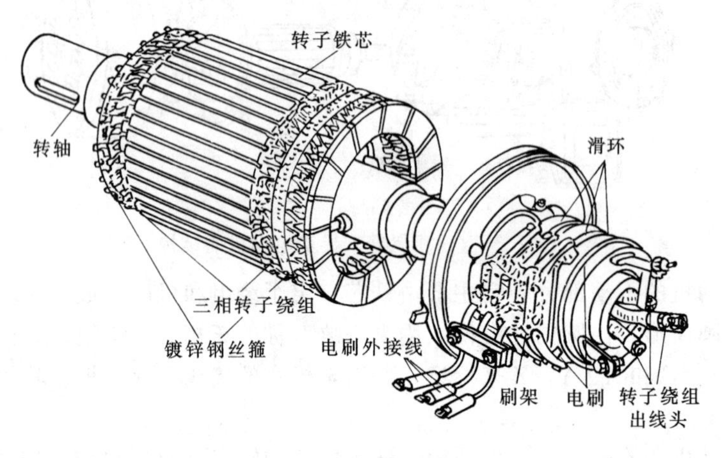

图 7-4　绕线式转子

绕线式异步电动机结构较复杂，比鼠笼式价格高且维护量大，一般只用于起动负荷大或需要一定调速范围的场合。

二、工作原理

异步电动机是依靠旋转磁场与转子导体相互作用来工作的，故先讨论旋转磁场的产生。

1. 旋转磁场的产生

图 7-5 为三相异步电动机定子绕组（两极）的示意图。对称三相绕组接成星形，在空间互差 120°，首端 A、B、C 通入对称三相正弦电流，即

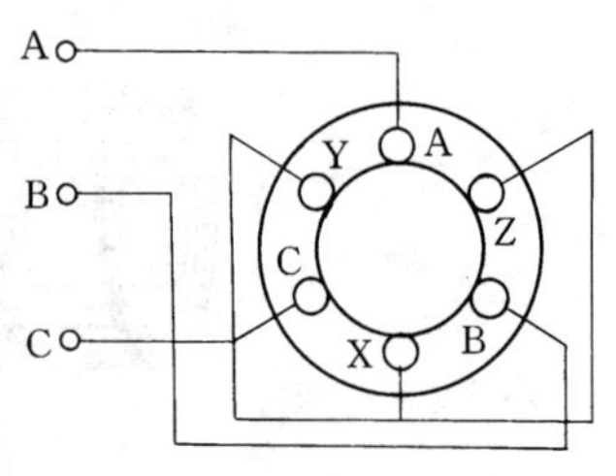

图 7-5　三相异步电动机定子绕组示意图

$$i_A = I_m \sin\omega t$$

$$i_B = I_m \sin(\omega t - 120°)$$

$$i_C = I_m \sin(\omega t + 120°)$$

其波形如图 7-6 所示。规定：电流为正时，从首端流入，由末端流出；电流为负时，从末端流入，由首端流出。流入端标以“⊗”，流出端标以“⊙”。

三相绕组通入电流后，根据右手螺旋定则，分别产生各自的交变磁场，进而在定子、气隙和转子的整个空间产生合成的两极磁场。磁力线从定子铁芯内圆穿出至气隙处为定子磁场的 N 极，流入定子铁芯处为 S 极。为了说明方便，选取 $\omega t=0$、$\omega t=120°$、$\omega t=240°$、$\omega t=360°$几个瞬时，合成磁场随三相对称交变电流而旋转的情况，如图 7-6（a）、（b）、（c）、（d）所示。

当 $\omega t=0$ 时，$i_A=0$，AX 绕组没有电流；i_B 为负，电流从 BY 绕组的末端 Y 流入，由首端 B 流出；i_C 为正，电流从 CZ 绕组的首端 C 流入，由末端 Z 流出，根据右手螺旋定则，可画出该瞬时的合成磁场如图 7-6（a）所示。

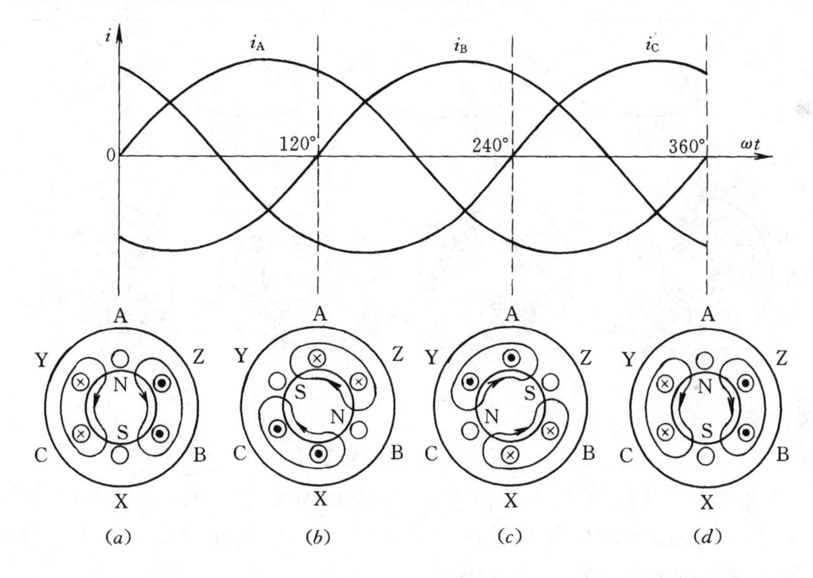

图 7-6　旋转磁场（两极）的形成

当 $\omega t=120°$时，$i_B=0$，BY 绕组无电流；i_A 为正，电流从 AX 绕组的首端流入，由末端 X 流出；i_C 为负，电流从 CZ 绕组的末端 Z 流入，从首端 C 流出。合成磁场如图 7-6（b）所示，与 $\omega t=0$ 时比较，合成磁场顺时针方向转过了 120°。

同理，可画出 $\omega t=240°$、$\omega t=360°$瞬时的合成磁场，对应图 7-6 的（c）、（d），它们又依次较前转过 120°。

由以上分析可以看出，对于图 7-6 所示的定子绕组，通入对称三相正弦交变电流以后，将产生两个磁极，磁极对数 $p=1$ 的旋转磁场，且电流交变一周，合成磁场在空间旋转 360°（即 1 转）。当任何一相绕组的电流达到正最大值时，旋转磁场的轴线便和该相绕组的轴线（绕组平面中心的垂直线）重合。

如果每相绕组由两个绕组串联而成，三相绕组在定子槽中的圆周空间相差 60°对称分布，如图 7-7 所示。运用前述方法，可得到图 7-8 所示的四极旋转磁场，磁极对数 $p=2$。

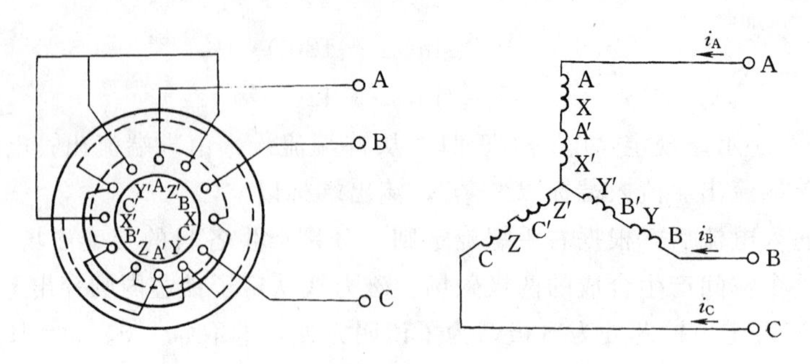

图 7-7　产生四极旋转磁场的定子绕组

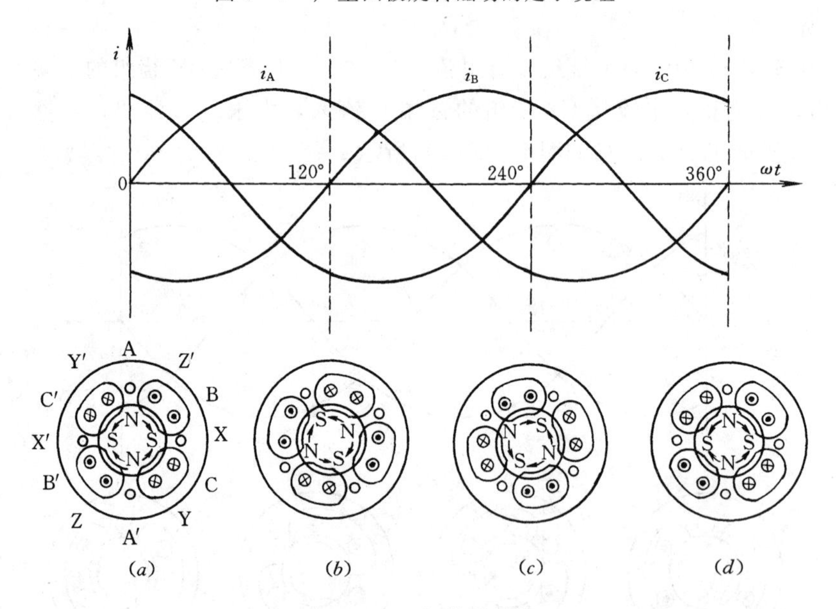

图 7-8　四极旋转磁场

由图 7-8 与图 7-6 的比较可以看出，正弦电流变化一周，$p=1$ 的旋转磁场转过 360°（1 转），而 $p=2$ 的旋转磁场只转过 180°（1/2 转）。依此类推，对于正弦电流频率为 f_1、磁极对数为 p 的旋转磁场，其转速为

$$n_1 = \frac{60 f_1}{p} \tag{7-1}$$

式中　n_1——同步转速，r/min。

我国标准工频为 50 Hz，故两极旋转磁场的同步转速为 3000 r/min，四极的为 1500 r/min,六极的为 1000 r/min 等。

旋转磁场转动的方向与通入三相绕组的电流相序有关，总是由载有超前电流的绕组转向载有滞后电流的绕组。改变通入绕组的电流相序，旋转方向随之改变，即对调任意两根电源进线（如 B、C 相），磁场就反转。

三相异步电动机产生旋转磁场的条件是空间有对称的三相绕组，时间上通以对称的三相电流。磁极对数、转速和转向是描述旋转磁场时空特征的三要素。

2. 异步电动机的转动原理

定子绕组通入三相对称正弦电流，电机内部就产生旋转磁场。设某瞬时定子电流及两极磁场如图 7-9 所示，并以同步转速 n_1 顺时针旋转，切割转子绕组。这相当于磁场不动，转子绕组以逆时针方向切割磁力线，产生感应电势。根据右手定则，转子上半部绕组（或鼠笼异条）的感应电动势方向垂直于纸面向外（⊙），下半部绕组的感应电动势方向垂直纸面向内（⊗）。由于转子绕组电路是闭合的，故电势产生电流，如略去转子感抗，则转子绕组的电流与感应电动势同相。磁场中的载流导体会受到电磁力的作用，力的方向由左手定则确定。如图 7-9 所示的力偶对电动机的转轴形成一个转矩，称为电磁转矩，它的方向与旋转磁场的转向一致，使转子以转速 n 与旋转磁场同方向地旋转起来。因此，任意对调两根电源进线，转子就能随旋转磁场一起反转。

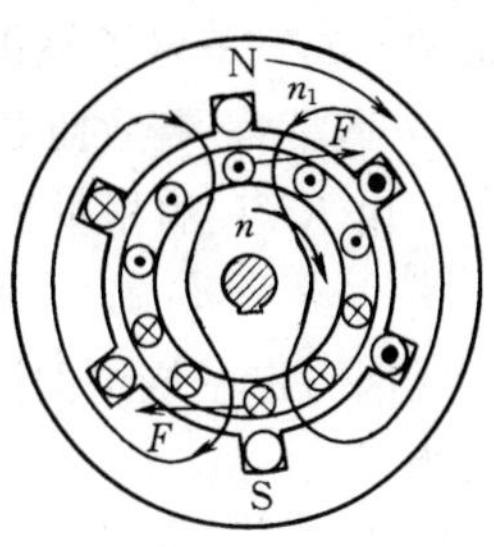

图 7-9　异步电动机的转动原理

异步电动机转子的旋转方向虽然与磁场旋转方向一致，但其转速 n 始终低于旋转磁场的转速 n_1。这是由异步电动机的工作原理决定的，因为，如果转子加速到同步转速，即 $n=n_1$，转子绕组与旋转磁场没有相对运动，转子绕组就不能产生感应电动势和感应电流，也就不能产生电磁转矩，转子就不会旋转。转子总是以小于磁场的同步转速旋转，异步电动机由此得名。

三、几个重要参数

1. 转差率 S

对于磁极对数为 p 的异步电动机，当电源频率 f_1 确定后，其同步转速 n_1 是常数，但其转子转速 n 随负载阻转矩而变化。把同步转速 n_1 与转子转速 n 的差值与同步转速 n_1 之比称为异步电动机的转差率，用 S 表示，即

$$S=\frac{n_1-n}{n_1} \tag{7-2}$$

转子静止（堵转）时，$n=0$，$S=1$；理论上，若转子以同步转速旋转，$n=n_1$，$S=0$；$0<S<1$，在额定工况下运行时，额定转差率 $S_e=0.01\sim0.06$。

2. 堵转（静止）时的转子参数 X_{20} 及 E_{20}

异步电动机的定子、转子之间没有直接的电路联系，其电磁关系和变压器相类似。定子绕组相当于变压器的原边，转子绕组相当于副边，图 7-10是三相异步电动机一相的等效电路。R_1 和 X_1 分别代表定子绕组的电阻和漏磁感抗，R_2 和 X_2 表示转子绕组的电阻和漏感抗，$\dot{E}_1$ 和 $\dot{E}_2$ 表示旋转磁场的每极主磁通 Φ 在两绕组中的感应电动势。拖动机械的阻转矩使转子转速 n 改变，使 $\dot{E}_2$ 的数值和频率及漏感抗改变。

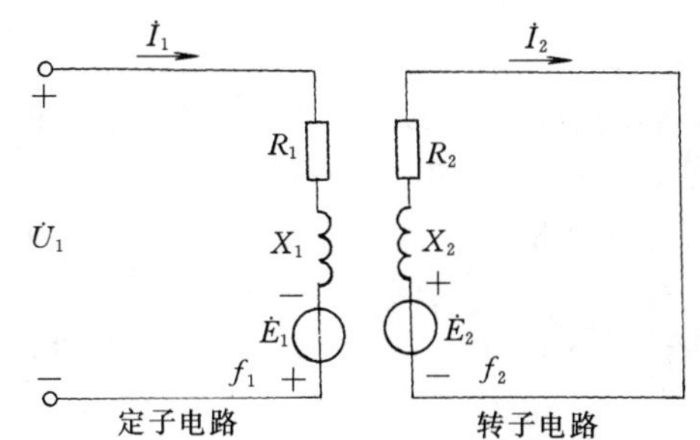

图 7-10　三相异步电动机的一相等效电路

设定子每相绕组的匝数为 N_1，电源相电压为 $\dot{U}_1$，频率为 f_1，相电流为 $\dot{I}_1$。三相对称电流所形成的旋转磁场以同步转速 $n_1=60f_1/p$ 的转速在空间旋转，切割每相定子绕组产生 $\dot{E}_1$，有效值

$$E_1=4.44k_1f_1N_1\Phi_m \tag{7-3}$$

式中 k_1——定子绕组系数，因绕组分布嵌放而小于1；

k_1N_1——有效匝数。

由KVL的相量形式，得定子绕组回路的电压方程

$$\dot{U}_1=(R_1+\mathrm{j}X_1)\dot{I}_1-\dot{E}_1 \tag{7-4}$$

因为定子绕组的阻抗压降比其电动势小得多，一般可以忽略不计，故$\dot{U}_1\approx\dot{E}_1$，有效值为

$$U_1\approx E_1=4.44k_1f_1N_1\Phi_m \tag{7-5}$$

式（7-5）表明，当定子绕组的电源相电压U_1和频率f_1一定时，旋转磁场每极磁通的Φ_m保持不变。

转子静止不动（俗称堵转）时，$n=0$，$S=1$。旋转磁场以同步转速n_1切割转子绕组，感应电动势$\dot{E}_2$的频率$f_2=f_1=n_1p/60$，与电源的频率相同，并且此时的有效值最大，用E_{20}表示

$$E_{20}=4.44f_2k_2N_2\Phi_m=4.44f_1k_2N_2\Phi_m \tag{7-6}$$

E_{20}相当于堵转情况下，转子相绕组的开路电压。

堵转时转子相绕组的漏磁感抗用X_{20}表示

$$X_{20}=2\pi f_2L_{\sigma2}=2\pi f_1L_{\sigma2} \tag{7-7}$$

式中 $L_{\sigma2}$——转子相绕组的漏磁电感。

3. 转子转动时的X_2及E_2

电动机带负载运行时，可以认为电网电压U_1和频率f_1是恒定的，旋转磁场的转速n_1及主磁通最大值Φ_m不变，所以E_1也不变。与堵转时相比，最大的区别是转子电势、频率、漏磁感抗由E_{20}、f_1和X_{20}分别减小为E_2、f_2和X_2。

设转子的转速为n，旋转磁场以n_1-n的相对转速切割转子绕组，转子电势的频率

$$f_2=\frac{p(n_1-n)}{60}=\frac{n_1-n}{n_1}\frac{pn_1}{60}=Sf_1 \tag{7-8}$$

此时，转子绕组的每相感应电动势为

$$E_2=4.44k_2N_2f_2\Phi_m=4.44k_2N_2Sf_1\Phi_m=SE_{20} \tag{7-9}$$

转子相绕组的漏磁感抗为

$$X_2=2\pi f_2L_{\sigma2}=2\pi Sf_1L_{\sigma1}=SX_{20} \tag{7-10}$$

转子相绕组的阻抗为

$$|Z_2|=\sqrt{R^2+X_2^2}=\sqrt{R_2^2+(SX_{20})^2} \tag{7-11}$$

每相转子绕组的电流则为

$$I_2=\frac{E_2}{|Z_2|}=\frac{SE_{20}}{\sqrt{R_2^2+(SX_{20})^2}} \tag{7-12}$$

转子电路的功率因数为

$$\cos\varphi_2=\frac{R_2}{|Z_2|}=\frac{R_2}{\sqrt{R_2^2+(SX_{20})^2}} \tag{7-13}$$

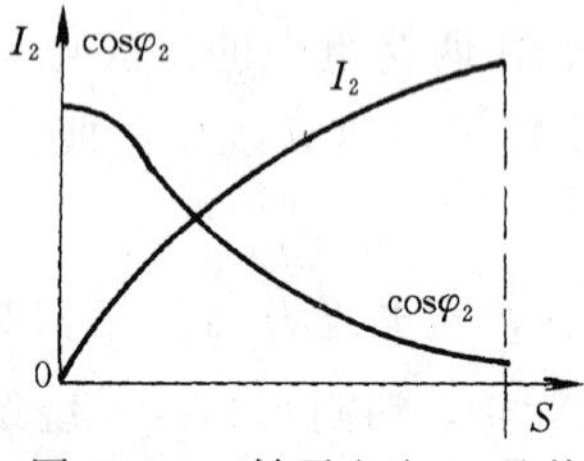

图7-11 转子电流I_2及其功率因数$\cos\varphi_2$与转差率S的关系曲线

由式（7-12）、式（7-13）可以得出转子电路的电流I_2及其功率因数$\cos\varphi_2$随转差率S的变化曲线，如图7-11所示。

【例 7-1】　一台四极，50 Hz，1425 r/min 的异步电动机，测得转子参数 $R_2=0.02\ \Omega$、$X_{20}=0.08\ \Omega$，$\dfrac{E_1}{E_{20}}=10$，当 $E_1=200$ V 时，试求：

（1）转子堵转时的 E_{20}、I_{20}、$\cos\varphi_{20}$；

（2）额定转速时的 S、X_2、E_2 和功率因数 $\cos\varphi_2$（λ_2）。

【解】　（1）转子堵转（$n=0$，$S=1$）时

转子相电势
$$E_{20}=\frac{E_1}{10}=\frac{200}{10}=20\ \text{(V)}$$

转子相电流
$$I_{20}=\frac{E_{20}}{\sqrt{R_2^2+X_{20}^2}}=\frac{20}{\sqrt{0.02^2+0.08^2}}=242\ \text{(A)}$$

转子功率因数
$$\cos\varphi_{20}=\frac{R_2}{\sqrt{R_2^2+X_{20}^2}}=\frac{0.02}{\sqrt{0.02^2+0.08^2}}=0.242$$

（2）转子在额定转速下运行时

同步转速
$$n_1=\frac{60f_1}{p}=\frac{60\times 50}{2}=1500\ \text{(r/min)}$$

转差率
$$S=\frac{n_1-n}{n_1}=\frac{1500-1425}{1500}=0.05$$

转子相电势
$$E_2=SE_{20}=0.05\times 20=1\ \text{(V)}$$

转子漏感抗
$$X_2=SX_{20}=0.05\times 0.08=0.004\ (\Omega)$$

转子电流
$$I_2=\frac{E_2}{\sqrt{R_2^2+(SX_{20})^2}}=\frac{0.02}{\sqrt{0.02^2+0.004^2}}=49\ \text{(A)}$$

转子功率因数
$$\cos\varphi_2=\frac{R_2}{\sqrt{R_2^2+(SX_{20})^2}}=\frac{0.02}{\sqrt{0.02^2+0.004^2}}=0.98$$

计算表明，转子的堵转（起动）电流为其额定电流的 5 倍（$I_{20}/I_2=242/49\approx 5$），而起动时的功率因数却很低，仅为 0.242。

第二节　三相异步电动机的电磁转矩

一、电磁转矩的表达

1. 物理表达

由异步电动机的工作原理可知，其电磁转矩是由旋转磁场与载有电流的转子绕组相互作用而产生的，由于转子电路实际上有感抗存在，电动机的电磁转矩对外做机械功，转子电流与电势之间有相位差 φ_2，只有电流的有功分量才能产生有功功率，所以异步电动机的电磁转矩 M 的大小是和每极磁通 Φ_m 与电流有功分量 $I_2\cos\varphi_2$ 的乘积成正比，即

$$M=C_m\Phi_m I_2\cos\varphi_2 \tag{7-14}$$

式中　C_m——比例常数。

式（7-14）称为电磁转矩的物理表达式，常用于定性分析。由于它没有反映电磁转矩和电源参数 U_1，内部参数 R_2 和 X_{20}，以及运行参数 S（负载阻转矩影响）之间的关系，

还需进一步推导。

2. 参数表达

由式（7－5）$U_1=4.44k_1f_1N_1\Phi_m$ 得

$$\Phi_m=\frac{U_1}{4.44f_1k_1N_1}=C_1U_1 \tag{7-15}$$

由式（7－6）$E_{20}=4.44f_2k_2N_2\Phi_m$ 得

$$E_{20}=C_2\Phi_m=C_1C_2U_1 \tag{7-16}$$

将式（7－16）代入式（7－12）得

$$I_2=\frac{SE_{20}}{\sqrt{R_2^2+(SX_{20})^2}}=\frac{C_1C_2SU_1}{\sqrt{R_2^2+(SX_{20})^2}} \tag{7-17}$$

将式（7－13）及式（7－15）、式（7－17）代入式（7－14）得

$$M=C_mC_1^2C_2\frac{R_2SU_1^2}{R_2^2+(SX_{20})^2}=C'_m\frac{R_2SU_1^2}{R_2^2+(SX_{20})^2} \tag{7-18}$$

式中 C'_m——转矩系数。

式（7－18）表明，电磁转矩与电源电压的平方成正比，故电源电压波动较大时将显著影响电机转矩。它同时也表明，如果电机接于电压和频率很稳定的无穷大电网，电磁转矩是电机内部参数 R_2、X_{20} 和运行参数 S 的函数，所以式（7－18）称为电磁转矩的参数表达式。

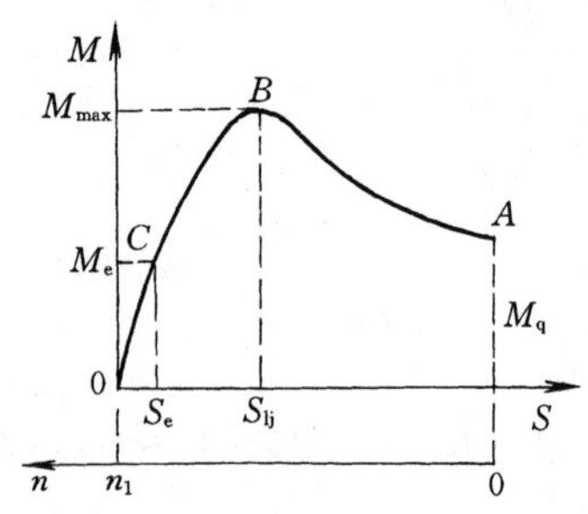

图 7－12 异步电动机的转矩特性曲线

3. 机械特性曲线表达

参数表达式可用来分析各参数变化时电磁转矩的影响。通常把 U_1、f_1 恒定，R_2、X_{20} 都是常数时，电磁转矩只随 S 而变化的曲线 $M=f(S)$ 称为异步电动机的转矩特性曲线，如图 7－12 所示。又因为 S 是转速 n 的函数，故又称为机械特性曲线。

为了让电动机的使用者能直观形象地分析，把图 7－12 中 $M=f(S)$ 曲线的 S 坐标改为转速 n，并按顺时针方向转过 90°，便得到异步电动机的转速 n 与电磁转矩 M 的关系曲线 $n=f(M)$，如图 7－13 所示。如果忽略相对值很小的转子铜损、风阻损耗和轴承摩擦损耗等造成的损耗转矩，可以认为电磁转矩 M 近似等于异步电动机轴端的输出转矩 M_2，即 $M\approx M_2$。

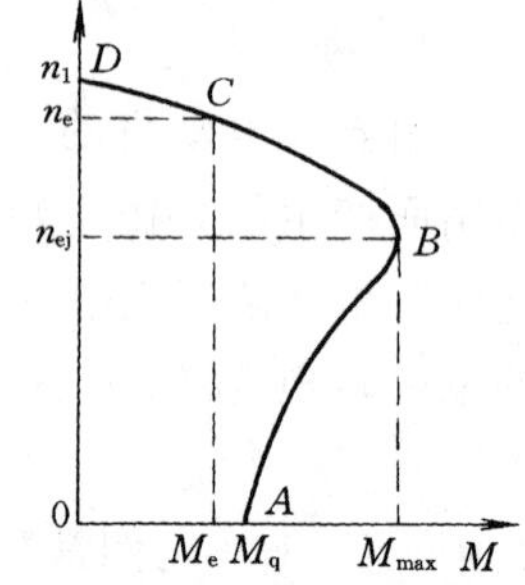

图 7－13 异步电动机的机械特性曲线

二、几个重要转矩

1. 额定转矩 M_e

电动机在额定负载功率 P_e、额定转速 n_e 情况下匀速旋转，对应于图 7－13 中的额定工况点 C 点，n_e 小于但接近于同步转速 n_1，$M=M_e$，额定转矩与负载阻转矩 M_f 相平衡，即

$$M_e=M_f=\frac{P_e\times1000}{\frac{2\pi n_e}{60}}=9550\frac{P_e}{n_e} \tag{7-19}$$

式（7－19）中的额定功率 P_e（kW）、额定转速 n_e（r/min）均可

由电动机铭牌或产品目录给出。

2. 最大转矩 M_{max}

对应于图 7-13 中的 B 点，令$\frac{dM}{dS}=0$，即

$$\frac{dM}{dS}=\frac{d}{dS}\left[\frac{C'_m SR_2U_1^2}{R_2^2+(SX_{20})^2}\right]=C'_m\frac{[R_2^2+(SX_{20})^2]R_2U_1^2-SR_2U_1^2(2SX_{20}^2)}{[R_2^2+(SX_{20})^2]^2}=0$$

得出产生最大转矩时的转差率（临界转差率）S_{ej}为

$$S_{ej}=\frac{R_2}{X_{20}}\text{（取正值）}\tag{7-20}$$

将式（7-20）代入式（7-18）得

$$M_{max}=C'_m\frac{U_1^2}{2X_{20}}\tag{7-21}$$

为了反映电动机的过载能力，产品目录中常给出最大转矩与额定转矩的比值，并称之为过载系数（一般为 1.8～2.2），用 λ 表示，即

$$\lambda=\frac{M_{max}}{M_e}\tag{7-22}$$

3. 起动转矩 M_q

对应于图 7-13 中 $n=0$（$S=1$）的 A 点，即电动机起动的初始瞬间，把 $S=1$ 代入式（7-18）得起动转矩

$$M_q=C'_m\frac{R_2U_1^2}{R_2^2+X_{20}^2}\tag{7-23}$$

由图 7-13 可以看出，当起动时的负载阻转矩小于 M_q，转子便转动起来，沿着 $n=f(M)$曲线逐渐加速，越过驼峰（M_{max}，n_{ej}）点，进入 BD 段，当 $M=M_f$（负载阻转矩）时，电动机就以某一转速 n 稳定运行。此后，若负载减小使 $M_f<M$，电动机的转速 n 上升，但 n 上升使 M 减小，当达到 $M=M_f$ 时，电动机又在新的稳定状态下运行，只是转速略高；当 M_f 增大使 n 下降，转矩随之增大至 $M=M_f$ 时，又会工作在转速略低的稳定状态；如果严重过载至 $M_f>M_{max}$，转速将下滑到 BA 段，这时转速下降反而使转矩减小，以致转速继续下降，被迫停转，俗称"闷车"，若不及时切断电源，定子绕组电流会升高至额定电流的 5～7 倍，严重过热将烧坏电动机。综上所述，特性曲线的 AB 段为不稳定运行区，BD 段为稳定运行区，而把 n_{ej} 称为临界转速。

4. 电源电压 U_1 对 M_{max} 和 M_q 的影响

由式（7-21）、式（7-23）及式（7-18）可见，电源电压 U_1 对 M_{max}、M_q 及 $n=f(M)$ 的影响很大，图 7-14 表示不同电压下的 $n=f(M)$ 曲线。当电源电压降低到额定电压的 70%时，M_{max} 和 M_q 只有原来的 49%。过低的电压往往使电动机不能起动；在运转中如果电压降得太多，很可能由于异步电动机的最大转矩低于负载阻转矩而停转。

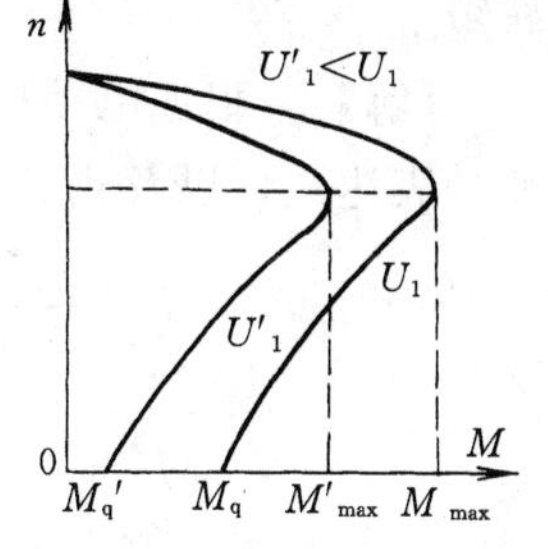

图 7-14　对应于不同电源电压 U_1 的 $n=f(M)$ 曲线（R_2=常数）

5. 转子电阻 R_2 对转矩特性的影响

由式（7-20）$S_{ej}=\frac{R_2}{X_{20}}$、式（7-21）$M_{max}=C'_m\frac{U_1^2}{2X_{20}}$可以看

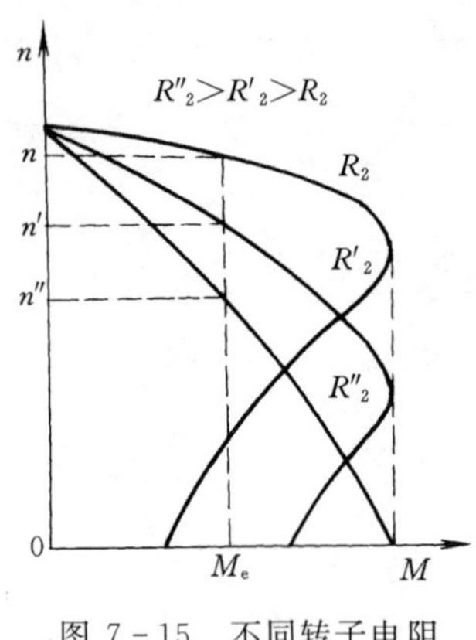

图 7-15　不同转子电阻的 $n=f(M)$ 曲线

出，最大转矩与转子电阻无关，但出现最大转矩的临界转差率 S_{ej} 却与 R_2 成正比。因此，当增加转子电路的电阻时，S_{ej} 增大，即 n_{ej} 减小，$n=f(M)$ 曲线向 n 减小方向偏移，如图 7-15 所示。随着 R_2 增大，M_q 逐渐增大，而且当 $R_2=X_{20}$ 时，$S_{ej}=1$，即可使 M_{max} 出现在 $n=0$ 时，这在生产上具有实际意义。绕线式异步电动机在转子绕组中串入适当的起动电阻后，不仅可以使 I_2 减小，而且可使 M_q 增大，这是 $\cos\varphi_2$ 增大的缘故。此外，改变 R_2 可以在一定范围内实现调速，需要调速和提高 M_q 的生产机械，往往选配绕线式异步电动机。

从图 7-15 还可以看出，转子未串入电阻的特性（自然特性）曲线，稳定区段较平坦，叫做硬特性；串入的电阻越大，其特性（人造特性）曲线的稳定区段向下倾斜越多，属软特性。这为生产机械选配电动机提供了依据，如车床、鼓风机、压缩机的负载变化时，要求电动机转速变化不大，故应选配具有硬特性的鼠笼式电动机。而如起重机械则要求起动转矩大，且重载时转速要低，以保证运行安全，轻载时转速要高，以提高工效，故应选配具有软特性的绕线式异步电动机。

第三节　三相异步电动机的运行

正确地选配电动机的种类、型式、功率，才能安全、经济地正常运行。图 7-16 为异步电动机的运行特性，它表达了在额定电压和额定频率的电源作用下，异步电动机的定子电流 I_1、功率因数 $\cos\varphi_1$ 和效率 η 随输出功率 P_2 的关系曲线。由图 7-16 可见，异步电动机在轻载（如小于 $50\%P_e$）时，功率因数和效率都较低，所以应正确选择电动机容量，力求使其在额定工况点附近运行。

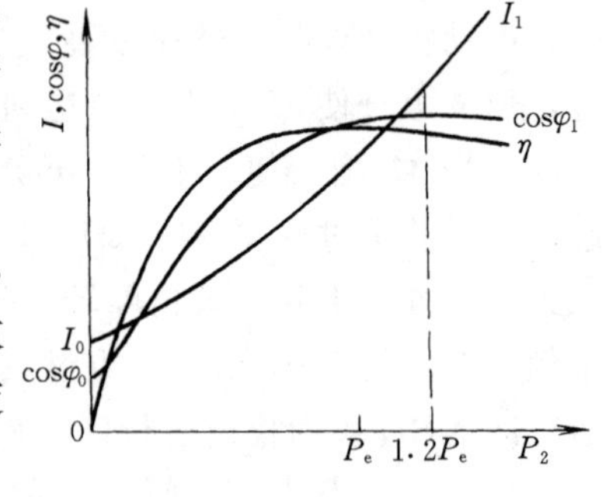

图 7-16　异步电动机的运行特性

【例 7-2】 已知一台异步电动机的额定功率为 55 kW，额定电压为 380 V，△接法，额定转速为 980 r/min，额定效率为 91.5%，额定功率因数为 0.88。试求额定电流和额定转矩。

【解】 根据电动机的效率定义 $\eta_e=P_e/P_1$、三相功率的表达式，以及式（7-19）可得

$$I_e=\frac{P_e\times1000}{\sqrt{3}U_e\cos\varphi_e\eta_e}=\frac{55\times1000}{\sqrt{3}\times380\times0.88\times0.915}=103.8\ (\text{A})$$

$$M_e=9550\frac{P_e}{n_e}=9550\frac{55}{980}=536\ (\text{N}\cdot\text{m})$$

异步电动机安全可靠运行，还需要正确采用起动、调速、反转等方法。

一、起动

电动机接通电源开始旋转，经过加速，直到稳定运转，称为起动过程。起动瞬间 $n=$

0，$S=1$，转子电流很大，定子绕组也相应地产生很大的起动电流，一般为额定电流的5～7倍。对于起动不频繁的电动机，因为起动过程短暂（1～3 s），电机本身不致过热，但过大的起动电流会造成电网的扰动压降，影响其它在网设备。

虽然起动电流大，但功率因数很低，所以起动转矩并不大。如果起动转矩太小，则起动时间延长，甚至不能顺利起动。一般起动转矩应为额定转矩的1～2倍。为获得足够大的起动转矩，限制起动电流，应根据具体情况采用相应的起动方法。

（一）鼠笼式异步电动机的起动

1. 直接起动

直接利用开关设备给电动机加上额定电压使之起动的方法称为直接起动，或全压起动。这种方法简单经济、操作方便，但起动电流大，造成线路压降扰动，故各地电业部门对直接起动有一定的限制，例如：容量在10 kW以下的三相异步电动机；有动力专用变压器时，非频繁起动的最大单机容量不得超过变压器容量的30%，频繁起动的单机容量不得超过变压器容量的20%；动力和照明共用的变压器，电动机直接起动时所产生的电压降不应超过5%。

2. 降压起动

当电动机的容量较大时，必须采用降压起动，即在电动机起动时降低定子绕组的电压，起动过程结束，再切换投入额定电压。这种方法减小了起动电流，但起动转矩也显著减小，所以降压起动法只适用于轻载或空载情况下的起动。常用的降压起动法有两种：

（1）星形—三角形（Y—△）起动。这种方法仅适用于工作时定子绕组是△形接法的电动机。起动时先改接成Y形，待电动机转速接近额定转速后再切换成△形，切换可用双投开关（或Y—△起动器）实现，如图7-17所示。

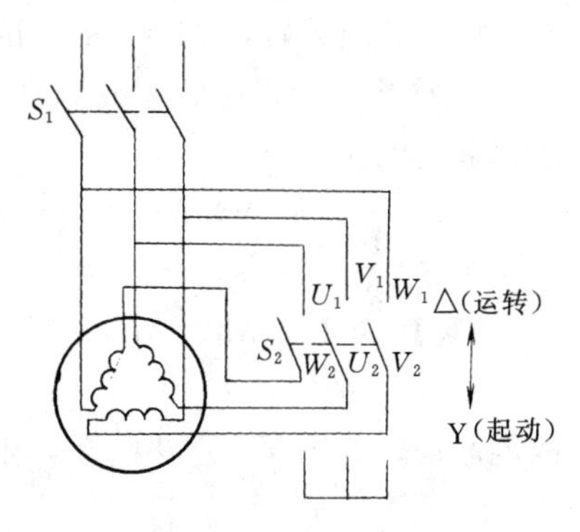

图7-17　用三刀双掷开关实现的Y—△换接起动

接成Y形时，定子每相绕组的电压为线电压U_l的$1/\sqrt{3}$，线电流等于相电流，即$I_{lY}=I_{pY}=U_l/\sqrt{3}\,|Z|$；当定子绕组接成△形时，线电流是相电流的$\sqrt{3}$倍，即$I_{l\triangle}=\sqrt{3}I_{p\triangle}=\sqrt{3}U_l/|Z|$，$|Z|$为每相绕组的起动阻抗。故起动电流为三角形全压起动时的1/3。由于转矩和电压的平方成正比，所以起动转矩也减小到三角形全压起动时的1/3。

（2）自耦变压器降压起动。这种方法适用于工作时定子绕组接成Y形且容量较大的电动机。利用自耦变压器起动的接线如图7-18所示。起动时将S_2置于“起动”位置，此时异步电动机的定子绕组接到自耦变压器的副边，故加在定子绕组上的电压小于电源电压，从而减小了起动电流，等到电动机转速接近稳定值时，再将S_2投向“工作”位置，这时异步电动机便脱离自耦变压器，直接与电源相接。自耦变压器的副边一般有三个抽头，输出电压分别为电源电压的40%、60%、80%，故起动电流和转矩都减小到直接起动时的16%、36%、64%，以便根据起动转矩的要求选用。

星形—三角形起动和自耦变压器降压起动方法，实质上都是在异步电动机的起动时

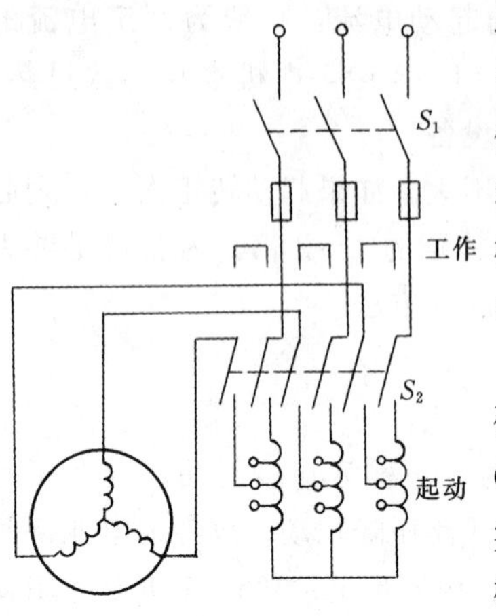

图 7-18 自耦降压起动接线图

段，用短暂开路转换方式，让电压分步、有级上升至额定电压，使可以轻载起动的异步电动机顺利起动，又起到降低起动电流的目的。但开路有级电压切换必然存在着转矩和电流的二次冲击，给拖动机械以损伤，大容量异步电动机的二次冲击起动电流仍会产生高次谐波干扰、污染电网。

近年来，各种电子式、磁控式异步电动机软起动器的研制、开发很活跃，改善了异步电动机降压起动的性能。QCK 系列异步电动机软起动器，利用磁控限幅调压原理，实现闭路在线的电压有效值非阶跃性上升。可以根据电动机的工作方式、运行接线方案、容量及机械负载特性，现场调整电压上升速率，保持给定电压有效值的持续时间及闭路转换时间，使电压从初始值按一定斜率平缓上升至全压，电动机的转矩、转速平滑上升，起动电流平缓且降低至额定电流的 1.8～2.5 倍，消除了转矩的机械冲击，抑制了起动电流的高次谐波污染。18.5～570 kW 的 QCK 系列磁控式异步电动机软起动器已经面市，它集主回路的控制元器件及其短路保护、过载保护、断相保护等于一个控制箱内，接线方便。

【例 7-3】 例 7-1 给定的异步电动机，如其 $I_q/I_e=6.5$，$M_q/M_e=1.2$。

(1) 若负载转矩 $M_{fz}=M_e$，试问采用全压起动或 Y—△起动时能否起动？

(2) 当 $U_1=380$ V，M_{fz}分别为 100 N·m 和 300 N·m 时，能否用 Y—△法起动？并求出起动电流。

(3) $U_1=380$ V，$M_{fz}=300$ N·m 时，能否用自耦变压器的 80%抽头进行降压起动？I_q 为何值？

【解】 (1) $M_{fz}=M_e$，全压起动时，起动转矩

$$M_q = 1.2M_e > M_{fz}$$

故能起动。若用 Y—△法起动，则起动转矩

$$M_{qY} = \frac{1}{3}M_q = \frac{1}{3}\times 1.2M_e = 0.4M_e < M_{fz}$$

则不能起动。

(2) 在例 7-1 中，已求得 $I_e=103.8$ A，$M_e=536$ N·m，全压起动时的起动电流和起动转矩分别为

$$I_{q\triangle} = 6.5I_e = 6.5\times 103.8 = 675\ (\text{A})$$
$$M_{q\triangle} = 1.2M_e = 1.2\times 536 = 643\ (\text{N}\cdot\text{m})$$

接成 Y 形时的起动电流和起动转矩分别为

$$I_{qY} = \frac{1}{3}I_{q\triangle} = \frac{1}{3}\times 675 = 225\ (\text{A})$$

$$M_{qY} = \frac{1}{3}M_{q\triangle} = \frac{1}{3}\times 643 = 214\ (\text{N}\cdot\text{m})$$

可见 M_{fz}为 100 N·m 时能起动，为 300 N·m 时则不能起动。

(3) 用自耦变压器 80%抽头降压起动时，起动电流和起动转矩分别

$$I'_q = 0.8^2 I_{q\triangle} = 0.64 \times 675 = 432\ (\text{A})$$

$$M'_q = 0.8^2 M_{\triangle} = 0.64 \times 643 = 412\ (\text{N} \cdot \text{m})$$

故能起动 300 N·m 的负载。

在满足起动转矩的情况下，定子三角形接法的异步电动机的降压起动，应首选 Y—△起动器，因为其结构简单、体积小且价格低。自耦变压器体积大、成本高。容量大于 100 kW 的异步电动机，大多做成双鼠笼或深槽鼠笼转子，起动电流较小而起动转矩较大，但结构较复杂，价格较高。

（二）绕线式异步电动机的起动

绕线式异步电动机可以通过滑环与电刷，在转子电路中接入可变电阻器来起动，如图 7-19 所示。起动时，先将起动变阻器的电阻调到最大值，随着电动机转速的升高，使变阻器电阻值逐渐减小，当转速稳定时，将变阻器短接转入正常运行。

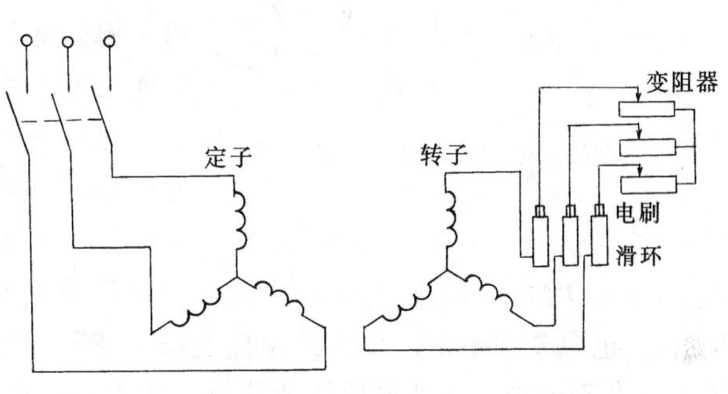

图 7-19　绕线式电动机起动时的接线图

前已述及，转子电阻串联适当的电阻 R'，使总电阻 $R_2 + R' = X_{20}$，能实现 $M_q = M_{max}$。因此，这种方法既减小起动电流又增大起动转矩，是降压起动所不具备的优点，所以常用于起动转矩大，起动频繁的生产机械上，如卷扬机、起重机等。

二、调速

人为地在同一负载下改变电动机的转速，以满足生产过程的需要，称为调速。这和电动机在不同负载下转速的自然变化是两个概念。

由转差率 $S = (n_1 - n)/n_1$ 可知，电动机转速

$$n = n_1(1-S) = (1-S)\frac{60f_1}{p} \tag{7-24}$$

式 (7-24) 表明，改变电动机的转速有 3 种可能，即改变极对数 p、电源频率 f_1 和转差率 S。前两者是鼠笼式电动机的调速方法，后者是绕线式电动机的调速方法。

（一）变极调速

改变定子绕组的接法，就能改变旋转磁场的磁极对数，如图 7-20 所示。图中只画出了 A 相定子绕组（B、C 相同 A 相），该相绕组由两个相同的线圈 AX 与 $A'X'$ 组成，当两个线圈尾首顺次串联，如图 7-20 (a) 所示，可以获得 $p=2$ 的旋转磁场；当两个线圈反并联（A 与 X'、A' 与 X 相连）时，得到 $p=1$ 的旋转磁场，如图 7-20 (b) 所示。由四极 ($p=2$) 变到两极 ($p=1$) 时，同步转速将由 1500 r/min 改

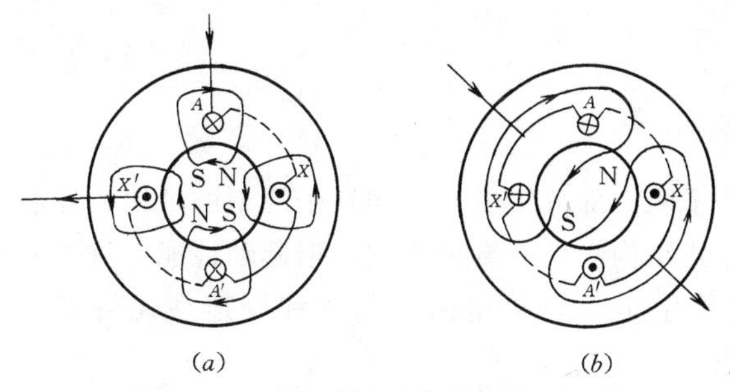

图 7-20　改变磁极对数调速的原理图

变为 3000 r/min，电动机的额定转速接近于同步转速作相应改变。

由于磁极对数是整数（$p=1、2、3、\cdots$），转速只能成倍地改变，变极调速属有级调速。异步电动机制成后，其极对数是不能随意改变的，所以必须根据需要选配有专门接线的“双速”、“三速”电动机。变极调速操作简便，机械特性硬，故常用于简单的起重机械、运输传送带等场合。

（二）变频调速

变频调速技术的基本方法是整流装置先将 50 Hz 的交流电变换为直流电，再由逆变装置变换为频率 f_1 可调，电压有效值U_1（Φ_m）也可调的三相交流电，供给鼠笼式异步电动机的定子绕组，实现无级调速，如图 7－21 所示。

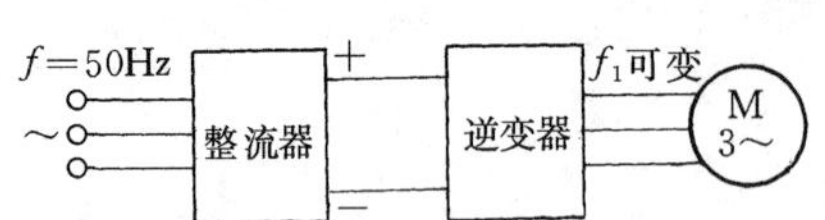

图 7－21　变频调速装置

为避免 Φ_m 增大导致铁芯过分饱和，励磁电流大大增加，通常希望电动机主磁通 Φ_m 基本不变，由式（7－15）$\Phi_m=U_1/4.44f_1k_1N_1$ 可知，在改变 f_1 的同时，还应成比例地改变 U_1。另外，从式（7－14）$M=C_m\Phi_mI_2\cos\varphi_2$ 可知，在负载转矩不变条件下调速时，Φ_m 保持不变，$I_2\cos\varphi_2$ 也应基本不变。多重约束使变频调速装置复杂而不易维护，数倍于电动机的价格。随着技术的进步，其性能价格比将进一步提高，促进变频调速技术的应用、推广。

（三）变转差率调速

如前所述，只要在绕线式异步电动机的转子电路中串入调速电阻（和起动变阻器一样接入），改变外接电阻的大小，就能改变电机转速，参见图 7－15。将式（7－18）右边的分子和分母同除以 S^2，得 $M=C'_mU_1^2\left(\frac{R_2}{S}\right)\Big/\left[\left(\frac{R_2}{S}\right)^2+X_{20}^2\right]$，通常 U_1 和 X_{20} 均为定值，要使 M 一定就得令比值 R_2/S 保持不变，即转子电阻与转差率成正比。例如，当转子电阻为 R_2 时转差率为 S，为 R'_2 时的转差率为 S'，则有

$$\frac{R'_2}{R_2}=\frac{S'}{S} \qquad (7-25)$$

变转差率调速，设备简单，但能量消耗大。

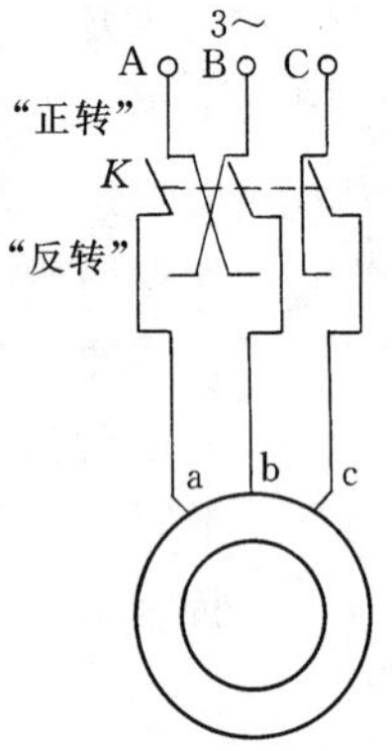

图 7－22　异步电动机正反转接线图

三、反转

三相异步电动机的旋转方向与其旋转磁场的转向相同，所以要使电动机反转，只要将接到定子绕组的三根电源线中的任意两根对调即可。图 7－22 为利用三极双投开关 K 实现异步电动机正、反转的接线。

小　　结

三相异步电动机的结构主要由定子和转子两大部分组成。按照转子绕组的结构，异步电动机分为鼠笼式和绕线式两种类型。鼠笼式结构简单、维护方便，但起动性能差且不能调速；绕线式的结构复杂，但可在转子电路中串入外接电阻，起动和调速性能得到一定改善。

当定子绕组中通入对称三相电流，就会在电机内部产生旋转磁场。旋转磁场的转速

（亦称为同步转速）与电源频率 f_1 和磁极对数 p 有关

$$n_1 = \frac{60f_1}{p}$$

旋转磁场的转向与三相定子绕组的电流相序有关，总是由载有超前电流的绕组指向载有滞后电流的绕组。旋转磁场使转子绕组产生感应电势和感应电流，载有电流的转子绕组与旋转磁场相互作用，产生电磁转矩，转子以小于同步转速的速度 n 旋转，转向与旋转磁场方向相同。

转差率 S 是描述异步电动机运行状态的重要参数、反映旋转磁场与转子之间相对运动速度的比率，定义为

$$S = \frac{n_1 - n}{n_1}$$

转子绕组的电阻 R_2 和堵转电抗 X_{20} 是决定电机性能的两个内部参数。运转时转子电抗为 SX_{20}。

转子获得电磁转矩的物理表达式为

$$M = C_m \Phi_m I_2 \cos\varphi_2$$

M 的参数表达式为

$$M = C'_m \frac{R_2 S U_1^2}{R_2^2 + (SX_{20})^2}$$

由于 M 与电源电压 U_1 的平方成正比，因此 U_1 的变化对转矩特性影响显著。

在 U_1、f_1 恒定情况下，可得到 $M=f(S)$ 特性曲线，进而转换成机械特性曲线 $n=f(M)$。在 $n=f(M)$ 曲线上关注 3 个重要转矩：起动转矩 M_q、最大转矩 M_{max}、额定转矩 M_e。电机由（M_q、0）点起动加速，越过（M_{max}，n_{ej}）临界点进入稳定运行区。

功率较大电动机的起动电流 I_q 会产生电网压降扰动，所以鼠笼式电动机常采用 Y—△、自耦变压器降压起动；绕线式电动机采用转子绕组外串电阻方式起动。前者虽减小了 I_q，但 M_q 也随之减小；后者 I_q 减小而 M_q 增大。

三相异步电动机的调速方法有改变磁极对数 p、改变转差率 S 和改变电源频率 f_1 三种方法。其中改变磁极对数的方法适用于鼠笼式电动机，改变转差率则适用于绕线式电动机。

思考题与习题七

1. 如何从结构特点来判断三相异步电动机是鼠笼式还是绕线式？

2. 三相异步电动机的电磁转矩是如何产生的？

3. 怎样改变三相异步电动机的旋转方向？

4. 在三相异步电动机起动的初始瞬间，即 $S=1$ 时，为什么转子电流大而功率因数 $\cos\varphi_2$ 低？

5. 异步电动机定子绕组与转子绕组没有电的直接联系，为什么负载增加时，定子电流和输入功率会自动增加？试说明其物理过程。

6. 为什么三相异步电动机不能在最大转矩 M_{max}处或接近 M_{max}处运行？

7. 三相异步电动机在一定的负载转矩下运行时，如果电源电压降低，电动机的转矩、电流和转速有无变化？如何变化？

8. 某三相异步电动机的额定转速为 1460 r/min，当负载转矩为额定转矩的一半时，电动机的转速约为多少？

9. 某三相异步电动机的磁极对数 $p=1$，Y 形连接，定子绕组的分布如图 7-5 所示，AX、BY、CZ 绕组分别通入对称三相电流 $i_A = I_m\sin\omega t$ ，$i_B = I_m\sin(\omega t - 120°)$ ，$i_C = I_m\sin(\omega t + 120°)$ 。试画出 $\omega t=90°$和 $\omega t=120°$时定子合成磁场的图形，并指出对应瞬时旋转磁场的方向（即旋转磁场的轴线分别与哪个相绕组的轴线重合）？

10. 一台三相异步电动机的额定功率为 10 kW，额定转速为 1425 r/min，电源频率为 50 Hz，问电动机的极对数是多少？求额定工况时的转差率、转子感应电动势的频率、转矩。

[2，0.05，2.5 Hz，67.02 N·m]

11. 一台三相异步电动机的额定数据：$P_e=10$ kW，$n_e=1460$ r/min，$U_e=380$ V，三角形接法，$\eta_e=86.8\%$，$\cos\varphi_e=0.88$，$M_q/M_e=1.5$，$I_q/I_e=6.5$。试求：

（1）I_e 和 M_e；

（2）用 Y—△法起动时的 I_q 和 M_q，当负载转矩分别为 $M_{fz}=0.6M_e$、$M_{fz}=0.25M_e$ 时能否起动？

[19.9 A，65.5 N·m；43.1 A，32.7 N·m；0.6M_e 时不能起动，0.25M_e 时能]

12. 有 Y112M—2 型和 Y160M—8 型异步电动机各一台，额定功率都是 4 kW，但前者 $n_e=2890$ r/min，后者 $n_e=720$ r/min。试比较它们的 M_e，由此说明电动机 P、n_e、M_e 关系。

[13.22 N·m，53.06 N·m]

13. Y180L—6 型电动机的 $P_e=15$ kW，$n_e=970$ r/min，$f=50$ Hz，$M_{max}=295.36$ N·m。试求电动机的过载系数。

[2.0]

14. 一台三相异步电动机的 $P_e=10$ kW，$U_e=380$ V，$\eta_e=87.5\%$，$\cos\varphi_e=0.88$，$n_e=2920$ r/min，$M_{max}/M_e=2.2$，$M_q/M_e=1.4$，$I_q/I_e=6.6$。试求电动机的 I_e、I_q、M_e、M_{max}。

[19.7 A，130 A，45.8 N·m，71.9 N·m]

15. 一绕线式异步电动机 $P_e=40$ kW，$U_e=380$ V，Y 接法，$n_e=965$ r/min，$I_{1e}=83$ A，转子 $I_{2e}=65$ A，$E_{20}=390/\sqrt{3}$ V。当负载转矩 $M_{fz}=M_e$ 时，将电机转速调低到 860 r/min，求转子每相应串电阻。

[提示：转子每相绕组电阻 $R_2=\dfrac{S_eE_{20}}{I_{2e}}$，0.363 Ω]

第八章　同　步　电　机

同步电机具有可逆性，按其运行方式可分为同步发电机和同步电动机。同步电动机把电能转换为机械能，主要用于拖动恒转速、大功率负载，以改善功率因数，如大流量水泵机组。现代的电能，几乎全部由三相同步发电机提供。同步发电机把机械能转换为电能。

第一节　同步发电机概述

一、种类

按原动机的种类来分，同步发电机可分为汽轮发电机、水轮发电机以及容量较小的柴油发电机等。按转子磁极形状来分，又可分为凸极式和隐极式两种。

二、结构

同步发电机和其它旋转电机一样，由定子和转子两个基本部分组成，如图 8－1 所示。定子同三相异步电动机的定子结构相同，也是由机座、定子铁芯和对称三相绕组组成。这部分常称为电枢，所谓电枢，就是电机中产生感应电动势的部分。

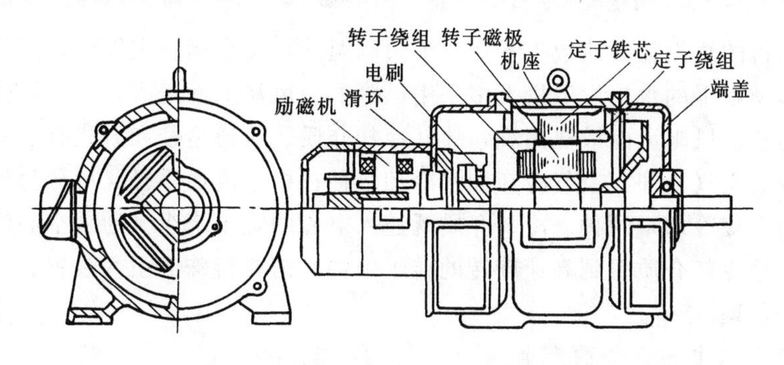

图 8－1　同步发电机（卧式）的结构

同步发电机的转子是产生磁场的部分，称为主磁极。转子铁芯上绕有励磁线圈，用直流励磁。因为转子在空间转动，所以励磁绕组的两端分别接于固定在转轴上的两个滑环。环与环、环与轴之间是绝缘的。在环上，用弹簧压着两个固定的电刷，直流电流经电刷、滑环通入主磁极的励磁绕组。这是同步机的结构特点。

前面介绍的是磁极旋转式同步发电机的结构。从理论上讲同步发电机也可以制成电枢旋转式，但对于高电压大电流的同步机，把电功率通过滑动接触从旋转的部分导入或引出，既不方便，也不科学，所以除微特电机外，现代同步发电机一般都采用磁极旋转式。

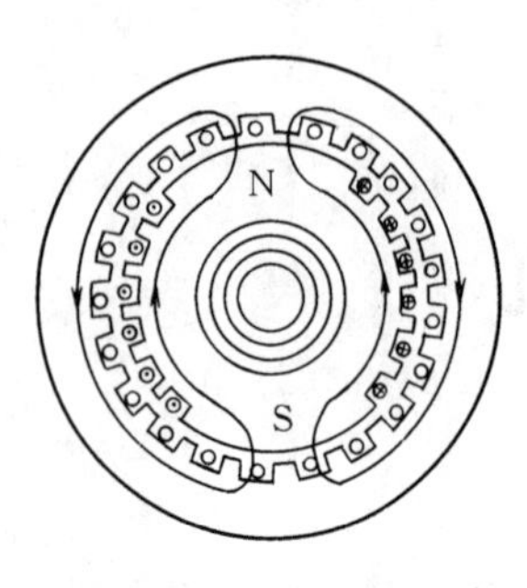

图 8-2　隐极式同步发电机示意图

磁极旋转式同步发电机的转子磁极有凸极式和隐极式两种。汽轮同步发电机的转速高，转子铁芯用钢材锻造成机械强度高的长圆柱形，外圆周开有槽，形成两个大齿的磁极和很多嵌放励磁绕组的小齿槽，如图8-2所示的隐极式。

水轮同步发电机的转速低，一般采用凸极式。如图 8-3 所示，是径向尺寸比轴向尺寸大的扁圆柱形。转子磁极用 1～2 mm 厚的钢板冲压成磁极冲片后，再用铆钉铆成整个磁极。励磁绕组用扁铜线绕成，匝间垫有绝缘。励磁绕组套在磁极上，它与磁极之间也有绝缘，各励磁绕组串联后接到滑环上。磁极表面上还装有阻尼绕组，两端用铜环焊在一起，形成短接的回路，与鼠笼式转子相似，如图 8-4 所示。转轴是水平放置的发电机称为卧式发电机；垂直放置的称为立式发电机。汽轮发电机均为卧式，水轮发电机有立式和卧式两种。

图 8-3　凸极式同步发电机示意图

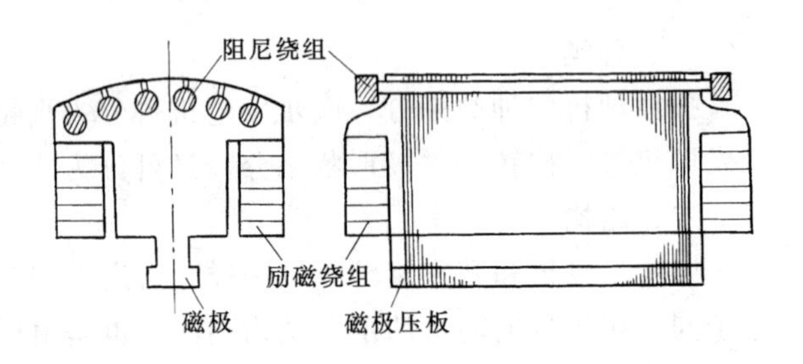

图 8-4　凸极式同步电机的磁极及其绕组

大型发电机的总损耗高达数千千瓦，为限制温升，安全运行多发电，同步发电机都有冷却系统。体型扁平的水轮发电机大多采用风冷。冷风从下面送入，由上面排出。汽轮发电机因轴向很长，风阻大而散热困难，故其冷却介质、流通途径和方式有几种。根据冷却介质的不同分为空气冷却、氢气冷却和水冷却三种；根据流通途径又可分为外冷（表面冷却）和内冷（直接冷却）两种。冷却介质既通入空心的定子绕组又通入空心的转子绕组的称为双内冷，把冷却介质引到高速旋转的转子中去，需要特殊的引入装置。

三、工作原理

1. 主磁极和三相电动势的产生

当同步发电机的转子被原动机拖动，励磁绕组通入直流电流，定子三相绕组（电枢）开路时，称为发电机的空载运行。空载时，电枢电流为零，电机气隙中只有转子磁场。图8-5为 $p=10$ 凸极同步发电机局部转子磁场的示意图。转子磁场包括主磁通和漏磁通两部分。主磁通由转子 N 极，经气隙、定子铁芯、气隙、转子 S 极和转子磁轭而闭合，与定子绕组和转子绕组都匝链，是电磁能量转换的部分，故称为主磁通。还有很少部分只与转子绕组匝链的磁通，称为漏磁通。

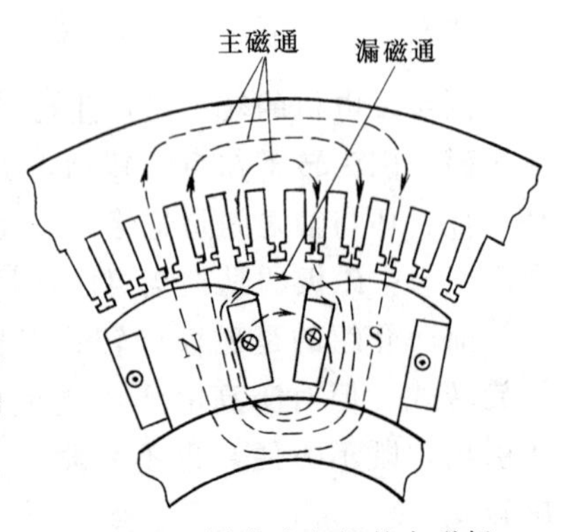

图 8-5　同步发电机的主磁场

在图 8-5 所示的凸极式电机中，通常把磁极做成中部与定子间的气隙较小，两边的气隙较大，使主磁通密度 B_0 沿定子内圆周表面近似于按正弦规律分布。当磁极旋转时，匝链电枢每相绕组的主磁通也是随时间按正弦规律变化的，主磁通的最大值为 Φ_0，也就是主磁通的每极磁通量。因为匝链每相绕组的磁通是个正弦量，于是就在电枢绕组中感应出对称的三相正弦电动势 e_A、e_B、e_C。每相绕组空载电动势的有效值

$$E_0 = 4.44K_w fN\Phi_0 \tag{8-1}$$

式中　N——定子每相绕组串联的匝数；

K_w——绕组系数，由定子绕组中导体分布情况决定的常数，$K_w<1$；

Φ_0——每极主磁通的磁通量（Wb），相位上，空载电动势 $\dot{E}_0$ 滞后于 $\dot{\Phi}_0 90°$，如图 8-6 所示；

f——电动势的频率，Hz。

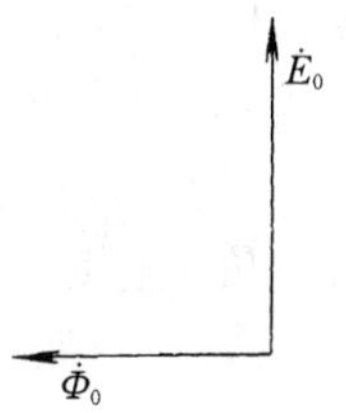

图 8-6　$\dot{E}_0$ 与 $\dot{\Phi}_0$ 的相位关系

设转子的转速为 n，则电动势的频率

$$f = \frac{pn}{60} \tag{8-2}$$

【**例 8-1**】　一台 24 极的水轮发电机，运行时机组应保持多大的恒定转速？

【**解**】　$2p=24$，$p=12$，则

$$n = \frac{60f}{p} = \frac{60\times 50}{12} = 250\ (\text{r/min})$$

2. 同步发电机的空载特性

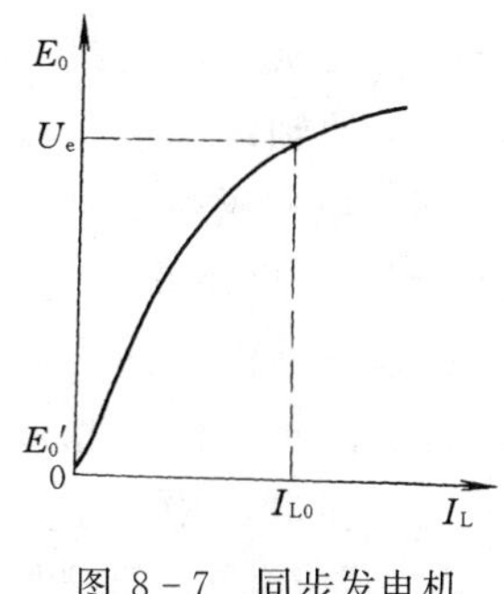

图 8-7　同步发电机的空载特性

发电机的转速 n 恒定时，空载电动势的频率也恒定，由式（8-1）得知空载电动势 E_0 与每极主磁通 Φ_0 成正比。Φ_0 取决于励磁绕组的励磁电流 I_L。因此，调节 I_L 就能改变 Φ_0，从而改变 E_0，即 E_0 是 I_L 的函数。通常把发电机在额定转速下，其空载电势 E_0（即空载相电压 U_0）与励磁电流 I_L 之间的关系 $E_0=f(I_L)$称为发电机的空载特性。其曲线可通过空载实验求得，如图 8-7 所示。曲线形状与铁芯材料的磁化曲线相似，它表明发电机运行时磁路饱和情况，是衡量发电机质量的重要特性之一。通常发电机的额定电压 U_e 选在曲线的弯曲部分（膝部），对应的电流为空载励磁电流 I_{L0}。在 $I_L=0$ 时，测得的电压是由于转子铁芯剩磁产生的 E'_0。

第二节　同步发电机的电枢反应

一、电枢反应的概念

同步发电机空载时，气隙中只有直流励磁电流产生的主磁场以转速 n 旋转，电枢中有感应空载相电势 E_0。但是带上负载后，电枢三相绕组中便有对称三相电流通过（本书只讨论对称负载），根据第七章中定子旋转磁场的概念，出现了第二个旋转磁场，称为电枢磁场。其转速（同步转速）为

$$n_1 = \frac{60f}{p} = \frac{60}{p}\times\frac{pn}{60} = n \tag{8-3}$$

其旋转方向与电枢电流相序排列方向一致，即与主磁场旋转方向一致。可见，同步发电机的电枢磁场与主磁场是同向、同速旋转，相对静止，称为同步。同步电机因此而得名。所以，发电机带负载运行时，气隙中的实际磁场是转子主磁场和电枢磁场共同形成的合成磁场。合成磁场的轴线及每极磁通的大小、分布与空载时的主磁场有所不同。通常这种电枢磁场对主磁场的影响称为电枢反应。

电枢反应的性质取决于负载电流的性质。把同步发电机输出电流 $\dot{I}$ 与空载电势 $\dot{E}_0$ 之间的相位差角 φ 定义为内功率因数角。$\varphi=0$ 时，$\dot{I}$ 与 $\dot{E}_0$ 同相位；$\varphi>0$ 时，$\dot{I}$ 滞后于 $\dot{E}_0$；$\varphi<0$ 时，$\dot{I}$ 超前于 $\dot{E}_0$。

为了区别，通常把输出端的相电压 $\dot{U}$ 与负载电流 $\dot{I}$ 之间的相位差角 φ 称为外功率因数角，它是可以测量的。$\dot{E}_0$ 只是在空载（$\dot{I}=0$）时才能测得。而负载（$\dot{I}\neq0$）时，$\dot{E}_0$ 只是理论值，实际上已无法单独分离出来，无从测得内功率因数角 φ。但这个特别定义的 φ 在分析同步发电机的电枢反应时很有用。下面分析各种不同 φ 角时的电枢反应。

二、不同负载下的电枢反应

1. $\varphi=0$（$\dot{I}$ 与 $\dot{E}_0$ 同相）时的电枢反应

在图 8-8（*a*）中，A 相绕组 AX 是水平的，其轴线垂直向上。在图 8-8 中所示瞬间，主磁场轴线水平向左，A 相的励磁电动势 e_0 达正最大值。由于 $\dot{I}$ 与 $\dot{E}_0$ 同相，所以 A 相电流也达正最大值，其方向如图 8-8 所示。第七章第一节已指出，对称三相电流产生的旋转磁场轴线，当某相电流为最大值时，就与该相绕组的轴线重合，故在图 8-8 所示瞬间，电枢磁场的轴线与 A 相绕组轴线重合，也垂直向上，而正交于主磁场的轴线。由于两个磁场同步旋转，故无论何时它们的相对位置关系保持不变。在电机中，主磁极的轴线称为直轴（或 *d* 轴），而把相邻两极之间的中性线称为横轴（或 *q* 轴）。$\varphi=0$ 时，电枢磁场的轴线总是与横轴重合，故称为横轴电枢反应。又因这时的电枢磁场磁通 $\dot{\Phi}_s$ 与主磁通 $\dot{\Phi}_0$ 正交，所以又称为交轴反应，两磁通的相量和即为合成磁场的磁通 $\dot{\Phi}_R$，相量图如图 8-8（*b*）所示。

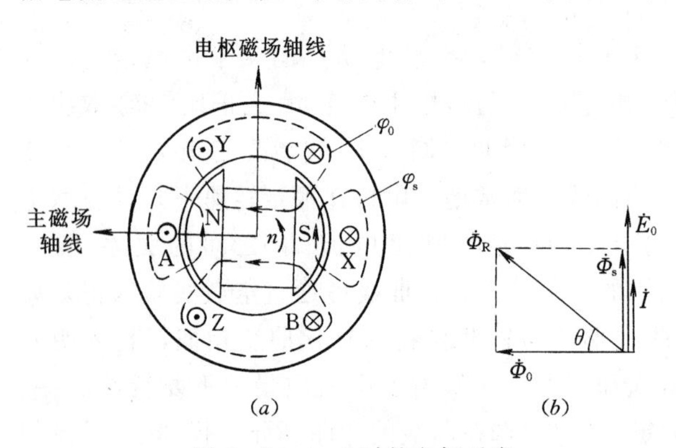

图 8-8　$\varphi=0$ 时的电枢反应

从图 8-8（*a*）可见，在磁极的前半边（顺旋转方向），$\dot{\Phi}_s$ 与 $\dot{\Phi}_0$ 的方向相反，主磁场被削弱；在磁极的后半边，两者方向相同，主磁场被加强。若不计饱和，则每极磁通量不变，即横轴电枢反应无去磁作用，但却把磁场扭斜，即使合成磁场从主磁场轴线往转动方向的后方偏移了一个角度 θ，这就是横轴电枢反应的扭磁作用，见图 8-8（*b*）。图中，A 相空载电势 $\dot{E}_0$ 由 $\dot{\Phi}_0$ 感应产生，$\dot{E}_0$ 滞后于 $\dot{\Phi}_0 90°$；$\dot{I}$ 与 $\dot{E}_0$ 同相，表明同步发电机向电网输送有功功率而不发出无功功率。

2. $\varphi=90°$（$\dot{I}$ 滞后 $\dot{E}_0 90°$）时的电枢反应

$\varphi=90°$，表明当 AX 相绕组中的电流 i 达正最大值时，A 相励磁电动势 e_0 已由正变负

过零点，把图 8-8（a）中的主磁极向前（顺旋转方向）旋转 90°就得到 $\varphi=90°$时的电枢反应，如图 8-9（a）所示。由图可见，这种情况下，电枢磁场的轴线正好与直轴重合，称为直轴电枢反应。但这时 $\dot{\Phi}_s$ 与 $\dot{\Phi}_0$ 方向相反，$\dot{\Phi}_s$ 削弱 $\dot{\Phi}_0$，使合成磁通减小。所以 $\varphi=90°$时的直轴电枢反应是去磁作用，图 8-9（b）示出了 $\varphi=90°$情况下，$\dot{E}_0$、$\dot{I}$、$\dot{\Phi}_0$ 和 $\dot{\Phi}_s$ 的相位关系。$\dot{I}$ 滞后于 $\dot{E}_0$90°，表明该状态下运行的同步发电机不能输出有功功率，仅发出电感性的无功功率。

直轴电枢反应的去磁作用，使原有的直流励磁就不够了，为使气隙磁通及输出电压值基本不变，需增大励磁电流，通常把直流励磁增加后的运行状态，称为同步发电机的过励状态。

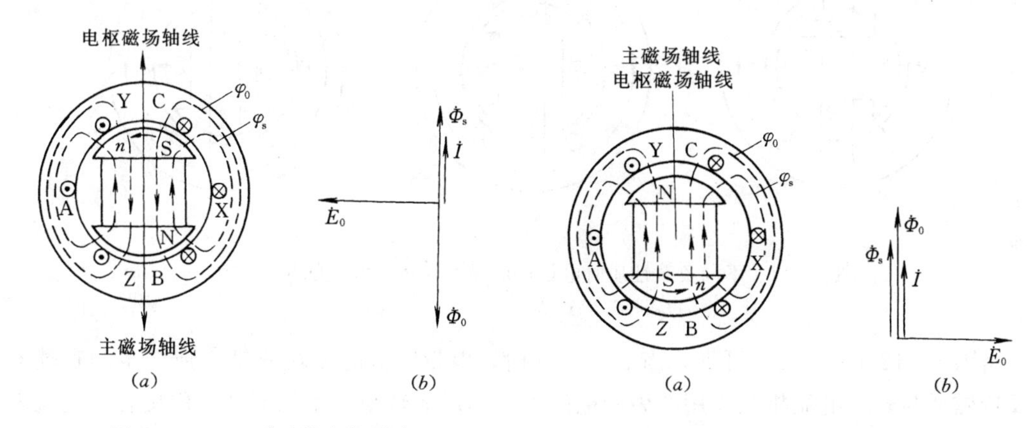

图 8-9　$\varphi=90°$时的电枢反应　　　图 8-10　$\varphi=-90°$时的电枢反应

3. $\varphi=-90°$（$\dot{I}$ 超前 $\dot{E}_0$90°）时的电枢反应

$\dot{I}$ 超前 $\dot{E}_0$90°，表明当 AX 绕组中的电流 i 达到正最大值时，A 相励磁电动势 e_0 由负变正过零点。把图 8-8（a）中的主磁极向后（逆旋转方向）旋转 90°，就得该瞬时同步发电机的电枢反应的情况，如图 8-10（a）所示。由图可知，$\varphi=-90°$情况下的电枢反应也是直轴反应，但是 $\dot{\Phi}_s$ 与 $\dot{\Phi}_0$ 同相，$\dot{\Phi}_s$ 增强 $\dot{\Phi}_0$，使合成磁通增大，所以 $\varphi=-90°$时的直轴电枢反应是增磁作用。当需要保持电压不变时，上述增磁作用使原有的直流励磁电流偏大，必须相应地减小，通常把减小直流励磁后的运行状态，称为同步发电机的欠励状态。同理，$\dot{I}$ 超前 $\dot{E}_0$90°时，发电机也不输出有功功率，而仅向电网输送电容性的无功功率。

4. $90°\geqslant\varphi\geqslant-90°$（一般情况）时的电枢反应

综合上述三种特殊情况的分析，就可得出一般情况时电枢反应的作用。图 8-11 示出了同步发电机带感性负载，使 $\dot{I}$ 滞后 $\dot{E}_0$，$90°>\varphi>0$ 时的相量图。把 $\dot{I}$ 分解为两个分量：横轴分量 $I_q=I\cos\varphi$；直轴分量 $I_q=I\sin\varphi$。$\dot{I}_q$ 与 $\dot{E}_0$ 同相，产生扭磁作用的电枢反应；$\dot{I}_q$ 滞后于 $\dot{E}_0$90°，产生去磁作用的电枢反应，若要保持电压恒定，就增大励磁电流。$\dot{I}$ 滞后 $\dot{E}_0$ 的相位角为 φ，表明同步发电机既输出有功功率又输出电感性的无功功率。

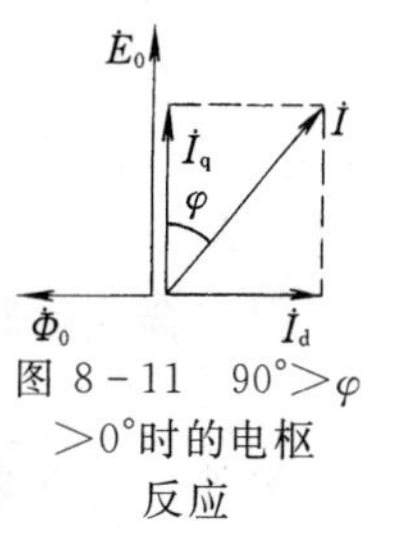

图 8-11　$90°>\varphi>0°$时的电枢反应

同理，当同步发电机带上容性负载，而且使 $0>\varphi>-90°$时，它的电枢反应既有使合成磁场扭斜的作用，又有增磁的作用。

电枢反应的存在是实现能量传递的关键。同步发电机空载时，$\dot{I}=$

0，不存在电枢反应，因此也不存在由转子到定子的能量传递。同步发电机带有负载时，就产生了电枢反应，图 8-12 表示了不同性质负载时，电枢磁场与转子电流产生电磁力的情况。图 8-12（*a*）为 $\varphi=0$，相当于电流的有功分量 I_q 产生的横轴电枢磁场，对转子电流构成电磁转矩的情况，由左手定则可知，该转矩与转子旋转方向相反，是企图使转子减速的阻转矩。I_q 愈大，横轴反应愈强，阻转矩愈大，这就需要水轮机进更多的水（汽轮机进更多的蒸汽），才能克服电磁阻转矩，维持发电机的转速不变，电动势的频率不变，满足负载的有功需求。

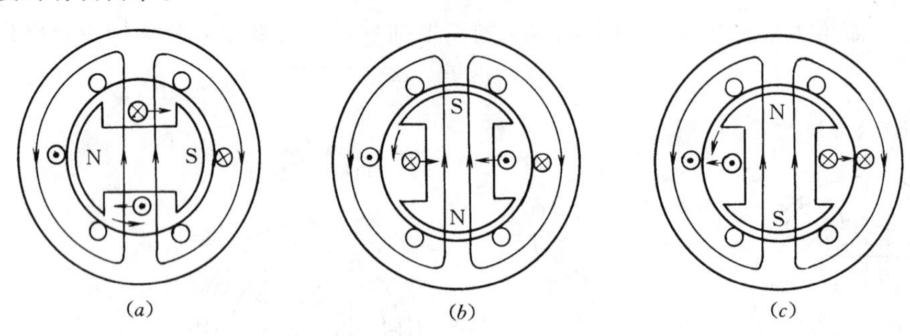

图 8-12　不同负载性质时电枢反应磁场与转子电流的相互作用

（*a*）$\varphi=0°$；（*b*）$\varphi=90°$；（*c*）$\varphi=-90°$

由图 8-12（*b*）、（*c*）可见，当 $\varphi=\pm 90°$时，电枢电流的无功分量 $\dot{I}_d$所产生的直轴电枢反应磁通与转子电流相互作用产生的电磁力，不形成转矩，不妨碍转子的旋转。这就表明发电机提供纯感性（$\varphi=90°$）或纯容性（$\varphi=-90°$）无功功率时，并不需要原动机增加能量。但直轴电枢磁场对转子主磁场起去磁或增磁作用，为维持一定的输出电压，转子直流励磁电流就需要相应地增加或减少。

综上所述，同步发电机单机运行时，为了维持转速不变，频率恒定，必须随着有功负载的变化调节原动机的输入功率；为了保持发电机的端电压不变，必须随着无功负载的变化相应地调节转子的励磁电流。

三、电压方程和等效电路、相量图

由前面的分析可知，同步发电机稳态运行时，合成磁通 $\dot{\Phi}_R$ 是转子主磁通 $\dot{\Phi}_0$ 和电枢反应磁通 $\dot{\Phi}_s$ 的相量和，即

$$\dot{\Phi}_R = \dot{\Phi}_0 + \dot{\Phi}_s \tag{8-4}$$

$\dot{\Phi}_0$ 和 $\dot{\Phi}_s$ 同步旋转，分别在定子绕组中感应出空载电动势 $\dot{E}_0$ 和电枢反应电动势 $\dot{E}_s$。$\dot{E}_0$ 滞后于 $\dot{\Phi}_0 90°$。$\dot{E}_s$ 滞后于 $\Phi_s 90°$，不计铁芯磁滞和涡流损耗时，$\dot{\Phi}_s$与电枢电流 $\dot{I}$ 同相，$\dot{E}_s$ 滞后 $\dot{I}90°$，可表达为

$$\dot{E}_s = -\mathrm{j}\dot{I}X_s \tag{8-5}$$

$$X_s = E_s / I_s$$

式中　X_s——定子每相绕组的电枢反应电抗，亦即单位电流所产生的电枢反应电势，Ω。

对应合成磁通 $\dot{\Phi}_R$ 的电势应为 $\dot{E}_0$、$\dot{E}_s$ 的相量和，即

$$\dot{E} = \dot{E}_0 + \dot{E}_s \tag{8-6}$$

另外，电枢漏磁通 Φ（亦与 $\dot{I}$ 同相）也将在定子绕组中感应出电枢漏磁电动势 $\dot{E}_\sigma$，

可表达为

$$\dot{E}_{\sigma} = -\mathrm{j}\dot{I}X_{\sigma} \tag{8-7}$$

式中　X_{σ}——电枢每相绕组的漏磁电抗，Ω。

若再计及每相绕组的电阻 R_s，则定子一相绕组的等效电路如图 8-13 所示。根据 KVL，端电压（相电压）$\dot{U}$ 为

$$\begin{aligned}\dot{U} &= \dot{E}_0 + \dot{E}_s + \dot{E}_{\sigma} - \dot{I}R_s \\ &= \dot{E}_0 - \mathrm{j}\dot{I}X_s - \mathrm{j}\dot{I}X_{\sigma} - \dot{I}R_s \\ &= \dot{E}_0 - \mathrm{j}\dot{I}X_t - \dot{I}R_s \end{aligned} \tag{8-8}$$

$$X_t = X_s + X_{\sigma} \tag{8-9}$$

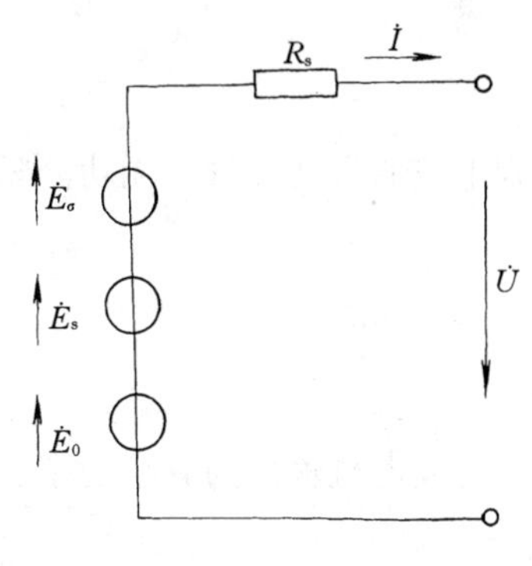

图 8-13　同步发电机一相的等效电路

通常 $R_s \ll X_t$，则式（8-8）可简化为

$$\dot{U} = \dot{E}_0 - \mathrm{j}\dot{I}X_t \tag{8-10}$$

式中　X_t——同步电机每相定子绕组的同步电抗，表征电枢反应磁通和漏磁通的综合参数，Ω。

对应的同步发电机的一相简化等效电路和相量图如图 8-14 所示。

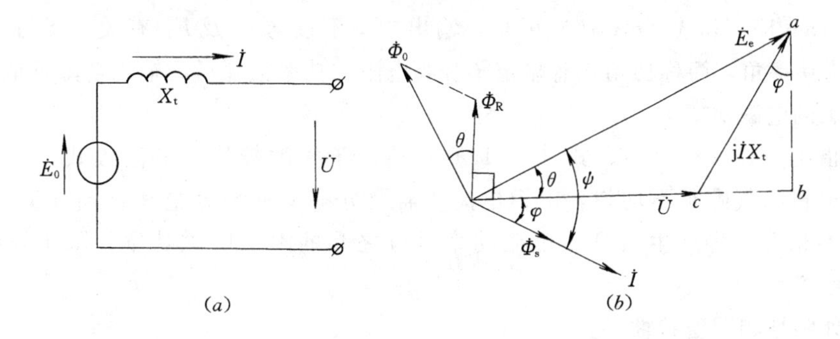

图 8-14　同步发电机的简化等效电路和相量图

【例 8-2】　一台同步发电机的额定功率 P_e=320 kW，额定电压 U_e=6300 V，星形连接，额定功率因数 cosφ=0.8（落后），同步电抗 X_t=115 Ω，电枢电阻不计。试求额定运行时的空载电势 E_0 和 θ（$\dot{E}_0$ 与 $\dot{U}$ 的相位差角）。

【解】　额定电流为

$$I_e = \frac{P_e}{\sqrt{3}U_e\cos\varphi_2} = \frac{320\times 1000}{\sqrt{3}\times 6300\times 0.8} = 36.7\ (\mathrm{A})$$

额定相电压 $U=6300/\sqrt{3}=3637$（V）。取 $\dot{U}$ 为参考相量，则

$$\dot{E}_0 = \dot{U} + \mathrm{j}\dot{I}X_t = 3637\angle 0^{\circ} + \mathrm{j}36.7\angle -36.9^{\circ}\times 115 = 7032\angle 28.7^{\circ}\ (\mathrm{V})$$

故有 E_0=7032 V，θ=28.7°。

由图 8-14 可见，θ 角既是 $\dot{E}_0$ 与 $\dot{U}$ 之间的时间相位差，又是 Φ_0 与 Φ_R 之间的空间电角，它具有双重的物理意义。

同步发电机的输出功率与 θ 角有密切关系，从图 8-14（b）所示相量图中，作辅助线 ab 垂直于 $\dot{U}$ 的延长线 cb，如虚线所示，则得一锐角 φ、斜边为 IX_t 的直角三角形，两个直角边 ab 与 bc 的长可分别表示为

$$IX_t\cos\varphi = E_0\sin\theta \tag{8-11}$$

$$IX_t\sin\varphi = E_0\cos\theta - U \tag{8-12}$$

则电流的有功分量、无功分量分别为

$$I\cos\varphi = \frac{E_0\sin\theta}{X_t} \tag{8-13}$$

$$I\sin\varphi = \frac{E_0\cos\theta - U}{X_t} \tag{8-14}$$

于是发电机输出的有功功率、无功功率分别为

$$P = 3UI\cos\varphi = \frac{3UE_0}{X_t}\sin\theta \tag{8-15}$$

$$\theta = 3UI\sin\varphi = \frac{3UE_0}{X_t}\cos\theta - \frac{3U^2}{X_t} \tag{8-16}$$

式中 U——相电压，V；

I——相电流，A；

φ——$\dot{U}$ 与 $\dot{I}$ 的相位差（负载的功率因数角），由负载参数决定。

由式（8-15）和式（8-16）可知，输出功率不仅与 U 及 E_0 有关，还与 θ 角有关，故 θ 角称为功率角，简称功角；忽略定子绕组电阻的功率损耗后，输出功率近似等于转子传递到定子的电磁功率 P。

需要指出，式（8-15）、式（8-16）仅适用于气隙较均匀的隐极式发电机。凸极式同步发电机的气隙很不均匀，电枢电流 $\dot{I}$ 需要分解为横轴分量和直轴分量，由于横、直轴磁阻不相等，将产生占整个电磁功率百分之几的附加电磁功率。限于篇幅，不再详述。

四、外特性和调整特性

1. 外特性 $U=f(I)$

外特性曲线 $U=f(I)$ 表示当同步发电机的转速 n 为额定值，励磁电流 I_L 和负载功率因数 $\cos\varphi$ 为常数时，机端输出电压 U 与负载电流 I 之间的关系。图 8-15 表示三种不同性质负载时的外特性曲线。曲线 1 是电阻性负载，其电流在发电机内主要产生横轴扭磁电枢反应，I 增加时，U 略有下降；曲线 2 是电感性负载，其电流在发电机内产生横轴扭磁电枢反应和直轴去磁电枢反应，随着 I 的增加，去磁作用显著增大，U 下降较多，且功率因数愈低，U 下降愈甚；曲线 3 是电容性负载，其电流在电机内产生横轴扭磁电枢反应和直轴增磁电枢反应，随着 I 增加，增磁作用增大，使 U 上升。

从空载到额定负载的电压变化程度用电压调整率来表示，即

$$\Delta U\% = \frac{U_0 - U_e}{U_e} \times 100\% \tag{8-17}$$

式中 U_0——空载电压，即 $U_0 = E_0$，V；

U_e——额定电压，V。

水轮发电机的电压调整率一般为 18%～30%，汽轮发电机的电压调整率一般为 30%～48%。

2. 调整特性 $I_L = f(I)$

一般负载要求所加电压保持不变或在容许的范围内变化。为此，随着负载电流 I 的增加，必须相应地调节励磁电流 I_L，使发电机端电压基本保持不变。调整特性曲线 $I_L = f(I)$表示当转速 n 和发电机端电压为额定值 U_e、负载功率因数 $\cos\varphi$ 为常数时，励磁电流 I_L 与负载电流 I 之间的关系。图 8-16 示出了三条不同性质负载下的调整特性曲线。根据电枢反应分析不难理解它们的变化规律。

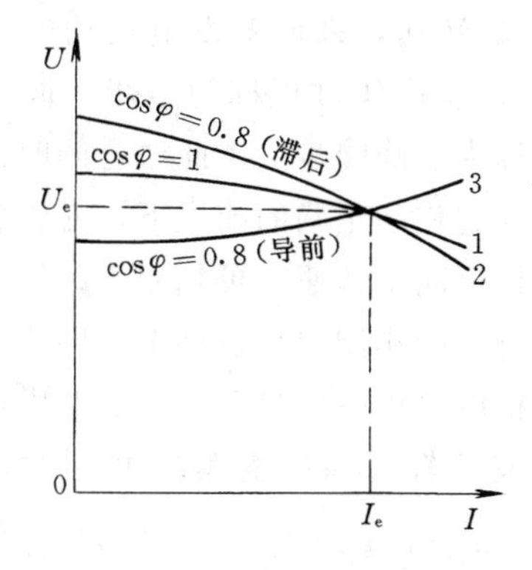

图 8-15　同步发电机的外特性

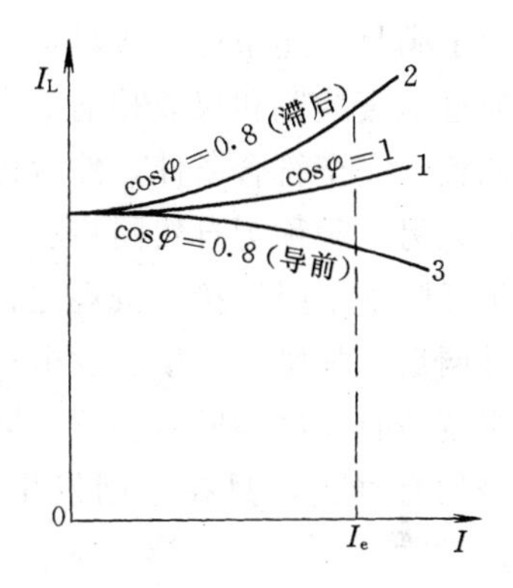

图 8-16　同步发电机的调整特性

发电机通常带感性负载，为防止被突然卸载，尤其是短路故障机端线路跳闸，端电压急剧上升而击穿绝缘，要求电压变化量尽量小，所以同步发电机都装有快速自动电压调节装置及强行减磁装置，以限制发电机端电压的上升。

第三节　同步发电机的并网运行

一、同步发电机并网运行的意义和条件

目前，只有工厂的自用电厂和农村电站，发电机才单机运行或退出电网单机运行。现代发电厂中，都采用几台同步发电机并联运行，而电力系统又是许多发电厂并网运行。

1. 发电机并网运行的意义

（1）有利于提高供电的质量。对于单台发电机和负载来说，电网的容量近似于无穷大，电网的电压和频率可视为常数。单台发电机的运行状况及用电负荷的变化对系统电压、频率的影响就很小。

（2）有利于电力系统运行的经济性。可根据国民经济发展的需要，逐步增加发电机的台数，分期分批投资兴建，减少储备容量；可根据季节、甚至日负荷的变动和需要，确定投入并联运行的机组台数，进行负荷调度，安排必要的检修时间。

（3）合理地利用动力资源。例如丰水年份、季节，让水轮发电机多运行，减少汽轮发电机的并网台数。又如利用水轮发电机起动较快的特点，让其作日荷调峰机组，以及抽水蓄能电站的建设，都是减少一次性能源消耗、充分利用自然资源的有效途径。

2. 发电机并网的条件

发电机由空载到并联接入电网运行的过程，称为并网或并车。并车时必须避免产生强

大的冲击电流，以防止发电机受到强烈的电磁冲击力而损伤，电网受到严重干扰。因此，同步发电机并网时应满足下列条件：

（1）待并发电机的端电压 U_2（空载时 $U_2=E_0$）和电网电压 U_1 相等。

（2）发电机电压的相序和电网电压的相序一致。

（3）发电机电压的相位和电网电压的相位一致。

（4）发电机电压的频率和电网电压的频率相等。

为了满足上述条件，通过调节励磁电流及原动机的转速，来调节发电机的电压和频率，通过配套装置和仪表检查、复核其相序和相位，这些操作过程称为整步、同步或同期。调整到完全符合条件，然后再合闸并网的方法，称为准确同步法。此法合闸时没有冲击电流。另一种称为自然同步法，其操作步骤是：在确定相序正确的前提下，先将转子励磁绕组经附加电阻短接、按规定转向将发电机拖动到接近同步转速（可相差±2%～5%），合闸并网后再加励磁，依靠发电机自身定子、转子磁场间的作用力，自动牵力同步。现代电厂多装备自动准确同步装置，同步过程很快，同步精度也很高。自然同步法对电网和机组本身均有冲击，只在电网发生故障，频率和电压波动较大情况需紧急并网时，偶尔采用。

新机组安装完毕，必须进行起动、空载、负荷以及甩负荷等一系列试运行，以检查机械制造和安装的质量，电气仪表的正常示读和记录，系统地考核机组在不同负荷率下的运行特性及参数变化。在整步并网、解列、事故过程中的动态性能、各种自动装置的动作灵敏度、稳定性。确保机组并网后能够长期、安全、可靠、高效地运行。

二、功角特性

在电力系统中，利用自动调频、调压装置机组、电厂的调峰功能，实现维持某些重要枢纽点的电压及频率不变的运行方案。现代电力系统的容量已达几千万千瓦，一台几万或几十万千瓦的发电机并联到如此大的系统中，可以近似地看成是发电机与无限大容量的电网并联运行，电网电压 U 及其频率 f 均为常数。在保持励磁电流 I_L 不变时，E_0 及同步电抗 X_t 亦为常数，由式（8－15）$P=\dfrac{3UE_0}{X_t}\sin\theta$ 可知，这时同步发电机的输出功率仅随功率角 θ（也叫负荷角）变化。这种变化关系称为同步发电机的功角特性，呈正弦函数变化的关系曲线，如图 8－17 所示。

与 P 对应的电磁转矩对原动机来说是阻转矩，可表示为

$$M=\frac{P}{\omega_1}=\frac{3UE_0}{\omega_1 X_t}\sin\theta \tag{8-18}$$

式（8－18）中 $\omega_1=2\pi n_1/60$ 为同步转速，是常数，所以图 8－17 也反映了电磁转矩与功率角 θ 的关系。

三、有功功率的调节与稳定分析

从能量守恒的观点来看，发电机输出的有功功率是由原动机输入的机械功率转换而来的，要改变输出功率，必须相应地改变输入功率。

发电机并网后的空载状态，输入功率 P_1 恰好和空载损耗 P_0（包括定子铁损，轴承摩擦和风阻损耗等）相平衡，没有多余部分转化为电磁功率，即 $P_1=P_0$，$M_1=M_0$；发电

机并网后调节原动机，使水门或汽门开大时，输入功率 P_1 增大，将有剩余功率转化为电磁功率 P，忽略定子损耗则 $P \approx P_2$（输出功率），即

$$P = P_1 - P_0 \quad (8-19)$$

$$M = M_1 - M_0 \quad (8-20)$$

上述过程可以用功率角 θ 来说明。空载时 $P_1 = P_0$，$P=0$，由图 8－17 功角特性曲线可知，此时 $\theta=0$，转子磁场轴线与合成磁场轴线重合。增大输入功率 P_1，即增加了发电机的输入转矩 M_1，$M_1 > M_0$ 使转子加速；而无限大容量电网的电压和频率为常数，即产生端电压（亦为并网后的电网电压）的合成磁场的大小和转速都固定不变；转子加速使转子磁场超前于合成磁场一个空间电角度 θ；由式（8－15）、式（8－18）可知，θ 角增大引起电磁转矩、电磁功率增大，发电机便输出有功功率。当 θ 角增大到某一数值，使 $P=P_1-P_0$，$M=M_1-M_0$ 时，转矩平衡，转子加速趋势停止，发电机便运行在新的稳定状态。

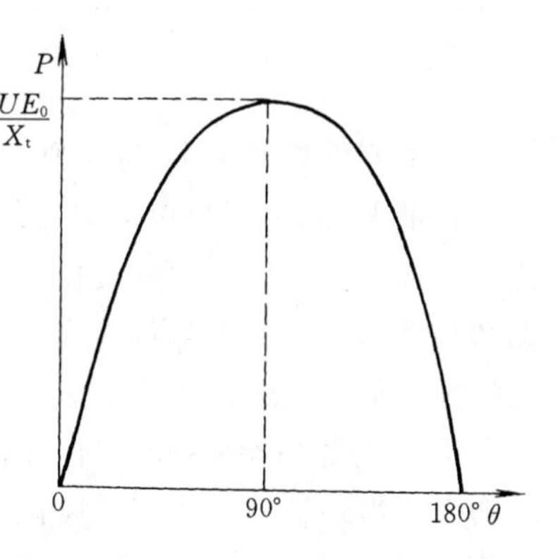

图 8－17　隐极同步发电机功角特性

由此可见，要调节并网发电机的输出功率，必须调节发电机的输入功率，发电机内部会自行改变功率角 θ，相应地改变电磁功率和输出功率，达到新的平衡。当然，θ 角度的改变，也会引起电枢电流、功率因数和无功功率的改变。

假使连续不断地增加 P_1，当 $\theta=90°$时（指隐极机），电磁功率便增大到极值 $P_{max} = \frac{3UE_0}{X_t}$。若再增加 P_1，则 $\theta > 90°$，进入功角特性曲线的右半部，P 随 θ 角增大而减小（即阻转矩减小），使转子加速，θ 增大，而 θ 增大又使 P 减小。如此互为因果的正反馈，导致转子不断加速而失去同步状态，称为失步。可见特性的右半部是不稳定区域，左半部是稳定区域，极点（90°，M_{max}）是同步发电机静态稳定运行的临界点，维持静态稳定的判据是：当 θ 角增大后，电磁功率 P 亦随之增大。为了确保稳定运行，提高供电可靠性，留有足够静稳态储备，额定工况时的 θ 角一般为 20°～35°；P_{max} 与额定功率 P_e 之比称为同步发电机的过载系数，其值一般为 1.7～3.0。

四、无功功率的调节和 V 形曲线

电网上的负载多数是电感性的，因此同步发电机与无限大容量电网并联后，不但要向电网输送有功功率，而且还必须供给无功功率。

从能量守恒观点来看，并网后的发电机如仅调节无功功率，是不需要改变原动机的输入功率的。由电枢反应可知，只要调节发电机的励磁电流，就能改变同步发电机输出的无功功率。现利用简化相量图来作进一步分析。

一台同步发电机的电磁功率和输出功率都保持不变时，则有

$$P = \frac{3UE_0}{X_t}\sin\theta = 常数$$

$$P_2 = 3UI\cos\varphi = 常数$$

考虑到无限大容量电网的电压 U 及发电机同步电抗 X_t 均不变，故有

$$E_0\sin\theta = 常数$$
$$I\cos\theta = 常数$$

当调节励磁电流 I_L 时，则 E_0 随之变化，引起 θ 变化，由图 8－18 所示的相量图可知，相量 $\dot{E}_0$ 的末端只可能沿直线 AA' 移动。又由于 $\dot{U}$ 不变，$\mathrm{j}\dot{I}X_t$ 的大小和相位随 $\dot{E}_0$ 变化，引起电枢电流 $\dot{I}$ 发生变化，而 $\dot{I}$ 的末端只可能沿直线 BB' 移动。图中 $\dot{E}_0$ 和 $\dot{I}$ 对应于无功功率为零，即 $\dot{I}$ 与 $\dot{U}$ 同相，$\cos\varphi=1$，$\sin\varphi=0$，只向电网输出有功功率，此时的励磁电流称为正常励磁；当励磁电流比正常励磁大时，称为过励，对应的相量为 $\dot{E}'_0$ 和 $\dot{I}'$，$\dot{I}'$ 滞后于 $\dot{U}$ 的相位角 $\varphi=\varphi'$，在保持输出有功功率不变的同时，发电机还向电网输出感性无功功率；当励磁电流比正常励磁电流小时，称为欠励，对应的相量为 $\dot{E}''_0$ 和 $\dot{I}''$，此时 $\dot{I}''$ 超前 $\dot{U}$ 的相位角为 φ''，电机向电网输出容性无功功率，即发电机从电网吸收感性无功功率。

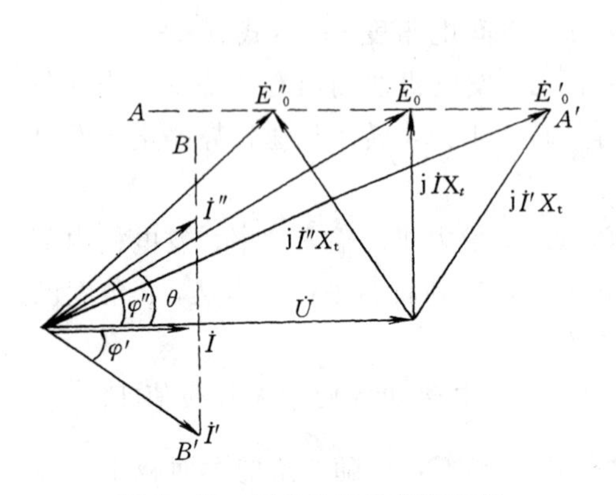

图 8－18　同步发电机并联运行时无功功率的调节

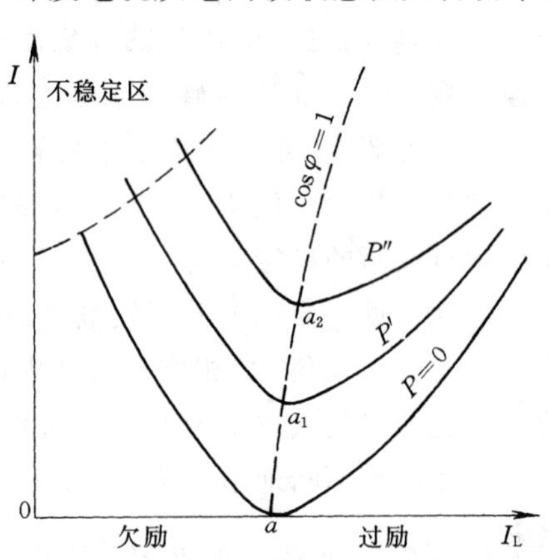

图 8－19　同步发电机的 V 形曲线

由图 8－18 可知，正常励磁时，电枢电流最小。在电网电压 U 不变和输出功率为常数时，调节 I_L，无论是过励还是欠励状态，电枢电流都变大，故 I 与 I_L 的关系 $I=f(I_L)$ 的关系曲线象字母 V，所以称为 V 形曲线，如图 8－19 所示。V 形曲线簇最低点的连线表示 $\cos\varphi=1$，该连线的右边为过励状态，左边为欠励状态。当同步发电机欠励状态运行时，对于每一给定的有功功率都有一个临界励磁电流值，若进一步减小励磁电流，将使发电机失步而不稳定。因为 E_0 随 I_L 减小而减小，过小的 E_0 使 P_{max} 也减小，过载能力降低。在输出感性无功功率、过励状态运行时，E_0 较大，功角特性曲线的最大功率值 $P_{max}=\frac{3UE_0}{X_t}$ 较大，提高了发电机运行的稳定性。

【例 8－3】 将例 8－2 中的同步发电机并联在无限大容量电网上，开始运行在额定状态。前面已求得励磁电动势 $E_0=7032$ V，功率角 $\theta=28.7°$，现若输入功率不变，而减小励磁电流，使励磁电动势减为 $E'_0=6700$ V，试求相应的功率角 θ'、电枢电流 I' 和输出的无功功率 Q'。

【解】　发电机输入功率不变，不计铜损时，其电磁功率和输出功率也不变且相等（$P=P_{2e}=320$ kW）。无限大容量电网电压恒定，设其相电压为 $3637\angle 0°$V。将给定数据代入式（8－15）可得

$$320\times10^{3}=\frac{3\times3637\times6700}{115}\sin\theta'$$

$$\theta'=30^{\circ}$$

将 $\dot{E}'_{0}=6700\angle30^{\circ}$ 代入电枢电压方程，可得

$$6700\angle30^{\circ}=3637\angle0^{\circ}+\mathrm{j}\dot{I}'\times115$$

$$\dot{I}'=34.7\angle-32.8^{\circ}\ (\mathrm{A})$$

减小励磁电流后，发电机输出的感性无功功率

$$Q'=3UI'\sin\varphi'=3\times3637\times34.7\sin32.8^{\circ}=205\ (\mathrm{kvar})$$

Q' 也可以用式（8－16）计算。

额定状态时的无功功率

$$Q_{e}=3UI\sin\varphi=3\times3637\times36.7\times0.6=240\ (\mathrm{kvar})$$

$Q'<Q_{e}$ 表明：减小励磁电流，输出的感性无功功率也减小了。

第四节　同步电动机

一、同步电动机运行状态

同步电机是可逆的，可以从发电机状态过渡到同步电动机运行状态。发电机运行状态时，向电网输送的有功功率为 $P=\frac{3UE_{0}}{X_{t}}\sin\theta$，功率角 θ 为正值，θ 亦为转子主磁极轴线与定子等效磁极轴线之间的空间电角，主动的转子磁极拖着定子异名极同步旋转，如图 8－20（a）所示。减少发电机从原动机输入的功率和调节励磁电流，使 $\dot{E}=\dot{U}$，$\theta=0$，$\dot{E}-\dot{U}=\mathrm{j}X_{t}\dot{I}=0$，则 $\dot{I}=0$，发电机虽然并联在电网上，但已无功率输出，即 $P=P_{2}=0$，$P_{1}=P_{0}$（空载损耗），回到了刚并网时空载状态，转子、定子磁极轴线重合，如图 8－20（b）所示。

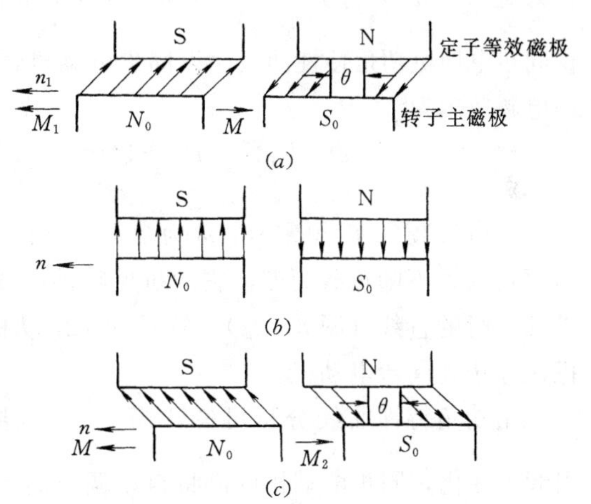

图 8－20　同步电机由发电机转变为电动机的过程

（a）发电机状态；（b）临界状态；（c）电动机状态

回到空载状态的同步发电机组可以顺利地退出电网，也可以过渡到电动机的所谓同步补偿机状态运行，即调节励磁电流，使其作过励状态空载运行（不带机械负载）。从电网输入很小的空载功耗 P_{0}，同时向电网输出感性无功功率。电力系统中，常在电能用户密集的地区安装此类同步补偿机。枯水季节，将并网水轮发电机的水门关闭，作过励状空载运行，使网上火电厂少发感性无功功率，以提高火电厂的设备利用率，这种方式称为水轮发电机的调相运行。

如果再在空载同步电机的转轴上加上机械负载转矩 M_{2}，就从同步发电机过渡到同步电动机状态。此时转子主磁极更加落后，$\theta<0$，如图 8－20（c）所示，转子被定子等效磁

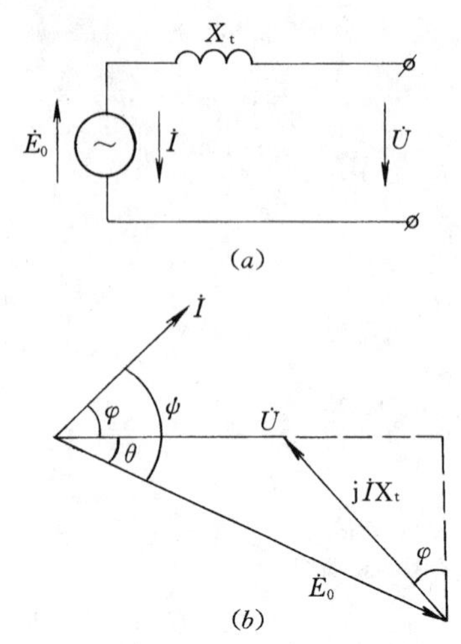

图 8-21 同步电动机的简化等效电路和相量图

极拖着以同步转速 $n_1=\dfrac{60f_1}{p}$旋转。相应地 $\dot{E}_0$ 滞后于 $\dot{U}$，从电网输入的电功率 P_1 增大，若不计电枢铜损，电磁功率 P 约等于 P_1，即 $P\approx P_1=P_2+P_0$，P_2 为轴端输出功率。电磁转矩 M 是与电机转向一致的拖动转矩。

二、电磁转矩、机械特性

由于异步电动机的功率因数较低，对于恒定转速的大功率负载，多配以专门用于拖动的同步电动机。通常按负载惯例选取参考方向，即 $\dot{I}$ 与 $\dot{U}$ 参考方向相同，转子主磁通 $\dot{\Phi}_0$ 产生反电势 $\dot{E}_0$。类似于式（8-9）的推导，其电枢电压方程为

$$\dot{U}=\dot{E}_0+\mathrm{j}X_t\dot{I} \tag{8-21}$$

相应的简化等效电路和运行于容性的相量图如图 8-21 所示，电动机输入功率 P_1（$\approx P$）为

$$P=3UI\cos\varphi \tag{8-22}$$

由图 8-21（b）相量图可知

$$X_tI\cos\varphi=E_0\sin\theta \tag{8-23}$$

代入式（8-22）得 $P=\dfrac{3UE_0}{X_t}\sin\theta$。可见，将图 8-17 中的横、纵坐标代之以 $|\theta|$、$|P|$，即得同步电动机功角特性曲线。设同步电动机转子角速度为ω（rad/s），则电磁转矩为

$$M=\frac{P}{\omega}=\frac{3UE_0}{\omega X_t}\sin\theta \tag{8-24}$$

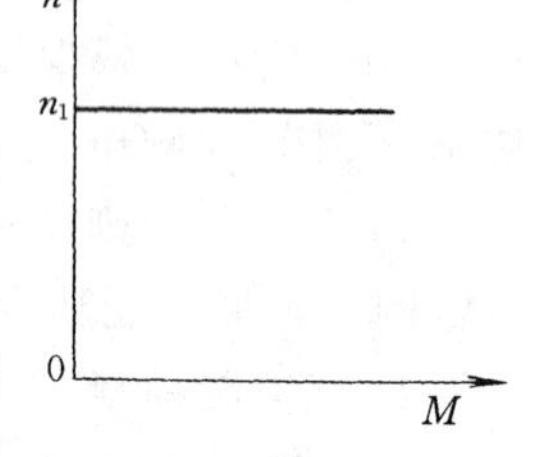

图 8-22 同步电动机的机械特性曲线

当电源频率 f_1 恒定时，ω 为常数，即同步电动机的转速 $n=n_1$ 是恒定的，不随负载而变，它的机械特性曲线 $n=f$（M）是一条与横轴平行的直线（图 8-22）。这是同步电动机的基本特征，故恒速机械才选配同步电动机。

由功角特性曲线分析可知，当 $\theta<90°$时，负载转矩 M_{fz}变化，引起 θ 变化，同步电动机内部将自动调节而始终保持 $M=M_{fz}$。但当 $M_{fz}>M_{max}=\dfrac{3UE_0}{\omega X_t}$时，电动机将失步，被迫停车。

三、功率因数调节和 V 形曲线

在 M_{fz}保持不变时，改变同步电动机的励磁电流，可以调节其功率因数，即可以使同步电动机相当于电感性、电阻性或电容性负载。这是同步电动机优于异步电动机的重要特点。

当电源电压 U 和输入功率 P_1（$\approx P$）保持不变，同步电动机稳定运行时，由式（8-22）可知 $I\cos\varphi$ 为常数，由式（8-24）可知 $E_0\sin\theta$ 为常数，表明调节励磁电流，$\dot{E}_0$ 只能沿直线 AA'变化，$\dot{I}$ 只能沿直线 BB'变化，如图 8-23 所示。$\cos\varphi=1$，$\dot{U}$ 与 $\dot{I}$ 同相，$\varphi=$

0，无功功率 $Q=0$，电动机相当于纯电阻负载，此时 I 最小，对应于 $\dot{E}_0$ 的 I_L 称为正常励磁电流；若增大励磁电流为 I'_L，因 $I'_L>I_L$，称为过励状态，$\dot{E}_0$ 增大为 $\dot{E}'_0$，使 $\dot{I}$ 超前于 $\dot{U}$，$\varphi'<0$，$\sin\varphi'<0$，电动机相当于电容性负载；若 I_L 减小为 I''_L，因 $I''<I$，称为欠励状态，$\dot{E}_0$ 减小为 $\dot{E}''_0$，使 $\dot{I}$ 滞后于 $\dot{U}$，$\varphi''>0$，$\sin\varphi''>0$，欠励状态下的同步电动机相当于电感性负载。

电枢电流 I 与 I_L 的关系如图 8－24 所示，为一簇 V 形曲线。

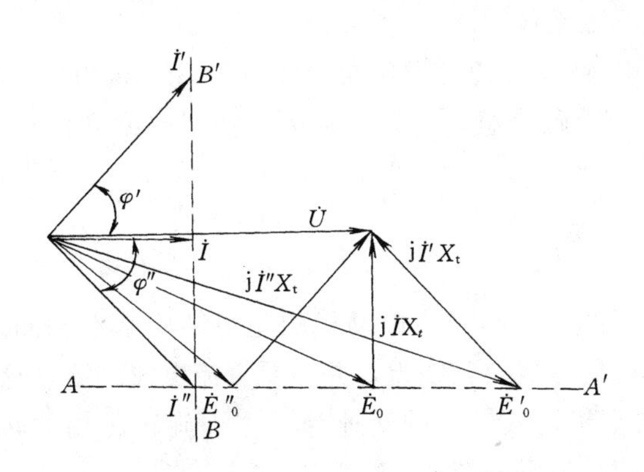

图 8－23　正常励磁、过励和欠励时同步电动机的相量图

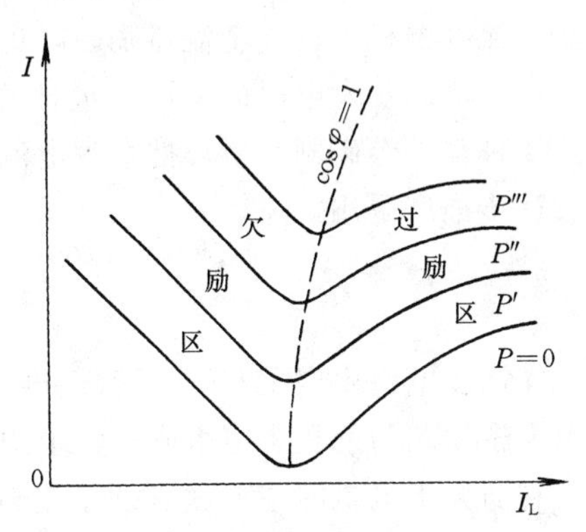

图 8－24　同步电动机的 V 形曲线

把过励的同步电动机并联在电网上，$\dot{I}$ 为超前于 $\dot{U}$ 的容性电流，既能提高电网功率因数，又因 E_0 增大而增大 M_{max}，提高其过载能力。因此，同步电动机通常都作过励状态运行。

四、同步电动机的起动

由图 8－20（c）推知，如果转子是静止（未转动）时，转子和转轴上生产机械的惯性，电枢磁极快速掠过转子磁极，转子只会重复受到异名极向前拖引和同名极向后推斥，不能自起动。

通常采用异步起动法，即利用转子极面上的鼠笼绕组异步起动，如图 8－25 所示。先将双投开关合在“1”侧，励磁绕组串入电阻 R，再将定子绕组接通三相电源作异步起动。待电机转速接近同步转速时，再将双投开关合向“2”侧，给转子励磁，由定子同步旋转磁场把转子牵入同步，鼠笼绕组与电枢磁场没有相对运动，自行失去作用。

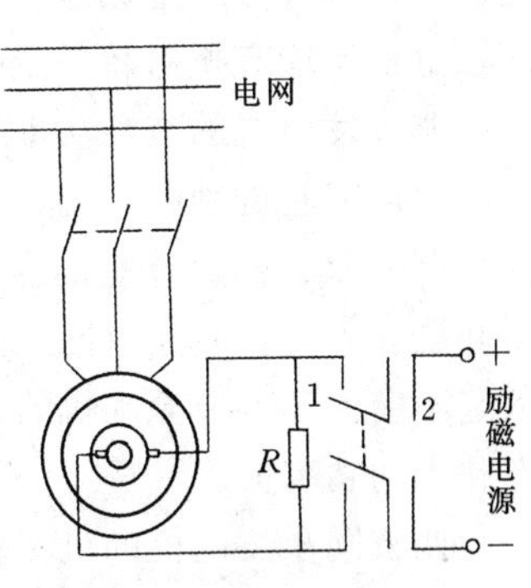

图 8－25　同步电动机异步起动的原理图

第五节　同步电机的励磁

励磁系统是同步电机的重要组成部分，其技术性能及可靠性，对供电质量、继电保护及机组的起动、安全稳定运行有重大影响。

同步电机的励磁方式有数种，也有不同的分类方法，常用的有：①直流励磁机。由一台与发电机同轴的直流发电机，经碳刷和滑环向转子提供励磁电流。②三次谐波励磁。由定子槽内单独嵌放的辅助绕组，将储存于气隙磁场中原来未加利用的谐波功率引出，整流后作为本机组的励磁电流。③机端变压器励磁。机端变压器提供可控硅整流励磁回路的主电源，机端电压、电流互感器信号经调节器加于控制回路，实现转子励磁电流的调节；通常还加上自复励装置，以提供发电机近端短路时的强励电流。④交流励磁机—静止整流器励磁。与发电机同轴的交流发电机和静止的二极管整流装置组成，提供转子励磁电流。⑤交流励磁机—旋转整流器励磁，也称无刷励磁系统。

现代同步发电机的单机容量日益增大，励磁容量约为发电机容量的 0.25%～0.3%。前 4 种都需经碳刷和滑环把直流电流送入转子励磁绕组，而第 5 种因取消了碳刷和滑环，被逐步推广采用。

小　　结

同步电机由定子和转子两部分组成。定子的结构与异步电动机的定子结构基本相同，由定子铁芯与三相绕组组成；转子的主要组成是磁极及其绕组，并需要直流电流励磁，这是它与异步电机的主要区别。稳定运行的同步机，其转子的转速等于定子旋转磁场的转速，而异步电动机运行时转子的转速略小于旋转磁场的转速。

同步发电机的转子由原动机拖动，在转子绕组投励后，转子磁场切割定子绕组便感生三相电动势。同步发电机的空载特性与铁芯的磁化曲线相似，其外特性和调整特性均与电枢反应有很大关系。

同步发电机的电枢反应与其输出端的电压和电流的相位差有关，亦即与负载的性质有关。但常通过分析空载电势 $\dot{E}_0$ 与负载时的电枢电流 $\dot{I}$ 之间不同相位差的电枢反应来说明。横轴电枢反应有扭斜转子主磁极的作用，而直轴电枢反应有去磁或增磁作用。

调节发电机的有功功率时，必须调节原动机的输入功率。而调节其无功功率输出时，只需要调节它的励磁电流。同步发电机单机运行时，调速器以与额定频率的偏差为依据，自动调节原动机的转速，使电动势的频率保持稳定，调节励磁电流可使其电压为额定值。而并联在容量无限大电网上的发电机，其电压与频率受到电网的约束而与电网相一致，是恒定不变的，调节原动机的输入功率或转子绕组的励磁电流，只改革发电机输出的有功功率和无功功率。

调节同步发电机的机械转矩，可使其过渡到同步电动机状态运行，从电网输入能量而输出机械能量，或作调相运行，只从电网输入少量空载功耗，向电网输出它所需要的电感性或者电容性的无功功率。大容量的恒转速负载常用同步电动机来拖动，原因之一是其可以是容性负载，以补偿电网上异步电动机类感性负载，提高电网的功率因数。但是，同步电动机的结构比异步电动机复杂，还需要直流电源励磁，所以小容量负载多采用异步电动机来拖动而不用同步电动机。

思考题与习题八

1. 同步发电机的转速是由什么确定的？为什么只能是固定级别的转速？

2. 为什么同步发电机的电压调整率远大于变压器的电压调整率？

3. 同步发电机的转速为额定转速，将电枢三相短路，调节励磁电流为 2 A 时，电枢相电流为额定值 40 A；保持这励磁电流不变，而将电枢电路开路，测得开路相电压为 90 V。试问这台发电机的同步电抗等于多少？

4. 为什么在调节原动机转矩以调节发电机输出有功功率的同时，无功功率也会跟着改变？

5. 同步发电机单机运行，给对称负载供电，其功率因数由什么决定？当它并联在无限大容量电网上时，其功率因数又由什么决定？

6. 并联在无限大容量电网上的同步发电机，在调节有功功率时，如何保持无功功率不变？此时 $\dot{I}$ 和 $\dot{E}$ 各如何变化？

7. 一台同步发电机并联在相电压为 U 的无限大容量电网上，输出有功功率为零，试问这时的功率角 θ 等于多少？如果调节励磁，使①励磁电动势 $\dot{E}_0=U$；②$\dot{E}_0>U$；③$\dot{E}_0<U$，那么输出的无功功率各是什么性质（指感性、容性或电阻性）？

8. 如何从同步发电机的相量图中判别它是作过励状态运行还是在作欠励状态运行？

9. 同步发电机与电网并车要满足哪些条件？如果条件不满足而并车，会产生什么后果？

10. 什么是同步发电机的功角特性？在推导功角特性时应用了哪些假定？功率角 θ 的时间、空间、正负的物理意义及其与 φ、ψ 的关系？

11. 横轴电枢反应的主要作用是什么？直轴电枢反应的作用是什么？为什么同步发电机带感性负载时，其外特性曲线是明显下降的？

12. 有一台三相水轮发电机，转速为 200 r/min，星形连接，额定功率为 2500 kW，线电压 10500 V，功率因数 0.8（滞后），每相同步电抗为 3.5 Ω。试求：

（1）极对数和额定电流；

（2）电动势 E_0 和功率角 θ。

[（1）15，1718 A；（2）10800 V，26.4°]

13. 一台三相同步发电机，额定容量为 5000 kVA，线电压为 6.3 V。现与电网并联运行，其工作情况是：$U=6.3$ kV，$I=400$ A，$\cos\varphi=0.8$。

（1）保持原动机工况不变，调节发电机 I_L，使 $\cos\varphi'=1$，试问其 P、Q 及 I 为何值？

（2）保持发电机励磁电流 I_L 不变，调节原动机转矩，使电流变为 $I''=450$ A，功率因数变为 $\cos\varphi''=0.885$，试问有功功率 P 和无功功率 Q 的变化如何？

[（1）$\cos\varphi'=1$，$P=3492$ kW，$Q=0$，$I=320$ A；（2）$\cos\varphi''=0.885$，$P=4346$ kW，$Q=2286$ kvar，$I=250$ A]

14. 一台同步发电机的额定功率 $P_e=50$ kW，额定电压 $U_e=400$ V，星形连接，$\cos\varphi_e=0.8$（感性），同步电抗 $X_t=1.5$ Ω。不计电枢电阻，求励磁电势 E_0 和功率角 θ。

[$E_0=330$ V，$\theta=19°10'$]

15. 题 14 中发电机的输入功率不变，而减小励磁，使励磁电动势 $E'_0=300$ V，试求相应的功率角 θ'、电枢电流 $\dot{I}'$ 和输出的无功功率 Q'。

[$\theta'=20°15'$，$\dot{I}=79.7\angle -24°33'$ A，22840 var]

16. 将题 15 中同步发电机并上无限大容量电网。开始运行在额定状态。若输入功率不变，而减小励磁，使 $\cos\varphi'=1$，求此时的 P'、Q'、I'、E'_0 和 θ'。

[50 kW，0，72.46A，255.4 V，25.3°]

17. 同题 16，但将励磁电流再减小，成为欠励，使 $\cos\varphi''=0.8$（容性），求相应的 P''、Q''、I''、E''_0 和 θ''。

[50 kW，−37.5 kvar，90.2 A，18.4 V，36°]

18. 某同步发电机作调相运行，发出无功功率，其 $I_e=57.3$ A，$X_e=97.3$ Ω。电网 $U_e=6300$ V。调节励磁电流使 $E_0=8600$ V，试求此时电枢电流 I。

[51.0 A]

19. 某工厂负载为 860 kW，$\cos\varphi_1=0.6$（感性）；由 1600 kVA 变压器供电。新增加 400 kW 负载由同步电动机拖动，其 $\cos\varphi_2=0.8$（容性）。求增载后的 $\cos\varphi_3$，变压器是否需增容？

[0.832，不需增容]

第九章 电力系统的基本概念

第一节 电力系统及电力系统的额定电压

一、发电厂及电力系统

工农业生产及人民日常生活所需的电能是由发电厂供给的。目前的发电厂主要是火力发电厂和水力发电站（以下分别称为火电厂和水电站），其次是原子能发电厂，此外还有风力、地热、潮汐、太阳能等发电厂。

火电厂是将燃料的化学能转变为电能。锅炉燃烧煤（油或天然气），将水加热成高温高压蒸汽，然后推动汽轮发电机组发出电能。

水电站是利用河流所蕴藏的水能资源来发电。水电站的容量大小决定于上下游的水位差（简称水头）和流量的大小，因此水电站往往需要修建拦河大坝等水工建筑物以形成集中的水位差，并依靠大坝形成具有一定容积的水库以调节河水流量。根据地形、地质、水能资源特点等的不同，水电站的形式是多种多样的。

水电站的生产过程要比火电厂简单，它是由拦河坝维持的高水位的水，经压力水管进入螺旋形蜗壳推动水轮机转子旋转，将水能变为机械能，水轮机转轮再带动发电机转子旋转，使机械能变成了电能。由于水电站的生产过程较简单，故所需的运行维护人员较少，且易于实现全盘自动化。此外，水力机组的效率较高，承受变动负荷的性能较好，故在系统中的运行方式较为灵活。水力机组起动迅速，在发生事故时能有力地发挥其后备作用。

核电厂是指用铀、钚等作为燃料的发电厂。在核电厂中，核燃料在反应堆内产生核裂变，释放出大量热能，由冷却剂（水或气体）带出，在蒸汽发生器中将水加热为蒸汽，然后同一般火电厂一样，用蒸汽推动汽轮机，带动发电机发电。核电厂与火电厂在构成上的最主要区别是前者用核—蒸汽发生系统（反应堆、蒸汽发生器、泵和管道等）代替后者的蒸汽锅炉（故核电厂中的反应堆又被称为原子锅炉）。

除了上述的火力、水力和核能发电方式以外，还有地热发电、风力发电、太阳能发电、磁流体发电、潮汐能发电、波浪能发电、海洋温差发电等。

电厂，特别是水电站必须建在水力资源集中的河流上。因此，在工矿和城市等电力负荷中心离发电厂较远的情况下，往往需要将发电厂的电能经变压器升压，由高压输电线送到负荷中心附近的降压变电所，降压后由配电线送至各用户。为达到供电可靠、经济和合理的综合利用动力资源，分布在各地的各种类型的电站，需要通过输电线和变电所连接起来。这种由发电机、升压和降压变压器及用电设备通过输配电线路连接起来的整体，称为电力系统。

电力系统中的各级电压输配电线路，升压和降压变电所及其所属的电气设备，称为电力网。

图 9-1 是一个电力系统的接线图。图中发电机和变压器等电气设备用国家规定的图形符号表示。为简单明了，采用单线图，即用一根线表示三相。图中仅示出 110 kV 和 220 kV 线路，较低电压的线路仅示出线路起端。在所示电力系统中，有三个火电厂（其中两个凝汽式发电厂，一个热电厂）和一个水电站。所有发电机发出的电能，除了自用电和发电机电压直接配电外，都通过升压变压器变为 110 kV 或 220 kV 电压，然后通过输电线路与变电所互相连接，BD1～BD4 为变电所。

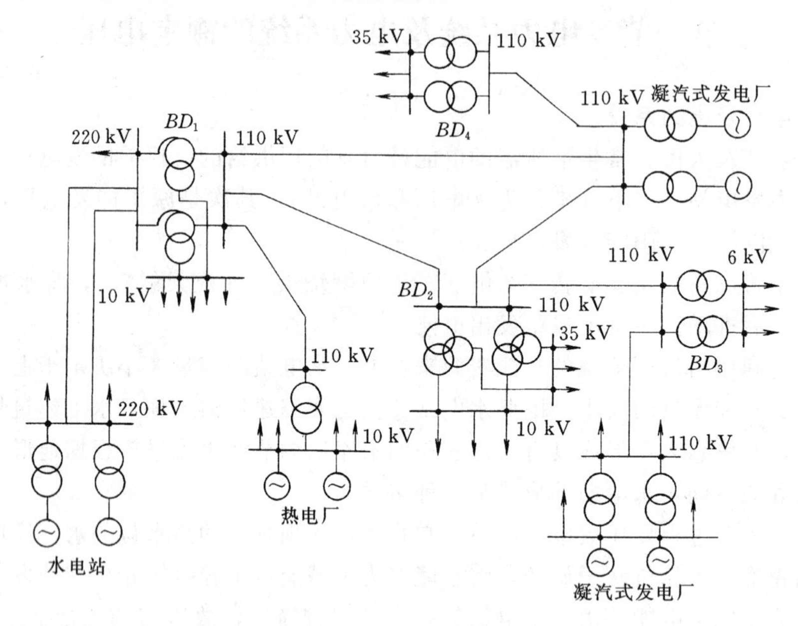

图 9-1 电力系统接线图

组成电力系统有很多优越性：

(1) 减少系统中的总装机容量。为保证供电可靠，需有检修和事故备用容量。组成电力系统后，装设公用的备用容量，往往比各电站孤立运行所需备用容量的总和要小。组成电力系统后，由于最大负荷的不同时性，其综合最大负荷总是小于各孤立电站最大负荷的总和，所以可使总装机容量减少。

(2) 可以装设大容量机组。组成电力系统后，由于总负荷增大，故可装设大容量机组。大容量机组效率高，每千瓦的投资和维护费用都比同容量的多台小机组节省。

(3) 充分利用能源和提高运行经济性。组成电力系统后，众多电站并列运行，可根据各电站的具体条件和系统的负荷情况，实行合理的经济调度，让效率高的机组多发电，让水电站和其它发电能力受制于自然气候条件的电站充分利用能源从而合理地利用煤、油、水力、原子能以及风力、潮汐、太阳能等动力资源，并降低电能生产的成本。

(4) 提高供电可靠性。电力系统中并列运行的机组很多，即使个别机组发生故障被切除，其它运行机组所分担的负荷增大比率不大，仍可对用户持续供电。

(5) 提高电能质量。电能质量主要表现在频率和电压应保持在一定的少许变化范围内，由于电力系统容量大，负荷的变化或机组的投入、退出，都不会导致频率和电压的过大波动。

二、电力系统的额定电压

发电机、变压器和用电设备的额定电压，是按其长期正常工作时有最佳综合经济效果所规定的电压。从电气设备的制造、批量生产的可能性看,希望电压等级尽可能少些。从输电和配电的角度来看，因不同的容量和不同的输电距离有不同的电压，所以从输电线的经济性来说，最好电压等级定得多些，以便适应任何一种负荷情况。但从整个电力系统来看，电压等级过多，不但使系统中设备的通用性降低，增加备用设备，而且增加了网络互相联系的困难和维护管理工作的复杂性。因此，应综合考虑各方面的因素，确定一定数量的额定电压等级。我国根据国民经济发展的需要、技术经济的合理性，以及电机电器制造工业的水平等因素，综合权衡，规定的额定电压等级见表 9－1。

表 9－1　交流额定电压等级（线电压 kV）

用电设备	发电机	变压器	
		一次绕组	二次绕组
0.22	0.23	0.22	0.23
0.38	0.40	0.38	0.40
3	3.15	3、3.15	3.15、3.3
6	6.3	6、6.3	6.3、6.6
10	10.5	10、10.5	10.5、11
—	15.75	15.75	—
35	—	35	38.5
60	—	60	66
110	—	110	121
154	—	154	169
220	—	220	242
330	—	330	363
500	—	500	550

注　在经济技术比较中证明有显著的优越性时，允许水轮发电机的额定电压采用非标准电压。

需要说明的是，额定电压的等级并不是一成不变的，而是随着国民经济的发展、制造技术和材料的改进而变化的，有些等级可能会淘汰，有些却可能增补。例如对距离不远的用户既可采用 6 kV，也可采用 10 kV 供电，这两个电压等级相差不大，绝缘等级几乎相同。从今后的发展看，6 kV 这个等级很可能被淘汰，而统一采用 10 kV。又如，原来我国额定电压等级中最高的是 330 kV，随着系统容量的增加和输送距离的增大，330 kV 已不能满足要求，因而现在又增加了 500 kV 这一电压等级。

在输送距离和传输容量一定的条件下，如果选用的额定电压愈高，线路上的电流愈小，相应线路上的功率损耗、电能损耗和电压损耗也就愈小，并且可以采用较小截面的导线以节约有色金属。但是，电压等级愈高，线路的绝缘愈要加强，杆塔的几何尺寸也要随导线之间的距离和导线对地之间的距离的增加而增大，这样线路的投资和杆塔的材料消耗就要增加。同样线路两端的升压、降压变电所的变压器以及断路器等设备的投资，也要随着电压的增高而增大。因此，采用过高的额定电压并不一定恰当。一般说来，传输功率愈大，输送距离愈远，则选择较高的电压等级就愈有利。

表 9－2　常用各级电压的经济输送容量与输送距离

线路电压(kV)	输送功率(kW)	输送距离(km)
0.38	<100	0.6
3	100～1000	1～3
6	100～1200	4～15
10	200～2000	6～20
35	2000～10000	20～50
110	10000～50000	50～150
220	100000～500000	100～300
330	200000～1000000	200～600

根据以往的设计和运行经验，电力网的额定电压、传输距离和传输功率之间的大致关系见表 9－2。此表可作为选择电力网额定电压时的参考。

表 9－2 适用于电压为 330 kV 及以下的情况。随着电力工业的发展，国外从 20 世

纪 50 年代起陆续出现了 330 kV 以上电压的输电线路，迄今已有较多国家建成了电压分别为330 kV、380 kV、500 kV、750 kV 的输电线路，另外 1000 kV 电压级的线路也有一些国家已投入运行。我国自 1980 年起也相继建成了几条 500 kV 的输电线路。

通常把 330 kV 以上电压的输电线路称为超高压输电线路，而把 750 kV 以上电压的输电线路称为特高压输电线路。

第二节　电力系统短路的基本概念

一、短路的概念及短路类型

电力系统应该正常地不间断地可靠供电，以保证生产和社会生活正常进行。但是，电力系统的正常运行常常因为发生短路故障而遭到破坏。正常运行的供电系统，它的相线与相线以及在中性点接地系统中的相线与地之间，都是通过负荷连接的。所谓短路，就是指相线与相线以及在中性点直接接地系统中与地之间不通过负荷，发生了直接连接的故障。

短路的种类有三相短路、两相短路、单相接地短路和两相接地短路，如图 9-2 所示。

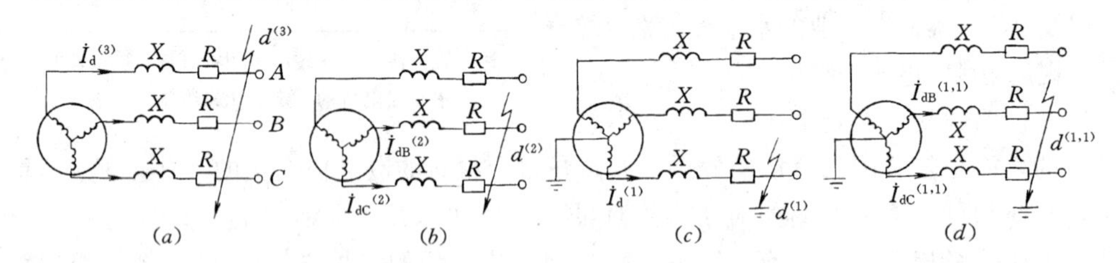

图 9-2　短路的种类

(a) 三相短路；(b) 两相短路；(c) 单相接地短路；(d) 两相接地短路

二、短路电流及其危害

三相短路是对称短路，其它类型的短路为不对称短路。在中性点直接接地系统中，最常见的故障是单相对地短路；在中性点不直接接地系统中，则以两相和两相接地短路最多。三相短路情况最少，但后果却最为严重，故常以三相短路作为选择电气设备的依据。

短路电流的大小除与短路种类有关外，主要还决定于短路点与电源的距离、系统的容量、发电机的参数以及发电机是否采用电压自动调节装置等。

短路对电力系统的危害主要有下列几个方面：

(1) 短路电流可能达到该回路额定电流的几倍到几十倍甚至上百倍，某些场合短路电流值可达几万安甚至几十万安。当巨大的短路电流流经导体时，将使导体严重发热，造成导体熔化和绝缘破坏。同时，巨大的短路电流还将产生很大的电动力作用于导体，可能使导体变形或损坏。

(2) 短路时往往同时有电弧产生，高温的电弧不仅可能烧坏故障元件本身，也可能烧坏周围的设备。

(3) 由于短路电流基本上是电感电流，它将产生较强的去磁性电枢反应，使得发电机的端电压下降，同时短路电流流过线路、电抗器等时，还增大了它们的电压损失。因而短路所造成的另外一个后果就是使网络电压降低，愈靠近短路点处降低愈多。当供电地区的

电压降低到额定电压的6%左右而又不能立即切除故障时，就可能引起电压崩溃，造成大面积停电。

(4) 短路时由于系统中功率分布的突然变化和网络电压的降低，可能导致并列运行的同步发电机组之间的稳定性的破坏。在短路切除后，系统中已失去同步的发电机在重新拉入同步的过程中可能发生振荡，以致引起继电保护装置误动作及大量甩负荷。

(5) 不对称短路将产生负序电流和负序电压，而汽轮发电机长期容许的负序电压一般不超过额定电压的8%～10%，异步电动机长期容许的负序电压一般不超过额定电压的2%～5%。

(6) 不对称接地短路故障会产生零序电流，它会在邻近的线路内产生感应电势，造成对通信线路和信号系统的干扰。

(7) 在某些不对称短路情况下，非故障相的电压将超过额定值，引起“工频电压升高”，从而增高了系统的过电压水平 。

三、短路原因、预防及消除措施

发生短路的主要原因是由于电力系统中的绝缘被破坏。绝缘的损坏是由于未及时发现和消除设备中的缺陷，以及设计、安装和运行维护不当所造成。例如：过电压、直接雷击、绝缘材料的陈旧、机械损伤；运行人员的错误操作，如带负荷拉、合隔离开关，或者检修后未拆接地线就接通断路器；在长期过负荷元件中，由于电流过大，载流导体的温度升高到不能允许的程度，使绝缘老化或破坏等。另外，在电力系统中，某些事故也可能直接导致短路，如杆塔倒塌、导线断线等。动物或飞禽跨接载流导体也会造成短路事故。

因此，正确选择电气设备和正确的设计安装，加强维护检查和进行预防性试验，避免误操作，都是防止短路的有效措施。同时，为了防止短路发生后对电气设备或人身造成损伤，在电力系统中的所有与载流部分有关的设备、装置、元器件，都必须经受得起最大的短路电流所产生的热效应和电动力效应的作用而不致损坏，并需装设相应的保护装置来迅速消除短路故障。

第三节　电力系统中性点的运行方式

一、电力系统中性点及运行方式的概念

发电机的三相绕组通常都是接成星形的，变压器的高压侧绕组也往往是接成星形的。这些星形绕组的中间结点称为电力系统的中性点。我国电力系统中普遍采用的中性点接地方式有三种：不接地、经消弧线圈接地和直接接地。按运行特征，可把各种接地方式归纳为两大类：一类是大接地电流系统（其中包括中性点直接接地）；另一类是小接地电流系统（其中包括中性点不接地与经消弧线圈接地）。

二、电力系统中性点不接地的运行方式

在中性点不接地系统中，发生单相接地时，各相对地电压发生了变化，但各相对中性点n之间的电压$\dot{U}_a$、$\dot{U}_b$、$\dot{U}_c$和各相之间的电压$\dot{U}_{ab}$、$\dot{U}_{bc}$、$\dot{U}_{ca}$仍然保持不变，所以对用户的用电设备正常工作没有影响。在中性点不接地系统中，各种电气设备的绝缘都是按照线电压考虑的。在一相接地时，虽然非接地相的对地电压较正常运行时升高$\sqrt{3}$倍，但是发电机、变压器和线路等的绝缘不会有什么危险。

中性点不接地系统中，一相接地既不破坏用电设备的正常运行，又不危害电气设备的绝缘，所以不要求立即切除故障线路，而允许带故障条件继续运行一段时间。

由于中性点不接地系统，在单相接地时能继续对用户供电，这就大大提高了用电的可靠性，对用户是有利的。

三、电力系统中性点经消弧线圈接地的运行方式

随着工农业建设的发展，线路的总长度越来越长，使对地电容电流也加大，若发生瞬时性单相接地时，电容性接地电流过大，电弧不易熄灭，故障就不能自动消除，且伴随有弧光过电压。问题是在电容性接地电流过大，就必须想办法减小电容性接地电流。如果在系统单相接地时，在接地点再加上一个电感性电流，使在总接地电流中，抵消电容性电流，就能够达到减小接地电流的目的。通常在中性点和地之间接一个电感线圈，这种接地方式称为中性点经消弧线圈接地。

从消弧的观点出发，显然希望采用上述的全补偿方式。但实际上由于种种原因，并不采用全补偿电感值，而是取比它小一点或大一点的电感值进行补偿。在这种情况下，接地点将流过某一没有补偿完的剩余电流（电感性或电容性），不过这一电流不能过大，以便保证故障点电弧仍然能可靠地自动熄灭，而不致出现断续电弧。

在补偿电网中发生金属性接地故障时，由于消弧线圈限制了故障电流，电力网可以带着单相接地故障继续运行1～2 h，以使值班人员能进行适当的切换，转移负荷，隔离和消除故障。

消弧线圈的外形和单相变压器相似，而内部实际上是一台具有分段（即带间隙的）铁芯的电感线圈。采用带间隙铁芯的主要目的是为了减小电感，铁芯不易饱和增大消弧线圈的容量，使电感值比较稳定，从而保证电网内整定好的调谐值保持恒定。

每一消弧线圈，均有调节补偿电流用的分接头。利用切换器在一定范围内改变线圈的匝数，就可以获得不同数值的补偿电流。

一般消弧线圈的最大补偿电流和最小补偿电流之比等于2∶1或2.5∶1。通常在这一范围内装有5个、6个或9个分接头，也有装3个、4个或16个分接头的消弧线圈。分接头被引到装在油箱内壁的调谐切换器上，切换器常在整个电力网的运行方式改变时，将补偿度调整到所需的数值。

消弧线圈通常装在电力网中的各枢纽变电所内，有时也装在某些发电厂内。当某一变电所或发电厂内有两台以上的变压器可接消弧线圈时，比较合适的做法是把消弧线圈通过两只隔离开关分别接在两台变压器的中性点上，但在运行中有一只隔离开关是打开的。当任何一台变压器从电网中切出时，应保证消弧线圈不脱离电力网。

并不是任何一台变压器的中性点均可接消弧线圈的，在选择安装消弧线圈的变压器时，不但应该注意和消弧线圈串联的变压器阻抗，而且还必须考虑因接入消弧线圈而使电力变压器过负荷的条件。

四、电力系统中性点直接接地的运行方式

对于220 kV及以上的电力网，绝缘费用在电气设备价格和电力网建设投资中占了相当大的部分。降低绝缘费用，成为高压及超高压电力网的主要矛盾。为此，对于220 kV及以上的高压电力网，必须设法防止中性点电压变化而相应出现的电压升高。把中性点直

接和地连接起来，是防止中性点电压变化的根本办法。

特别是随着生产技术的发展，制造出了高速继电保护和高速断路器，采用了自动重合闸措施，提高了中性点直接接地系统的供电可靠性和稳定性，使在高压电力网中采用中性点直接接地方式得到了技术保证。

但这种系统不能自动清除瞬时性接地，也不能允许单相接地短路长期存在，必须用高速断路器把故障线路从电力网中切除。很明显，这种系统在单相接地时不会出现间歇性电弧，没有弧光过电压。由于有足够大的单相短路电流，对继电保护是有利的，动作明确，可靠性高。

中性点直接接地的系统，在单相接地时，要切除故障线路，降低了对用户的供电可靠性。为了弥补这个缺点，要求在这种系统中广泛采用各种型式的重合闸装置。在发生单相接地时，继电保护装置使断路器自动跳开，切断短路电流，直到短路处弧隙绝缘恢复正常后，又自动重合，恢复供电。运行实践证明，高压架空电网中占故障几率70%左右的单相接地故障是瞬时性的，只要把故障点暂时切离电源，是可以使绝缘恢复正常的，而重合闸的成功率是较高的。如果出现了永久性接地故障，则重合后短路电流依然存在，继电保护装置就再次使断路器跳闸、并不再重合。

对于110 kV和154 kV的电力网，为了减小单相接地时的短路电流（从而改善断路器工作条件，减轻对通讯线路干扰）和减少变电所接地装置的投资，往往不是把电力网的全部变压器的中性点一概都接地，而是仅有一部分中性点接地。中性点不接地运行的这部分变压器，应采用全绝缘或尽量妥善的中性点保护措施。

运行中凡是有自己供电电源的变电所，一般均避免采用中性点不接地的变压器，这主要是由于担心这种变电所一旦从总系统中分离出来以后，就会变成不接地电力网了。利用电力网的模拟设备，确定中性点接地变压器的容量及其分布地点，可以大大简化工作。

中性点接地是一个涉及电力系统各个方面的综合性问题，因而在选择中性点接地方式时，应该对各种接地方式的特性与优缺点有比较全面的了解。在选择接地方式时，考虑的重点是供电可靠性及对绝缘水平提出的要求。

小　　结

本章介绍了电力系统的组成，电力系统电压的等级，电力系统的短路以及电力系统中性点运行方式等。通过本章的学习，要对电力系统的概念，电力系统的运行方式以及电力系统短路所造成的危害有初步了解，为今后学习相关课程提供必要的准备。

思考题与习题九

1. 何谓电力网、电力系统？
2. 电力系统在运行上有何优点？
3. 简述电力系统中性点的运行方式。
4. 电力系统短路有几种形式？
5. 电力系统短路有哪些危害？

第十章　电　气　设　备

第一节　概　　述

为了生产、输送电能以及安全经济运行的需要，水电站内装设下列电气设备。

一、一次设备

一次设备即发供电电路中的设备，主要有：

（1）进行能量变换和电压变换的设备。如发电机、电动机、变压器等。

（2）接通、断开电路的开关设备。如断路器、隔离开关、自动空气开关、接触器、闸刀开关等。

（3）限制过电流和过电压的设备。如电抗器、熔断器、避雷器等。

（4）为监测、保护和操作的需要，对发供电电路的电气量加以反映和变换的设备。如电压互感器、电流互感器等。

（5）载流导体和绝缘设备。如母线、电力电缆、绝缘子等。

二、二次设备

二次设备是对一次设备进行监视、测量、保护和操作的设备。如测量仪表、继电器、自动远动装置、电子计算机、信号装置、控制电缆等。

三、直流设备

直流设备是对监视、测量、保护和操作的设备以及事故照明供电的直流电源设备。如蓄电池、充电设备、整流装置等。

本章主要介绍一次设备。

第二节　水 轮 发 电 机

一、水轮发电机的类型

水轮发电机按其轴的方向可分为卧式和立式两种。卧式水轮发电机用于小型机组及高速冲击式、贯流式机组；大、中容量的水轮发电机则多采用立式。立式机组根据其推力轴承的位置不同又分为悬吊型和伞型两种。立式水轮发电机结构简图如图 10-1 所示。

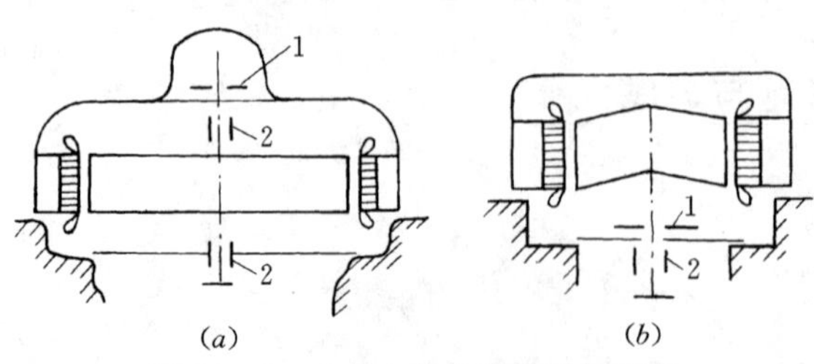

图 10-1　立式水轮发电机结构简图

（a）悬吊型；（b）伞型

1—推力轴承；2—导轴承

1. 悬吊型水轮发电机

悬吊型水轮发电机结构简图如图 10-1（a）所示，其特点是推力轴承位于转

子上方的上机架上。其优点是由于转子重心低（在推力轴承下方），运转时机械稳定性好，推力轴承在发电机层，安装维护较方便。故悬吊型水轮发电机一般用于转速较高的机组。缺点是机组轴向长度大，耗用钢材多，厂房高，造价大。

2. 伞型水轮发电机

伞型水轮发电机结构简图如图 10－1（*b*）所示，其特点是推力轴承位于转子下方的下机架或水轮机的顶盖支架上。其优点是：机组轴向长度较小，可降低厂房高度，钢材耗用量也较少，造价较低。但由于重心较高，运行时机械稳定性较差，故伞型一般用于转速较低的水轮发电机组。

二、水轮发电机的结构

立式水轮发电机一般由转子、定子、轴承、机架、励磁机、制动闸，空气冷却器等部件组成。现以 SF85—44/854 悬吊型水轮发电机为例（图 10－2），来说明其基本结构。

1. 转子

发电机转子由主轴、转子支架（包括轮辐 7 和轮臂 8）、磁轭和磁极等部件组成。转子支架用来固定磁轭并传递扭矩。大、中型机组的主轴一般制成空心的，直径较大时，为了便于运输，轮辐和主轴往往运到工地后再进行加温套装。

磁轭用来固定磁极，是磁路的一部分，同时利用其转动惯量可使机组运转稳定（在负荷波动时，保持转子转速平稳）。

磁极是产生磁场的主要部件，由磁极铁芯、励磁绕组和阻尼条三部分组成 。

2. 定子

发电机定子由机座、定子铁芯和定子绕组等部件组成。机座用钢板焊成，用来固定铁芯和承受上机架传来的荷重并传给机墩。当其直径大于 4 m 时，一般分成几瓣（4 或 6 瓣），运到水电站现场后进行组装。

定子绕组用绝缘铜线绕制而成，嵌放在铁芯线槽内。

3. 推力轴承

推力轴承承受机组转动部分的全部重量和水流的轴向力，并传递给荷重机架。它由推力头、镜板、推力瓦、轴承座、油槽及冷却器等部件组成。推力头、镜板随主轴旋转，推力瓦做成扇形分块式，为轴承座所支撑。油槽内盛有透平油，油既起润滑作用，又是热交换介质，机组运行时，推力瓦与镜板互相摩擦所产生的热量为油吸收，再经通以冷却水的油冷却器冷却，将热量由水带走。

4. 导轴承

导轴承分为上导轴承和下导轴承，它用来承受机组径向力，阻止机组径向摆动。它们分别装在上、下导油槽内，油槽内也装有通水的油冷却器。

5. 机架

机架有上机架和下机架。悬吊型机组的上机架是荷重机架，伞型机组的下机架是荷重机架。非荷重机架主要承受导轴承及部分零件的荷重。

6. 励磁机

励磁机一般是指与转子同轴旋转、供给发电机转子线组励磁电流的直流发电机。根据水轮发电机容量及励磁特性的要求，常采用一台励磁机。随着半导体技术的发展，现在多

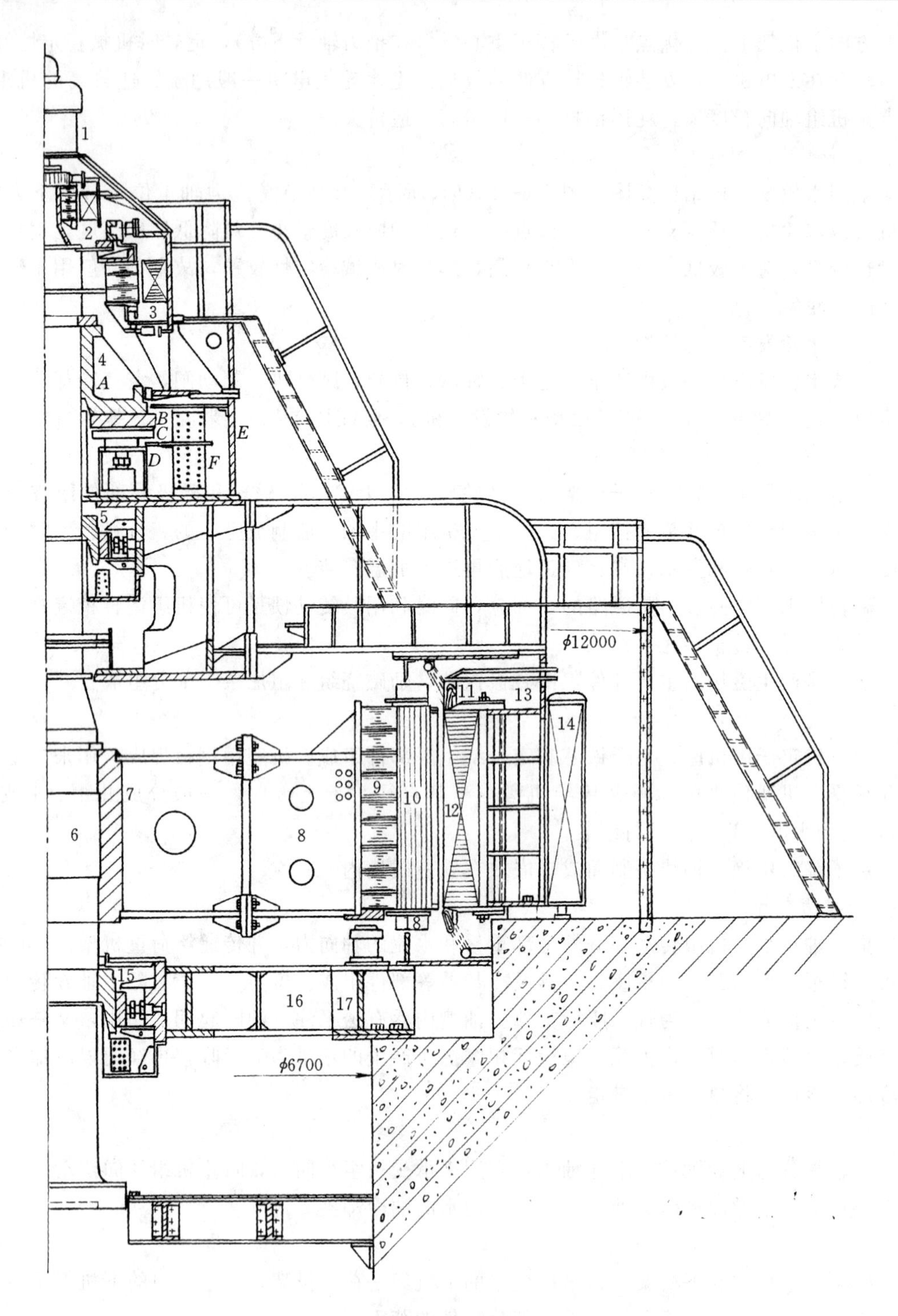

图 10-2 悬吊型水轮发电机结构图

1—永磁发电机；2—副励磁机；3—主励磁机；4—推力轴承（包括：*A*—推力头；*B*—镜板；*C*—推力瓦；*D*—轴承座；*E*—油槽；*F*—冷却器）；5—上导轴承；6—主轴；7—轮辐（轮毂）；8—轮臂；9—磁轭（轮环）；10—磁极；11—定子绕组；12—定子铁芯；13—机座；14—空气冷却器；15—下导轴承；16—机架；17—制动闸；18—风扇

以可控硅励磁装置取代励磁机。

7. 制动闸

制动闸的作用是：

（1）停机前，机组转速下降至额定转速的 1/3～1/4 时，用压缩空气操纵制动闸对机组制动，使之迅速停止转动，以防止低速时烧坏轴瓦。

（2）停机时间较长再开机前，用油压操纵制动闸将转子顶起一下，使推力瓦与镜板间形成油膜，以改善起动润滑条件。

（3）机组检修时，用制动闸顶起转子，以保证检修安全。

8. 空气冷却器

机组运行时绕组及铁芯产生热量，为使其温度不致过高，要有冷却装置。大、中型水轮发电机一般采用密闭循环空气冷却式，在发电机定子机座外围有多组空气冷却器（图 10-2 中的 14），用以冷却空气。空气冷却器由许多根黄铜管组成，管中通以冷却水，铜管外绕满铜丝簧，以增加吸热面积。

三、水轮发电机的型号和主要技术数据

1. 型号

水轮发电机型号的表示方法如下列所示：

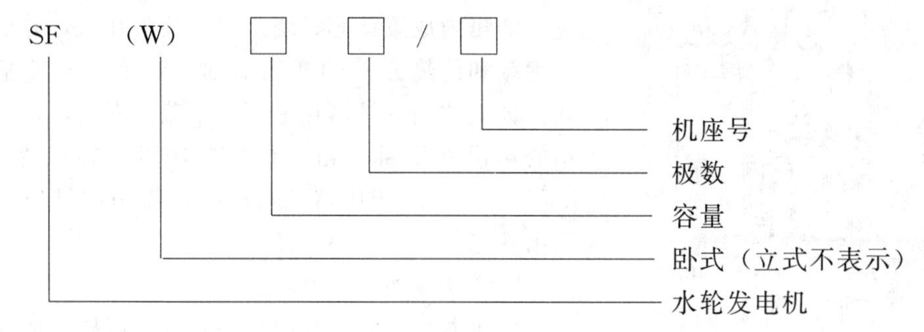

2. 主要技术数据

（1）额定电压。水轮发电机在额定运行时的线电压，有 6.3 kV、10.5 kV、13.8 kV、15.75 kV 和 18 kV 等级，一般容量大者采用较高电压。

（2）额定容量。发电机在额定电压、额定频率、额定功率因数和额定介质温度等规定条件下，所能长期连续发出的最大有功功率（kW）。

（3）额定电流。根据额定容量和相应的额定电压所决定的线电流。

（4）额定功率因数。发电机在额定运行时的功率因数。

（5）额定转速。发电机额定运行时每分钟的转数。

第三节　电 力 变 压 器

一、电力变压器的种类

电力变压器按其用途可分为升压变压器和降压变压器；按其磁路结构可分为三相心式变压器和三相变压器组；按绕组结构可分为双绕组变压器、三绕组变压器和自耦变压器等。

水电站的变压器为升压变压器，先把电机电压升高后往外输电；自用变压器为降压变压器，它把发电机电压降低后供给自用负荷。

水电站通常采用三相心式变压器（通常即称三相变压器），它比同容量的三相变压器组价格便宜、占地少、运行费用低。只有当变压器容量很大，制造或运输有困难时，才用二相变压器组。

当水电站或变电所有三种电压等级的交流电压相互联系时，可以采用三绕组变压器或自耦变压器。但当其中一种电压的输送容量过小（如小于变压器总容量的15%）时，从经济上考虑，宜采用两台双绕组变压器。

自耦变压器比三绕组变压器体积小、重量轻、成本低和效率高，但由于其高压、中压绕组之间有电的直接联系，使得继电保护装置复杂和调压困难。

二、电力变压器构造

电力变压器除铁芯和绕组外，还有油箱、散热器、油枕、瓷套管、分接头开关和瓦斯继电器等部件。现以SFSL—20000/110型电力变压器（如图10-3所示）为例，介绍一般电力变压器的构造。

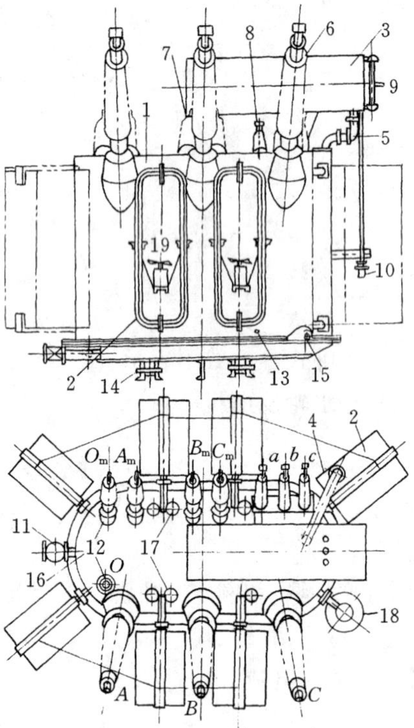

图10-3　SFSL—20000/110型电力变压器外形图

1—油箱；2—散热器；3—油枕；4—防爆管；5—瓦斯继电器；6—高压套管；7—中压套管；8—低压套管；9—油位指示器；10—吸湿器；11—事故放油阀门；12—中性点套管；13—接地螺栓；14—滚轮；15—取油样阀门；16—信号温度计；17—分接头开关操作手柄；18—热过滤器；19—电风扇

1. 油箱

油箱内放置铁芯、绕组和分接头开关，并盛满作为绝缘和传热介质的变压器油。油箱有两种基本形式：桶式油箱的箱沿在上部，箱盖是平的；钟罩式油箱的箱沿在下部，箱盖像钟罩，用于容量为10000 kVA及以上的变压器，大修时仅需吊起钟罩，不需吊出铁芯。

2. 散热器

变压器运行时，绕组损耗和铁芯损耗变成的热量必须散出，以免温升过高，油浸式变压器的热量通过油传给油箱及散热器，再由周围空气或冷却水进行冷却。较小容量的变压器，其油箱壁压成瓦楞形或在油箱外面加焊扁管以增加散热面积。较大容量的变压器，在其油箱外面装设几组空气自冷的散热器。容量更大的变压器可加风冷（散热器上加风扇）或强迫油循环（用油泵使变压器油加速循环）风冷。巨型变压器采用强迫油循环水冷（利用油泵使变压器油通过水冷却器冷却并循环）和水内冷（绕组采用空心导线绕制，内通冷却水），油箱外壁不需再装设散热器，可使体积大为减小。

3. 油枕、吸湿器

油枕又名储油柜（图10-3中的3），是一个卧式的圆柱形容器，内盛变压器油并留有一定空间，上

部有管子和油箱相通。它的作用是适应变压器油的热胀冷缩，使油箱内始终充满油，并减少油与空气的接触面积，以减轻油的受潮和氧化。

吸湿器（图 10-3 中的 10）是一个玻璃圆筒，内装硅胶或氯化钙等吸湿物质，有小管通向油枕上部的空间，下部与大气相通，空气必须经过吸湿器吸除水汽后才进入储油柜。

4. 套管

图 10-3 中的 6、7、8 为套管，变压器绕组的引出线经套管引出箱外，套管使引出线与油箱盖之间绝缘。

5. 分接头开关

变压器高压绕组一般设有分接头（抽头），通过改变分接头开关的位置，可改变高压绕组的有效匝数，从而改变变压器的变比，以调节输出电压。无激磁调压的中、小型变压器有三个分接头，其调压范围为＋5％、0、－5％；大型变压器有五个分接头，其调压范围为＋5％、＋2.5％、0、－0.25％、－5％。

6. 瓦斯继电器、防爆管和滚轮

瓦斯继电器外壳为铸铁容器，安装在油箱和油枕的连接管中间（图 10-3 中的 5），作为变压器内部故障的一种保护装置，其结构如图 10-4 所示。变压器发生故障时，高温使油分解成气体，进入瓦斯继电器上部。轻微故障时，产生气体少，仅使上接点闭合，称为轻瓦斯动作，发出预警信号；严重故障时，产生气体多，下接点闭合，称为重瓦斯动作，可使变压器各侧断路器跳闸。

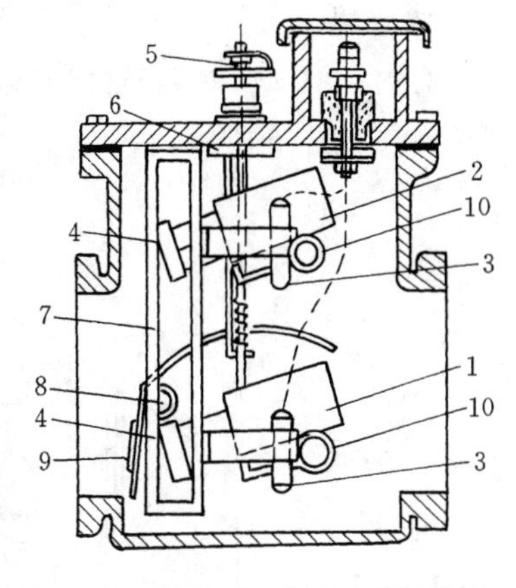

图 10-4 复合式瓦斯继电器结构图
1—下开口杯；2—上开口杯；3—磁力接点；4—平衡锤；5—放气门；6—探针；7—支架；8—挡板；9—进油挡板；10—永久磁铁

防爆管（图 10-3 中的 4）又名安全气道，是一个长钢筒，顶部装有一定厚度的玻璃盖板（或酚醛纸板），下部与油箱连通。当变压器内部发生严重故障时，箱内气体压力很大，可以冲破防爆管上端的盖板向外喷出，避免油箱爆炸。

为了变压器移动方便，可以在底部座上装设转动 90° 的滚轮。

三、变压器的型号

电力变压器的型号规定见表 10-1。

表 10-1　变压的型号规定

字母顺序	1	2	3	4	5	6
分类	线圈耦合方式	相数	冷却方式	绕组数	绕组材质	调压方式
代号含义	O 自耦	D 单相 S 三相	G 干式空气自冷 C 干式浇注绝缘 ——油浸风冷 F 油浸风冷 S 油浸水冷 FP 强迫油循环风冷 SP 强迫油循环水冷	S 三绕组 ——双绕组	L 铝 ——铜	Z 有载调压 ——无励磁调压

例如 SFPL—31500/220 型变压器是三相强迫油循环风冷，铝线双绕组变压器，额定容量为 31500 kVA，高压侧额定线电压为 220 kV。

第四节 开 关 电 器

开关是用来在各种情况下（正常和事故情况下）开闭或切换电路的电器设备，通常分为高压开关和低压开关两类。开关的导电部分由两部分组成，一个是可动的部分称动触头；另一个是不动的部分称静触头。当动、静触头接触时电路就接通，当动、静触头分开时电路就被切断。

一、高压开关电器

1. 35 kV 断路器

断路器是最主要的高压开关设备，它既能用来接通或切断负荷电流，又能用来切断短路电流。

我国目前生产的 35 kV 断路器主要是油断路器（多油式和少油式）、SF 断路器、产气式断路器等。

LN1—35 型 SF_6 断路器是用 SF_6 气体为绝缘和灭弧介质的户内式高压断路器。它的外形如图 10-5 所示。

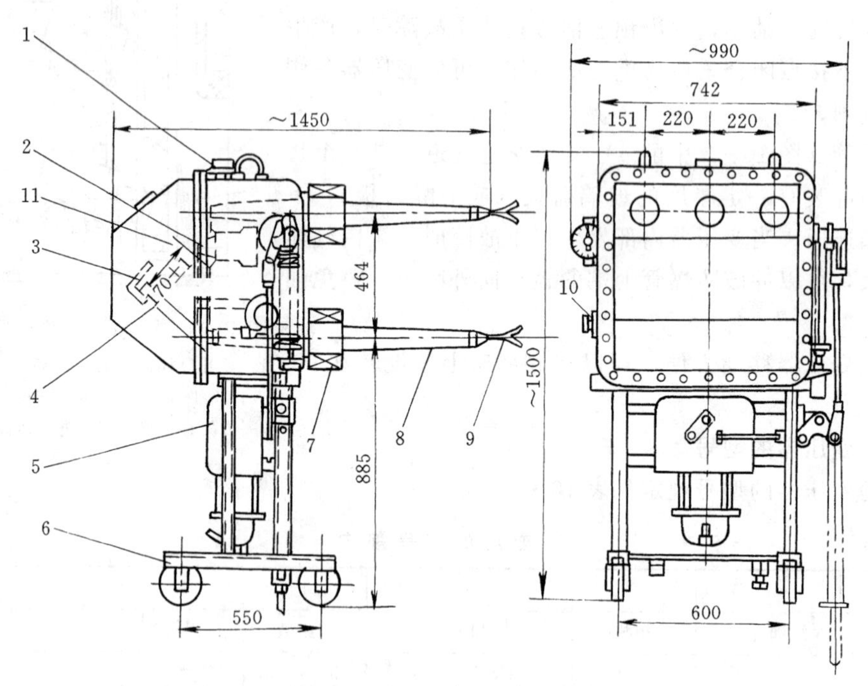

图 10-5 LN1—35 型 SF_6 断路器结构图

1—安全阀；2—静弧触头；3—动弧触头；4—动主触头；5—操作机构；6—车架；7—电流互感器；8—绝缘套管；9—隔离触头；10—阀门；11—静主触头

LN1—35 型 SF_6 断路器实际上是把一个 FN3—10 型的压气式负荷开关，装在一个充满 SF_6 气体的密闭箱体中，利用 SF_6 气体的优异绝缘性能，使原 10 kV 的电器成为 35 kV

的电器；又利用 SF_6 优异的灭弧性能，使原来只能开断负载电流的负荷开关变成能开断短路电流的断电器。

LN1—35 型断路器可制成手车式，便于维修更换，移动小车即可完成隔离触头的分合闸动作。断路器装有机械联锁装置，在断路器合闸状态，小车轮子被卡牢，隔离触头不能拉开，防止误操作，保证安全。

2. 10 kV 断路器

我国生产的 10 kV 断路器型号繁多，但以少油断路器为主。

SN10—10 型断路器为统一设计的户内少油断路器的定型产品，其额定电流为 600A 和 1000 A，对大电流的少油断路器保留 SN3—10 型（2000A、3000A）和 SN4—10 型（500A），其它型号的少油断路器将逐渐淘汰。小电流的多油断路器如 DN1—10G 型（200A、400A、600A）、DN3—10 型（400A）和柱上多油断路器如 DW4—10 型（200A、400A）、DW5—10G 型（50A、100A、200A）和 DW7—10 型（30A、50A、70A、100A、150A、200A、400A）使用亦很广。

QW1—10 型户外式产气断路器是全国联合设计的新产品，额定流为 200 A，采用固体产气元件产气熄弧，结构简单，维护检修也较方便。分闸时有明显断口，兼具隔离开关之性能。此外还可附装电流互感器。维护、检修比柱上油断路器方便，但其开断能力不大（开断电流为 2.9 kA）。

CN2—10 型电磁式空气断路器采用磁吹灭弧，无需滤油换油等维护工作，可避免火灾和爆炸危险，并可频繁操作，但价格较贵。

与 35 kV 断路器不同，10 kV 断路器本身多不带电流互感器（QW1—10 型产气断路器等除外）。

SN10—10 型少油断路器由框架、传动部分及油箱等三部分组成，它的外形如图 10 - 6（*a*）所示。框架用角钢及钢板焊成，其中装有分闸弹簧及操作断路器的主轴及其轴承。主轴上焊有拐臂，拐臂通过绝缘拉杆与开关基座上的拐臂相连，组成四联杆机构，拐臂与分闸弹簧相连。在框架上由六个 M16 螺栓固定六个支持绝缘子，其上固定三个油箱。油箱的下部是由高强度铸铁制成的基座，基座下端装有放油螺栓，放油螺栓上部装有油缓冲器的塞杆，当断路器分闸时，导电杆向下运动，塞杆插入导电杆下端的孔中而起缓冲作用。在底座中间的突起部分装有断路器的轴，用弹簧销与主拐臂相连，拧下外部螺栓可以装卸弹簧销。在主拐臂上装有缓冲像皮垫，基座上部固定着滚动触头架，其间装有密封圈，滚动触头架内装有中间触头，中间触头系采用滚动接触形式，它由触头架及两对紫铜滚轮组成，接触良好而且摩擦小，把导电杆和触头架电器相连，触头架又兼作下出线端。

导电杆通过联臂与主拐臂相连，其上端穿在中间触头的滚轮内，导电杆的端部镶有铜钨合金的弧触头。

在滚动触头架上安装着绝缘筒，它利用压环由四个六角螺栓拧入下出线座的螺孔而固定，滚动触头架与绝缘筒内装着由若干的电弧塑料片制成的灭弧室，用带锯齿形螺纹的内法兰压紧。为了跳闸时电弧迅速拉向喷口，灭弧室上部靠中间喷口方向压有引弧铁片。

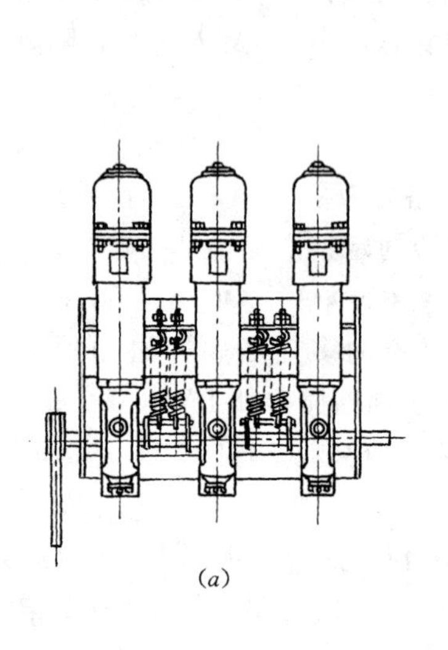

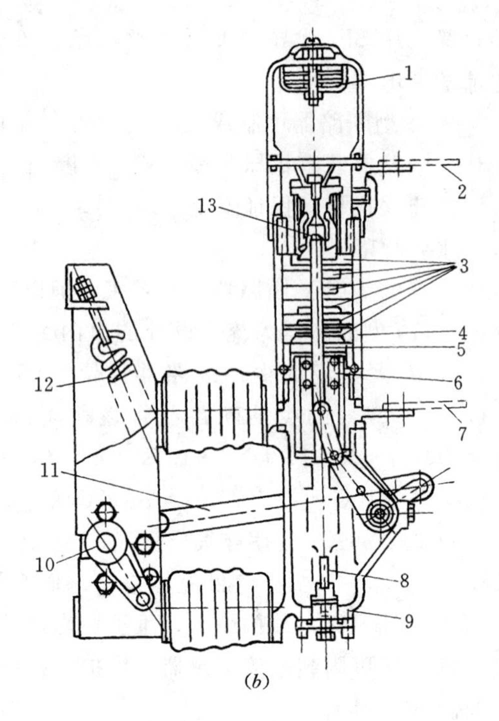

(a) (b)

图 10-6 SN10—10 型少油断路器

(a) 外形图；(b) 结构图

1—油气分离器；2—上出线座；3—灭弧室；4—绝缘筒；5—动触头杆；6—紫铜滚轮；7—下出线座；8—塞杆；9—基座；10—主轴；11—绝缘拉杆；12—分闸弹簧；13—瓣形静触头

在绝缘筒上端，通过四个螺栓与上出线座相连接，其间亦装有密封圈，上出线座中间装入瓣形静触头，瓣弧静触头借隔栅和弹簧片固定在静触头座上，在靠近吹弧口处的几片触指镶有铜钨合金（相当于弧触头），上出线座外则装有有机玻璃制成的油位指示器。

静触座中间装有一个小铜球，起一个单向阀门的作用，主要防止开断时电弧灼伤触片的内表面，在灭弧时，造成弧区高压。

断路器的最上部是开关帽，里面装有油气分离器，用一螺栓固定在帽内上部，帽上有螺孔可以注油，另外两小孔为排气用，帽上 M8 螺孔用来固定压盖。其电回路：上出线座——瓣形静触头——导电杆——中间触头——下出线端。由此可知运行中开关金属外壳是带电的，但并无电流通过外壳。不过为了减少金属外壳中的涡流和磁滞损耗，外壳焊有纵向铜焊缝。用于手车式开关柜的断路器，相间装有绝缘隔板，使断路器宽度大大减小。

3. 隔离开关

隔离开关是一种具有明显断开间隙，而没有灭弧装置的开关，主要用以保证电气设备的安全检修。为此，隔离开关的触头间应该在其断开位置，构成明显可见的空气绝缘间距，以示与电源断绝。这个间距应该保证在系统发生过电压时，不致被击穿。在布置隔离开关时，也应该注意：在断开位置，隔离开关动触头的最终位置与其它载流部分、接地支架（构件）或侧壁之间也应保持上述距离。这是为了保证工作人员安全必须满足的要求。

由于隔离开关没有灭弧装置，一般不能用来切除负荷电流或短路电流，否则在隔离开关触头间可能形成很强的电弧，这不仅会损坏隔离开关及附近的电气设备，而且可能引起相间闪络造成相间短路。所以，一般必须在所在回路的断路器断开之后才能进行切换操作（闭合或打开）。在某些情况下，隔离开关也可以进行切换操作，只要隔离开关触头上不发生强大的电弧。

对隔离开关还要求具有足够的热稳定和动稳定度，短路时在电动力作用下，刀闸不致自行打开。

隔离开关的主要参数有：额定电压 U，额定电流 I，极限通过电流（有效值或峰值），T 秒热稳定电流 I。

根据使用场合，隔离开关分为户内式和户外式。二者主要区别在于绝缘子不同和电气距离（即相间和相对地距离）不同。户外式隔离开关多有破冰能力，即机构上能保证在结冰条件下可靠的分合。

GN 系列户内式隔离开关为全国统一设计的 6～10 kV 产品，外形如图 10－7 所示。GN6 是隔离刀闸装在两支持绝缘子上。GN8 在结构上与 GN6 基本相同，只是将支持绝缘子改为绝缘套管。根据每个绝缘套管的数量和位置不同，GN 又分为 3 种型式：Ⅱ型为一个绝缘套管，装在闸刀支座一侧；Ⅲ型亦为一个绝缘套管，装在静触头侧；Ⅳ型为两个绝缘套管。

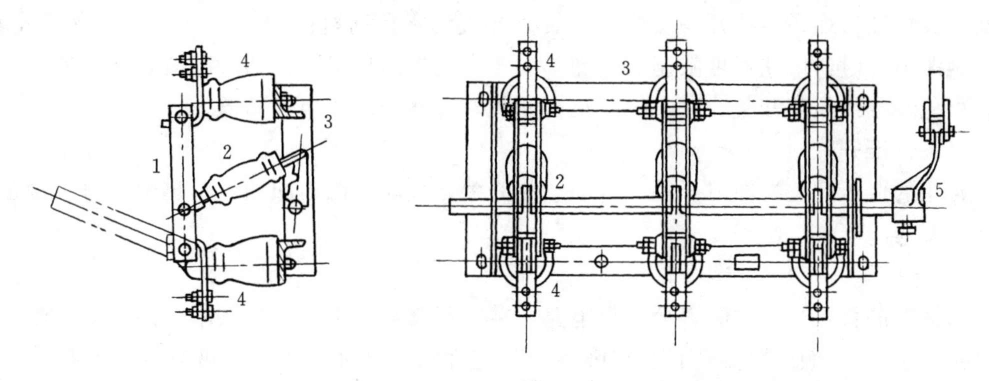

图 10－7　GN6 型户内式隔离开关

1—闸刀（动触头）；2—活动绝缘子；3—框架；4—固定绝缘子；5—拐臂

GN 系列配用的操动机构为 CS6—1 型手动机构。其额定电流为 200A、400A、600A（10 kV 的还有 1000A）。

4. 负荷开关

负荷开关是一种只用于切断负荷电流，而不能切断短路电流的简易开关。其结构多数是在隔离闸刀的基础上增加简单的灭弧装置，因而构造简单、体积小，其价格比断路器低得多。由于它的灭弧结构是按接通与切断负荷电流而设计的，不能切断短路电流，所以大多数情况下要和高压熔断器一同使用，切断短路电流任务由熔断器担负。

负荷开关可以用在操作不太频繁、功率不大的场合（如工厂、城市配电、农村变电所和不太重要的工程等）以代替断路器。

我国目前生产的负荷开关大都用在 10 kV 以下的线路。

高压户内式负荷开关目前主要采用FN2—10（R）型及FN3—10（R）型户内压气式，以替代老产品FN1—10（R）。

FN3—10型户内负荷开关的外形与一般户内隔离开关相似。开关的底部为框架，传动机构装于其中。框架上装有六只绝缘子，上部的三只绝缘子兼作支持件与气缸之用，活塞装于其内，由主轴带动，下部的三只绝缘子仅起支持作用。上、下绝缘子上均装有触座，导电部分由闸刀与触座组成，闸刀与上、下触座之间靠六片蝶形弹簧片固紧，在闸刀的端部装有弧动触头，上触座为主静触头。

触头内装有弧静触头及灭弧喷嘴，弧静触头与主静触头间通过两片薄的紫铜片相连。

每相的闸刀由两片紫铜板组成，端部与主静触头接触处铆有银触头，负荷开关接通时，主回路与灭弧回路并联，电流大部分流经主回路。而当负荷开关分闸时，主回路先断开，电流只通过弧触头，此时气缸中已产生足量的压缩空气，及至弧动触头断开到喷嘴处时，由于电弧与喷嘴接触，喷嘴也产生一定的气体。当灭弧触头刚一断开，此两种气流即强烈吹弧，使电弧迅速熄灭（其结构和动作原理参看图10-10）。

FN3型负荷开关配用CS3或CS2型手动操动机构。这种操动机构有快分、快合作用，分合速度与操作速度无关。操作机构与开关相连之拐臂可按要求连接于开关的左侧或右侧。

FN2型负荷开关与FN3型类同，它们都可以分别在开关上下两端，附装PN1型高压熔断器。熔断器如在负荷开关之前，当负荷开关切断负荷电流时，如万一本身发生故障，电弧延滞不灭时，熔断器可限制故障的扩大。在变电所出线上，如熔断器装在负荷开关之后，可免装母线隔离开关。这时拉开负荷开关，可不带电更换熔断器。

二、低压开关

常用的低压开关有闸刀开关、自动空气开关、接触器磁力起动器、热继电器、倒顺开关等。

1. 接触器

接触器的特点是可以频繁分、合电路，并能可靠分断7～10倍它本身的额定电流，能可靠接通12倍的额定电流。它有较好的热稳定性和机械强度，加之可以远距离操作，所以适用于频繁操作的电动机等场合。但它不能分断较大的短路电流，因此它常和熔断器联合作用，由熔断器分断短路电流。

接触器的工作原理比较简单。当其操作线圈（又称合闸线圈）通电时，接触器动作，衔铁吸合，主触头及常开辅助接点闭合（常闭辅助接点断开）。当线圈断电或电压显著下降时，衔铁在重力和弹簧力作用下跳闸，主触头切断主电路，所以接触器具有失压脱扣的特性。交流接触器铁芯上嵌有短路环，作用是防止由于交流电磁吸力的脉动而产生的跳动，保证衔铁吸合可靠。

接触器的灭弧装置采用铁质灭弧栅，磁吹分隔电弧，图10-8为CJ型交流接触器的外形及内部主要结构图。

2. 自动空气开关

低压自动空气开关（简称自动开关），能带负荷分合电路，并能自动切除所属线路的过载、短路、失压等故障。自动空气开关广泛用于低压发电机盘及各干线或大电动机的非

频繁操作回路中。

自动空气开关一般由触头装置、灭弧装置、脱扣机构、传动装置和保护装置五部分组成。

三、熔断器

熔断器是最简单和最早采用的一种保护电器，用以保护电气设备免受严重过负荷和短路电流的损害。熔断器由金属熔件（熔丝或熔片，又称熔体）和支持熔件的触头装置及外壳构成，某些熔断器中还装有一些灭弧装置。

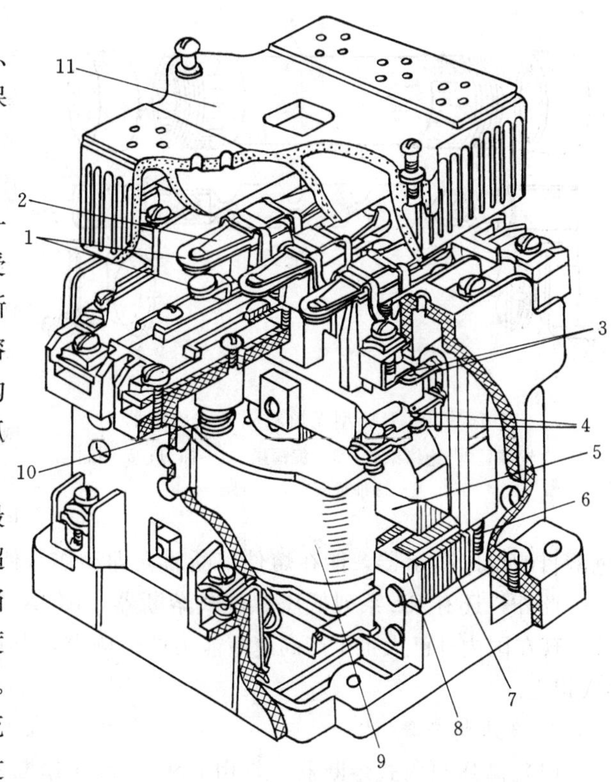

图 10-8　CJ10 型交流接触器

1—主触头；2—触头压力弹簧片；3—辅助常闭触头；4—辅助常开触头；5—动铁芯；6—缓冲弹簧；7—静铁芯；8—短路环；9—电磁线圈；10—反作用弹簧；11—灭弧罩

熔断器的熔件是电路中对发热最敏感的电器，当通过熔件的电流不超过其额定电流时，熔件不会熔断，当超过熔件的额定电流时，熔件的温度就逐渐升高，到达熔点后就要熔断。熔件的熔断电流，一般用其额定电流的两倍来表示。当被保护设备发生过负荷或短路故障时，过大的电流将通过熔件，从此时开始，到熔件熔化熄灭电弧切断电路为止，这段很短的时间称为熔件的熔断时间。熔断时间的长短与通过熔件电流的大小有关，电流越大，熔件发热越快，熔断时间就越短，反之，电流越小，则熔件熔断时间越长。电流的大小与熔断时间的关系曲线称为熔断器熔件的保护特性曲线，图 10-9 给出了不同材料构成两种熔件的特性曲线。熔断器的缺点是熔件熔化后必须更换，而更换熔件一般不是自动的（近来也出现了自动重合闸的熔断器，但结构特殊），不可避免地要短时停电。另外，熔断器不能用来切断和接通电路，它必须与其它电器如负荷开关配合使用。

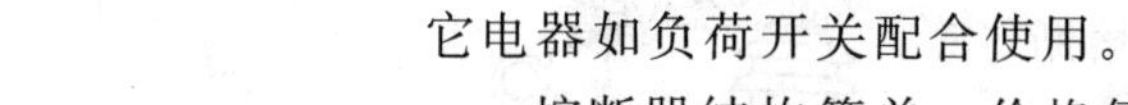

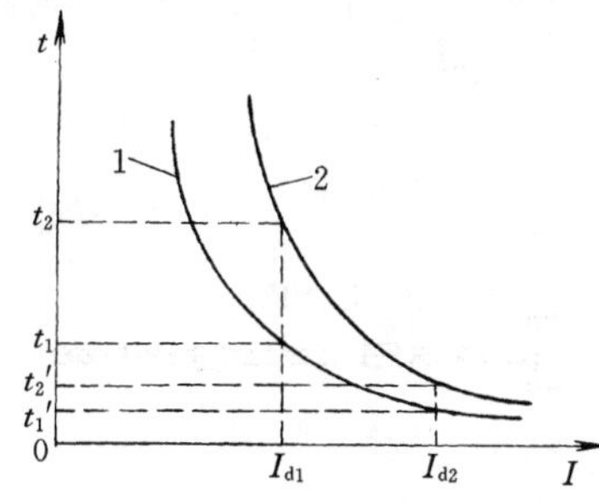

图 10-9　熔断器熔件的特性曲线

1—熔件 1 的特性曲线；
2—熔件 2 的特性曲线

熔断器结构简单、价格便宜，具有一定的断流能力，广泛用于 500 V 以下的小功率电路和 3～10 kV 的配电系统。在 35 kV 的中小容量变电所中，也逐渐推广使用熔断器保护变压器和输电线路，以代替断路器，节省投资。

1. 低压熔断器

（1）RM 型低压熔断器。RM 型低压熔断器是一种无填料闭管式熔断器，广泛用于 250～500 V 交直流电路中。这种熔断器由整套插座和熔断管组成。熔断管是一个树脂纤维管。熔件是冲压锌片，每片上有几个狭小部分（如图

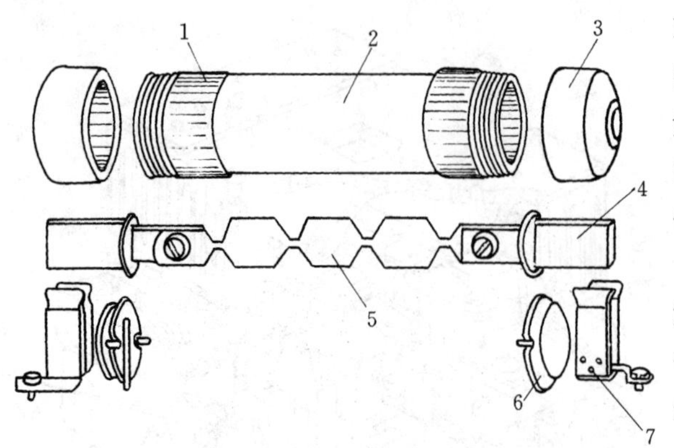

图 10-10　RM 型无填料闭管式熔断器

1—黄铜圈；2—绝缘纸管；3—黄铜帽；4—插刀；5—熔体；6—特种垫圈；7—刀座

10-10 所示，250 V 的有 2 个，500 V 的有 4 个），短路时电流增加极快，热量来不及散发，狭部被迅速加热到锌的熔点，熔片便在所有狭部同时熔化，中间宽部随即下坠。

在电弧高温作用下管内壁纤维分解产生气体，管内压力骤增，去游离作用增强，使电弧迅速（0.01s 内）熄灭。

（2）RT0 型低压熔断器。此类熔断器是一种有填料（充石英砂）的管式熔断器，特点是断流容量大（为 50 kA）。这种熔断器的熔断管上端装有红色醒目的熔断指示器，能在熔件熔断后立即动作，便于识别故障线路。

此外，还有 RL 系列低压螺旋式熔断器，RCIA 系列瓷插式熔断器，R1 型管式熔断器等。现在国内外已大批生产高遮断能力的熔断器，其遮断能力至少为 80 kA，且可高达 100 kA 以上。

2. 高压熔断器

（1）高压户内式熔断器。常用 RN1 型高压熔断器用于 3～35 kV 屋内装置中，用以保护电力线路和电力变压器，断流容量达 200 MVA。RN 型高压熔断器仅用于保护电压互感器，有 10 kV、20 kV、35 kV 三级，其额定电流较小（0.5 A），但断流容量大（达 1000 MVA）。

PN 型熔断器下部装有熔断指示器。当短路电流或过负荷电流通过时，工作熔体和指示器熔体依次熔断，小衔铁释放，指示器被螺旋弹簧从下部弹出，从而发出红色信号指示。

用于保护电压互感器的 RN 型熔断器的熔体是全长有 3 个不同截面的一根康铜丝绕于陶瓷芯上，无指示器。当熔体熔断时，根据接于电压互感器电路内的仪表读数判断。

（2）户外跌落式高压熔断器。35 kV 及以下的户外式高压熔断器主要是跌落式高压熔断器，多用于保护输电线路和配电变压器，由固定的支架和活动的熔断管组成。熔丝熔断时，熔管内产生电弧，熔管内壁在电弧作用下产生大量气体，气体高速向外喷出，产生强烈的去游离作用，在电流过零时将电弧熄灭。这种熔断器的熔管在熔丝熔断后自动跌落，

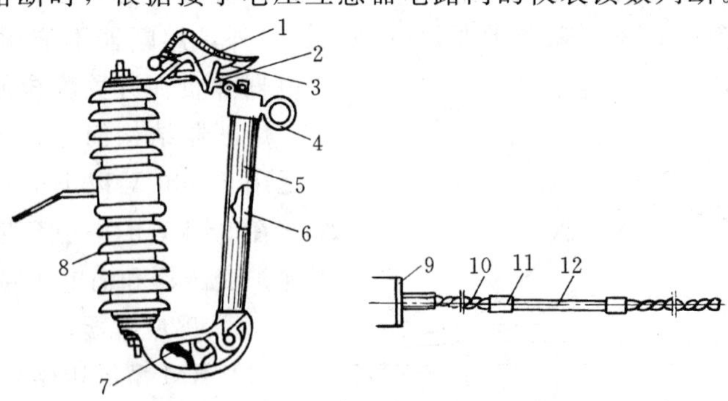

图 10-11　RW3—10 型跌落式熔断器外形

1—静触头；2—动触头；3—抵舌；4—操作环；5—熔管；6—熔体；7—静触头；8—瓷绝缘体；9—钮扣；10—铜绞线；11—套管；12—熔体

一方面作熔断标示；另一方面造成一个明显的断开距离，起到了隔离开关的作用。它可以利用高压绝缘拉杆（操作杆）拉合空载线路或560 kVA以下的配电空载变压器（断闸时），要用高压绝缘操作杆顶的“鸭嘴”，熔断管即能自行跌落，切断空载电路；合闸时，只要用绝缘杆逐个将熔断管推合上去，即接通空载电路。因此在配电系统中，跌落式熔断器应用很广。跌落式熔断器的外形如图10－11所示。

第五节 电压互感器和电流互感器

用电流互感器和电压互感器可将电器测量仪表、继电器和自动调整装置接于高压装置，这样可以达到：①安全测量；②仪表和继电器标准化，如其线圈的额定电流可设计为5A或1A及额定电压为100 V。

电流互感器也使用在低压装置中，其目的是为了可利用较简单而经济的电气仪表，并使配电盘的接线简单。

一、电压互感器

电压互感器是一种降压变压器，其基本构造和接线原理如图10－12所示。当一次绕组接入交流电压U_1时，在二次绕组内感应出电压U_2，它们的比值为

$$\frac{U_1}{U_2} = N_y$$

相位也不一致，造成误差角δ。可见，用电压互感器间接测量电压时会造成测量的不准确。根据电压互感器两种误差的大小，将互感器分为各种精确度级：0.2级、0.5级、1级、3级。互感器的精确度级是按最大允许的误差来命名的，例如：0.5级的电压互感器，其最大比误差是一次额定电压的±0.5%。

为了保证测量的准确度，电压互感器二次侧所接仪表的总功率不能超过该精确度级所规定的额定功率。

此外，还须注意运行中的电压互感器的二次回路不准短路，否则将烧毁互感器。

图10－13为JDJ—10型油浸式单相电压互感器。

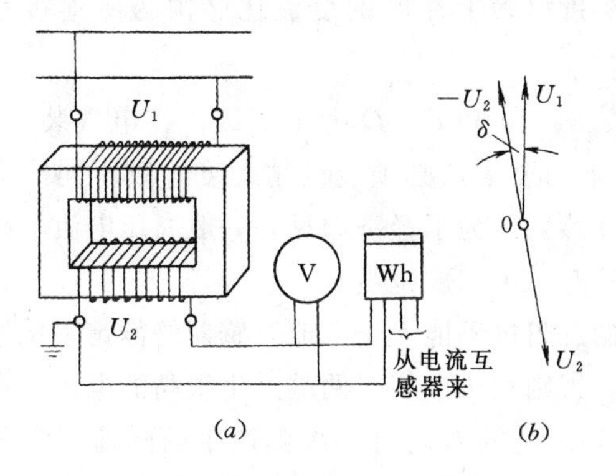

图10－12 单相电压互感器

(a) 工作原理图；(b) 电压相量图

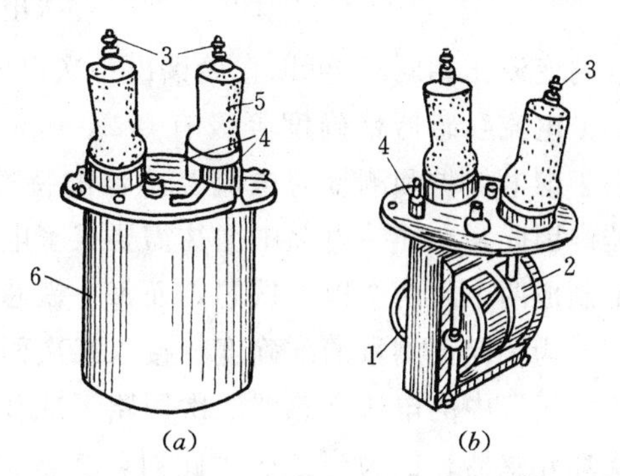

图10－13 JDJ—10型油浸式单相电压互感器

(a) 外形图；(b) 取出部分

1—铁芯；2—10 kV绕组；3—原绕组引出端；4—副绕组引出端；5—套管绝缘子；6—外壳

型号说明：

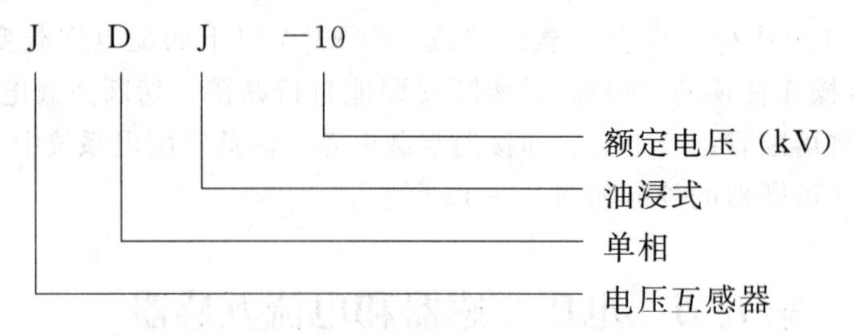

二、电流互感器

电流互感器又叫变流器。它的作用是把电路中的大电流变小，供给测量仪表和继电器的电流线圈，同时使测量仪表和工作人员与高压隔离，以保证安全。因此，即使对小电流，高电压电路的测量也必须经过电流互感器。

图 10－14 为电流互感器的原理接线圈，电流互感器的一次绕组串接于被测电路内，而其二次绕组则与测量仪表及继电器的电流线圈相串联。

电流互感器一次绕组的匝数很少，阻抗很小，因此将电流互感器串接于被测电路后，被测电路内的电流并不因串接电流互感器而有显著变化，实际上可以略去不计。因为接于电流互感器二次电路中的阻抗很小，所以在正常工作情况下，接近于短路状态，这是电流互感器与电力变压器及电压互感器的主要不同处。

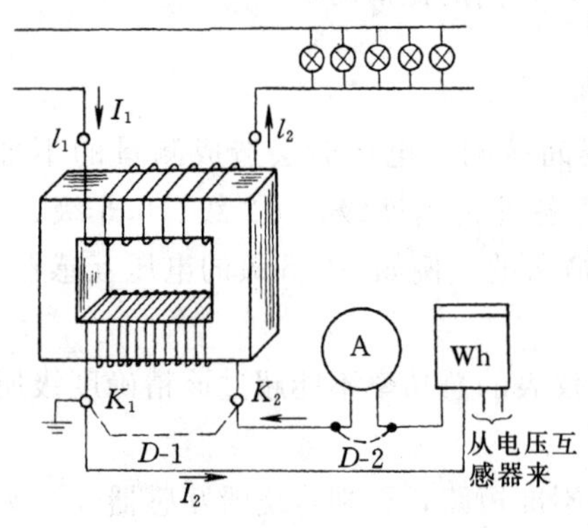

图 10－14　电流互感器工作原理图

电流互感器的额定变比 N_τ，是额定一、二次电流之比值

$$N_\tau = \frac{I_{1ed}}{I_{2ed}}$$

当二次电流表的读数为 I_2 时，则被测电流即为 $N_\tau I_2$。

通常电流互感器二次绕组额定电流均为 5A。测量仪表与电流互感器配套使用时，仪表的标尺按一次电流刻度（表上注明的变流比必须与所连接互感器的变流比相同），可以直接读出一次电流值。

电流互感器精确度等级有 0.2、0.5、1、3、10 和 C、D 七个等级。在电气装置中，由于继电保护和测量对电流互感器的特性有不同要求，必须装设精确度等级不同的互感器。因此，在同一电路中往往需要很多电流互感器。为了经济起见，一般高压电流互感器都制成两个或两个以上铁芯，而每一铁芯上只有一个二次绕组。

为了保证测量的准确度，接入二次回路的总阻抗不能大于电流互感器的额定阻抗值。

运行中的电流互感器二次回路不准开路，否则在二次绕组两端产生很高的电压，可能烧坏互感器。因为当二次闭路时，二次侧磁势产生的磁通对一次侧产生的磁通起去磁作用。当二次开路时，去磁的磁通消失，使铁芯里磁通急剧增加，处于严重饱和状态。这时磁通随时间变化的波形成为平顶波（像梯形）。由于二次线圈的感应电势与磁通变化的速率成比例，很明显，当磁通急剧变化（梯形的两侧边）的瞬间，二次绕组必然感应出很高

的电势（某些互感器可达数万伏），这将对设备和人员都有危险。另外，由于磁通剧烈增加，使铁芯损耗增加，严重发热，可能还会烧坏互感器。因此，欲在电流互感器二次回路拆装仪表时，必须先把电流互感器二次绕组短路，方可进行。

第六节　载流导体和绝缘子

一、载流导体

发电厂、变电所各电气元件之间的连接是用导线来实现的，这些导线被称为载流导体。

1. 导线的材料

电气设备中采用的导线材料主要是铜、铝、钢。对导线的要求，第一是导电性能好，使之在较小的损失下传递较多的电能。这就要求导线的阻抗小，即导电率高。第二是有一定的机械强度。当导线中通以电流时，尤其在通过故障电流时，导线之间有很大的电动力作用，必须有足够的机械强度才能承受此力的作用。

铜有较小的电阻率和足够大的机械强度，而且抗腐蚀性强，是理想的导体，在电气设备中最为常用。

铝的导电性仅次于铜（是铜的64%），机械强度差，熔点也较低。铝在空气中容易氧化，与铜连接时接触电阻大，易发热，不能用在短路电流大的装置中。

钢的机械强度比铜高，但是导电性能差，因此损失大。一般在农村等不重要的小电流电气装置中可用钢丝做导线。

在高压母线中，一般采用钢芯铝绞线，这样就综合了铝和钢的优点，克服其用做导线时的不足。

2. 导线的截面形状

母线的截面形状有圆形、矩形、槽形、菱形等。不同的截面形状有什么好处呢？限制导线载流量的根本原因是导线发热。如果铝导线在70℃时长期运行，其导电性和机械强度将大大降低，以致不能维持正常运行。如果设法提高其散热能力，就可以提高导线的载流量。对同一截面积导线，其截面的周界越长，则散热条件越好。因此，选择合适的截面形状有很大意义。

在相同的截面中，圆的周长最小，而矩形截面的周长大，所以室内的母线，一般采用矩形截面的母线排。在大电流系统中，还采用管形母线，中间通水以提高散热能力。矩形母线也叫做硬母线。

对于35 kV以上的室外高压母线，一般采用钢芯铝绞线。因为室外的母线的散热条件好，但是电压高，其主要的矛盾是防止电晕。在高压电气装置的菱角处，因为强电场集中，使附近的气体被游离，此种现象称为电晕。电晕对电气设备的运行是不利的，它增加了电能损失，严重的会使绝缘子击穿，在电晕的周围进行的化学反应会腐蚀金属等。因此，高压母线做成圆形，以避免发生电晕。

室外高压母线采用多股的钢芯铝绞线，保证了机械柔度，又有良好的导电性，这种母线又叫软母线。此外，还有电力电缆等，这里不再赘述。

二、绝缘子

绝缘子用来支持和固定架空导线、配电装置母线以及电气设备的带电部分，使之与地绝缘或作为相与相之间的绝缘。在运行中，绝缘子承受着工作电压和各种过电压的作用，承受着导线重量、覆冰重量、风力、短路电流电动力、设备机械操作力及震动力等作用。此外，由于绝缘子大多暴露在大气中，还受到大气条件变化和环境污染的影响，所以绝缘子应具有足够的电气强度（耐压）、机械强度和耐热性能。

绝缘子主要用电工陶瓷制成，其绝缘性能好，化学性能稳定，有较高的热稳定性和机械强度。

绝缘子按其用途可分为电站用绝缘子、电器用绝缘子和线路绝缘子。电站用绝缘子主要用来固定母线，电器用绝缘子则用来固定电器的带电体。绝缘子可分为支持绝缘子和高压套管（电站用称为穿墙套管，电器用称为套管）两大类，也可分为户内式和户外式两种。

线路绝缘子有针式和悬式两种，图 10-15 为线路绝缘子外形图。悬式绝缘子可以单个使用，在电压较高时也可以用多个组成绝缘子串，如图 10-15（*c*）所示。

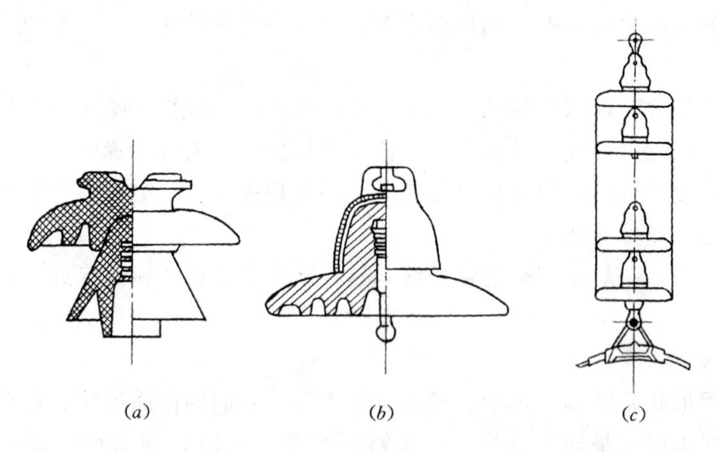

图 10-15　线路绝缘子外形图

（*a*）针式绝缘子；（*b*）单个悬式绝缘子；（*c*）悬式绝缘子串

第七节　电气设备的防雷保护与接地

一、电气设备的防雷保护

大气中的雷电时有发生，雷电直接打在电气设备上，称为直击雷。直击雷所产生的过电压数值是非常大的，对电气设备也是非常危险的。通常用避雷针或避雷线来实现防止直击雷的保护。由于避雷针高出被保护的设备很多，因此雷云由远处向避雷针移动时，由于静电感应作用，使异性电（对雷云的电荷说的）由大地到避雷针的接闪器尖端，又由于尖端放电作用，使电荷不断地从尖端逸出，并向雷云移动，最后和雷云的电荷中和。因此可以说，避雷针将空中的雷电流引向自身而泄入大地。这种陆续放电和中和的作用，使雷云和避雷针间的电位差保持在较小的范围内，同时防止了雷云向电气设备放电。避雷针的结构由 3 部分组成：

(1) 接闪器。接受雷电的部分，通常是由长 1～1.5 m 的镀锌圆钢或镀锌钢筋制成，其长度在 1.5 m 及以下时，圆钢直径不小于 10 mm，钢管直径不小于 20 mm，管壁厚度不小于 2.75 mm，顶部是一尖端，固定在铁杆或钢筋混凝土杆的顶端。

(2) 接地引下线。连接针端和埋在地下的接地极的导电体，当雷电和避雷针间发生静电感应作用时，电流即经接地引下线导向接地极而泄入大地。引下线一般采用镀锌或涂漆的 8 mm 圆钢或截面不小于 60 mm^2、厚度不小于 3 mm 的扁钢。

(3) 接地极。埋在地下的金属体，垂直接地极，常用直径为 50 mm 的钢管或 50 mm×50 mm×5mm 的角钢，长度为 2～3 m，每一垂直接地极的接地体间的距离常采用 5 m，将接地体垂直打入土内，上端距地面 0.5～0.8 m，每一接地极的接地体间用连接条联接（可采用电焊），连接条为 25 mm×4 mm～40 mm×4 mm 的扁钢，埋入地中约为 0.5～0.8 m，其冲击接地电阻应不大于 10 Ω，特殊情况时电阻值可适当提高。

避雷针的保护范围，以具有对直击雷所保护的空间来表示。单支避雷针的保护范围如图 10-16 所示，h 为避雷针的高度，h_x 为被保护物的高度，$h_a=h-h_x$ 为避雷针的有效高度，r_x 为避雷针在 h_x 高度的平面上的保护半径。

除单支避雷针外，还可以采用双支避雷针和多支避雷针，也可以采用避雷线。

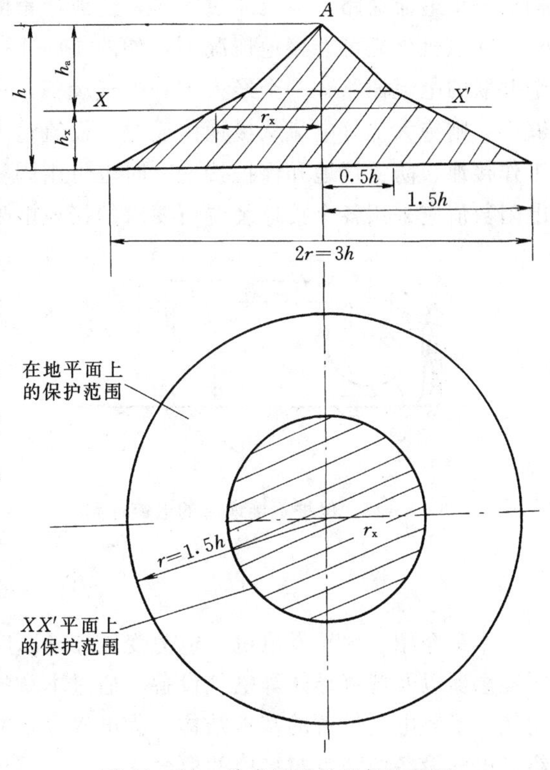

图 10-16　单支避雷针的保护范围

二、电气设备接地

电气设备的接地部分与土壤间作良好的电气连接，称为接地。接地部分是变电所不可缺少的组成部分。按其作用的不同，可分为工作接地、防雷接地和保护接地 3 种。

1. 工作接地

为保证电力系统的可靠运行及人身的安全，将电网的某一点接地，称为工作接地。如发电机、变压器的中性点接地，互感器副绕组的某点接地等。

在 1 kV 以上具有大接地电流（单相接地电流 500 A 以上）的线路中要求工作接地电阻为 $R_{jd}\leqslant 0.5\ \Omega$。

1 kV 以下中性点直接接地的电网，发电机或变压器中性点接地装置的接地电阻，一般应不大于 4Ω，容量为 100 kVA 及以下的发电机和变压器中性点接地装置的电阻不大于 10 Ω，在 380/220 V 架空线上，每隔 1～2 km 和线路的分支点、终点都要进行重复接地，每一重复接地点的接地电阻不应大于 30 Ω。

2. 防雷接地

防雷接地是为了泄放雷电荷而采用的一种接地。

对于工作接地来说，流过接地体的电流只是数值不大的工频短路电流，这时的接地电阻称为工频接地电阻。

而对防雷接地来说，接地体所流过的电流是幅值和陡度都很高的雷电流，这时的接地电阻为冲击接地电阻。在土壤中通过雷电流时，由于电流密度很大，在接地体附近的土壤中形成电弧和火花通道，这相当于加大了接地体的尺寸，有使冲击接地电阻比工频接地电阻减小的作用，但是由于雷电流的陡度很大，接地体的电感会起较大作用，又有使冲击接地电阻增加的趋势，这两个因素影响的程度，与接地体的形式有关，对于集中接地体，可以只考虑前者的影响，而对于伸长接地体，则需同时考虑两个因素的影响。一般只是计算工频接地电阻，然后再根据相应的冲击系数来估计冲击接地电阻。

3. 保护接地

为了预防接触电压和跨步电压，保证人身安全，将电气设备中的外壳和支架（正常情况下不带电的金属部分），与接地体连接，称为保护接地。

电气设备的外壳及金属支架，在正常情况是不带电的。如图 10－17 所示，如果电机某处绝缘损坏，则外壳将带电，这时人体触及电机的外壳，则通过线路对地电容和大地，构成一个电流通路，电流通过人体，造成严重的触电事故。

在电机外壳可靠接地情况下，如图 10－18 所示，当绝缘损坏时，外壳带电，形成两个并联的电流回路：一个经人体到电气设备，一个经接地体到电器设备。如果接地电阻足够小，则绝大部分电流从接地体通过，而流过人体的电流极小，这样对人体就无伤害了。工作接地、防雷接地和保护接地有时也可用同一接地装置，当共用同一接地装置时，接地电阻数值应采用各个接地装置所要求的接地电阻的最小值。

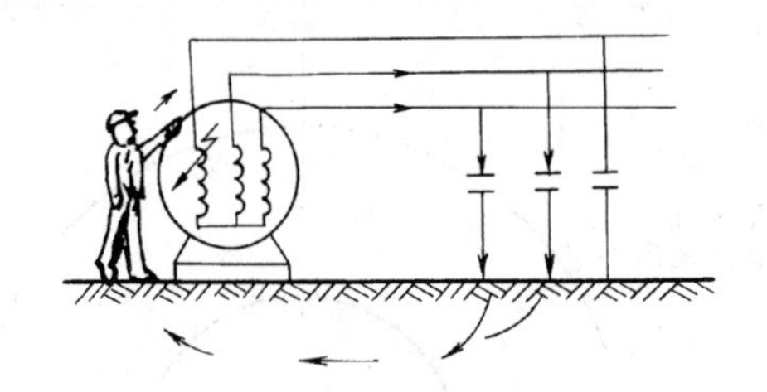

图 10－17　保护不接地时的电流通路

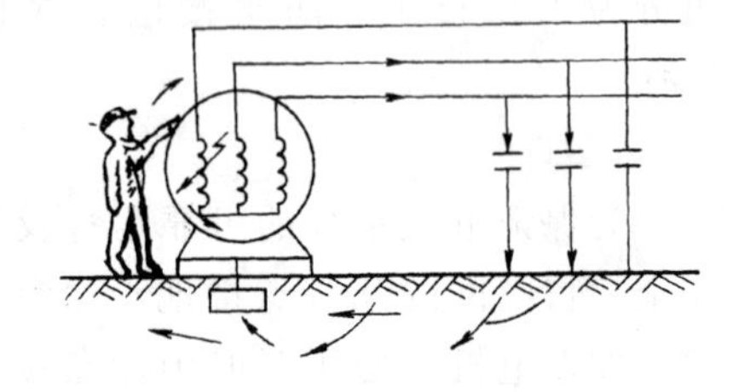

图 10－18　保护接地时的电流通路

小　　结

本章介绍了水轮发电机、电力变压器、断路器、隔离开关、熔断器、电流互感器、电压互感器以及载流导体等电气设备。通过本章的学习，要掌握电气设备的基本特性和基本功能，了解电气设备的基本结构，为电气设备的选用打下初步基础。本章最后还简要地介绍了电气设备的防雷与接地的概念。

思考题与习题十

1. 电气设备中一次设备和二次设备的含义是什么？

2. 一次设备包括哪些设备？它们的功能各是什么？

3. 断路器与隔离开关在分、合电路操作时如何配合？
4. 熔断器的原理是什么？
5. 电压互感器和电流互感器在应用时要注意什么？
6. 电气设备防雷有几种方式？
7. 为什么电气设备要进行接地？电气设备接地有几种方式？

第十一章　电气主接线和自用电

第一节　电 气 主 接 线

一般把电厂中的电气一次接线分为电气主接线和厂用电接线。

电气主接线也称电厂主电路。为了安全、可靠、高质量地生产电能，需要从发电到输配电建立一个有机的总体，电气主接线就是将电气装置的一次设备按一定的顺序连接起来组成发配电系统的整体。

本章主要讨论水电站中的电气主接线。在水电站中，需要有一定数量的“辅机”来为“主机”服务，以实现能量转换，达到发电的目的。这些辅机绝大部分是用电动机拖动的。辅助用电统称厂用电。厂用电接线，就是将厂用电气装置的设备按一定的方式连接起来，组成厂用电系统。

一、水电站主接线的基本要求

电气主接线的设计，对水电站电气设备的选择、配电装置的布置以及运行的可靠性、灵活性和经济性有密切的关系，是一项复杂而重要的任务。对主接线的基本要求如下：

（1）满足对用户供电必要的可靠性和电能质量的要求。

（2）投资少、运行费用低。

（3）接线简单、清晰、操作简便。

（4）运行灵活和检修方便。

（5）具有扩建的可能性。

在确定主接线时，遇到的主要问题是可靠性和经济性两方面的矛盾。可靠性的客观衡量标准是运行实践。主电路的故障率（即它的各组成元件在运行中的故障率的总和）、检修时人身的安全及对用户供电的连续性等属于可靠性的范畴。经济性包括设备投资、安装费用及占地面积等。正确设计主接线的途径，就是首先调查分析水电站的具体条件，如水电站容量，在系统中的地位及运行方式，电厂进出线及与本电厂的联系方式，用户性质，自动化的采用、发展远景等。

二、常用主接线的基本类型

电厂的电气主接线有多种形式，根据电力系统的特点、用户特性等具体条件的不同，所采用的主接线形式也不同。本节重点介绍中小型水电站主接线的几种基本形式。

1. 单母线接线

单母线是水电站中最简单的母线接线形式，如图 11－1 所示。发电机、变压器及引出线等元件都是由断路器和隔离开关连接起来，接到公共的母线上。母线的作用是保障各电路元件并联工作；电路中断路器用来投入或断开电路；隔离开关用来当检修断路器时，将带电部分隔离。如图 11－1 所示，检修第一条线路 L_1 时，为保证安全，必须将 QD_1、

QD_2 拉开切除 QF_1 两侧的电源，而靠发电机侧的电源 G_1、电源 G_2 就不需装隔离开关，因为当发电机断路器断开后，发电机停机而不带电，母线是经常带电的，所以靠母线侧，必须装隔离开关。单母线接线简单、清楚，电气设备用得少，投资少，经济性好，且隔离开关不用作倒闸操作，不易出操作事故。但是，这种接线可靠性、灵活性不够好。由于一些局部的故障，例如母线故障将影响全部用户的供电。对于不允许停电的重要用户，这种接线是不适宜的，但在农村中小型水电站中，单母线接线的优点成了重要因素，得到广泛的应用。

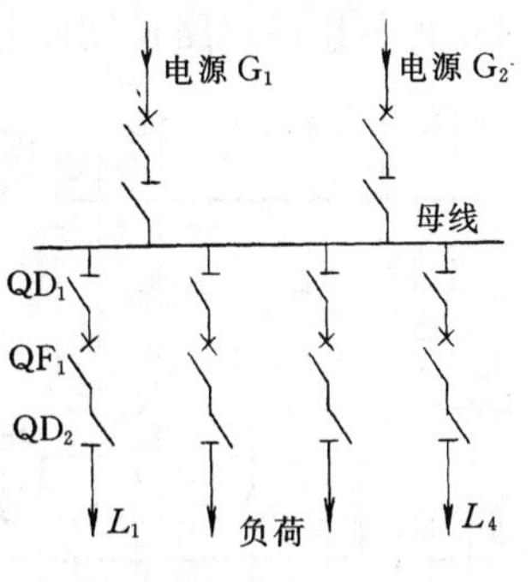

图 11-1 单母线不分段接线

2. 单母线分段接线

为了提高单母线接线的可靠性和灵活性，可以采用单母线分段的接线形式。如图 11-2 所示，用分段断路器 QF 将母线分成两段。发电机和线路分配在两段上，当一段母线检修或发生故障时只需将分段断路器 QF 断开，只有一段母线上的线路停电，停电的范围缩小了一半。对不允许停电的重要用户，可以采用双回线路供电，将两个回路分别接在不同的母线段上，用户就可以得到两个独立的电源 G_1 和 G_2，从而提高了可靠性。

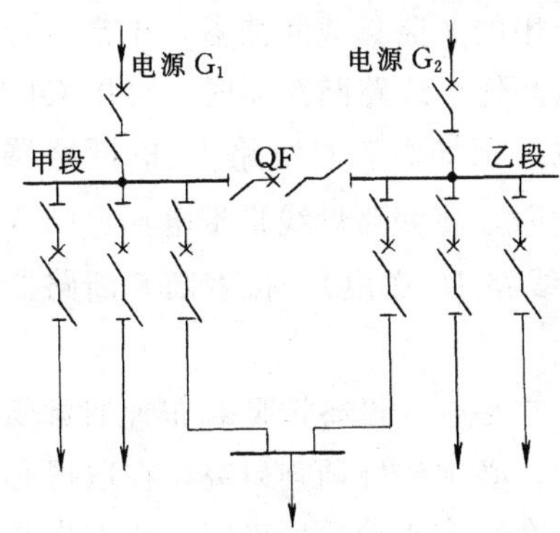

图 11-2 单母线分段接线

比较单母线及单母线分段接线，后者多用了一个断路器和两个隔离开关，投资多了，经济性差些，但是可靠性、灵活性显著提高，这对有重要用户供电的电厂是完全必要的。单母线分段接线形式在农村中小型水电站中，应用是很广泛的。

3. 双母线接线

单母线分段接线的缺点是在检修母线或检修母线隔离开关时，仍有部分相应的线路和发电机需要长时间停电。为了避免这一缺点，可设置备用母线，即采用双母线的接线形式，如图 11-3 所示，每一条电路都通过一只断路器和一对隔离开关连接在两条母线上，工作母线Ⅰ和备用母线Ⅱ。正常运行时，母线Ⅰ上的隔离开关在接通状态，母线Ⅱ上的隔离开关在断开状态。母线Ⅰ和母线Ⅱ互为备用。

两套母线通过联络开关 QFW 连接。正常运行时 QFW 是处于断开状态，当工作母线Ⅰ出故障时，将全部发电机和用户线路转换到备用母线Ⅱ上，工作母线Ⅰ停电检修而不影响机组运行和用户用电。有了两套母线后，检修任何一个母线隔离开关时，只需断开该条线路和与该隔离开关相连的母线。维修任何一条线路的断路器

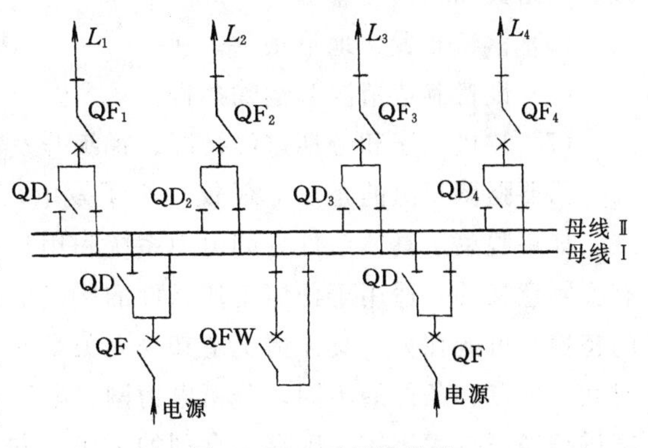

图 11-3 双母线接线

时，可不让该线路长期停电或不停电。这就大大地提高了运行的可靠性与灵活性。

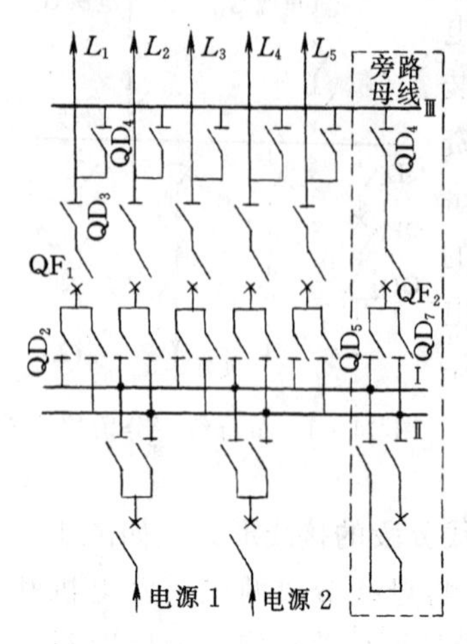

图 11－4　双母线带旁母接线

双母线接线的电厂在正常运行时，一般采用单母线分段运行方式，这样可以在任一段母线故障时，不会引起全厂停电。当检修某一条母线时再采用单母线供电方式。

但是，双母线接线又增加了一些设备，投资也有所增加，所以双母线接线主要用在大中型电厂和向重要用户供电的电力系统中。

4. 双母线带旁路的接线

上面所述的要检修引出线断路器时，用母线联络断路器代替，在用跨条短接出线断路器时，引出线要短时停电，为了克服这个缺点，可以装设旁路母线，如图 11－4 所示。图中Ⅲ为旁路母线，QF_2 为专用的旁路母线断路器，正常运行时处于断开位置。当需要检修任一线路断路器时，可用 QF_2 代替而不致造成该线路停电。例如需要对线路 L_1 的断路器 QF_1 进行检修，可先接通 QD_5、QD_6，然后接通断路器 QF_1，使旁路母线Ⅲ带电，再闭合旁路母线隔离开关 QD_4（此时断路器 QF_1 和 QF_2 并联向线路 L_1 送电），接着断开断路器 QF_1 和隔离开关 QD_3、QD_2，即可对 QF_1 进行检修。

确定电气主接线是电气设计的一项非常重要的工作。它是电气设备选型和布置的重要前提，对建设投资和运行的安全、方便及经济等影响很大，必须作好调查研究，在取得必要的资料的基础上，提出几个可能的方案，进行详细的技术经济比较后再确定。所需主要资料如：

（1）装机容量、台数。

（2）水库的调节性能及电站在系统中的任务（如担负峰荷、腰荷或基荷，调相或调频等）。

（3）每年发电量和发电时期。

（4）电站与电力系统的连接点、电压等级、回路数、输送功率、电站装机容量占系统容量的比重等。如果直接向用户供电，则要知道用户性质、重要程度、输电线路电压等级、回路数和输送功率等。

（5）枢纽布置、地形条件。

（6）设备制造情况和运输条件。

（7）装机程序和分期过渡情况、梯级开发情况等。

需要强调指出的是以上仅仅列举了发电厂和变电所常用的一些基本接线方式及其特点。如果脱离了具体条件（如电力系统和用户），孤立地分析某一接线的特性，一般是没有实际意义的，适用于任何工作条件的接线也是不存在的。在某一具体情况下表现为不利的特性，可能在另一具体情况下却是无关紧要而被允许忽略的。设计者应善于辩证地根据时间、地点和条件的不同，分析电力网、电厂和用户的特点，抓住主要矛盾，拟出几种方案进行经济技术比较，确定最合理的主接线方案。

第二节　自用电及接线

在电厂中，需要许多辅助机械为主机服务，如润滑用的机组油泵、排水泵、各阀门、溢洪闸门、进水闸门等，所有这些辅助机械的用电，以及电厂的照明、电器检修、试验用电等，总称为厂用电。

厂用电耗电量占全厂全部发电量的百分比称为厂用电率。在火电厂中一般为5%～10%，在水电站中，因为辅机较少，约为0.5%～1.5%。厂用电率是发电厂的经济运行指标之一。

厂用电的可靠性在很大程度上影响着电厂工作的可靠性。厂用电中断，轻则生产不便，电厂出力降低，重则造成全厂停电。

一、电厂厂用电电源

由于现代电厂的运行是十分可靠的，因此一般情况下，厂用电源从本厂机压母线取得，经过降压变压器供电。为节约投资，不宜以升高电压而取得电源。即使全厂万一全部停止工作，还可以从系统取得厂用电备用电源。因此，可靠性高，而且运行简单，投资运行费用低。

二、厂用电接线方式

一般在水电站中，机组自用电及公共的厂用负荷，由一台厂用变压器供电即可。厂用母线多用单母线接线，在确定厂用变压器容量时，应能在长期运行中供给可能的最大负荷，并应考虑可能的线路损耗，此外应有适当余量，以适应电厂改建，以及临时加接负荷的需要。

在容量较大的电厂或该厂不允许全部停电时，宜装设两台厂用变压器，互为备用。

第三节　电气二次回路的概念

在电力生产和输送过程中，对一次设备进行监测、保护和操作的设备，通常称为二次设备。一般包括：

（1）测量仪表。为了掌握运行过程中电流、电压、频率、功率、功率因数和电能等而设置的仪表。

（2）继电保护装置。当电气设备出现故障或不正常工作状态时，能作用于开关电器自动切断故障回路或发出信号而设置的装置。

（3）操作系统和自动装置。包括分散操作、集中操作和自动操作系统以及自动重合闸、备用电源自动投入等自动装置。

（4）信号系统。反应设备运行状态和故障或不正常工作状态的信号装置。

（5）水力机组及其辅助设备和闸阀等的操作系统。包括机组自动操作、辅助设备及闸阀的自动操作装置等。

将各种二次设备按照其电气连接关系用规定的符号绘制而成的图形，称为二次接线图。用二次接线图所表达的电气系统，称为二次回路。在二次回路中，一般由测量、控制、信号、保护等回路组成。

一、测量

在电力生产、输送和使用过程中，装有大量的测量和监视仪表，用来监视各个回路的电能质量、负荷数值以及某些设备的运行状态，以便值班人员及时发现并迅速处理异常情况，保证工作的可靠性和经济性。常用的测量仪表有如下几种。

1. 电流表

电流表是用来监视负荷的仪表，以避免电路发生不正常的工作状态。因此，电流表总是装在所有各条电路内。例如发电机定子电路和转子电路、变压器、电动机、母线及馈电线电路等。

2. 电压表和频率表

电压表和频率表是用来监视电能质量的仪表，装在发电厂和变电所主母线的各个分段和发电机定子回路等。在中控室控制屏上，也装有电压表和频率表。

3. 有功和无功功率表

功率表是用来监视发电机负荷的仪表，它能够监测并列运行机组间的有功功率和无功功率分配情况。

4. 电能表

电能表是用来计量电网内发出和损耗的电能。电能表须装在所有发电机、变压器和馈电线路中。

此外，为了保证电力生产和输送的正常进行，还要对电气设备的温度、绝缘状态等进行监测。

二、控制

控制是电力生产过程中的重要组成部分。例如在水电厂通过对发电机励磁电流的控制，调整发电机发出无功功率的大小和性质；通过对原动机输出功率的控制，调整发电机的频率；通过对主接线中断路器的控制，决定主接线的运行方式。

传统的控制设备主要以继电器和电磁阀为基础。近年来，随着电子技术的发展，大量新型的控制设备和器件被广泛采用。如可编程控制器、单片机、微型计算机等。这些控制方式具有控制精度更高，可靠性更好，操作更方便的特点，是今后发展的方向。

三、信号

信号按用途来分可以分为中央信号和位置指示信号等。中央信号是设在中控室内的公用灯光、音响信号，包括事故信号和预告信号。位置指示信号是用来指示电气设备工作状态的信号，如断路器的状态、隔离开关的状态以及其它电气设备的位置状态。

四、保护装置

电气设备在运行过程中可能发生各种故障和不正常工作状态，此时保护装置应自动地将故障设备迅速地从系统中切除，以缩小故障范围，保证无故障设备正常运行。当发生不正常工作状态时，保护装置能发出报警信号，以便使值班人员及时处理。

传统的保护装置有以继电器为基础的继电保护和以半导体分立元件为基础的晶体管继电保护。随着电子技术的进步，以大规模和超大规模集成电路为基础的保护装置已获得了广泛应用。

小　结

本章简要地介绍了电气主接线的基本类型、特点以及选取主接线的基本要求。通过本章的学习，应对电气主接线有初步的了解。最后还介绍了发电厂自用和二次回路的简单概念。

思考题与习题十一

1. 什么叫主接线？主接线的基本类型有哪些？
2. 简述主接线形式的分类。
3. 绘出双母线接线并说明工作过程。
4. 厂用电在电力生产过程中作用如何？
5. 二次回路由哪几部分组成？作用如何？

参考文献

[1] 吴官熙．电工学及电气设备．2版．北京：水利电力出版社，1986.

[2] 秦曾煌．电工学．4版．北京：高等教育出版社，1990.

[3] 邱关源．电路．3版．北京：高等教育出版社，1990.

[4] 杨素行．模拟电子电路．北京：中央广播电视大学出版社，1994.

[5] 阎石．数字电子电路．北京：中央广播电视大学出版社，1993.